Die Sinne des Menschen.
Einführung in die Psychophysik
der Wahrnehmung

2. Auflage

Die Sinne des Menschen

Einführung in die Psychophysik der Wahrnehmung

Christoph von Campenhausen

2., völlig neu bearbeitete Auflage

246 Abbildungen
4 Tabellen

1993
Georg Thieme Verlag
Stuttgart · New York

Prof. Dr. rer. nat. Christoph von Campenhausen
Institut für Zoologie
der Johannes Gutenberg-Universität
Saarstraße 21
D-55099 Mainz

Die Deutsche Bibliothek – CIP-Einheitsaufnahme

von Campenhausen, Christoph:
Die Sinne des Menschen / Christoph von Campenhausen. – 2., völlig neubearb. Aufl. – Stuttgart ; New York : Thieme, 1993

NE: von Campenhausen, Christoph

1. Auflage 1981

Geschützte Warennamen (Warenzeichen) werden *nicht* besonders kenntlich gemacht. Aus dem Fehlen eines solchen Hinweises kann also nicht geschlossen werden, daß es sich um einen freien Warennamen handelt.

Das Werk, einschließlich aller seiner Teile, ist urheberrechtlich geschützt. Jede Verwertung außerhalb der engen Grenzen des Urheberrechtsgesetzes ist ohne Zustimmung des Verlages unzulässig und strafbar. Das gilt insbesondere für Vervielfältigungen, Übersetzungen, Mikroverfilmungen und die Einspeicherung und Verarbeitung in elektronischen Systemen.

© 1981, 1993 Georg Thieme Verlag
Rüdigerstraße 14, D-70469 Stuttgart
Printed in Germany

Satz: DataSatz Roßberg, D-72555 Metzingen
Satzsystem: Ventura Publisher 4.11
Druck: Gulde-Druck GmbH, D-72070 Tübingen
Buchbinder: F. W. Held, D-72108 Rottenburg/N.

ISBN 3-13-603302-7   1 2 3 4 5 6

Wichtiger Hinweis: Wie jede Wissenschaft ist die Medizin ständigen Entwicklungen unterworfen. Forschung und klinische Erfahrung erweitern unsere Erkenntnisse, insbesondere was Behandlung und medikamentöse Therapie anbelangt. Soweit in diesem Werk eine Dosierung oder eine Applikation erwähnt wird, darf der Leser zwar darauf vertrauen, daß Autoren, Herausgeber und Verlag große Sorgfalt darauf verwandt haben, daß diese Angaben dem *Wissensstand bei Fertigstellung des Werkes* entspricht.
Für Angaben über Dosierungsanweisungen und Applikationsformen kann vom Verlag jedoch keine Gewähr übernommen werden. Jeder Benutzer ist angehalten, durch sorgfältige Prüfung der Beipackzettel der verwendeten Präparate und gegebenenfalls nach Konsultation eines Spezialisten, festzustellen, ob die dort gegebene Empfehlung für Dosierungen oder die Beachtung von Kontraindikationen gegenüber der Angabe in diesem Buch abweicht. Eine solche Prüfung ist besonders wichtig bei selten verwendeten Präparaten oder solchen, die neu auf den Markt gebracht worden sind. Jede Dosierung oder Applikation erfolgt auf eigene Gefahr des Benutzers. Autoren und Verlag appellieren an jeden Benutzer, ihm etwa auffallende Ungenauigkeiten dem Verlag mitzuteilen.

Vorwort

Die naturwissenschaftlichen Aspekte der Wahrnehmungsfähigkeit sind das Thema der Wahrnehmungspsychophysik. Seit der Antike haben kritische Beobachter Erkenntnisse über die Wahrnehmungsfähigkeit und oft auch über verblüffende Wahrnehmungstäuschungen zusammengetragen, die Einblicke in die Vorgänge des Wahrnehmens gewährten und zu philosophischen Überlegungen Anlaß gaben. Die Entdeckungen wurden zu Fragestellungen der Hirn- und Verhaltensforschung und heute auch der Informatik weiterentwickelt. Dieses Buch ist eine Einführung in die Psychophysik der Wahrnehmung vor dem Hintergrund des zeitgenössischen Kenntnisstandes zur Biologie der Sinne des Menschen. Es besteht aus einem Lehrbuchtext, der mit vielen Anleitungen zu eigenen Beobachtungen und Experimenten durchsetzt ist. Das Buch soll nicht nur in das Gebiet einführen, sondern darüber hinaus den Leser anregen, möglichst viele Beobachtungen an und mit sich selbst zu machen. Ein großer Teil der Experimente eignet sich auch zu Demonstrationen im Unterricht.

Die zweite Auflage wurde vollständig neu geschrieben und um einige Experimente und Erklärungen bereichert, die die Forschung der letzten Jahre bereitgestellt hat. Die Anleitungen zu Beobachtungen und Versuchen sind nicht mehr wie in der ersten Auflage in einem zweiten Band zusammengefaßt, sondern in kürzerer Form in den fortlaufenden Text eingearbeitet, aber durch Fettdruck hervorgehoben worden. Die oftmals schwierige Erklärung der Wahrnehmungsphänomene soll durch die enge Verbindung von Theorie und Praxis im Text erleichtert werden. Da manche Versuche in verschiedenem Zusammenhang interessant sind, findet der Leser viele Querverweise. Kleine Pfeile vor wichtigen Begriffen zeigen an, daß der Leser über das Register an anderer Stelle des Buches eine weitergehende Erklärung findet, die er zum besseren Verständnis nutzen sollte.

Die Psychophysik ist eine interdisziplinäre Wissenschaft. Der Leser wird um Verständnis gebeten, wenn das eigene Fachgebiet nach seiner Meinung nicht hinreichend ausführlich berücksichtigt wurde. Bei der ersten Auflage hatte der Autor vor allem an Leser aus dem Bereich der Biologie, Medizin und Psychologie gedacht. Es stellte sich aber heraus, daß das Buch auch im Bereich praktischer Anwendungen in Technik und Kunst und auch in den Geisteswissenschaften rezipiert worden war. In der zweiten Auflage wurden die Anregungen aus dem Leserkreis nach Möglichkeit aufgenommen. Einige Ausführungen wurden erweitert, andere zurückgenommen. Beibehalten wurde soweit wie möglich der Zugang über das Erlebnis der Wahrnehmung, worin alle Menschen Experten sind. Den Rezensenten und vielen Kritikern aus dem Bereich der Nachbarwissenschaften und aus den Schulen und nicht zuletzt dem Verlag ist der Autor für viele Anregungen dankbar.

Frau Dr. C. Neumeyer sowie die Herren Dr. J. Schramme, Dr. M. Tritsch, Dr. K. Behrend und Dr. E.-S. Hassan haben den Autor in wissenschaftlichen Fragen beraten. Bei der Fertigstellung des Manuskripts halfen die Herren Dipl.-Biol. A. Lichtenthal, M. Busse und Frau Dipl.-Biol. N. Schneider kritisch und sorgfältig. Frau K. Rehbinder zeichnete etwa ein Drittel der Bilder. Die anderen Abbildungen hatte Herr W. Grosser vom Thieme Verlag schon für die erste Auflage angefertigt. Die Herren W. Hoch und J. Altmayer waren hilfreich beim Ausprobieren vieler Versuche. Ihnen allen sei auch an dieser Stelle für die verständnisvolle Kooperation gedankt.

Christoph v. Campenhausen
Mainz, August 1993

Inhaltsverzeichnis

Vorwort V

1	**Einführung** *1*	
1.1	Psychophysik der Wahrnehmung *1*	
1.2	Das psychophysische Problem *2*	
1.3	Grundbegriffe *3*	
1.4	Wahrnehmung der Außenwelt *5*	
1.4.1	Reiz und Signal *5*	
1.4.2	Wahrnehmung als aktive Leistung *6*	
1.4.3	Außenwelt und Umwelt *7*	
1.4.4	Stabilität der Umwelt *9*	
1.4.4.1	Reafferenzprinzip *9*	
1.4.4.2	Räumliche Orientierung *10*	
1.5	Quantitative Beziehungen zwischen Reiz und Wahrnehmung *11*	
1.5.1	Gleichheits- und Schwellenkriterium, Empfindlichkeit *11*	
1.5.2	Das Webersche Gesetz *12*	
1.5.3	Empfindungsintensität *14*	
1.5.4	Die eigenmetrische Methode *15*	
1.5.5	Adaptation *17*	
1.6	Gehirn und Wahrnehmung *18*	
1.6.1	Psychoanatomie *18*	
1.6.2	Das Prinzip der parallelen Verarbeitung *20*	
1.6.3	Die Verbindung der Teilfunktionen und die funktionelle Verschiedenheit der beiden Großhirnhälften *22*	

2	**Somatosensorik** *25*	
2.1	Einführung *25*	
2.2	Neurophysiologie der Somatosensorik *26*	
2.3	Mechanische Hautsinne *27*	
2.3.1	Tasten *27*	
2.3.2	Konflikte zwischen Sehen und Tasten *29*	
2.3.3	Mechanische Sensibilität der Haut *30*	
2.4	Temperatursinn *35*	
2.4.1	Biologische Funktionen des Temperatursinns *35*	
2.4.1.1	Thermische Befindlichkeit *35*	
2.4.1.2	Temperaturwahrnehmungen an Objekten *36*	
2.4.1.3	Wahrnehmung von Wärmestrahlung *38*	
2.4.2	Thermosensibilität der Haut *38*	
2.4.3	Merkwürdige Temperaturphänomene *40*	
2.5	Schmerz *41*	
2.5.1	Schmerzempfindung *41*	
2.5.2	Schmerzrezeption *42*	
2.5.3	Kontrolle des Schmerzes *43*	
2.6	Wahrnehmung der Stellung von Gliedmaßen *43*	

3	**Chemorezeption** *47*	
3.1	Einführung *47*	
3.2	Schmecken *48*	
3.2.1	Die biologische Bedeutung des Geschmackssinns *48*	
3.2.2	Die vier Geschmacksqualitäten *48*	
3.2.3	Physiologie des Geschmackssinns *49*	
3.2.4	Psychophysik des Geschmackssinns *51*	
3.3	Riechen *54*	
3.3.1	Bedeutung des Riechsinns für den Menschen *54*	
3.3.2	Physiologie des Riechsinns *55*	
3.3.3	Psychophysik des Riechens *56*	

4	**Hören** *59*	
4.1	Die akustische Außenwelt *59*	
4.2	Der Hörreiz *60*	
4.2.1	Einfache Reize und Hörphänomene *60*	
4.2.2	Mathematische Beschreibung des Reizes *64*	
4.2.3	Reizparameter für Lautstärke, Lautheit, Tonhöhe *65*	
4.3	Bau und Funktion des Hörorgans *67*	
4.4	Akustische Informationsverarbeitung *71*	
4.4.1	Experimente mit Tonreizen *71*	
4.4.1.1	Interferenz *71*	
4.4.1.2	Kritisches Band *71*	
4.4.1.3	Kombinationstöne *72*	
4.4.1.4	Maskierung *73*	
4.4.1.5	Phasenempfindlichkeit *74*	
4.4.2	Residuum *76*	
4.5	Räumliches Hören *77*	
4.6	Erkennen der akustischen Gestalt *79*	
4.6.1	Vorbemerkung *79*	
4.6.2	Sprache *80*	
4.6.3	Musik *81*	

5	**Wahrnehmung der Stellung und Bewegung im Raum** 85	6.7.1	Größenkonstanz im Nahbereich 120
5.1	Herkunft und Funktion der Information über Körperstellung und -bewegung 85	6.7.2	Größenkonstanz bei größeren Entfernungen 123
		6.8	Wahrnehmungsraum und meßbarer Außenraum 124
5.2	Bogengänge 85	6.9	Bild und Wirklichkeit 127
5.2.1	Bau und Funktion der Bogengänge 85		
5.2.2	Psychophysik des Bogengangsystems 87	7	**Netzhaut und Lichtempfindlichkeit** 131
5.2.2.1	Reizung des Bogengangsystems 87	7.1	Netzhautstruktur und Sehleistung 131
5.2.2.2	Gleichzeitige Reizung anderer Sinnesorgane 88	7.1.1	Fovea centralis 132
		7.1.2	Das Gesichtsfeld und die Netzhaut 133
5.2.2.3	Coriolis-Kraft und andere Rotationseffekte 88	7.1.3	Der blinde Fleck 134
		7.2	Stäbchen und Zapfen 136
5.3	Maculaorgane 89	7.2.1	Duplizitätstheorie 136
5.3.1	Bau und Funktion der Maculaorgane 89	7.2.2	Stäbchensehen 136
		7.2.3	Rhodopsin 138
5.3.2	Wahrnehmung der Lotrechten 90	7.2.4	Absolute Reizschwelle 139
5.3.3	Wahrnehmung linearer Beschleunigung 93	7.2.5	Zapfensehen 141
		7.3	Dunkeladaptation von Stäbchen und Zapfen 143
5.3.4	Schwerelosigkeit 94	7.4	Spektrale Empfindlichkeit 144
5.4	Bewegungstäuschungen 95	7.4.1	Bestimmung der Empfindlichkeit 144
5.5	Lage- und Bewegungsreflexe 96	7.4.2	Radiometrie und Photometrie 146
6	**Sehen: Abbildung der Außenwelt im Auge** 99	8	**Farbensehen** 147
		8.1	Phänomenologie der Farben 147
6.1	Auge und Kamera 99	8.2	Farbreize, additive und subtraktive Farbenmischung, Körperfarben 149
6.2	Augenoptik 100		
6.3	Netzhautbildschärfe und Akkommodation 102	8.3	Die trichromatische Theorie des Farbensehens 152
6.4	Eigenbeobachtungen zum Augenbau 105	8.3.1	Einführung 152
		8.3.2	Experimentelle Bestätigung der trichromatischen Theorie mit der Farbscheibe 155
6.4.1	Beobachtung entoptischer Erscheinungen 105		
6.4.2	Beobachtungen an den Pupillen 106	8.3.3	Farbmetrik 157
6.4.3	Entoptische Wahrnehmung der Augenmedien 107	8.4	Farbunterscheidungsvermögen 159
		8.5	Farbenblindheit 160
6.4.4	Monokulare Polyopie 110	8.6	Farbige Nachbilder 162
6.5	Eigentümlichkeiten der Augenoptik 111	8.7	Farbiger Simultankontrast 164
		8.8	Farbkonstanz 165
6.5.1	Sphärische Aberration und Astigmatismus 111	8.8.1	Beleuchtungsabhängigkeit der Farbreize und die Farbkonstanzleistung 165
6.5.2	Chromatische Aberration 112	8.8.2	Beobachtungen und Theorien zur Farbkonstanzleistung 167
6.5.3	Photorezeptor-Optik 113		
6.6	Das Netzhautbild 115	8.8.3	Retinex-Theorie 170
6.6.1	Retinale Beleuchtungsstärke und Helligkeit 115	8.9	Systemtheorie des Farbensehens 172
6.6.2	Zentralprojektion der Außenwelt ins Auge 116	9	**Psychophysik neuronaler Prozesse im visuellen System** 173
6.6.2.1	Geometrische Raumtäuschungen 116	9.1	Laterale Hemmung 173
6.6.2.2	Vieldeutigkeit des Netzhautbildes, Ames-Raum 118	9.1.1	Randkontrastverstärkung: Machsche Streifen 173
6.6.2.3	Herstellung eines Ames-Raumes 118	9.1.2	Verstärkung des Flächenkontrastes 174
6.6.2.4	Beobachtungen am Ames-Raum 119	9.2	Neurophysiologische Forschungsergebnisse 177
6.7	Größenkonstanzleistung 120		

9.3	Perzeptive Felder *181*		11	**Bewegungs- und Formensehen** *219*
9.4	Räumliches visuelles Auflösungsvermögen *183*		11.1	Bewegungssehen *219*
9.4.1	Bestimmung der Sehschärfe *183*		11.1.1	Visuelle Bewegungsinformation *219*
9.4.2	Räumliche Kontrastübertragungsfunktion *184*		11.1.2	Scheinbewegungen und Bewegungsnacheffekte *223*
9.5	Zeitliches visuelles Auflösungsvermögen *187*		11.2	Formensehen *224*
9.5.1	Flimmerfusion *187*		11.2.1	Schnelle Mustererkennung *224*
9.5.2	Zeitliche Kontrastübertragungsfunktion *188*		11.2.2	Spontane Vorgänge beim Bewegungs- und Formensehen *227*
9.6	Musterinduzierte Flimmerfarben (MiFf) *190*		11.2.3	Geometrisch optische Täuschungen und ähnliche Beobachtungen zum Formensehen *229*
9.7	Visuelle Maskierung *198*		11.3	Entwicklung der Sehfähigkeit *233*
			11.3.1	Ontogenese *233*
10	**Sehen mit zwei Augen** *199*		11.3.2	Sehen lernen durch visuelle Rückmeldung der Eigenbewegung *234*
10.1	Monokulares und binokulares Sehen *199*		11.4	Unmögliche Figuren *236*
10.2	Zyklopenauge, Haupt- und Nebenauge *200*		12	**Literatur** *237*
10.3	Dichoptische Reizung *201*		12.1	Allgemeine Nachschlagewerke und Lehrbücher *237*
10.4	Binokulare Fusion *202*		12.2	Spezielle Literatur *237*
10.5	Stereopsis *205*			
10.6	Binokulare Farbenstereopsis *212*		13	**Register** *243*
10.7	Neurophysiologie der binokularen Stereopsis *214*			
10.8	Tiefenwahrnehmung durch Verzögerung des Reizes in einem Auge *215*			

1 Einführung

1.1 Psychophysik der Wahrnehmung

Der naive Mensch glaubt, daß die Dinge seiner Umgebung, so wie er sie wahrnimmt, wirklich existieren und genau die Eigenschaften besitzen, die er an ihnen erkennt. Erst wenn die Wahrnehmung gestört ist, wie beim Drehschwindel oder nach Blendung durch helles Licht, bemerkt er, daß an der Wahrnehmung Vorgänge beteiligt sind, die in ihm stattfinden und das, was er wahrnimmt, erst hervorbringen. Mit den Sinnesorganen und dem Gehirn geht man so um wie mit ausgereiften technischen Geräten: man braucht nicht zu wissen, wie sie funktionieren. Wer aber etwas über Wahrnehmungsvorgänge lernen möchte, tut gut daran, sich selbst beim Wahrnehmen kritisch zu beobachten. Er entdeckt Phänomene, deren Ursache nicht in der Außenwelt zu suchen sind, sondern in der Arbeitsweise der eigenen Sinnesorgane oder des Gehirns. Beispiele sind ➛ Nachbilder, ➛ Doppelbilder und ➛ optische Täuschungen. Die Beschreibung derartiger Phänomene und ihre Interpretation im Lichte der zeitgenössischen Neurobiologie ist das Thema dieses Buches.

Damit ist der wichtigste Zugang zur *Psychophysik der Wahrnehmung* beschrieben, einer Wissenschaft, die den physikalischen und neurobiologischen Aspekten der naturgegebenen Wahrnehmungsfähigkeit nachspürt. Der Name Psychophysik stammt von Gustav Theodor Fechner (1801–1887). Die Fragestellungen der Psychophysik lassen sich bis in die Antike zurückverfolgen, z. B. zu den Versuchen von ➛ Pythagoras mit dem Monochord. Das Programm der Wahrnehmungspsychophysik kann man an dem Schema der Abb. 1 ablesen. Die Basis des Dreiecks stellt die Beziehungen zwischen den Reizen der Außenwelt einerseits und den Erregungsvorgängen andererseits dar. Die Erforschung dieser Zusammenhänge ist Aufgabe der Sinnesphysiologie. Zur Psychophysik wird das Fachgebiet, wenn man die Phänomene der Wahrnehmung in die Forschung mit einbezieht. Manchmal unterscheidet man zwischen äußerer und innerer Psychophysik.

Die Psychophysik ist ein interdisziplinäres Unterfangen. Man benötigt Kenntnisse über

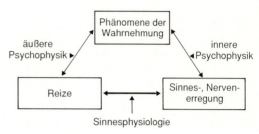

Abb. 1

die Physik der Reize, über Sinnes- und Neurophysiologie, Neuroanatomie, Psychologie, und man kann auch Ergebnisse der Verhaltensforschung mit einbeziehen. Da niemand diese Wissenschaften gleichermaßen beherrscht, werden die Ergebnisse der Psychophysik je nach der Vorbildung der Forscher in verschiedener Weise formuliert. In diesem Buch wird der Zugang zur Psychophysik nach Möglichkeit über Wahrnehmungsphänomene gebahnt, die man leicht beobachten und demonstrieren kann. Der Leser soll nicht nur theoretisch gebildet werden. Er soll vielmehr angeleitet werden, die Wahrnehmungserfahrungen, die zu tieferer Einsicht verhelfen, selbst zu machen.

Man kann sich fragen, warum einfache Phänomene wie die ➛ Doppelbilder oder die durch den ➛ blinden Fleck verursachte Gesichtsfeldlücke, entdeckt werden mußten, obwohl sie jeder Mensch ohne alle Hilfsmittel beobachten kann, und warum man ihre Wahrnehmung oft erst lernen und einüben muß. Als Antwort sei daran erinnert, daß man normalerweise nur das beachtet, was eine Bedeutung im Leben hat. Phänomene, die keine Information über die Außenwelt, sondern Vorgänge in den Sinnesorganen oder dem Gehirn widerspiegeln, nimmt man gewöhnlich gar nicht wahr. Der Zufall oder absichtsvolle wissenschaftliche Überlegungen führen erst zu ihrer Entdeckung.

Die Gefahr, daß man sich seine Wahrnehmungen einbildet oder aufschwätzen läßt, ist gering. Man kann, wenn man von Wahrnehmungen im Traum oder in Rauschzuständen absieht, in der Regel sehr genau zwischen Wahrnehmung und Halluzination unterscheiden. In Zweifelsfällen kann man Experimente so arrangieren, daß die VP nicht weiß, wann welche Reize geboten werden, so daß man erkennen kann, ob eine Wahrnehmung einem Reiz zuzuordnen ist oder nicht.

1.2 Das Psychophysische Problem

Vielen Lesern fällt bei dem Wort „Psychophysik" zuerst das *psychophysische oder Leib-Seele-Problem* ein, zu dem es eine unübersehbare philosophische Literatur gibt (48a, 144). Der Naturwissenschaftler stößt darauf, wenn er sich eingestehen muß, daß er mit seinen anatomischen und physiologischen Untersuchungen in den Sinnesorganen und im Gehirn auf keine psychischen Vorgänge stößt. Was er findet, ist durch die Methodik vorgezeichnet. Der Naturwissenschaftler erstrebt Ergebnisse, die den Kriterien der messenden Naturwissenschaft gerecht werden. Dazu gehören aber die subjektiven Erlebnisse, Gedanken oder Emotionen, nicht. Nicht einmal die einfachsten Empfindungen wie „süß" oder „rot" sind mit Mikroskopen und Meßgeräten zu finden. Die Beziehungen zwischen dem naturwissenschaftlichen Wissen über das Gehirn und dem, was man erlebt, denkt und wahrnimmt, würde man gerne verstehen. Die Schwierigkeiten, die man mit dem Verhältnis der beiden Bereiche hat, werden unter der Bezeichnung *psychophysisches Problem* zusammengefaßt. Niemand zweifelt daran, daß uns die Sinnesorgane und das Gehirn zur Wahrnehmung und zum Bewußtsein verhelfen. Durch kritische Beobachtungen kann man unmittelbar überzeugend in Erfahrung bringen, wie Leibliches und Seelisches einander beeinflussen. Daher rührt das Interesse an den Beobachtungen, zu denen dieses Buch anleitet.

Für die Ergebnisse der Psychophysik ist es unwichtig, ob sich der Forscher zur philosophischen Position des *Monismus* oder des *Dualismus* bekennt. Im ersten Fall glaubt er, Psychisches und Physisches sei letztlich dasselbe, im zweiten Fall ordnet er Leib und Seele verschiedenen Bereichen zu. Die philosophischen Überlegungen sind anregend für die Entwicklung von Fragestellungen. Die Forschungsergebnisse lassen aber immer sowohl monistische wie auch dualistische Interpretationen zu. Die Verschiedenartigkeit des Zugangs zu den Bereichen des Physischen und Psychischen kann man weder durch ein Bekenntnis zu einer philosophischen Position noch durch logische Untersuchungen der Fragestellungen der Psychophysik ändern.

Emil du Bois-Reymond (1818–1896), einer der Gründungsväter der Neurobiologie im 19. Jahrhundert, war überzeugt davon, daß alle psychischen Vorgänge durch die physikalisch-chemischen Erregungsvorgänge im Gehirn hervorgebracht werden. Er ließ nur die Methoden der Naturwissenschaft, die letztlich der Physik verpflichtet sind, für die Erforschung der Wirklichkeit, also auch der Sinnesorgane und des Gehirns, gelten. Der Bereich des Seelischen muß nach dieser Vorgabe geleugnet oder als methodisch unerreichbar erklärt werden. Folgerichtig hielt du Bois-Reymond das psychophysische Problem für unlösbar wie die Quadratur des Kreises. Sein Kommentar lautete „ignorabimus", d.h., wir werden darüber nichts wissen (60). Diese philosophische Position ist für den Hirnforscher nicht gerade ermutigend. Herbert Feigl (70, 71) bezeichnete sie als einen Fall von Masochismus. Die *Identitätstheorie*, die er unterstützt, schließt die Lösung des psychophysischen Problems nicht kategorisch aus. Nach dieser Vorstellung, die sich einer weiten Verbreitung erfreut, unterscheidet sich Psychisches und Physisches nur in der Erscheinungsform. Die Identität wird vorausgesetzt, obwohl sie beim gegenwärtigen Erkenntnisstand nur erahnt werden kann. Die Identitätstheorie weckt die Hoffnung, daß die Unterschiede zwischen den Bereichen des Psychischen und Physischen mit dem Fortschritt der Forschung verschwinden werden.

Philosophische Standpunkte werden in der Regel daraufhin untersucht, ob sie zu Widersprüchen führen oder nicht. Für die Psychophysik ist es wichtiger zu prüfen, ob sie für die Forschung fruchtbar sind, d.h., ob sie zu weiterführenden Experimenten und Einsichten anregen. In dieser Hinsicht ist neben den erwähnten monistischen Denkansätzen die dualistische *Wechselwirkungstheorie*, die von Sir John Eccles (63) vertreten wird, interessant. Dem naiven Selbstverständnis des Menschen wird sie gerecht. Dieser geht davon aus, daß sein subjektives Erleben durch physische Prozesse, z.B. durch Sinnesreize und -erregungen, hervorgerufen werden kann, und er weiß, daß psychische Vorgänge, wie Furcht, Einsicht oder bewußte Entscheidung, zu physischen Prozessen, zu Herzklopfen oder zu Handlungen, Anlaß geben. Bei der Interpretation von seelischen Erlebnissen und Erregungsvorgängen sind im Rahmen der Wechselwirkungstheorie Argumente aus beiden Bereichen zugelassen und es besteht nicht die Notwendigkeit, das eine durch das andere gewaltsam zu erklären oder zukünftige Einsichten heute schon vorauszusetzen.

Anregend für die Forschung und geeignet zur Formulierung von Problemen gegenwärtiger Psychophysik ist das Konzept der drei Welten von Sir Karl Popper (144), das in die Überlegungen von Eccles eingegangen ist. Welt 1 = Bereich des Physischen, Welt 2 = Welt der Empfindungen und Emotionen, Welt 3 = Welt des Wissens. Das philosophische Konzept erlaubt die angemessene Betrachtungsweise für jeden der Bereiche sowie die Möglichkeit, die Beziehungen zwischen den Bereichen zu diskutieren. Das Schema schützt vor einfachen Vorstellungen mit unerwünschten Konsequenzen. So haben Monisten, die nur die Physik gelten lassen wollen, Schwierigkeiten, die Existenz des Bewußtseins überhaupt anzuerkennen. Dieser Schwierigkeit kann man mit dem Konzept des *Panpsychismus* entgehen, nach dem die ganze Welt als beseelt anzusehen ist. Man muß mit dieser Ansicht allerdings auch den Elementarteilchen der Physik psychische Fähigkeiten zuschreiben, obwohl dafür bislang kein Bedarf ist. Dualisten stehen in der Gefahr, einen Homunculus als Bewohner und Benutzer des Gehirns postulieren zu müssen. Mit dem Popperschen Schema kann man den Schwierigkeiten ausweichen. Es erlaubt, alle Erfahrungsbereiche einzubeziehen und nach den gegenseitigen Beziehungen zu fragen, ohne sich voreilig auf ein philosophisches Konzept festlegen zu müssen.

Diese Überlegungen zeigen, daß die Psychophysik nicht als Entscheidungsinstanz über das psychophysische Problem in Anspruch genommen werden kann. Die philosophischen Konzepte sind keine Forschungsergebnisse psychophysischer Forschung. Sie gehen vielmehr den Fragestellungen voraus und sind manchmal in der Formulierung von Fragestellungen erkennbar. Trotz der großen Tradition im Umgang mit dem psychophysischen Problem kann man durch ein Bekenntnis zu einer der philosophischen Positionen keine Probleme der Psychophysik lösen.

1.3 Grundbegriffe

Man geht davon aus, daß *Reize* physikalische Größen sind. Die Sinneszellen sind für jeweils bestimmte Reizarten spezialisiert (a) durch ihre Lage im Körper und (b) durch ihre Ausstattungen mit molekularen Rezeptorstrukturen, durch die der *Primärprozeß der Erregung* ausgelöst wird. Die durch (a) und (b) eingeschränkte Reizbarkeit begründet die jeweilige *Reizspezifität* der Sinneszellen. Wegen der Verschiedenartigkeit der Sinnesorgane gibt es keine allgemeingültige physikalische Definition der Reize. In vielen Fällen kann der Reiz in Energieeinheiten gemessen werden, z. B. bei einem kurzen Lichtreiz im Dunkeln. In anderen Fällen besteht der Lichtreiz aus einer Leistung (Energie/Zeit) oder deren Änderung wie bei den Lichtreizen, die beim Tagessehen ins Auge gelangen. In wiederum anderen Fällen registrieren Sinneszellen einen Zustand oder dessen Änderung wie die → Stellungs- und die → Temperaturrezeptoren.

Als *adäquater Reiz* gilt derjenige, für den die Sinneszellen spezialisiert sind. In vielen Fällen findet im Sinnesorgan eine *Reizleitung* statt, bei der der Reiz physikalisch umgeformt wird, bevor er auf die Sinneszelle einwirkt. Das ist z. B. beim Ohr der Fall, in dem die Druckwellen des akustischen Reizes in Bewegungen der → Stereovilli an den Hörzellen umgewandelt werden. In derartigen Fällen muß man zwischen *organ- und rezeptoradäquaten Reizen* unterscheiden. *Inadäquate Reize* sind physikalische Größen, die Erregungen auf unnatürliche Art erzeugen. So kann man Lichterscheinungen nicht nur durch adäquate Reize, nämlich elektromagnetische Strahlung im Wellenlängenbereich zwischen 400 und 800 nm hervorrufen, sondern auch mit elektrischen Stromstößen oder durch einen Faustschlag auf das Auge. Als Unterrichtsversuch zu diesem Thema ist die Erzeugung von → Phosphenen, durch vorsichtigen Druck auf die weiße Augenhaut, mehr zu empfehlen.

Etwas anderes als Reizspezifität ist die *sensorische* oder *Empfindungsspezifität* der Sinneszellen, für die Johannes Müller (1801–1858) die kaum noch gebräuchliche Bezeichnung „spezifische Sinnesenergie" eingeführt hat. Dieser Begriff trägt der erstaunlichen Tatsache Rechnung, daß Sinneszellen nur die ihnen eigentümlichen Empfindungen liefern. Selbst wenn die Sinneserregungen nur eine physiologische Wirkung, aber keine Empfindung verursacht, wie es bei vielen Sinneszellen der Eingeweide der Fall ist, ist die Wirkung der sensorischen Erregung immer dieselbe. Die eben erwähnten inadäquaten Reize am Auge zeigen das Prinzip. Sie führen alle zu Lichterscheinungen. Elektrische Reizung des Ohres führt zu Hörwahrnehmungen. In vielen Fällen kann man eine Empfindungsart auf die Erregung einer einzelnen spezifischen Sinneszellart zurückführen. Die → Vibrationsempfindung z. B. wird durch die → Pacinischen Körperchen in der Haut hervorgerufen. Die Farbempfindungen werden dagegen durch drei → Zapfenarten verursacht, deren relative Erregungsstärke für die einzelnen Farben spezifisch ist. Empfindungsspezifisch sind auch die sensorischen Nervenzellen, was man durch elektrische Reizung nachweisen kann. Je nach der Spezifität der gereizten Nervenzelle spürt die VP eine bestimmte Art von Empfindung. Das Prinzip der Empfindungsspezifität ist von großer Bedeutung, weil es zeigt, daß die Empfindungen, die nur subjektiv erfahrbar sind, bestimmten Strukturen des Organismus zugeordnet werden können.

Man kann die Empfindungsspezifität folgendermaßen in Erfahrung bringen: Man berühre mit dem Stiel einer schwingenden Stimmgabel das Felsenbein hinter dem Ohr. Man hört dann einen Ton, weil die mechanischen Schwingungen durch Knochenleitung zum inneren Ohr gelangen und dort in den rezeptoradäquaten Reiz umgewandelt werden. An der Fingerkuppe und an der Lippe führt derselbe Reiz zu ➞ Kitzelempfindungen. Daß diese Kitzelempfindungen durch die Schwingungen hervorgerufen werden, prüft man durch Vergleich mit den Empfindungen bei Berührung mit dem Stiel einer nicht schwingenden Stimmgabel. Außer der Berührung nimmt man auch Kälte wahr. Die Kaltempfindung kann so intensiv sein, daß man die Kitzelempfindung überdeckt und nur undeutlich hervortreten läßt. Man stecke in diesem Fall die Stimmgabel für einige Minuten in die Hosentasche und wiederhole dann den Vibrationsversuch mit der angewärmten Stimmgabel.

Das *System der fünf Sinne* von Aristoteles, das in der Umgangssprache fortlebt, ist einerseits auf die subjektiven Sinneserfahrungen, aber andererseits auch auf deren Zuordnung zu den Sinnesorganen gegründet. Sehen, Hören, Riechen, Schmecken und Fühlen entsprechen den damals bekannten Sinnesorganen Auge, Ohren, Nase, Zunge und Haut. Die Empfindungen, die ein Sinnesorgan liefert, faßte man später als eine *Modalität*, z. B. Sehen, zusammen und unterteilte die Modalitäten in *Qualitäten*, z. B. Farbe, Helligkeit. Einteilungen dieser Art werden als subjektiv bezeichnet, weil die Empfindungen, auf denen sie aufbauen, nur durch Eigenerlebnisse in Erfahrung zu bringen sind. Ein objektiver Aspekt bei dieser Einteilung ist allerdings die Zuordnung zu den Sinnesorganen. Nach diesem Kriterium könnte man heute nach der Entdeckung immer neuer Arten von Sinneszellen auch neue Modalitäten einführen, z. B. eine für „warm" und eine für „kalt", weil es ➞ Warm- und Kaltrezeptoren gibt. Das ist aber nicht üblich. Man käme auch in Schwierigkeiten bei Sinneszellen, die keine Empfindungen erzeugen, wie z. B. den Chemorezeptoren des Blutkreislaufs.

Man umgeht dieses Problem, indem man die Sinne nach physikalischen Kriterien einteilt. Mechanorezeption, Photorezeption, Chemorezeption, Thermorezeption sind Beispiele für dieses objektive *sinnesphysiologische System*, in dem auch Sinnesarten unterzubringen sind, zu denen es keine Empfindungen gibt oder die der Mensch nicht besitzt, wie die Elektrorezeption bei Fischen. Aber auch das sinnesphysiologische System hat seine Schwächen. Hören, Tasten und Gleichgewichtssinn gehören trotz der großen Unterschiede alle zur Mechanorezeption. Wenn man diesem Mangel durch Unterteilung in Phonorezeption, Pressorezeption, Gravirezeption usw. abzuhelfen sucht, wird auch das objektive sinnesphysiologische System dem subjektiven System wieder ähnlich. Brauchbar ist ein System der Sinne nur, wenn es wie das des Aristoteles die Empfindungen berücksichtigt.

Sinnes-, Nerven- und Muskelzellen erzeugen elektrische *Erregungen*, die mit Mikroelektroden registriert werden können. Was dabei gemessen wird, sind Änderungen des elektrischen Potentials zwischen dem Inneren der Zelle und ihrer Umgebung. Die Energie für die elektrochemischen Prozesse wird durch den Stoffwechsel in den Zellen bereitgestellt. Das Potential ändert sich, wenn Ionenströme durch die Zellmembran fließen. Die Steuerung der Ionenströme wird durch Eiweißmoleküle in der Membran bewerkstelligt, die wie Ionenkanäle funktionieren, welche sich öffnen und schließen können.

Es gibt verschiedene Erregungsformen. Reize lösen in Sinneszellen ➞ Primärprozesse aus und als Folge davon *Rezeptorpotentiale*. Deren Größe ändert sich mit der Reizstärke. In Nervenfasern treten *Nervenimpulse* auf, die fortgeleitet werden. Bei den Nervenimpulsen bleibt die Amplitude gleich und die Information ist in der Frequenz der Impulsfolge codiert. Nervenzellen bilden Netzwerke, in denen sie durch *Synapsen* verknüpft sind. Die Übertragung der Erregung von einer Zelle zur nächsten wird durch die Synapsen bewerkstelligt, von denen es verschiedene Arten gibt, deren erregende oder hemmende Wirkung auf die Folgezelle variabel sein kann. Bei der synaptischen Erregungsübertragung kann man die nicht weitergeleiteten *Synapsenpotentiale* registrieren.

Sinneszellen speisen Erregung und damit ➞ Signale aus der Außenwelt über Synapsen in das Nervensystem ein. Die sogenannten *motorischen Nervenzellen* steuern ebenfalls über Synapsen die Muskeln und andere Effektoren und damit das Verhalten. Die meisten Nervenzellen, beim Menschen wenigstens 10^{11}, sind *Interneurone*, d. h., sie sind synaptisch nur mit anderen Nervenzellen verknüpft. Die Zahl der Synapsen an einer Nervenzelle reicht von zwei bis zu mehreren Tausend. Nervenzellen sind nicht nur zur Reaktion auf eintreffende Erregung, sondern auch zur spontanen Erregungsbildung befähigt.

Was *Wahrnehmung* ist, braucht nicht erklärt zu werden, weil der Leser dafür bereits ein Experte ist. Es gibt aber terminologische Probleme. Nach der aus dem 18. Jahrhundert stammenden atomistischen Theorie wurden Wahrnehmungen aufgefaßt als zusammengesetzt aus unteilbaren Bausteinen, die man *Empfindung* nannte. Eine Tomate ist nach dieser Vorstellung ein Gegenstand der Wahrnehmung, ihre rote Farbe eine Empfindung. Dahinter steht die Vorstellung, daß die Sinnesorgane die Empfindungen als Material für die Wahrnehmung liefern und daß der wahrzunehmende Tatbestand erst im Gehirn daraus zusammengebaut wird. Die daraus abzuleitende Definition von Empfindung und Wahrnehmung ist bestechend klar, aber leider unbrauchbar. Man kann das Ergebnis der Wahrnehmung, z. B. bei einem Gesicht, nicht in Empfindungen zerlegen. Das Material, das die Sinnesorgane nach der atomistischen Vorstellung liefern, ist gar nicht zugänglich. Die Wahrnehmungsfähigkeit ist für Gegenstände und komplexe Tatbestände spezialisiert und nicht für einzelne Reize. Sie hängt keineswegs nur von der sensorischen Eingangsinformation, sondern auch von inneren Vorgaben ab, siehe Abschnitt 1.4. Die Gestaltpsychologen begegneten der atomistischen Theorie mit der klassischen Weisheit, daß das Ganze mehr ist als die Summe der Teile. Das Ganze ist die ➤ Gestalt.

Nach diesen Einsichten sollte man die Farbe der Tomate besser als einen isolierten Aspekt des wahrgenommenen Gegenstandes auffassen, als Abstraktion und nicht als Baustein der Wahrnehmung. Weil sich die atomistische Theorie nicht bewährt, kann man leider den Begriff der Empfindung auch nicht mehr klar gegen den der Wahrnehmung abgrenzen. Man benutzt das Wort Empfindung für einfache und das Wort Wahrnehmung mehr für komplizierte Phänomene.

Hermann v. Helmholtz (1821–1894) schlug vor, das Wort Wahrnehmung auf Tatbestände und Gegenstände zu beziehen und Empfindung auf das, was dem Subjekt widerfährt, wenn es von einem Reiz getroffen wird. Damit wird das Wahr-Nehmen richtig als ein aktiver Vorgang herausgestellt, während die Empfindung als passiver Sinneseindruck aufgefaßt wird. Zwischen der Wahrnehmung „es ist kalt" und der Empfindung „mir ist kalt" besteht in diesem Sinn tatsächlich ein Unterschied. Im Gebrauch der Terminologie hat sich diese Unterscheidung nicht durchgesetzt. Man formuliert diesen Sachverhalt auch, indem man sagt, daß die *Empfindung objektiviert oder somatisiert* sei.

1.4 Wahrnehmung der Außenwelt

1.4.1 *Reiz und Signal*

Es gibt Spezialfälle der Wahrnehmungsforschung, in denen man mit der einfachen Vorstellung einer Kausalkette „Reiz – Erregung – Wahrnehmung" zu beachtlichen Erfolgen kommt. Ein Beispiel ist die Bestimmung der ➤ absoluten Reizschwelle für die Lichtwahrnehmung, bei der die VP zu Protokoll gibt, ob sie etwas gesehen hat oder nicht, während der VL die Größe kurzer Lichtreize variiert. Aus dem kleinsten wirksamen Lichtreiz konnte man mit einigen Überlegungen schließen, daß ein Photon ausreicht, um eine Lichtsinneszelle zu reizen und die Folgeprozesse bis hin zur Lichtwahrnehmung in Gang zu setzen, Abschnitt 7.2.3. Zu diesem wichtigen Ergebnis gelangte man, weil die Bedingungen der Wahrnehmung in dem Experiment extrem einfach waren.

Die VP brauchte nur zu melden, ob die erwartete Lichtwahrnehmung stattgefunden hatte oder nicht. Vor dem Versuch mußten allerdings die Regeln des Experiments mit der VP vereinbart werden. Die VP mußte wissen, worauf sie zu achten hatte, und wie sie reagieren sollte, so wie man an der Verkehrsampel wissen muß, was man bei rot und grün zu tun hat. Es ist also selbst in diesem einfachen Fall nicht einfach ein Reiz, auf den man reagiert, sondern ein *Signal*, d. h. ein Reiz, dem eine Information zugeordnet ist. Der Reiz gehört zur Außenwelt, die Information bringt die VP in den Wahrnehmungsvorgang ein.

Der im Betrachter verankerte Informationsanteil des Signals kann für die Wahrnehmung so wichtig sein, daß ein und derselbe Reiz, je nach der Erwartung des Betrachters zu verschiedenen Ergebnissen führt. Es macht vielleicht noch keinen großen Unterschied, ob man ein Zebra als Tier auffaßt mit schwarzen Streifen auf hellem oder mit hellen Streifen auf dunklem Untergrund. **Bei der Abb. 2 aber ist es wichtig, ob man eine schwarze Kreuzfigur auf weißem oder eine helle auf dunklem Untergrund zu sehen wünscht. Die Figur kippt nach links oder rechts je nachdem, wo-**

Abb. 2

für man sich entscheidet. **Weitere Beispiele findet man in den** Abb. 232 und 239.

Betrachtet man den Vorgang der Wahrnehmung unter diesem erweiterten Blickwinkel, so findet man schnell heraus, daß der Reiz unter normalen Bedingungen höchst variabel sein kann und trotzdem zu präzisen Wahrnehmungen führt. Man erkennt einen Gegenstand aus verschiedenen Richtungen, Entfernungen und unter verschiedenen Beleuchtungen, also unter Bedingungen, die das ➤ Netzhautbild und damit den Reiz für die Sinneszellen der Netzhaut erheblich beeinflussen. Die physikalische Natur des Reizes reicht somit nicht aus, um zu erklären, wie es zu einer bestimmten Wahrnehmung kommt. Es kommt entscheidend auf die Information an, die den Reiz zum Signal macht.

Mit derartigen Überlegungen beschäftigen sich auch die Informatiker bei der Entwicklung mustererkennender Geräte. Sollen z. B. die handgeschriebenen Ziffern auf einem Bankbeleg automatisch registriert werden, so muß man einen erheblichen informatischen Aufwand betreiben. Der erste Schritt ist die Meßwerterfassung. Es folgt die Bildung von Merkmalsklassen und die Zuordnung der errechneten zu gespeicherten Merkmalen. Wenn die Zuordnung gelingt, endet die Operation mit der Ausgabeoperation. Soweit funktioniert ein mustererkennendes System nach dem Prinzip der Kausalkette „Eingangsgröße – Verarbeitung – Ausgangsgröße". Seine Leistung wird der des Menschen ähnlicher, wenn die gespeicherten Merkmale durch Instruktion oder Lernvorgänge geändert und dadurch an immer neue Aufgaben angepaßt werden können. Wollte man die Vergleichbarkeit mit dem Wahrnehmungsvorgang noch weiter treiben, so müßte man allerdings das Prinzip verlassen, wonach das Gerät passiv auf den geeigneten Eingangsreiz wartet und dann mit dem vorgesehenen Programm reagiert wie ein Münzautomat.

1.4.2 Wahrnehmung als aktive Leistung

Wahrnehmen ist, wie der Name sagt, ein aktiver Vorgang. Wer sucht, der findet, was der Unaufmerksame übersieht. Der Reiz ist in der Regel nur der Auslöser für eine Wahrnehmung. Eine wesentliche Voraussetzung für das Wahrnehmen ist die *Aufmerksamkeit*, die man auf einen Tatbestand richten kann. Dadurch wird die Wirksamkeit von Signalen verbessert. In einem weit entfernten Gegenstand am Himmel, der auf unsere Netzhaut einen mehr oder weniger kreuzförmigen Schatten wirft, erkennt der aufmerksame Ornithologe mit rätselhafter Sicherheit einen bestimmten Raubvogel, während andere Menschen den Reiz gar nicht bemerken. Der Cocktailparty-Effekt bezeichnet die erstaunliche Fähigkeit, im Stimmengewirr seine Aufmerksamkeit auf ein bestimmtes Gespräch zu richten und andere Geräusche auszublenden. Die selektive Aufmerksamkeit kann unbewußt wirksam sein wie es beim sogenannten Ammenschlaf der Fall ist, in dem die Mutter durch ein leises Geräusch des Säuglings geweckt wird, bei viel lauteren andersartigen Geräuschen dagegen weiterschläft. Ein unerwartetes Ereignis kann die Aufmerksamkeit auf sich ziehen. Man kann erschrecken, wenn man unerwartet etwas Feuchtes berührt oder auf Weiches tritt. Das Ausrichten der Aufmerksamkeit bezeichnen Psychologen als *Orientierungsreaktion*. Sie ist gekennzeichnet durch eine besondere Wachheit, verbunden mit der Fähigkeit, bestimmte Tatbestände zu erkennen. Für andere Tatbestände nimmt diese Fähigkeit dabei ab. Was sich häufig wiederholt, verliert an Reizwirksamkeit, ein Prozeß, den man als *Gewöhnung oder Habituation* bezeichnet.

Der Zusammenhang dieser psychischen Vorgänge mit neuronalen Hirnprozessen ist offensichtlich. Im Zustand angespannter Aufmerksamkeit erweitern sich die ➤ Pupillen, die Förderleistung des Herzens nimmt zu, und die Verteilung der Blutflüsse durch die Gefäße im Gehirn ändert sich, was man z. B. mit der ➤ Radioxenon-Methode registrieren kann. Man kann die physiologischen Aspekte der Orientierungsreaktionen am elektrischen Widerstand der Haut in Erfahrung bringen, was vom Lügendetektor her bekannt ist, und man nähert sich dem Problem der Aufmerksamkeitsphysiologie auch über ➤ Hirnstrommessungen. Selbst an der Erregung einzelner Nervenzellen wurde die Wirkung der Aufmerksamkeit beobachtet. In dem Großhirnareal V4, Abb. 167e, gibt es Nervenzellen, die durch rote und grüne Lichtreize verschieden stark aktiviert werden. Bietet man einem Affen den roten und grünen Lichtreiz gleichzeitig dicht nebeneinander, so reagiert die Zelle auf denjenigen Lichtreiz, auf den der Affe seine Aufmerksamkeit richtet. Um zu erreichen, daß er einen Reiz beobachtet und den anderen vernachlässigt, muß man ihm in Vorversuchen die Reize einzeln bieten und seine Reaktion auf einen, den roten oder den grünen, belohnen. Bei Menschen und Affen kann man die Wirkung der Aufmerksamkeit auch an den Augenbewegungen studieren. Bietet man zunächst einen Fixierpunkt (F) und erst danach einen zweiten Lichtreiz (A), so tritt nach einer Zeitverzögerung von ungefähr 150 ms eine ➤ sakkadische, d. h. ruckartige, Augenbewegung zu

1.4 Wahrnehmung der Außenwelt

A auf. Wenn die Aufmerksamkeit nicht mehr an F gebunden ist, weil F schon vor A abgeschaltet wurde, beobachtet man sogenannte Expreß-Sakkaden nach bereits 100 ms (Burkhart Fischer in [5] und [8]). Elektrophysiologische Versuche in vielen Teilen des Gehirns gaben Hinweise dafür, daß die Reaktion von Nervenzellen unter der Kontrolle der Aufmerksamkeit stehen.

Daß Wahrnehmen ein aktiver Vorgang ist, zeigt sich auch darin, daß zeitlich unveränderliche Reize in der Regel wirkungslos sind. Durch Eigenbewegung erst entstehen die sensorischen Signale, die verarbeitet werden. **Das merkt man, wenn man einen Gegenstand tastend untersucht. Hält man die tastende Bewegung an, so scheint der wahrgenommene Gegenstand, dessen Form und Material man gerade in Erfahrung gebracht hat, zu zerfallen in einzelne Empfindungen wie Berührung, Schwere, Kälte und Wärme. Auch diese Empfindungen verschwinden mit der Zeit nacheinander durch ➝ Adaptation, wenn die Reize nicht zu groß sind. Richtet man seine Aufmerksamkeit wieder auf die abgeklungenen Empfindungen, so kann man sie oft wieder aufleben lassen, wie das Gefühl für die Kleider, die man sonst nicht bemerkt.**

Auch das Sehen ist ohne aktive Augenbewegungen nicht möglich. Wenn das ➝ Netzhautbild im Auge wie das Bild in einem Photoapparat während der Aufnahme still steht, hört die visuelle Wahrnehmung auf. Man kann mit technischen Mitteln die Bewegung der Netzhautbilder verhindern und sogenannte *stabilisierte Netzhautbilder* erzeugen. Was man dann sieht, verblaßt innerhalb weniger Sekunden, um schließlich vollständig aus der Wahrnehmung zu verschwinden. Darum kann man normalerweise die Blutgefäße im Auge, deren Schatten immer auf dieselben Stellen der Netzhaut fallen, nicht sehen. Mit einfachen Tricks kann man die Schatten im Auge verschieben, so daß die sogenannte ➝ Purkinjesche Aderfigur sichtbar wird.

Zur Herstellung von stabilisierten Netzhautbildern sind verschiedene Methoden entwickelt worden. Eine beruht im Prinzip darauf, daß man an einem Kontaktglas auf dem Auge einen Spiegel anbringt, über den man ein Bild so auf einen Schirm projiziert, daß es bei allen Augenbewegungen mitgeführt wird. Andere Verfahren beruhen darauf, daß man die Augenbewegungen genau registriert und das visuelle Panorama über ein elektronisch gesteuertes Spiegelsystem auf eine Wand projiziert und den Augenbewegungen folgen läßt (57, 204). Unter geeigneten Umständen kann man beobachten, daß Gesichtswahrnehmungen bereits verblassen, wenn man ein Objekt nur mehrere Sekunden lang anstarrt.

Diesen sogenannten Troxler-Effekt kann man folgendermaßen studieren. Man befestigt zwei oder drei kleine dunkle Papierschnitzel so an einer Seite der Nase, daß man sie alle gleichzeitig sehen kann. Dann stütze man den Kopf über die Hände und die Ellenbogen fest auf einen Tisch, schließe ein Auge und richte den Blick des anderen auf eines der Papierstückchen. Man sieht es wegen des geringen Abstands nur unscharf. Wenn man es einige Sekunden unverwandt, d. h. möglichst ohne Augenbewegungen, anstarrt, verschwinden zuerst die anderen und dann auch der fixierte Papierfetzen aus der Wahrnehmung. Wechselt man den Fixierpunkt, so kann man die Papierchen wieder sehen. Die unscharfe Abbildung begünstigt den Effekt, weil sich bei kleinen, nicht vollständig unterdrückbaren Bildverschiebungen die Reizgröße für die Lichtsinneszellen weniger stark ändert als bei scharf abgebildeten Kontrastkanten.

1.4.3 Außenwelt und Umwelt

In dem Schema der Abb. 3 ist zusammengefaßt, was bis hierher mitgeteilt wurde. Reize aus der *Außenwelt* erhalten durch Körperbewegungen eine zeitliche Struktur. Ob und wie Reize wirksam werden, bestimmen außer den Sinnesorganen die Vorgaben der Erregungsverarbeitung im Nervensystem. Diese steuern die Aufmerksamkeit und passen sich durch Lernvorgänge an neue

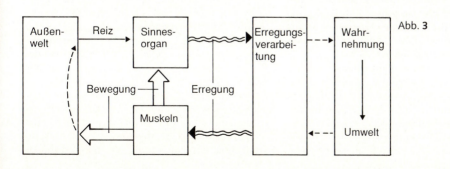

Abb. 3

Man erzählt, daß gewisse Blumen im Sommer bei Abendzeit gleichsam blitzen, phosphoreszieren oder ein augenblickliches Licht ausströmen. Einige Beobachter geben diese Erfahrungen genauer an. Dieses Phänomen selbst zu sehen hatte ich mich oft bemüht, ja sogar, um es hervorzubringen, künstliche Versuche angestellt. Am 19. Juni 1799, als ich zu später Abendzeit bei der in eine klare Nacht übergehenden Dämmerung mit einem Freunde im Garten auf und ab ging, bemerkten wir sehr deutlich an den Blumen des orientalischen Mohns, die vor allen andern eine sehr mächtig rote Farbe haben, etwas Flammenähnliches, das sich in ihrer Nähe zeigte. Wir stellten uns vor die Stauden hin, sahen aufmerksam darauf, konnten aber nichts weiter bemerken, bis uns endlich bei abermaligem Hin- und Wiedergehen gelang, indem wir seitwärts blickten, die Erscheinung so oft zu wiederholen, als uns beliebte. Es zeigte sich, daß es ein physiologisches Farbphänomen und der scheinbare Blitz eigentlich das Scheinbild der Blume in der geforderten blaugrünen Farbe sei. Wenn man eine Blume gerad ansieht, so kommt die Erscheinung nicht hervor; doch müßte es auch geschehen, sobald man mit dem Blick wankte. Schielt man aber mit dem Augenwinkel hin, so entsteht eine momentane Doppelerscheinung, bei welcher das Scheinbild gleich neben dem wahren Bilde erblickt wird. Die Dämmerung ist Ursache, daß das Auge völlig ausgeruht und empfänglich ist, und die Farbe des Mohns ist mächtig genug, bei einer Sommerdämmerung der längsten Tage noch vollkommen zu wirken und ein gefordertes Bild hervorzurufen.

Abb. 4 Man lasse seinen Blick über den Text schweifen und achte dabei auf die hellen Zwischenräume zwischen den Worten. Der Name Goethe wird dann sichtbar.

Aufgaben an. Das Ergebnis des Wahrnehmungsprozesses ist die *Umwelt* im Sinne von Jakob v. Uexküll (1864–1944).

Mit dem Wort „Umwelt" wird hier der Aspekt der Außenwelt bezeichnet, der Menschen und Tieren zugänglich ist. Man kann sagen, Umwelt sei das, was wir mit unseren Sinnes- und Nervenzellen aus der Außenwelt machen, oder noch allgemeiner, die Welt, in der wir leben. Diesen Wortsinn darf man nicht verwechseln mit der später im Zusammenhang mit der Umweltpolitik aufgekommen Definition von Umwelt als den Lebensgrundlagen des Menschen und der Tiere. Die Uexküllsche Verwendung des Wortes soll herausstellen, daß ein Unterschied besteht zwischen dem, was Menschen und verschiedene Tiere über ihre Umgebung in Erfahrung bringen. Verschiedene Tiere können denselben Biotop bewohnen und trotzdem in ungleichen Umwelten leben, weil sie mit verschiedenen Sinnesorganen ausgestattet sind oder auch nur deshalb, weil sie auf verschiedene → Signale achten. In diesem Sinne kann man auch sagen, daß Menschen in verschiedenen Umwelten leben.

Diesen Tatbestand kann man sich mit Hilfe von Vexierbildern klarmachen, in denen der Wissende die versteckte Figur sofort sieht. Das Vexierbild bleibt gleich, sieht aber ganz anders aus, wenn man weiß, worauf man zu achten hat. Dem Leser sei empfohlen, in der Abb. 4 den Namen des Autors des Textes zu suchen, bevor er die Auflösung des Rätsels in der Abbildungslegende liest.

Was beim Erkennen geschieht, kann man an sich selbst nicht vollständig in Erfahrung bringen. Die Erkennungsmerkmale, über die man sich bei einer Stimme oder einem Gesicht Rechenschaft geben kann, sind jedenfalls viel weniger sicher als das Erkennungsurteil, das sich wie von selbst einstellt. Man bezeichnet das Ergebnis der Wahrnehmung häufig als *Gestalt*. Schwierige Wahrnehmungsprobleme, wie das Erkennen des Stils bei einem Kunstwerk oder der Spezies einer Pflanze, werden dadurch, daß man sich die Merkmale klarmacht, sowie durch Übung schneller und sicherer gelöst.

Aufschlußreich ist das Verhalten von Fachleuten, die gelernt haben, bestimmte Sachverhalte zu beurteilen. Ein Pathologe z.B. betrachtet täglich viele mikroskopische Präparate und erkennt die krankhaften Veränderungen in der Regel schnell und sicher. Dem Anfänger fällt es schwer, das Wesentliche zu sehen, auch wenn er die Symptome auswendig gelernt hat. Auch der erfahrene Pathologe ist sich seines Urteils nicht immer ganz sicher. In solchen Fällen stellt er gerne die Entscheidung zurück und schaut sich das Präparat später noch einmal an. Es kommt vor, daß er dann mühelos erkennt, was ihm vorher verborgen geblieben ist und was anhaltende Betrachtung und Überlegung vielleicht nie zutage gefördert hätte. Ganz analoge Berichte geben Kunsthistoriker, die Werke fraglicher Echtheit immer wieder neu ansehen. Der erste Eindruck ist oft der richtige, verliert aber bei anhaltender Betrachtung an Überzeugungskraft. Beim → Weinprüfen trifft man auf ähnliche Erfahrungen.

Um herauszustellen, daß in die Wahrnehmung oder *Perzeption* Information eingeht, die der Mensch schon vorher hat und in den Vorgang einbringt, unterscheidet man sie manchmal von der *Apperzeption*. Damit meint man den Fall von Wahrnehmen, bei dem die inneren Vorgaben noch nicht vorhanden sind, sondern erst entwickelt werden müssen. Anschaulich spricht man oft vom *Suchbild und Merkbild*. Bei der Apperzeption fehlt das Suchbild, mit dem man schnell die wichtigen Merkmale entdecken kann. Die Perzeption läuft schnell und mühelos ab. Apperzeption, d. h. Wahrnehmung ohne klare Vorgaben, ist schwieriger und auch in viel höherem Maße ermüdend.

Der Unterschied zwischen Perzeption und Apperzeption wird oft im Gespräch zwischen Arzt und Patient deutlich. Der Patient kann überfordert sein, wenn er die Symptome seines Unwohlseins beschreiben soll. Wenn aber der Arzt, der die charakteristischen Merkmalskombinationen gelernt hat, gezielte Fragen stellt, kann es geschehen, daß der Patient seinen Zustand anders wahrnimmt als zuvor. Patienten, die in medizinischer Literatur belesen sind, geben andere Schilderungen ihrer Leiden ab als naive. Bevor man bei den einen die Aufrichtigkeit und bei den anderen den Verstand bezweifelt, sollte man sich den Unterschied zwischen Perzeption und Apperzeption klar machen.

Die Wahrnehmungsfähigkeiten sind entscheidend für das Überleben. Darum kann man erwarten, daß die Sinne des Menschen im Laufe der Stammesgeschichte für die Wahrnehmung wichtiger Signale durch die natürliche Zuchtwahl leistungsfähiger geworden sind. Welche Signale sind es wohl, für die wir optimiert wurden? Die Sachverhalte in den Umwelten unserer Vorfahren waren mit Sicherheit sehr kompliziert. Es ging um die Bekömmlichkeit oder Giftigkeit von Nahrungsmitteln, die rechtzeitige Wahrnehmung von versteckten Raubtieren und Feinden, die Beurteilung der Wetterentwicklung usw. Diese biologisch wichtigen Informationen kann man auch nach sorgfältiger phänomenologischer Analyse nicht bestimmten festgelegten Reizparametern zuordnen. Es kommt auf die Kombination von Reizen, auf deren Gewichtung und Verarbeitung an.

Auch für den rezenten Menschen sind die komplizierten Wahrnehmungen die interessantesten geblieben: das Erkennen eines Gesichtes, der Stil eines Kunstwerks, die Vertrauenswürdigkeit oder Feindseligkeit eines Gesprächspartners. Darum reden die Menschen auch am liebsten über andere Menschen, über das Wetter oder sonstwie komplizierte aber wichtige Tatbestände, die man nicht leicht erkennen kann. Man muß wohl davon ausgehen, daß unsere Sinnesleistungen zur Lösung komplizierter Wahrnehmungen spezialisiert sind und nicht für die einfachen Signale der technischen Welt, wie Verkehrszeichen oder Uhrzeiger.

1.4.4 *Stabilität der Umwelt*

1.4.4.1 Reafferenzprinzip

Es ist nicht selbstverständlich, daß man die ruhende Umwelt unbewegt sieht, weil sich die Sinnesreize als Folge der Eigenbewegung dauernd ändern. Selbstverursachte Reizänderungen sind sogar Voraussetzung für die Wahrnehmung, Abschnitt 1.4.2, führen aber in der Regel nicht zu dem Eindruck, daß sich etwas geändert habe. **Streicht man mit der Hand über einen Gegenstand, so kann man sehr genau unterscheiden, ob die mechanische Reizung der Hand durch deren eigene Bewegung, durch Bewegung des Gegenstandes oder durch beides zugleich zustande gekommen ist.** Wie kommt es zu dieser Unterscheidungsfähigkeit?

Objektive Unterschiede zwischen den mechanischen Hautreizen in den drei Situationen können, wenn sie existieren, für die Unterscheidungsleistung genutzt werden. Viel einleuchtender wäre es aber, wenn im Gehirn die Information über die Eigenbewegung der Hand berücksichtigt würde. Die uninteressante, weil selbstverursachte, Information könnte bei der Erregungsverarbeitung unterdrückt werden, so daß sie nicht in die Wahrnehmung eingeht. Diese Vorstellung soll an einem übersichtlichen Beispiel, den Augenbewegungen, diskutiert werden. Dreht man die Augen nach rechts, so verschiebt sich das Netzhautbild im Auge nach links. Weil man nicht den Eindruck gewinnt, daß sich die Außenwelt bewegt habe, kann man davon ausgehen, daß selbstverursachte Bildverschiebungen nicht in die Wahrnehmung eingehen. Wäre dagegen dieselbe Bildverschiebung durch eine Bewegung der Außenwelt verursacht worden, so hätte man dies sehr wohl wahrgenommen. Für die Unterdrückung des selbstverursachten Bewegungsreizes gibt es verschiedene Möglichkeiten.

In der sensorischen Rückmeldungshypothese spielen Sinneszellen, die Stellungen von Augen und Kopf registrieren, eine Rolle. Ihre Erregung soll im Gehirn so genutzt werden, daß die Außenwelt unabhängig von der Kopf- und Augenstellung und -bewegung wahrgenommen wird. Die bei den Augenbewegungen auftretenden visuellen Bewegungssignale sollen nach der Hypothese mit Hilfe der Rückmeldungen von Stellungsrezeptoren an den Augen unterdrückt werden. Wegen der Zeit, die für die sensorische Rückmeldung notwendig ist, ist allerdings zu erwarten, daß die Stellungssignale bei schnellen Augenbewegungen im Gehirn nicht rechtzeitig zur Verfügung stehen. Deshalb müßte man bei Augenbewegungen zuerst eine Scheinbewegung sehen, die einen Augenblick später korrigiert wird. Das ist nicht der Fall.

Das wichtigste Argument gegen die sensorische Rückmeldungshypothese ist leicht zu verifizieren. **Man schließe ein Auge und bewege das andere mit dem Finger am Augenlid. Als Folge der auf diese Weise hervorgerufenen Augenbewegung nimmt man eine scheinbare Bewegung der Umwelt wahr.** Wenn Sinneszellen die Stellung und Bewegung der Augen registrierten, müßten sie auch in diesem Fall dafür sorgen, daß die selbstverursachte Bildverschiebung im Auge nicht in die Wahrnehmung eingeht. Das ist aber nicht der Fall. Daraus folgt, daß die Sinneszellen, die die Augenstellung melden, keine oder jedenfalls keine ausschlaggebende Bedeutung für die Unterdrückung selbstverursachter Bewegungssignale haben.

Helmholtz (90) schlug deshalb die Willensanstrengung, d.h. die Intention zu einer Augenbewegung, als Ursprung für das Signal vor, mit dessen Hilfe selbstverursachte Bewegungssignale unterdrückt werden. Dieser Gedanke kann nach der Weiterentwicklung von Roger Sperry folgendermaßen formuliert werden: Zusammen mit dem neuronalen Bewegungskommando wird im Gehirn ein Erregungssignal (corollary discharge) gebildet, das in die sensorische Erregungsverarbeitung eingeht. Dieses Signal stellt die Information über die zu erwartende Bildverschiebung im Gehirn rechtzeitig zur Verfügung, so daß das selbstverursachte Bewegungssignal unterdrückt werden kann. Der Versuch mit dem Finger am Auge bestätigt diese Hypothese. Weil in diesem Fall keine Bewegung der Augenmuskeln intendiert wird, gibt es im Gehirn auch kein Erregungssignal zur Unterdrückung der Bewegungsinformation, die vom passiv bewegten Auge gemeldet wird.

Im Jahre 1950 führten Erich v. Holst (1908–1962) und Horst Mittelstaedt mit dem *Reafferenzprinzip* eine weitergehende Überlegung ein, Abb. **5**. Sie postulierten, daß im Gehirn von der motorischen Erregung (Efferenz), die zur Augenbewegung führt, die Efferenzkopie abgezweigt wird. Dieses neuronale Signal soll dann mit der Reafferenz, d.h. dem Signal der selbstverursachten Bildverschiebung, verrechnet werden. Neu an diesem Modell ist die Unterstellung, daß Efferenzkopie und Reafferenz einfach voneinander subtrahiert werden. Bei selbstverursachten Bildverschiebungen soll gelten Efferenz = Reafferenz, so daß das Bewegungssignal bei der Differenzbildung verschwindet. Bei Bewegungen von Objekten der Außenwelt gibt es keine Efferenzkopie, so daß die Bildverschiebung zu einer Be-

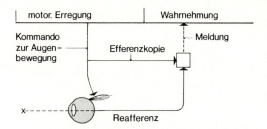

Abb. **5** Reafferenzprinzip am Beispiel der durch Augenbewegungen verursachten Bildverschiebung im Auge. In dem quadratischen Kästchen soll die Efferenzkopie von der Reafferenz und Efferenzkopie abgezogen werden. Bei selbstverursachten Bildverschiebungen im Auge wird die Reafferenz vollständig kompensiert.

wegungswahrnehmung führt. Bei gelähmten Augenmuskeln erzeugt der Versuch, die Augen zu bewegen, keine Reafferenz, wohl aber im Gehirn eine Efferenzkopie. Bei der Differenzbildung entsteht ein Signal mit umgekehrtem Vorzeichen, das tatsächlich zur Wahrnehmung von Scheinbewegungen in entgegengesetzter Richtung führt.

Die Wirkung der Efferenzkopie kann man auch mit Hilfe eines ➔ Nachbildes studieren. Man fixiere mit einem Auge eine Lichtquelle, bis sich ein deutliches Nachbild entwickelt hat. Dann beobachte man das Nachbild bei geschlossenem Auge oder an einer Wand, während man die Augen bewegt. Man erkennt, daß das Nachbild mit den Augenbewegungen wandert. Die Ursache für diese Bewegungswahrnehmung ist die Efferenzkopie. Eine Bildverschiebung im Auge und die zugehörige Reafferenz tritt nicht auf, weil die Ursache des Nachbildes an eine bestimmte Stelle der Netzhaut gebunden ist und bei Augenbewegungen mitgeführt wird.

Das Reafferenzprinzip liefert eine Erklärung für viele Beobachtungen, in denen zwischen selbst- und fremdverursachter Bewegung unterschieden werden muß. Wo und wie es im Gehirn realisiert ist, ist noch nicht klar. Im nächsten Abschnitt soll gezeigt werden, daß für die Erklärung der Stabilität der Umwelt Überlegungen notwendig sind, die über das Kompensationsprinzip selbstverursachter Erregungen hinausgehen.

1.4.4.2 Räumliche Orientierung

Das Stabilitätsproblem stellt sich auch bei der räumlichen Orientierung, d.h. bei der Frage, wie man sich in seiner Umgebung zurechtfindet. **Wenn man umhergeht, sieht man, wie sich die Gegenstände der Umgebung gegeneinander bewegen. Man hat aber nicht den Eindruck, daß sich** die Gegenstände wirklich bewegt hätten. Was man sieht, sind Bewegungen ohne Ortsveränderung. Die Scheinbewegungen sind die Folge der mit dem Standort des Betrachters veränderten Ansicht der Dinge und werden auch so interpretiert.

Der Versuch, nach der Methode des Reafferenzprinzips herauszufinden, ob die wahrgenommenen Bewegungen der Gegenstände durch Eigenbewegung verursacht sind oder ob sich die Objekte selbst bewegt haben, wäre nicht nur sehr aufwendig, sondern unmöglich. Zur Berechnung der Efferenzkopie müßte der jeweilige Abstand der Gegenstände bekannt sein, weil die bei Eigenbewegung zu erwartenden Afferenzen vom Abstand der Objekte abhängig sind. Die Abstandsinformation steht aber nicht, jedenfalls nicht mit hinreichender Genauigkeit, zur Verfügung. Die Frage, wie es kommt, daß man die ruhenden und die bewegten Gegenstände räumlich zuverlässig wahrnehmen kann, auch wenn man sich selbst bewegt, läßt sich z.Z. nur spekulativ beantworten.

Bei der Orientierung im Raum sind nicht nur die Signale aus der Außenwelt wichtig, sondern auch das, was man über seinen eigenen Aufenthaltsort weiß. Man stelle sich vor, man müßte ein Gebäude fluchtartig verlassen. Man orientiert sich dann keineswegs nur nach dem, was man gerade wahrnehmen kann. Man richtet sich vielmehr nach der Information, die das *innere Umweltmodell* (IUM) zur Verfügung stellt. Unsicher ist man, wenn man nicht weiß, wo man ist. Die Information, die das IUM normalerweise bereithält, steht dann nicht zur Verfügung. Man kann sich vorstellen, man befände sich an einem anderen Ort. Auch zeitlich kann man sich in Gedanken vor- und zurückversetzen. Alle diese Beobachtungen weisen auf die zeitliche und räumliche Information hin, die im IUM gespeichert ist.

Vorteilhaft wäre es, wenn für die Orientierung die vereinfachte Information des IUM verwendet würde. Man würde sich dann nach inneren Vorgaben orientieren. Die Sinnesorgane würden bei der Orientierung nur überprüfen, ob man sich zeitlich und räumlich da befindet, wo man aufgrund der IUM-Information gerade sein sollte. Wichtig für diese Überlegungen sind die Versuche mit der Prismenbrille, die im Abschnitt 11.3.2 beschrieben sind. Die durch das IUM gegebene Vereinfachung des Orientierungsproblems kann man sich an analogen technischen Einrichtungen klarmachen. Man kann Raketen bauen, deren Bordcomputer eine Landkarte enthält. Dieser Computer ist so programmiert, daß er die Rakete kreisen läßt, bis die optisch registrierten Wegmarken wie Flüsse, Straßen oder Waldränder und damit die eigene Position auf der inneren Landkarte gefunden ist. Dann orientiert sich die Rakete nach ihrer inneren Landkarte. Die optischen Meßgeräte dienen nur dem Zweck, die Übereinstimmung der wirklichen Position mit der Position auf der inneren Landkarte zu überprüfen.

Für die Orientierung entfällt somit der ungeheure Aufwand, der betrieben werden müßte, wenn man statt des IUM die Flut der auszuwertenden veränderlichen Sinnesreize für die Orientierung heranziehen müßte. Wenn man an einem Baum vorbeigeht, sieht man die Scheinbewegungen der Äste gegeneinander. Diese Bewegungsinformation wird aber offensichtlich nicht so ausgewertet, daß man eine scheinbare Bewegung des ganzen Baumes wahrnähme. Es sieht vielmehr so aus, als operiere das Wahrnehmungssystem mit der Vorgabe, daß große Gegenstände ortsfest sind. Daran können dann auch die Scheinbewegungen nichts ändern. Die ruhende Umgebung ist nach dieser Überlegung nicht das Ergebnis, sondern eine Vorgabe der Erregungsverarbeitung. Wenn sich große Objekte oder die ganze Umgebung tatsächlich bewegen, kommt es zu →Bewegungstäuschungen. →Parallaktische Scheinbewegungen fallen nur auf, wenn man seine →Aufmerksamkeit auf sie richtet. Wo und wie das IUM im Nervensystem realisiert sein könnte, und in welcher Form Räumliches und Zeitliches gespeichert wird, ist noch ganz unklar (47, 124).

1.5 Quantitative Beziehungen zwischen Reiz und Wahrnehmung

1.5.1 *Gleichheits- und Schwellenkriterium, Empfindlichkeit*

An der Abb. 1 kann man das Grundproblem der Psychophysik ablesen: Wie soll man die Wahrnehmungsphänomene, die selbst nicht meßbar sind, den Ergebnissen der sinnesphysiologischen Meßdaten zuordnen? Es gibt eine methodische Möglichkeit, deren Zulässigkeit man zwar bezweifeln kann, die sich aber dennoch bewährt. Man geht davon aus, daß zwei Empfindungen, die ununterscheidbar gleich sind, auch gleichen Erregungsvorgängen zugeordnet werden können. Hier ist ein trivialer und ein weiterführender Fall zu unterscheiden. Wenn schon die Reize physikalisch gleich sind, braucht man sich nicht zu wundern, wenn sie gleiche Erregungsvorgänge hervorrufen und zu gleichen Empfindungen führen. Physikalisch gleiche Lichtreize erzeugen z. B. gleiche Farbempfindungen. Es kommt aber auch vor, daß zwei Lichtreize physikalisch ganz verschieden sind, und trotzdem zu gleichen Farbempfindungen führen. In diesem Fall ist zu Fragen, ob (a) die Sinneszellen auf die physikalisch verschiedenen Reize gleich reagieren oder ob (b) verschiedene Erregungsarten der Sinneszellen in nachgeschalteten Nervenzellen zu gleichen Erregungsweisen verarbeitet werden, die dann zu gleichen Empfindungen führen. Diese Unterscheidung ist nicht trivial und kann geprüft werden. Ein klassisches Beispiel für (a) findet man in diesem Buch bei der → trichromatischen Theorie des Farbensehens, für (b) bei den → musterinduzierten Flimmerfarben.

Das formale *Gleichheitskriterium* kann man auf Reize, auf Erregungen und auf Empfindungen anwenden, ohne irgendwelche weitergehende Aussagen über die zugrunde liegenden Systeme voraussetzen zu müssen. Giles Skey Brindley (32) hat psychophysische Versuche, bei denen es nur auf den Abgleich von zwei Empfindungen ankommt, als *Klasse-A-Experimente* bezeichnet. Ein typisches Experiment nach dem *Abgleichverfahren* ist in Abb. 143 illustriert. Auf der rechten Seite eines Reizfeldes wird eine Farbe F geboten, die mit Hilfe eines Farbenmischers links nachgemischt werden soll, bis beide Hälften gleich aussehen. Der Forscher gewinnt die Information über die Reize, bei denen Gleichheit der Empfindungen eintritt, und damit Meßwerte, die eine physiologische Interpretation zulassen. Gesucht werden letztlich die beiden Erregungsvorgänge, die wie die Empfindungen untereinander gleich sind.

Klasse-B-Experimente sind solche, bei denen die VP eine Beschreibung ihrer Wahrnehmungen abgeben muß oder Empfindungen zu vergleichen hat, die nicht gleich sind. Man kann z. B. verschiedene Farben hinsichtlich ihrer Helligkeit beurteilen. Aus Klasse-B-Experimenten kann man keine so weitgehenden Folgerungen herleiten wie aus Klasse-A-Experimenten, weil die Beziehungen zwischen Reiz, Erregungen und Empfindungen sehr kompliziert sein können. Darum wird man immer bemüht sein, eine Klasse-B-Beobachtung in ein Klasse-A-Experiment zu verwandeln. Man wird, wo immer das möglich ist, einen Vergleichsreiz anbieten und die VP auffordern, diesen so einzustellen, daß die Empfindungen von Reiz und Vergleichsreiz identisch werden.

Ein Grenzfall des Gleichheitskriteriums ist das *Schwellenkriterium*, das in der Psychophysik eine große Rolle spielt. Man bestimmt die kleinste Reizänderung ΔI, die die kleinste wahrnehmbare Änderung ΔE verursacht. Von der *absoluten Reizschwelle* spricht man, wenn die kleinste allein wirksame Reizgröße bestimmt wird, z. B. die kleinste Lichtmenge, die im vollständig Dunkeln eine Lichtempfindung hervorrufen kann. Meistens aber bestimmt man die *Unterscheidungsschwelle*, d. h. die kleinste wahrnehmbare Änderung der Reizgröße. Den Kehrwert der Reizschwelle, d. h. der Größe des Schwellenreizes, bezeichnet man als *Empfindlichkeit*.

1.5.2 Das Webersche Gesetz

Die Erfahrung lehrt, daß die Sinne keine sichere Information über absolute Größen, Gewichte, Orientierung, Beleuchtungsstärken, Tonhöhen oder Temperaturen liefern. Man benutzt deshalb Zollstöcke, Briefwaagen, Wasserwaagen, Belichtungsmesser, Stimmgabeln und Thermometer. Mit großer Sicherheit und ohne Hilfsmittel kann man aber Größenunterschiede feststellen. Dabei kann man eine zusätzliche Erfahrung machen. Ein Gewichtsunterschied von fünf Gramm zwischen zwei Briefen ist durch Abwägen mit der Hand leicht zu erkennen, nicht aber bei zwei schweren Koffern. Das gilt ganz allgemein. Die Unterschiedsempfindlichkeit hängt von der absoluten Größe ab. Ein Frequenzunterschied von 0,5 Hz ist bei zwei abwechselnd erklingenden Tonreizen kleiner Frequenz auffallend, nicht aber bei zwei Tonreizen großer Frequenz.

Auf Ernst Heinrich Weber (1795–1878) geht die Erkenntnis zurück, daß die kleinste gerade noch wahrnehmbare Abweichung ΔI jeweils ein bestimmter Bruchteil des gerade wirkenden Reizes I ist. Das Webersche Gesetz lautet

(1) $\Delta I / I = c$ für die Unterscheidungsschwelle

c ist eine Konstante, I ist eine meßbare Eigenschaft des Reizes, die Gewichtskraft bzw. die Frequenz in den letzten Beispielen. ΔI ist die → Unterscheidungsschwelle, bei welcher der kleinste wahrnehmbare Empfindungsunterschied ΔE gerade auftritt.

Die Konstante c hat je nach Sinnessystem und Versuchsbedingungen verschiedene Größen. Beim Heben von Gewichten liegt sie bei c=1/50. Legt man dagegen die Gewichte auf die Hand, ohne sie hochzuheben, so ist das Verhältnis mit c=1/4 größer, was bedeutet, daß die Unterschiedsempfindlichkeit kleiner ist. Beim Vergleich der Längen von geraden Linien, die man abwechselnd betrachtet, findet man c=1/60, aber c=1/250, wenn man die Längen gleichzeitig sehen kann. Verallgemeinerungen aus dem Weberschen Gesetz sind problematisch, weil es, wie

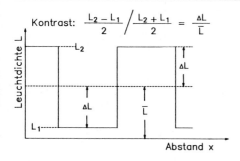

Abb. 6 Definition des Kontrastes.

gleich noch gezeigt werden soll, nur in einem begrenzten Bereich ohne Einschränkung gültig ist.

Die biologische Bedeutung des Weberschen Gesetzes wird deutlich, wenn man sich erinnert, daß man die Zeitung im Mond- und Sonnenlicht lesen kann, obwohl die Beleuchtungsstärke im Sonnenlicht 100 000mal größer sein kann als im Mondlicht. Was hier gleich bleibt und für die Wahrnehmbarkeit entscheidend ist, ist nicht die absolute Reizgröße und auch nicht die Differenz zwischen zwei Reizgrößen, sondern der Kontrast, der als das Verhältnis $\Delta I / I$ definiert ist, Abb. 6. Das helle Zeitungspapier strahlt bei allen Beleuchtungsstärken ungefähr viermal so viel Licht ab wie die schwarzen Buchstaben. Die Beziehung $\Delta I / I$ bleibt darum gleich, auch wenn Zähler und Nenner mit demselben Faktor verändert werden.

Das Webersche Gesetz erklärt, warum wir bei Tag die Sterne nicht sehen können, obwohl die Strahlung der Sterne bei Tag und Nacht als gleichbleibend vorausgesetzt werden darf. Die Sterne müssen um einen bestimmten Faktor c heller sein als der Himmel um sichtbar zu sein. Bei Tag ist der Himmel zu hell.

Man kann das Webersche Gesetz für Gewichte grob nachprüfen mit zwei Streichholzschachteln und einer Briefwaage. Man ändere die Füllung (z. B. Sand) und stelle die kleinsten wahrnehmbaren Unterschiede fest. Die Unterschiedsempfindlichkeit ist am größten, wenn man auf jede Hand eines der zu vergleichenden Gewichte legt. Genauere Ergebnisse bekommt man, wenn man vor dem Versuch viele Gefäße mit verschiedenem Füllgewicht bereitstellt und dann den gerade wahrnehmbaren Unterschied bei kleinen und großen absoluten Gewichten bestimmen läßt. Für größere Gewichte eignen sich zwei Wassereimer bekannten Eigengewichtes, deren Füllung man mit einem großen Meßzylinder genau auf den gerade wahrnehmbaren Unterschied einstellt. Mit dieser Anordnung kann man das Verhältnis $\Delta I/I$ in einem Bereich von 1 bis 10 kg gut bestimmen, wenn man darauf achtet, daß der Vergleich in allen Fällen in genau gleicher Körperhaltung durchgeführt wird, indem man z. B. aufrecht stehend mit jeder Hand einen Eimer auf eine bestimmte Höhe anhebt.

Für die Hellempfindung kann man das Webersche Gesetz in einem Demonstrationsversuch ohne Meßgeräte untersuchen. Man bedecke in einem abgedunkelten Raum die Schreibfläche eines Schreibprojektors mit dunklem Karton, in dessen Mitte zwei kleine Löcher mit einem Durchmesser von etwa 5 mm im Abstand von ungefähr 1 cm geschnitten wurden. Man staple auf das eine Loch kleine Glasscheiben (Diagläser oder Objektträger) und stelle fest, wie viele man braucht, damit an der Projektionswand ein gerade erkennbarer Helligkeitsunterschied zwischen den beiden Flecken auftritt. Dann entferne man die Glasscheiben und überdecke beide Löcher mit einem Graufilter (Folie oder schwach belichteter Schwarzweißfilm), so daß beide Löcher um einen bestimmten Faktor abgedunkelt werden, und wiederhole die Prozedur mit den Glasscheiben. Der Versuch wird wiederholt mit zwei, drei, vier usw. Graufolien, d. h. bei immer dunkleren Lichtflecken. Ergebnis: Man braucht immer gleich viele Glasscheiben, um einen gerade wahrnehmbaren Unterschied der Hellempfindung zu erzeugen. – Eventuelle Abweichungen am hellen oder dunklen Ende der Versuchsreihe sind möglich und werden gleich diskutiert werden.

Warum bestätigt dieser einfache Versuch das Webersche Gesetz? Die Lichtfilter verkleinern die Reizgröße I um jeweils einen Faktor, Abb. 139e. Mit den Graufolien wird I für beide Reize um einen bestimmten, hier allerdings nicht bekannten, Faktor verkleinert. Die nur wenig Licht absorbierenden Diagläser oder Objektträger verkleinern einen der Reize ebenfalls um einen Faktor. Dieser sollte bei allen Größen von I gleich sein. Um die Gültigkeit der Gleichung (1) nachzuweisen, braucht man die absoluten → Leuchtdichten nicht zu kennen.

Die Gültigkeitsgrenzen des Weberschen Gesetzes bemerkt man, wenn man bei großer Helligkeit eine Sonnenbrille aufsetzt. Danach sieht man z. B. in den Wolken feine Schattierungen, die vorher unsichtbar blieben. Weil durch die Sonnenbrille ΔI und I um denselben Faktor herabgesetzt werden, bleibt das Verhältnis konstant. Die Verbesserung, die die Sonnenbrille für die Unterscheidungsleistung bringt, zeigt somit, daß die Unterscheidungsschwelle bei sehr großen Reizen größer, die Unterschiedsempfindlichkeit folglich schlechter ist.

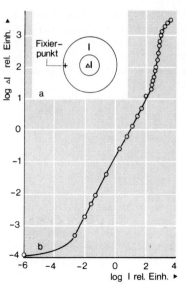

Abb. 7 Geltungsbereich des Weberschen Gesetzes (nach Aguilar [9]).

Abb. 8 Massonsche Scheibe (nach Helmholtz [90]).

Dasselbe gilt für sehr kleine Größen von L, was leicht zu beobachten ist, indem man in einem dunklen Raum eine Sonnenbrille aufsetzt. Man kann dann Helligkeitsunterschiede weniger gut erkennen.

Rembrandt nutzte diese Abweichungen vom Weberschen Gesetz, indem er auf seinen Gemälden den Eindruck extremer Helligkeit bzw. Dunkelheit dadurch hervorrief, daß er in diesen Bereichen alles gleich hell bzw. dunkel malte.

Die Meßdaten der Abb. 7 zeigen die Grenzen der Gültigkeit des Weberschen Gesetzes quantitativ. Hier wurde mit einem Projektor ein kreisrunder Lichtfleck an die Wand projiziert und darauf ein zweiter, kleinerer, der periodisch an- und abgeschaltet wurde. Die Leuchtdichte I des größeren Flecks wurde vorgegeben, und die VP konnte die Leuchtdichte ΔI des kleineren Flecks so einstellen, daß sie das periodische Aufleuchten gerade noch sehen konnte. I ist auf der Abszisse und die Unterscheidungsschwelle ΔI auf der Ordinate, beides logarithmisch, aufgetragen. Man sieht, daß die Webersche Beziehung nur im mittleren Teil der Kurve gilt, I und ΔI sind dort proportional.

Die Abweichung am unteren Ende wird seit Fechner mit dem ➤ Eigengrau erklärt, der unruhigen Lichterscheinung, die auch im vollständig Dunklen, d. h. in Abwesenheit von Lichtreizen, wahrzunehmen ist. Für das Eigengrau kann man in Gleichung (1) ein Eigenlicht I_o einsetzen, mit dem die Abweichung am unteren Ende der Kurve zu erklären wäre: $\Delta I/(I+I_o)$. Auch für die Abweichung am oberen Ende der Kurve gibt es eine physiologische Erklärung. Der Versuch wurde so durchgeführt, daß die VPn nur mittels ihrer ➤ Stäbchen sehen konnten. Wegen der großen Leuchtdichte des größeren Flecks ist der ➤ Sehpurpur weitgehend gebleicht, so daß die Schwellenkurve steil ansteigt.

Die Empfindlichkeit für Helligkeitsstufen kann man besonders exakt mit der Massonschen Scheibe bestimmen, Abb. 8. Wenn sie sehr schnell rotiert, erkennt man konzentrische Ringe, die von innen nach außen heller und schließlich unsichtbar werden. Der letzte gerade noch erkennbare Ring kennzeichnet die Unterschiedsschwelle. Setzt man die Abstrahlung des weißen Untergrundes Iw = 1 und für die der schwarzen Striche Ls den entsprechenden Wert (bei schwarzer Tusche ungefähr Is = 0,08), so kann man über den Schwarzanteil an jedem grauen Ring genau berechnen, um welchen Faktor sich die Abstrahlung vom weißen Untergrund unterscheidet. Für den Hellbezugswert der grauen Ringe gilt I = 1 Iw – (d/2rπ)•Is, worin d = 2 mm die Breite der schwarzen Striche und r der Abstand des Mittelpunktes der Striche vom Zentrum der Scheibe ist. Die Größe I wird mit wachsendem r größer und nähert sich damit Iw, dem Hellbezugswert des weißen Untergrunds.

Man wird in der Regel Helligkeitsunterschiede von Iw – I = 1/100 und kleiner noch erkennen können. Das Weiß der Scheibe entspricht ungefähr den hellsten Flächen in einem Raum, z. B. einer weißen Wand, und das Schwarz der Tusche den dunkelsten Ecken im Zimmer. Somit lehrt der Versuch, daß man etwa 100 Helligkeitsstufen in seiner Umgebung unterscheiden kann, wenn das Webersche Gesetz gilt. Die Grenzen des Gesetzes erkennt man, wenn man die rotierende Scheibe vom Licht wegdreht, so daß sie dunkler erscheint. Dann wird auch die Unterscheidungsschwelle etwas schlechter, d. h., man erkennt dann vielleicht einen Ring weniger.

1.5.3 Empfindungsintensität

Ein wichtiger Aspekt aller Wahrnehmung ist die Intensität der Empfindungen, der Helligkeit, Lautheit, der Geruchs- oder Schmerzempfindungen. Wie hängt die Intensität mit der Reizgröße zusammen? Messen kann man nur die

Reizgröße. Die Empfindungsintensität ist keine physikalische Größe und damit nicht objektiv meßbar. Trotzdem würde man gerne wissen, wie die Empfindungsintensität mit wachsender Reizgröße zunimmt. Die Erfahrung lehrt, daß bei vielen Empfindungsqualitäten die Intensität nicht beliebig groß werden kann. Es gibt wahrscheinlich eine Obergrenze für die Helligkeit, Lautheit oder den Schmerz, die nicht überschritten wird. Das entspricht dem physiologischen Verhalten von Sinnes- und Nervenzellen bei wachsender Reizgröße: Die Erregungsgröße wächst nicht proportional mit der Reizgröße. Sie strebt vielmehr einem oberen Sättigungswert zu.

Fechner machte den Vorschlag, den Zusammenhang zwischen Reizgröße I und Empfindungsintensität E mit einer Logarithmusfunktion zu beschreiben

(2) $E = k \cdot \log I + C$

C und k sind Konstanten. Was zunächst wie eine Eingebung der Phantasie aussieht, erweist sich als recht gut begründbar, weil diese Gleichung aus dem experimentell fundierten → Weberschen Gesetz herzuleiten ist. Die Gleichung (1), das Webersche Gesetz, läßt sich in die Gleichung (2), das Fechnersche Gesetz, umwandeln, wenn man die Konstante c als den kleinsten wahrnehmbaren Empfindungsunterschied ΔE ansieht. Dann kann man Gleichung (1) folgendermaßen schreiben

(3) $\Delta E = k' \cdot \Delta I / I$

woraus durch Integration wird

(4) $E = k' \cdot \ln I + C$

Nach Umrechnung in den dekadischen Logarithmus entsteht daraus die Gleichung (2).

Das Webersche und das Fechnersche Gesetz erweisen sich bei formaler Betrachtung als gleichwertig: Das eine Gesetz schließt das andere mit ein. Voll befriedigend wären diese Beziehungen, wenn man sie auf einen gemeinsamen physiologischen Vorgang der Reizwirkung in Sinnesorganen zurückführen könnte. Das ist nicht möglich. Es ist auch nicht zu erwarten, weil das Webersche Gesetz gar nicht uneingeschränkt gültig ist, wie im letzten Abschnitt dargelegt wurde. Die wahren Zusammenhänge zwischen Reiz und Empfindungsintensität sind komplizierter, als man nach Gleichung (1) und (2) erwartet.

Viele Versuche wurden unternommen, die Weber-Fechnersche Funktion durch eine bessere zu ersetzen, die nicht nur mathematisch stimmt, sondern auch physiologisch zu interpretieren ist. Zur Beschreibung sinnesphysiologischer Versuchsergebnisse eignet sich

(5) $E = E_{max} \cdot (I/(I + I_o))$

nach Rushton (1969). Diese Funktion hat den Vorteil, daß sie über der logarithmisch aufgetragenen Reizgröße I durch Änderung von I_o parallel verschoben wird. Derartiges wird bei Erregungen in der Tat beobachtet, wenn I_o eine zusätzliche Variable des Reizes, z.B. die Farbe oder Intensität der Hintergrundbeleuchtung darstellt, Abb. 129.

Bei psychophysischen Schwellenmessungen sind die zugrunde liegenden Beziehungen zwischen Reizgröße und Empfindungsintensität nicht bekannt und nur indirekt zu erschließen, wie das eben für das Fechnersche Gesetz, Gleichung (2), vorgeführt wurde. Man muß irgendeinen Zusammenhang nach Art der Gleichung (2) oder (5) unterstellen, wenn man aus Schwellenmessungen eine Theorie herleiten möchte. Diese angenommene Funktion bezeichnet man als psychometrische Funktion. Die psychometrische Funktion geht in die Schlußfolgerungen, die man aus seinen Meßdaten herleitet, immer mit ein und ist daher für quantitativ formulierte psychophysische Aussagen oft von großer methodischer Bedeutung.

Eine weitere Funktion dieser Art ist die Potenzfunktion

(6) $E = k \cdot I^\beta$

in der k und β Konstanten sind. Der Nutzen der Potenzfunktion für die Psychophysik soll im nächsten Abschnitt erläutert werden.

1.5.4 Die eigenmetrische Methode

Man kann Empfindungsintensitäten nicht messen, aber man kann ihre Größe schätzen. Dafür ein Beispiel.

Man braucht eine Pappscheibe mit dem schwarz-weißen Muster der Abb. 9 und einen Elektromotor. Bei schneller Rotation verschmilzt das

Abb. 9 Fechnersche Scheibe.

schwarz-weiße Muster der Scheibe zu einem Grau, das außen hell erscheint und nach innen dunkler wird. Die mittlere Reizgröße ist auf einem Ring auf halber Strecke zwischen der Mitte und dem äußeren Rand zu finden, weil dort die Hälfte der Kreisbahn weiß und die andere Schwarz ist. Man sieht aber das mittlere Grau nicht dort, sondern weiter innen. Die empfindungsgemäße Mitte zwischen hell und dunkel fällt also nicht mit der mittleren Reizgröße zusammen. Die einfache Beobachtung bestätigt die Aussage Gleichung (2), nach der die wahrgenommene Helligkeit mit wachsender Reizgröße nichtlinear zusammenhängt und insbesondere im oberen Reizbereich weniger steil ansteigt.

Wenn diese Beobachtung so mühelos gelingt, sollte es dann nicht auch möglich sein, die Empfindungsintensitäten für alle Reizgrößen abzuschätzen und aus den so gewonnenen Daten dann die mathematische Beziehung zwischen Reizgröße und Empfindungsintensität empirisch herzuleiten? Mit diesem Vorgehen würde man den sicheren Boden des → Gleichheitskriteriums und des → Schwellenkriteriums verlassen und sich dem subjektiven Urteil der VP anvertrauen. Aus erkenntnistheoretischer Sicht wäre dieses Vorgehen bestenfalls als ein → Klasse-B-Experiment mit zweifelhaftem Wert einzustufen. Was aber trotz aller methodischer Zweifel für dieses Vorgehen spricht, ist der Erfolg der Methode.

Stanley Smith Stevens (1906–1973) erkannte, daß die Angaben von VPn über Größen und Intensitäten erstaunlich reproduzierbar sind. Auf Grund dieser Erfahrung entwickelte er die Methode der *Eigenmetrik* für die Psychophysik. Man kann z. B. die Leuchtdichte einer Lichtquelle variieren und eine VP auffordern, Zahlenwerte für Helligkeit anzugeben. Das Ergebnis zeigt die zweitoberste Gerade in der Abb. 10. Hier ist der Lichtreiz auf der Abszisse und die Skala der Schätzwerte auf der Ordinate doppeltlogarithmisch aufgetragen. Weil die Punkte mit nur geringen Abweichungen auf eine Gerade fallen, kann man die Funktion unmittelbar ablesen:

(7) $\quad \log E = \beta \cdot \log I + \log k$

woraus durch Delogarithmieren die Stevenssche Potenzfunktion, Gleichung (6), hervorgeht. Die Schätzungen verschiedener VPn stimmen überein, wenn man die willkürlich gewählten Skalen normiert.

Anstelle der Zahlenskala kann man im *intermodalen Vergleich* andere Empfindungsintensitäten verwenden. Das zeigen die übrigen Geraden in der Abb. 10, bei denen die VPn der Leuchtdichte die Kraft zuordneten, mit der sie

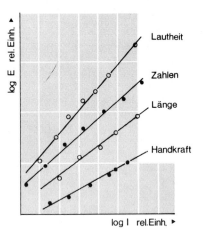

Abb. **10** Eigenmetrische Bestimmung der Empfindungsintensität. Die Leuchtdichte I eines projizierten Lichtflecks in einem dunklen Raum wird vom VL variiert. VPn stellen eine Schallquelle auf gleich intensive Lautheit, schätzen die Empfindungsintensität in Zahlenwerten, variieren die Länge eines Striches und die mechanische Spannung eines geeichten Handkraftgerätes so, daß die jeweilige Empfindungsintensität der Hellempfindungsintenität des Lichtes entspricht. Doppeltlogarithmische Auftragung, Kurven sind zur Verbesserung der Übersichtlichkeit gegeneinander parallel verschoben, Mittelwerte von 10 VPn (nach Stevens [178]).

Tabelle **1** Exponenten der Stevensschen Potenzfunktion für verschiedene Empfindungsintensitäten

Empfindung	Exponent β	Meßmethode
Lautheit	0,67	3000 Hz-Ton
Helligkeit	0,33	Lichtfleck im Dunkeln
	0,5	kurzer Lichtreiz
Geruch	0,6	Heptan
Geschmack	1,3	Zucker
	1,4	Kochsalz
Temperatur	1,0	Kaltreiz am Arm
	1,5	Warmreiz am Arm
Druck	1,1	mech. Druck auf Handteller
Schwere	1,45	gehobenes Gewicht
Handkraft	1,7	mech. Spannkraft der Finger

ein Handdynamometer zusammendrückten, die Länge einer Linie und die Lautheit einer Schallquelle. Man sieht, daß die Steilheit der Geraden für verschiedene Aufgaben verschieden ist. Die Tab. 1 gibt die Exponenten der Potenzfunktion für einige Reizarten wieder. In einigen Fällen hat man zusätzlich zu der eigenmetrisch bestimmten Empfindungsintensität auch noch ein physiologi-

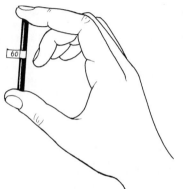

Abb. 11 Zur Längenschätzung.

sches Erregungsmaß bestimmen können und für die Erregung und Empfindung denselben Exponenten festgestellt, Abb. 35.

Weil der eigenmetrischen Methode einerseits eine große Bedeutung zukommt und weil andererseits fast alle Menschen ihrem eigenen Urteil über Empfindungsgrößen kein großes Vertrauen entgegenbringen, sei hier ein einfaches eigenmetrisches Experiment zur haptischen Längenmessung (158) empfohlen.

Der VL reicht einer VP Stäbe verschiedener Länge, die die VP zwischen Daumen und Zeigefinger hält, Abb. 11, und dabei die Länge schätzt. Geeignet sind 19 nicht biegsame Stäbe aus Holz oder Kunststoff mit einem Durchmesser von 1 mm bis 2 mm und in Längen von 10 mm, 15 mm, 20 mm usw. bis 100 mm. Die VP schaut die Stäbe, an denen die Länge notiert ist, nicht an. Der VL reicht die Stäbe in zufälliger Reihenfolge so, daß die VP nur die Enden berührt. Jeder Stab wird zweimal geboten. Die VP weiß nicht, welche Längen existieren. Die Angaben der VP werden protokolliert und anschließend in einem Diagramm aufgetragen, Schätzwerte gegen die wahren Längen. Wenn alle Längen fehlerlos erkannt würden, würden die Meßwerte auf einer bestimmten Geraden liegen. Man findet aber, daß die VPn bei kurzen Stäben dazu tendieren, die Längen zu unter- und bei längeren Stäben zu überschätzen, so daß die Werte um eine leicht nach oben gekrümmte Kurve streuen. Trägt man die Daten doppeltlogarithmisch auf, so findet man sie gewöhnlich auf einer Geraden mit einer Steilheit von y/x = 1, 2 oder etwas mehr. Diese Steilheit entspricht dem Exponenten β der Stevensschen Potenzfunktion, Gleichung (6).

1.5.5 Adaptation

Das Wort „Adaptation" hat viele Bedeutungen. Hier wird es für die Fähigkeit zur Empfindlichkeitsänderung der sensorischen Systeme verwendet. Die sensorische Empfindlichkeit ist nicht immer gleich. Sie kann sich an das Reizangebot anpassen, weshalb man von Adaptation, d. h. Anpassung, spricht. Durch Adaptation wird der Arbeitsbereich vieler Sinnesorgane vergrößert. Sie ist die Ursache dafür, daß man Änderungen der Beleuchtungsstärke um den Faktor 100 oder 1000 meistens nicht bemerkt. Adaptation sorgt dafür, daß man Gerüche nach einiger Zeit nicht mehr bemerkt und daß ein heißes Bad nach kurzer Zeit nur noch warm zu sein scheint.

Adaptation hat viele Ursachen. Man muß zwischen physiologischen Prozessen der Reiz- und Erregungskontrolle unterscheiden. Den Unterschied kann man sich am Beispiel eines Photoapparates klar machen. Der Reizkontrolle entspricht die Regelung der Lichtmenge durch Blende und Belichtungszeit, der Erregungskontrolle die Möglichkeit, Filme mit verschiedener Empfindlichkeit zu verwenden und mehr oder weniger lang im Entwicklerbad zu belassen. Die → Pupille menschlicher Augen ist für die Reizkontrolle nicht sehr wichtig, weil sich ihre Fläche und damit die durchtretende Strahlung höchstens im Verhältnis 1:100 verändern läßt. Bei vielen Wirbeltieren, aber anscheinend nicht bei Menschen, dient die Retinomotorik demselben Zweck: Die Sinneszellen und die Pigmente der Netzhaut regeln durch ihre Beweglichkeit den Eintritt des Lichtes in die Sinneszellen. Der Erregungskontrolle dient im Auge die Bleichung des Sehpurpurs bei der → Dunkeladaptation, es gibt aber auch neuronale Prozesse der Empfindlichkeitsanpassung, Abschnitt 7.3.

Bei psychophysischen Untersuchungen muß in der Regel dafür gesorgt werden, daß sich der Adaptationszustand während des Experimentes nicht oder genau so ändert, wie es notwendig ist. Wenn in einem Experiment zur Bestimmung der → Schwelle die Empfindlichkeit durch die Reize bereits verändert wird, muß man zwischen den Reizen warten, bis sich der ursprüngliche Adaptationszustand wieder eingestellt hat. Die Adaptationskinetik, d. h. die zeitliche Verlaufsform der Empfindlichkeitsanpassung, ist ganz verschieden bei den Sinnesorganen. Beim Hören, Riechen und Schmecken dauert es kaum mehr als eine Minute, bis man nach einem starken Reiz wieder empfindlich ist. Bei der Dunkeladaptation, Abb. 131, ändert sich die Empfindlichkeit beinahe eine Stunde lang.

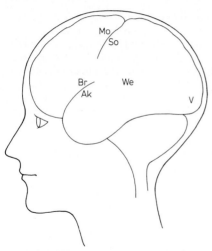

Abb. 12 Übersichtsbild für Felder der Großhirnrinde. Mo= motorisches, So= somatosensorisches, V= visuelles, Ak= akustisches Areal, Br= Brocasches, We= Wernicke-Areal.

1.6 Gehirn und Wahrnehmung

1.6.1 Psychoanatomie

Psychoanatomie bezeichnet das wissenschaftliche Bemühen um die Zuordnung von psychischen Vorgängen zu Strukturen des Gehirns. Daß dies möglich ist, wurde durch klinische Beobachtungen nahegelegt wie dem Ausfall der Sprechfähigkeit bei Verletzungen der frontalen Großhirnrinde in dem Bereich, der in Abb. 12 mit Br (nach Broca) gekennzeichnet ist, oder durch Verlust der Fähigkeit Sprache zu verstehen nach Verletzung des Bereiches We (nach Wernicke). Elektrische Reizung im Bereich Mo (motorische Hirnrinde) führen zu Bewegungen von Muskeln und Reizungen im Hypothalamus (Teil des Stammhirns über dem Munddach, nicht eingezeichnet) löst bei Tieren Stimmungen mit den zugehörigen Verhaltensweisen aus, wie Wut, die zum Angriff auf ein geeignetes Objekt führt, oder Müdigkeit und das Aufsuchen eines Schlafplatzes. Für die Aufklärung der spezifischen Funktionen werden Ergebnisse der Neuroanatomie, Elektrophysiologie, Neuropharmakologie, der klinischen Neurologie, Psychologie, Verhaltensforschung und nicht zuletzt der Psychophysik herangezogen.

Mit bloßem Auge erkennt man im aufgeschnittenen Gehirn die glänzend *weißen Nervenbahnen* und die *graue Substanz* der Kerngebiete. In den *Kernen* (abgekürzt Nc nach Nucleus) befinden sich die Zellkörper der Nervenzellen, die in diesen Gebieten durch → Synapsen zu Netzwerken verknüpft sind. Durch selektive Färbungen kann man einzelne Nervenzellen unter dem Mikroskop sichtbar machen. Mit Mikroelektroden kann man ihre elektrischen → Erregungssignale messen. Das erste ist allerdings erst nach dem Tode möglich und für das zweite muß man die Elektrode in das lebende Nervengewebe einführen, was bei Menschen nur in Ausnahmefällen möglich ist, siehe Abschnitt 3.2.3. Ohne Verletzung kann man Summenpotentiale von sehr vielen Nerven- oder Sinneszellen messen, wie das *Enzephalogramm (EEG, Hirnstrommessung)*, das durch Hirnhäute und Schädelknochen hindurch mit Elektroden an der Kopfhaut abzuleiten ist, oder das *Elektroretinogramm (ERG)*, das man am Auge registrieren kann.

Das lebende Gehirn kann heute mit den Methoden der *magnetischen Kernresonanz* (MNR = magnetic nuclear resonance) untersucht werden. Man registriert dabei von außen den Einfluß starker Magnetfelder auf bestimmte Moleküle. Das Ergebnis kann mit dem Verfahren der *Computertomographie* (CT = computerized tomography) auf einem Bildschirm in Form von Schnittbildern durch das Gehirn dargestellt werden. In der Klinik wird häufiger die *Röntgentomographie* verwendet. Bei dieser Methode wird eine Röntgenstrahlquelle auf der einen Seite des Kopfes und ein Strahlendetektor auf der gegenüberliegenden Seite um den Kopf bewegt. Die dabei registrierten Absorptionsdaten werden ebenfalls mit dem CT-Verfahren dargestellt. Lokale Veränderungen durch Tumoren oder Infarkte kann man mit diesen Methoden im Gehirn erkennen, so daß man die veränderten Wahrnehmungs- und Verhaltensleistungen mit den betroffenen Teilen des Gehirns korrelieren kann.

Zur Registrierung der Nervenaktivität im unverletzten Gehirn wurde die *Radioxenon-Methode* und die *Positronen-Emissions-Tomographie (PET)* entwickelt. Beide Methoden beruhen darauf, daß erregte Nervenzellen aus dem Blut Stoffe aufnehmen, deren Konzentration an bestimmten Stellen des Gehirns nachzuweisen ist. Das radioaktive Xenon-Isotop ^{133}Xe diffundiert aus dem Blut in die Zellen. Weil ein aktives Hirngebiet stärker durchblutet wird, sammelt sich dort in den Zellen mehr Xenon an. Die radioaktive Strahlung wird mit vielen um den Kopf angeordneten Geiger-Zählern bestimmt. Die mit PET nachgewiesene Positronenstrahlung geht von radioaktiven Isotopen mit kurzer Halbwertszeit aus, die man in solche Moleküle einbaut, die von den Nervenzellen aufgenommen werden. Beide

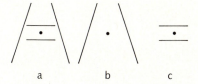

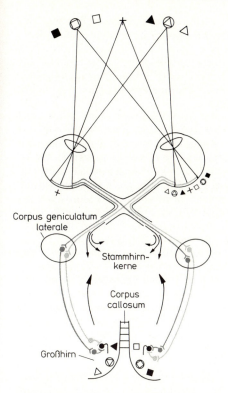

Abb. 14 a) Ponzosche Täuschung. Der obere Querstrich sieht auch bei dichoptischer Darbietung länger aus, wenn je ein Auge auf einen der Fixierpunkte von b) und c) gerichtet werden.

Abb. 13 Visuelles System. Der Fixierpunkt (+) wird in beiden Augen auf der Sehgrube abgebildet. Die Quadrate links des Fixierpunktes werden in beiden Augen rechts von der Fovea abgebildet. Die Erregung der rechten Netzhauthälften wird zum rechten Corpus geniculatum laterale im Stammhirn und von dort zum visuellen Areal (V in Abb. 12) der rechten Großhirnhälfte geleitet. Die außen rechtsliegenden Dreiecke werden in der linken Großhirnhälfte registriert. Die Großhirnhälften sind durch das Corpus callosum verbunden.

Methoden sind sehr aufwendig und bleiben in ihrer zeitlichen und räumlichen Auflösung weit hinter den Möglichkeiten der Elektrophysiologie zurück. Aber sie ermöglichen das Arbeiten am unverletzten menschlichen Gehirn. Photometrische Verfahren zur unblutigen Registrierung der Nervenerregung werden entwickelt.

Mit diesen Methoden kann man nachweisen, daß die Stoffwechselaktivität in der visuellen Großhirnrinde, V in Abb. 12, groß ist, wenn die VP ein kompliziertes Muster betrachtet, und kleiner, wenn sie die Augen geschlossen hält. Beim Hören weist man eine Vergrößerung der Stoffwechselaktivität im akustischen Areal (Ak) nach. Durch derartige Messungen kann man psychoanatomische Forschungsergebnisse, die mit anderen Methoden gewonnen wurden, bestätigen. Es gibt aber auch neuartige Ergebnisse. Rein gedankliche Vorgänge führen zu Aktivitäten in der vorderen Großhirnrinde und zwar in mehreren Arealen in verschiedener Kombination je nachdem, ob die Versuchsperson eine Rechenaufgabe löst, ein Wortspiel durchdenkt oder sich vorstellt, was sie bei einem Spaziergang sieht (157).

Zu den wichtigen Methoden der Psychoanatomie gehört beim visuellen System die *dichoptische Reizung*. Darunter versteht man die Reizung der beiden Augen mit verschiedenen Mustern, die sich zu einer Wahrnehmung vereinigen. Die entsprechende Methode bei akustischen Reizen bezeichnet man als *dichotische Reizung*. Man kann mit diesen Methoden die Funktion zentraler Hirnareale studieren, die in der Seh- oder Hörbahn hinter dem Ort der binokularen bzw. binauralen Vereinigung liegen. Man beschickt die paarigen Sinnesorgane mit verschiedenen Reizen und studiert an der Wirkung auf die Wahrnehmung, was das Gehirn daraus gemacht hat. Unter natürlichen Bedingungen geschieht das beim → stereoskopischen Tiefensehen und beim → binauralen Richtungshören. Diese Wahrnehmungsleistungen beruhen auf der Auswertung von Reizunterschieden an den beiden Augen bzw. Ohren, die erst im Gehirn hinter dem Ort der binokularen bzw. binauralen Erregungsfusion entdeckt werden können.

Dasselbe kann man für Leistungen des → Bewegungs- und → Formensehens nachweisen. Die Methode soll mit der → geometrisch optischen Täuschung illustriert werden, die als Ponzosche Täuschung bekannt ist, Abb. 14a. Zerlegt man diese Figur in die Bestandteile (b) und (c), so sehen die vormals scheinbar ungleich langen horizontalen Linien gleich lang aus. Sie werden wieder verschieden, wenn man (b) und (c) dichoptisch ansieht. Dann ist die Information über die vollständige Figur erst hinter dem Ort der binokularen Erregungsfusion im Gehirn vorhanden. Folglich befindet sich der Ursprung der

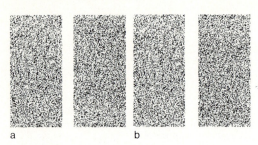

Abb. 15 Die Struktur der linken Flächen von a) und b) ist gleich, die der rechten nicht, was man bei dichoptischer Betrachtung sofort erkennt.

Täuschung nicht in den Augen, sondern im Gehirn.

Mit der Anleitung des Abschnitts 10.3 kann man das Experiment ohne Hilfsmittel durchführen.

Derartige Erkenntnisse sind mit den anatomischen Gegebenheiten zu kombinieren. Die Abb. 13 zeigt ein Schema der Nervenbahn vom Auge zur Area V der visuellen Großhirnrinde. 90 % der Fasern der Sehnerven gehören zu dieser Bahn, d.h., sie enden im Corpus geniculatum laterale (Cgl), einem → Kern des Stammhirns, in dem die Erregung auf Folgezellen übertragen wird, deren Axone bis in die visuelle Großhirnrinde V hineinreichen. Die übrigen 10 % der Sehnervenfasern enden in anderen Kernen, die im nächsten Abschnitt behandelt werden. Die Erregungsbahnen der beiden Augen bleiben bis hinauf zum visuellen Kortex getrennt. Erst dort gibt es binokulare Nervenzellen. Daraus folgt: Wahrnehmungsleistungen, für deren Zustandekommen beide Augen und die Sehbahn zur visuellen Großhirnrinde notwendig sind, beruhen auf Verarbeitungsvorgängen, die erst im visuellen Kortex oder in nachgeschalteten Teilen des Gehirns stattfinden.

Die Sehbahn zum Großhirn ist eine *retinotope Projektion* aus der Außenwelt auf die visuelle Großhirnrinde. Zwei benachbarte Lichtquellen im Außenraum werden in den Augen nebeneinander abgebildet und lösen Erregungen aus, die zu wiederum benachbarten Orten der Großhirnrinde geleitet werden. Die Abbildung auf der visuellen Großhirnrinde ist insofern geometrisch verändert, als die peripheren Teile der Netzhaut im Großhirn zusammengedrängt sind, während der mittlere Bereich mit der → Sehgrube eine verhältnismäßig große Kortexfläche einnimmt, Abb. 167 f.

Mit der dichoptischen Reizung kann man nachweisen, daß bei der Fortleitung der visuellen Erregung vom Auge zum Großhirn keine Information verlorengeht. Diese wichtige Einsicht verdankt man den Untersuchungen von Bela Julesz (103) mit den sogenannten → Julesz-Mustern.

Mit einer einfachen Methode kann man sich selbst davon überzeugen. Abb. 15 zeigt zwei Paare von regellosen Mustern, die aus Folien ausgeschnitten sind, die man in Geschäften für Zeichenbedarf kaufen kann. Man kann die rechten und linken Muster nicht ohne große Mühe voneinander unterscheiden. Man betrachte die Muster (a und b) dichoptisch, d.h. so, daß das eine Auge die beiden linken und das andere die beiden rechten Flächen ansieht. Wer das nicht fertigbringt, findet eine Anleitung im Abschnitt 10.3. Im Gehirn werden dann die Erregungen von den beiden linken bzw. den beiden rechten Flächen überlagert. Es wird sofort klar, daß die linken Flächen von a und b gleich sind, denn sie werden mühelos fusioniert. Die beiden rechten Flächen sind dagegen verschieden. Die Fusion gelingt nicht. Man sieht statt dessen eine eigentümlich unruhige wolkenartige Ansammlung von Punkten.

Im Gehirn müssen die beiden Muster Punkt für Punkt verglichen werden, sonst könnte Gleich- und Verschiedenheit nicht zur Wahrnehmung gelangen. Die Bedeutung dieser Erkenntnis ist kaum zu überschätzen. Sie besagt, daß die Information über jede Einzelheit der Muster bei der Erregungsleitung bis zur visuellen Großhirnrinde erhalten bleibt. Wenn in den Augen schon klar wäre, welche Einzelheiten der Muster für die Wahrnehmung wichtig sind, könnten die wichtigen Einzelheiten dort herausgefiltert und die anderen vernichtet werden. Die in Abb. 13 dargestellte Sehbahn zeigt aber, daß erst im Großhirn festgestellt werden kann, ob die Punkte der Muster in den beiden Augen übereinstimmen. Offensichtlich verliert das Gehirn entlang der Bahn zur Großhirnrinde nichts von der visuellen Information. Alles steht im Großhirn zur Weiterverarbeitung noch zur Verfügung.

1.6.2 *Das Prinzip der parallelen Verarbeitung*

Das letzte Ziel der Neurobiologie besteht darin, die Funktionen des Gehirns in allen seinen Teilen zu verstehen. Dazu muß man wissen, wie die Information verschlüsselt ist, die im Nervensystem verarbeitet und gespeichert wird. Eines der Prinzipien der Codierung besteht darin, daß es spezialisierte Nervenzellen gibt, die nur auf bestimmte Einzelheiten der Reize reagieren,

z. B. auf Bewegung oder auf Konturen bestimmter Orientierung. Mit diesen selektiv reagierenden Nervenzellen wird jeweils ein bestimmter Aspekt aus dem Reizangebot herausgefiltert.

Besonders gut weiß man über die Verhältnisse im visuellen System Bescheid. Hier wird jeder Lichtreiz schon in der Netzhaut dadurch analysiert, daß er in verschieden spezialisierten Nervenzellen Erregungen auslöst. Man kann die Nervenfasern des Sehnerven in drei Klassen einteilen, die dann noch einmal zu untergliedern sind. Die → *magnozelluläre Bahn, d. h. die Fasern der Y-Zellen*, Abb. 167a, codieren keine Farbinformation und keine feinen Strukturen der Netzhautbilder, wohl aber die Bewegungen. Die → *parvozelluläre Bahn, die aus Fasern der X-Zellen* besteht, ist gerade für feine Details und Farben spezialisiert. Die dritte Klasse zerfällt in sehr viele hochspezialisierte W-Zellen.

Das *Prinzip der parallelen Verarbeitung* bezeichnet diese Aufteilung der Information auf verschiedene Bahnen und damit ein allgemeines Prinzip der neuronalen Informationsverarbeitung. Das Prinzip der parallelen Verarbeitung gilt auch für die Teile des Gehirns. In der Abb. 13 ist durch die Pfeile angedeutet, daß die etwa 10 % der Fasern des Sehnervs, die nicht im Cgl enden, andere Zielgebiete im Gehirn haben. Diese sind für andere Aufgaben spezialisiert als die visuelle Großhirnrinde.

Ein wichtiges Zielgebiet für Y- und W-Fasern des Sehnervs ist der *Colliculus superior*, der dem vorderen Teil des Tectum opticum der niederen Wirbeltiere, die noch kein Großhirn besitzen, entspricht. Hier konvergieren sensorische Bahnen von verschiedenen Sinnesorganen und vom Großhirn. Elektrische Reizung im Colliculus superior führt zu Blickwendungen, wie sie auch durch Objekte ausgelöst werden können, die im Außenraum auftauchen. Was man mit Hilfe dieser Hirnstruktur, die manchmal als „zweites visuelles System" bezeichnet wird, wahrnimmt, ist mit psychophysischen Methoden bei unversehrten Menschen nicht von den Wahrnehmungen abzugrenzen, die man über das visuelle Großhirn gewinnt.

Untersuchungen an Patienten und an Tieren, bei denen die visuelle Großhirnrinde geschädigt ist, gewähren aber einen Einblick in die Funktion der verbleibenden Zielgebiete des Sehnervs. Eine begrenzte Verletzung in der visuellen Großhirnrinde führt zu einem *Skotom*, d. h. zu einem blinden Areal der Netzhaut und somit zu Blindheit in einem Teilbereich des → Sehfeldes, den man mit einem → Perimeter untersuchen kann. Obwohl die Patienten in diesem Bereich blind sind, reagieren ihre Pupillen dort noch auf Lichtreize. Dafür ist die visuelle Großhirnrinde offensichtlich nicht notwendig. Bringt man ein Objekt in den blinden Bereich, so wird es nicht gesehen. Fordert man aber den Patienten auf, seinen Blick auf Lichtreize zu richten oder mit der Hand in die entsprechende Richtung zu deuten, so tut er dies auch dann, wenn der Lichtreiz im Bereich des Skotoms geboten wird. Diese Fähigkeit bezeichnet man als *Blindsight* (194).

Merkwürdigerweise erklären die Patienten, daß sie nichts gesehen haben und daß sie nicht wissen, worauf sie gedeutet haben. Sie können andererseits richtig entscheiden, ob ein Stab im blinden Teil des Sehfeldes horizontal oder vertikal geboten wurde. Aber ob ihre Angaben richtig oder falsch sind, wissen sie nicht. Auf Befragen erklären sie, sie hätten das unbestimmte Gefühl gehabt, daß in dem Bereich des Sehfeldes, in dem sie nichts sehen, etwas auf sie zugekommen sei. Daß ihre Reaktion auf einen visuellen Reiz zurückgeht und durch den Sehnerv vermittelt ist, erkennt man daran, daß die Patienten auf Lichtreize nicht reagieren, wenn diese auf den → blinden Fleck im Auge fallen, also ein Skotom, dessen Ursache bereits im Auge liegt.

Andere Endstationen von Fasern des Sehnervs stehen im Dienste der inneren Uhr, des → *optokinetischen Nystagmus* (97a) und der Steuerung der → Pupillen.

Die Pupillen werden reflektorisch verkleinert, wenn Licht in ein Auge fällt. Die binokulare Verrechnung der Lichtreize erfolgt merkwürdigerweise in der Pupillenbahn nach einem anderen Prinzip als in den Teilen des Großhirns, die für die Wahrnehmung von Helligkeit verantwortlich sind. Diesen Tatbestand kann man mit einfachen Beobachtungen beweisen **Schließt oder verdeckt man ein Auge, so wird die Pupille im anderen größer. Hält man vor ein Auge nur ein Lichtfilter, z. B. das Glas einer Sonnenbrille, so ist der Effekt geringer. Diese Pupillenreaktionen kann man nur bei mittleren Helligkeiten beobachten. Sie zeigen, daß der Pupillenreflex von der Summe der Erregungen der beiden Augen abhängt. Bei der Helligkeitswahrnehmung ist das anders. Die Umgebung erscheint nämlich keineswegs dunkler, wenn man ein Auge schließt oder verdeckt. Hält man vor das geschlossene Auge ein Lichtfilter und öffnet es dann, so kann man das sogenannte *Fechnersche Paradox* beobachten: Die Umgebung scheint dunkler zu werden, wenn das zweite Auge hinter dem Lichtfilter geöffnet wird. Die Helligkeitswahrnehmung entspricht somit nicht der Summe der binokularen Erregungen, sondern eher dem Mittelwert.** Es sei angemerkt, daß man durch Summen- bzw. Mittelwertbildung die Größe der Pupillen und

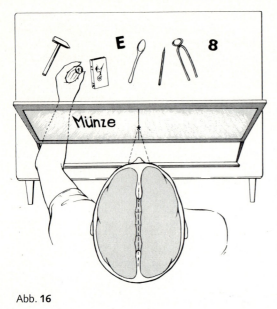

Abb. 16

der Hellempfindung nicht exakt ausrechnen kann. Der Unterschied der neuronalen Rechenoperation ist aber offensichtlich. Dies ist ein weiterer Hinweis auf die Verschiedenartigkeit der parallelen Verarbeitungskanäle im Gehirn.

1.6.3 Die Verbindung der Teilfunktionen und die funktionelle Verschiedenheit der beiden Großhirnhälften

Sehr viel unklarer als die divergierende Aufspaltung der Sinnesinformation in spezialisierte parallele Kanäle ist die Frage, wie die getrennt codierten Teilaspekte der Sinnesinformation im Gehirn wieder zu den komplexen Wahrnehmungen zusammengefügt werden. Die Verbindungen aller Einzelfunktionen des Gehirns sind schon deshalb zu fordern, weil die Menschen sich selbst nicht als Sammlung divergierender Einzelabläufe erfahren, sondern als Einheiten mit ihren jeweils eigenen Handlungen, Gefühlen und Wahrnehmungen. Die alte Frage, wie diese Einheit des wahrnehmenden und handelnden Subjektes zustande kommt, wurde in der Wahrnehmungspsychophysik durch die *Splitbrain*–Versuche von Roger Sperry wieder aktuell.

Sperry zeigte, daß die Splitbrain-Operation, d.h. die Unterbrechung des Corpus callosums, Abb. **13**, und damit der Nervenverbindung zwischen den Großhirnhälften, bei Katzen, Affen und bei Menschen zu einer Aufspaltung in zwei Subjekte führt, die nichts von einander wissen (171, 172, 173, 174). Die Hirnoperation wurde bei Menschen in den 60er Jahren zur Therapie der Epilepsie in besonders schweren Fällen durchgeführt. Das Verhalten der Patienten ist nach der Operation unauffällig.

Die Untersuchungsmethode für unsere Fragestellung kann man sich mit der Abb. **13** klarmachen. Wegen des Faserverlaufs im Sehnerv gelangt die Information aus dem rechten Teil des Sehfeldes über beide Augen in die linke Großhirnhälfte und von der linken Seite des Gesichtsfeldes in die rechte Großhirnhälfte. Man kann die beiden Großhirnhälften getrennt ansteuern, indem man den Splitbrain-Patienten auffordert, den Fixierpunkt auf dem Schirm anzusehen, und dann den visuellen Reiz kurzzeitig auf einer Seite bietet, Abb. **16**. Man kann aber auch bei unbeschränkter Blickrichtung mit einer optischen Einrichtung auf einem Kontaktglas erreichen, daß der Patient nur mit der nasalen oder der temporalen Augenhälfte sehen kann.

Der Splitbrain-Patient erkennt, was der einen Großhirnhälfte gezeigt wurde, mit der anderen nicht wieder. Er kann sich an einen Geruch, den er durch das eine Nasenloch wahrgenommen hat, nicht erinnern, wenn der Reiz durch das andere geboten wird. Man kann auch die Hände mit einbeziehen, wobei zu beachten ist, daß die rechte Hand durch das linke Großhirn gesteuert wird und die linke durch das rechte. Läßt man den Patienten mit einer Hand ein Objekt, das er nicht sehen kann, untersuchen, so findet er es mit derselben Hand tastend in einer Sammlung verschiedener Gegenstände schnell wieder, nicht aber mit der anderen Hand. Beim Splitbrain-Patienten findet keine Übertragung von einer zur anderen Seite statt. Wahrnehmung und Gedächtnis beider Seiten sind getrennt.

Es war schon im 19. Jahrhundert bekannt, daß ein Schlaganfall oder eine Verletzung im linken Großhirn zur Lähmung der rechten Hand und zu Sprachstörungen führen kann, während bei Störungen auf der rechten Seite die Sprache normalerweise nicht beeinträchtigt ist. Die Erforschung der Splitbrain-Patienten zeigte nun endgültig, daß nur eine der Großhirnhälften, in der Regel die linke, zum Sprechen befähigt. Der Splitbrain-Patient berichtet bereitwillig, was er auf der rechten Seite des Gesichtsfeldes und was er mit der rechten Hand wahrnimmt. Werden die Reize auf der anderen Seite des Sehfeldes geboten, so kann er auf sie mit der linken Hand deuten, aber nicht sagen, worauf er deutet. In einem Fall wurde gleichzeitig links ein „$" und rechts ein „?" geboten. Der Patient zeichnete mit der linken Hand ohne Hinzusehen ein „$" auf und sagte dazu, er habe ein „?" gesehen.

Die Aufgabe, ein gesehenes Objekt tastend wieder zu erkennen, wird mit dem rechten Großhirn schnell und sicher durchgeführt. Mit dem linken Großhirn ist der Splitbrain-Patient bei dieser Aufgabe langsamer und er begleitet seine tastende Tätigkeit mit einem Strom von Reden, die schwer zu stoppen sind. Das linke Großhirn ist spezialisiert für Sprache und Rechnen, das rechte für die Verarbeitung von Formen. Das rechte Großhirn reagiert auch auf geschriebene Worte, aber sprechen und schreiben kann der Patient nur mit dem linken Großhirn.

Weil der Splitbrain-Patient nur weiß und sagen kann, was er über das linke Großhirn in Erfahrung gebracht hat, könnte man denken, daß es für die Vorgänge im rechten Großhirn kein Bewußtsein gäbe. Die genaueren Beobachtungen zeigen aber, daß die Splitbrain-Patienten mit dem rechten Großhirn im Prinzip völlig normal reagieren. Sie wissen allerdings über das, was in ihrem eigenen rechten Großhirn vorgeht nicht mehr als über das, was in den Gehirnen anderer Menschen geschieht. Zeigt man dem rechten Großhirn eine witzige Karikatur, so reagiert der Splitbrain-Patient vergnügt, kann nur nicht sagen, warum.

In einer Untersuchung war mit den Patienten vereinbart worden, mit der linken Hand auf Photographien bekannter Menschen zu deuten, die dem rechten Großhirn gezeigt wurden. Durch das Deuten wurde klargestellt, daß die Bilder gesehen worden waren, obwohl die Patienten nichts davon wußten. Die Beurteilung der Personen sollte dann durch „Daumen nach oben" bzw. nach unten mit derselben Hand erfolgen. Die Patienten brachten ohne Schwierigkeiten ihre Wertschätzung oder Verachtung für die gezeigten Personen zum Ausdruck. Als in diesem Versuch ein Patient ein Bild von sich selbst sah, lächelte er und hielt den Daumen waagerecht.

Die emotionalen Reaktionen der rechten Seite können links bemerkt werden. Dafür stehen dem Splitbrain-Patienten Nervenverbindungen im Stammhirn zur Verfügung. Wenn dem rechten Großhirn in einem Versuch etwas Interessantes mitgeteilt wird, will der Splitbrain-Patient wissen, worum es sich handelt, insbesondere, wenn er danach gefragt wird. Er macht dann laut sprechend mit der linken Seite Vorschläge, die über die Ohren in beiden Hirnhälften wahrgenommen werden, und er ist erleichtert, wenn die Hypothese der linken Seite rechts akzeptiert wird. Eine andere Methode besteht darin, daß der Patient mit einem Finger der rechten Hand Buchstaben auf die linke Hand schreibt.

Die Splitbrain-Versuche haben das Programm der Psychoanatomie vorangetrieben, indem sie Wahrnehmungs- und Verhaltensleistungen den beiden Großhirnhälften in verschiedener Weise zuzuordnen erlaubten. Bei Menschen mit unverletztem Gehirn gelingt es nicht, die Verschiedenheit der beiden Großhirnhälften psychophysisch nachzuweisen. Offensichtlich kommt dem Corpus callosum eine Bedeutung für den Zusammenhalt der funktionellen Vorgänge zu, die verteilt über die Großhirnhälften bei der Wahrnehmung und dem Verhalten ablaufen.

2 Somatosensorik

2.1 Einführung

Was zur *Somatosensorik* gehört, ist am besten nach dem Ausschlußverfahren zu bestimmen. Nicht dazu gehören die ersten vier der ➔ fünf Sinne nach Aristoteles, also diejenigen, die auf Sinneszellen in den Augen, Ohren (mit Stato- und Bogengangorganen), in der Nase und der Zunge zurückzuführen sind. Zur Somatosensorik rechnet man alles, was durch die vielen anderen Sinneszellen hervorgebracht wird, die sich überall im Körper befinden. Zu den ➔ Modalitäten der Somatosensorik gehören Berührung, Wärme, Kälte, Schmerz und die Stellung der Gelenke. Das ist eine unvollständige Aufzählung, wenn man jeder Art von Sinneszelle eine Modalität zuordnen will. Nach Sir Charles Sherrington (1857–1952) kann man sensorische Prozesse der Funktion nach in drei Arten einteilen, die *Exterozeption, Propriozeption und Interozeption*, wobei die erste über Gegenstände der Außenwelt informiert, die zweite über die räumliche Lage der Körperteile und die dritte über den Zustand der Eingeweide. Somatosensorische Sinneszellen sind in allen drei Funktionsbereichen eingebunden.

Nicht alle somatosensorischen Sinneszellen erzeugen Erregungen, die zu bewußten Wahrnehmungen führen. Die Meldungen von interozeptiven Sinneszellen, die z. B. den Blutdruck oder die mechanische Belastung von Sehnen registrieren, dienen der physiologischen Regelung, machen sich aber nicht durch eigene Empfindungen bemerkbar. Die Aufmerksamkeit und Erwartung bestimmt weitgehend, ob und wie man einen Reiz empfindet und wie man darauf reagiert. Man zuckt erschreckt zurück, wenn man unerwarteterweise etwas Feuchtes berührt oder auf etwas Weiches tritt. Manche somatosensorischen Wahrnehmungen kann man hervorrufen, indem man die ➔ Aufmerksamkeit auf sie richtet, wie z. B. die Berührungsempfindung für die Kleider.

Beobachtungen dieser Art geben einen Hinweis auf Vorgänge im Gehirn. Mit der ➔ Radioxenon-Methode gelang es derartige Vorgänge zu studieren. Man fand, daß nicht erst die Berührung der Haut zu einer Aktivitätserhöhung im zugehörigen Bereich der Großhirnrinde, So in Abb. 12, führt, sondern bereits die Erwartung einer Berührung (156). Die auf die betreffende Hautstelle gerichtete Aufmerksamkeit reicht aus, um eine lokale Erregungsänderung in dem Bereich des Gehirns, in dem die Sinneserregung zu erwarten ist, hervorzurufen.

Durch Vorgänge im Gehirn können Empfindungen nicht nur an- und abgestellt werden, sie lassen sich auch qualitativ verändern. Von großer Bedeutung ist in dieser Hinsicht die im Gehirn initiierte Eigenaktivität. So kann man Formen und Materialien bei bloßer Berührung nicht unterscheiden, wohl aber, wenn man aktive Tastbewegungen ausführt, Abschnitt 1.4.2. Die *Kitzelempfindung* wird durch Eigenbewegungen unterdrückt, so daß nur das Gefühl mechanischer Reizung übrig bleibt. Deshalb kann man sich nicht selbst kitzeln.

Der Kitzelversuch, Abb. 17, erlaubt es, die beteiligten Vorgänge im Gehirn der Funktion nach näher zu bestimmen. Einen Standardreiz kann man mit einer Hühnerfeder am Fuß erzeugen. Wenn die Feder über den Hebel vom VL bewegt wird, ist die Kitzelempfindung wegen ihrer Intensität kaum zu ertragen. Bewegt dagegen die VP den Hebel selbst, so spürt sie das Kratzen, aber fast kein Kitzeln. Der Reiz und damit die Sinneserregung (Afferenz) ist in beiden Fällen derselbe, die Wahrnehmung dagegen verschieden. Die erklärende Hypothese zeigt das Schema in der Abb. 17. Von der Erregung für die Muskeln (➔ Efferenz) soll ein Signal (➔ Efferenzkopie) abgezweigt werden, das dann die Erregung unterdrückt, die sonst die Kitzelempfindung ausgelöst hätte. Daß auch propriozeptive Erregungen an der Bewegung beteiligt sind, zeigt die folgende Versuchsvariante. Der VL bewegt den Hebel, während auch die VP ihre Hand am Hebel beläßt, so daß diese passiv mitgeführt wird. Propriozeptive Meldungen über die Armbewegung können dann zum Gehirn fließen, es fehlt aber die im Gehirn der VP initiierte motorische Aktivität und damit die Efferenzkopie. In dieser Situation liegt die Intensität der Kitzelempfindung zwischen den beiden anderen Fällen, woraus man folgern muß, daß auch die propriozeptive Meldung an der Unterdrückung der Erregung beteiligt ist, die zur Kitzelempfindung führt (195).

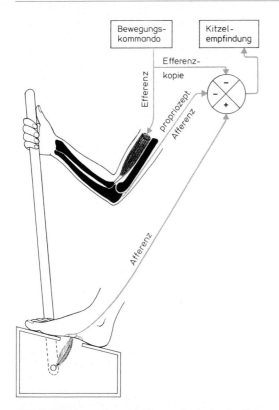
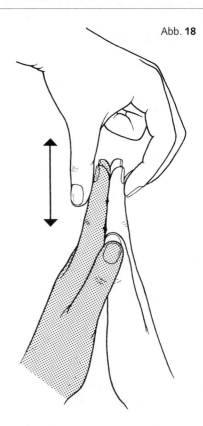

Abb. 17 Kitzelversuch und Erklärung durch das Reafferenzprinzip.

Eine eigentümliche Empfindung, die möglicherweise darauf beruht, daß eine erwartete Berührungswahrnehmung ausbleibt, tritt auf, wenn **zwei Personen ihre Hände nach Art der Abb. 18 zusammenlegen und dann mit dem Daumen und Zeigefinger der jeweils anderen Hand gleichzeitig am eigenen und fremden Handrücken entlangstreichen. Die Hand der anderen Person kann man durch einen beliebigen steifen Gegenstand ersetzen.**

2.2 Neurophysiologie der Somatosensorik

Abb. 19 ist ein Schema für die somatosensorischen Erregungsbahnen zur Illustration der hier verwendeten Begriffe. Die *Sinnesnervenzellen* der Spinalganglien haben lange Axone, die nach außen bis zum Ort der Reizaufnahme in der Haut, dem Bewegungsapparat oder den Eingeweiden reichen, und im Rückenmark entweder bis zum Nachhirn hinaufziehen oder gleich nach Eintritt ins Rückenmark mit Synapsen auf ➤ Interneuronen enden. Von jedem Spinalganglion aus wird ein Segment des Körpers versorgt. Am Kopf ist die Organisation im Prinzip genauso, wobei die meisten somatosensorischen Nervenfasern aus dem Gesichtsbereich durch den N. trigeminus ins Gehirn eintreten.

Die Sinnesnervenzellen sind bereits im Rückenmark mit Moto- und Interneuronen verknüpft. Auf diesen Schaltungen beruhen die schnellen Rückziehreflexe z. B. nach Berührung eines heißen Gegenstandes oder der *Patellarsehnenreflex*, den man mit einem leichten Hammerschlag auf die Sehne unterhalb der Kniescheibe (Patella) auslösen kann. Die dadurch bewirkte plötzliche Dehnung von Streckermuskeln des Oberschenkels führt zur Reizung der Sinneszellen in den Muskelspindeln. Diese Sinneserregung löst durch synaptische Erregungsübertragung auf Motoneuronen des Rückenmarks die Muskelkontraktion und damit den Streckreflex des Beines aus. Dieser Reflexbogen funktioniert nur bei einem unerwarteten Hammerschlag. Hemmende Synapsen von Nervenfasern, die im Gehirn entspringen, können den Reflex, wenn man seine ➤ Aufmerksamkeit auf ihn richtet, unterdrücken.

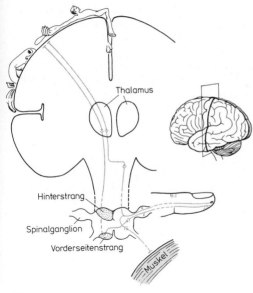

Abb. 19

Auch in der Somatosensorik ist das Prinzip der → parallelen Verarbeitung verwirklicht. Das kann man studieren, indem man im Tierversuch oder auch beim Menschen (perkutane Mikroneurographie) Mikroelektroden in einen peripheren Nerv einführt und herausfindet, auf welche Art von Reizen die Sinnesnervenzellen mit Nervenimpulsen reagieren. Man kann die Nervenfasern nach ihrer Reizspezifität in Klassen einteilen und diese den Sinnesendstrukturen in der Haut, dem Bewegungsapparat oder den Eingeweiden zuordnen, Abb. 27. Die Sinnesnervenzellen unterscheiden sich auch in ihrer → Empfindungsspezifität, d.h. ihre Erregung führt zu Empfindungen von jeweils bestimmter → Modalität.

Im Rückenmark unterscheidet man zwei somatosensorische Bahnen, den Hinterstrang und den Vorderseitenstrang, Abb. 19. Im Hinterstrang werden Erregungen der mechanischen Hautsinneszellen und des Bewegungsapparates zum Gehirn geleitet. Nach synaptischem Umschalten im Nachhirn kreuzt diese Bahn zur Gegenseite und führt nach abermaliger Umschaltung im Thalamus zu dem somatosensorischen Areal der Großhirnrinde, So in Abb. 12. In der Vorderseitenstrangbahn verlaufen Fasern von Interneuronen, die schon im Rückenmark zur Gegenseite kreuzen. Diese Bahn enthält temperatur- und schmerzspezifische Fasern sowie solche, die durch Reizung der Haut, des Bewegungsapparates oder der Eingeweide erregt werden.

Das somatosensorische Gebiet der Hirnrinde, So in Abb. 12, ist somatotopisch organisiert, d.h., Erregungen, die an benachbarten Stellen der Haut ausgelöst wurden, werden zu benachbarten Orten der Hirnrinde geleitet. Hautareale mit vielen Sinneszellen und einem großen räumlichen Auflösungsvermögen, wie die Fingerspitzen und die Lippen, nehmen auf der Hirnrinde mehr Platz ein als andere. Die Körperoberfläche wird somit verzerrt, d.h. geometrisch transformiert auf das Großhirn abgebildet, Abb. 19, wie die Netzhaut bei der → retinotopen Projektion des visuellen Systems.

Zu diesen Kenntnissen kam man durch Versuche, bei denen man → Summenpotentiale an oder in der Großhirnrinde registrierte, während man verschiedene Stellen des Körpers reizte. Auch der umgekehrte Versuch bestätigte die somatotope Kartierung: elektrische Reizung der Hirnrinde während Hirnoperationen führt bei Patienten, die nur lokal betäubt sind, zu Empfindungen an bestimmten Körperstellen in Abhängigkeit vom Reizort im Gehirn (140). Die genauere Analyse mit Mikroelektroden zeigte, daß das Projektionsareal in zwei somatotopisch organisierte Areale zu unterteilen ist. In diesen kann man dann noch Projektionen für verschiedene Modalitäten unterscheiden. Zusätzliche somatosensorische Projektionen ins Kleinhirn sind mit der Wahrnehmung nicht unmittelbar in Verbindung zu bringen. Sie dienen der Koordination der Bewegung.

2.3 Mechanische Hautsinne

2.3.1 Tasten

An der Tastleistung sind viele verschiedene Arten von Sinneszellen in der Haut und im Bewegungsapparat des Menschen beteiligt, Abb. 27. Der Mannigfaltigkeit der Sinnesorgane entspricht die Reichhaltigkeit der Wahrnehmungen. Tastend erfahren wir den Ort, an dem sich ein Gegenstand befindet, seine Form, sein Gewicht, seine Oberflächenbeschaffenheit, d.h. ob er glatt, rauh, naß, klebrig, ferner, ob er hart, elastisch oder formbar ist. Auch über seine thermischen Eigenschaften erkennen wir Eigenschaften des Materials, wie im Abschnitt 2.4 erläutert wird.

Die Tastleistungen sind erstaunlich, wenn man an die Fähigkeit denkt, mit den Fingern Blindenschrift zu lesen. Der Kenner betastet das Porzellan mit den Fingern, Perlen mit der Zunge und unterscheidet in verblüffender Weise zwischen Echtheit und Fälschung. Die Tastleistungen des geübten Arztes auf oder im menschlichen Körper setzen den Laien in Erstaunen.

Die Tastleistungen der Zunge sind nicht nur wegen der Feinheit der Objekte, die wir mit ihr wahrnehmen, bemerkenswert, sondern auch wegen ihres gefährlichen Wirkungsbereiches zwischen den Zähnen. Ohne eine sichere und differenzierte Bewegungssteuerung würden wir uns oft in die Zunge beißen. Es ist wahrscheinlich kein Zufall, daß gerade die Vögel und Säugetiere, bei denen sich die Zunge zu einem Tastorgan im Bereich der Schnabelkanten und der Zähne entwickelt hat, diejenigen Tiere sind, die ein Großhirn besitzen.

Beim Betasten eines Gegenstandes nimmt man die ganze Form wahr und nicht nur die Stellen, die man gerade berührt. Damit erinnert die Tastleistung an das Sehen. Denn so wie die Lücke zwischen den Fingern in der Tastwahrnehmung ausgefüllt wird, ergänzt man beim Sehen die Wahrnehmung im Bereich des ➤ blinden Fleckes. Ohne Bewegung der Abbildung im Auge, d.h. unter den Bedingungen des ➤ stabilisierten Netzhautbildes, zerfällt die visuelle Wahrnehmung und verschwindet dann vollständig. **So zerfällt auch die ertastete Form eines Gegenstandes, wenn man die Tastbewegung einstellt, zunächst in einzelne Berührungs- sowie Kalt- oder Warmempfindungen, die, wenn die Reize nicht zu groß sind, auch noch verschwinden können. Diesen Vorgang kann man besonders gut studieren, wenn man auf eine ruhig auf einer Unterlage liegende Hand ein Stückchen Papier legt von der Größe einer Briefmarke oder kleiner. Nach einigen Sekunden verschwindet gewöhnlich zuerst die Berührungs- und dann die Temperaturempfindung.**

Es ist auch möglich, etwas an einem Ort zu spüren, an dem sich gar keine Sinneszellen befinden. Das Gefühl für einen Reiz zwischen den Fingern erzeugte G. v. Bekesy (23), indem er die Spitzen zweier benachbarter Finger mit kurzen, wiederholten mechanischen Stößen reizte. Bei Zeitverzögerungen bis hinab zu Δt = 4 ms zwischen den Reizen an den beiden Fingern spürten seine VPn die Reize nacheinander, bei Δt = 1 ms am zuerst gereizten Ort. Bei weiteren Verkürzungen von Δt hatten die VPn den Eindruck, als wandere der scheinbare Reizort von einer Fingerspitze durch den freien Raum zur anderen.

Daß der Ort der Empfindung nicht mit dem des Reizes zusammenzufallen braucht, kann man vielfältig belegen. **Eine leichte Berührung der Haare wird als eine Berührung der leblosen Haarspitzen empfunden, obwohl die Fasern der Sinnesnervenzellen an den Haarwurzeln in der Haut enden. Man empfindet den mechanischen Widerstand an der Spitze der Nadel und am Ende des Schraubenziehers und nicht in der Haut, wo die Sinneszellen sitzen.**

Die Fähigkeit des Gehirns, die ➤ räumliche Stellung und Bewegung der Gliedmaßen richtig in die Tastwahrnehmung einzubringen, ist begrenzt. **Bringt man die Finger in eine ungewohnte Stellung, indem man sie überkreuzt, so nimmt man Gegenstände, die man mit den Fingerkuppen berührt, sogar die eigene Nase doppelt wahr, Abb. 20. Dieses Phänomen wird als Täuschung des Aristoteles bezeichnet, weil sie in seinen Schriften**

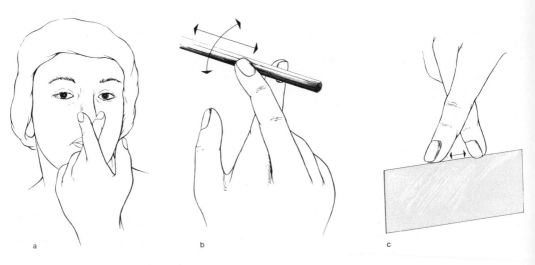

Abb. 20 Täuschung des Aristoteles.

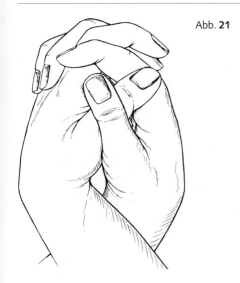

Abb. 21

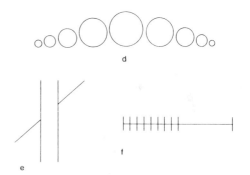

mehrfach erwähnt ist (12). Die Sinnestäuschung ist besonders eindrucksvoll, wenn man die Finger auf der Nase oder Kante hin und herschiebt. Die Täuschung bleibt übrigens erhalten, auch wenn man sich durch Hinsehen davon überzeugt, daß man nur eine Kante oder einen Bleistift berührt. Die Dominanz des Tast- über den Sehsinn kann man auch beobachten, wenn man seine Hand so verschränkt, wie es in Abb. 21 angegeben ist. Es mißlingt gewöhnlich, einen bestimmten Finger auf Kommando zu bewegen, es sei denn, er wurde vorher kurz berührt.

Erstaunlicherweise funktionieren die Täuschungen, die als → geometrisch optische Täuschungen bekannt sind, auch beim Tasten, wenn sie in geeigneter Weise geboten werden.

Man kann die Vorlagen für derartige haptische Täuschungen kaufen (44) oder selbst herstellen, indem man selbstklebende Folie mit etwa 0,5 mm Dicke aus einem Tapeziergeschäft in 1– 2 mm breite Streifen und runde Scheibchen schneidet und damit die Vorlagen der Abb. 22 auf glattem Karton befestigt. Die Figuren sollen in der größten Ausdehnung etwa 10 cm messen. Wenn sie dann als optische Täuschungen wirken, funktionieren sie auch als haptische. Man muß die Figuren so betasten, daß man ohne hinzusehen ihre Form erfaßt. Die Täuschungen sind verschieden eindrucksvoll, wenn man sie mit einer oder gleichzeitig mit beiden Händen und in waagerechter oder senkrechter Orientierung betastet (152).

Auf diese Beobachtung kann man die Hypothese gründen, daß es beim Formerkennen im Gehirn eine gemeinsame Endstrecke der Verarbeitung für das Sehen und Tasten gibt, die für die Täuschung verantwortlich ist.

Abb. 22 Geometrisch optische und haptische Täuschungen. a) Müller-Lyer-Täuschung: die senkrechten Linien sind objektiv gleich lang. b) Die vertikale und die horizontale Linie sind gleich lang. c) Tichener-Täuschung: Die mittleren Kreise sind gleich groß. d) Lippsche Täuschung: Die Kreise liegen auf einer Geraden. Die scheinbare Krümmung wird deutlicher, wenn man das Bild um 90° dreht. e) Poggendorfsche Täuschung: Die beiden schräg verlaufenden Linien liegen auf derselben Geraden. f) Oppelsche Täuschung: Die linke unterteilte Hälfte ist so lang wie die rechte.

2.3.2 Konflikte zwischen Sehen und Tasten

Die Abb. 23a zeigt eine doppeldeutige oder ambivalente Zeichnung. Man kann das größere Quadrat als Vorderseite eines Würfels auffassen.

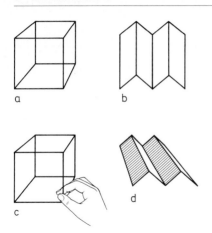

Abb. 23 Ambivalente Figuren. a) Necker-Würfel.
b) Stehende oder liegende geometrische Figur.
c) Drahtwürfel. d) Gefaltete Karteikarte.

Nach kurzer Zeit schlägt diese Wahrnehmung aber um, und man sieht das kleinere Quadrat als Vorderseite. Man kann selbst mitbestimmen, wie man die Figur sehen möchte, aber man kann den Wechsel zur jeweils anderen räumlichen Interpretation nicht beliebig lange verhindern. Die Zeichnung und folglich auch ihr ⇢ Netzhautbild ist mit beiden räumlichen Interpretationen vereinbar. Wenn ein wirklicher dreidimensionaler Würfel vorläge, dann würde die Vorderseite zu einem etwas größeren Netzhautbild führen als die weiter entfernte Hinterseite. Das ist in der perspektivischen Zeichnung ebenfalls zu sehen. Wenn das kleinere Quadrat vorn erscheint, sieht man deshalb keinen echten Würfel, sondern eine würfelähnliche Figur, den Stumpf einer Pyramide. Ambivalent ist auch die Figur b.

Ambivalent können auch dreidimensionale Figuren sein, z. B. ein Würfel aus Draht oder Holz, den man nach Art der Abb. 23c in die Hand nimmt oder auf den flachen Handteller legt. Wenn man den Drahtwürfel für einige Zeit einäugig betrachtet, kehrt er sich ebenfalls um und man sieht ihn zum Pyramidenstumpf verformt. Der Umschlag tritt ein, obwohl der Tastsinn das Gegenteil in Erfahrung bringt. Es liegt also ein Konflikt zwischen Sehen und Tasten vor. Wenn man die Hand bewegt, schlägt der wahrgenommene Würfel meistens wieder in seine wahre Form um, es sei denn, man bewegt die Hand nur ein wenig und langsam. Dann hat man eine ganz eigentümliche Wahrnehmung. Alle Teile des Würfels bewegen sich anders, als man erwarten sollte, wenn man wirklich einen Pyramidenstumpf in der Hand hielte. Der Würfel scheint sich bei einer leichten Drehung zu verformen. Man kann sich darin üben, die invertierte Form festzuhalten. Wem es schwerfällt, den Würfel verkehrt zu sehen, der lege ihn zuerst auf einen Tisch und betrachte ihn einäugig aus größerer Entfernung. Manchen Beobachtern gelingt es nach einiger Übung, das Umschlagen auch bei binokularer Betrachtung zu erleben. Man beachte in c, daß der Würfel auch hier umschlagen kann, was im Bereich der Hand zu widersprüchlichen Wahrnehmungen führt.

Die ambivalente Figur Abb. 23d ist aus einer halben Karteikarte (DIN A6) leichter herzustellen als der Drahtwürfel, die Umkehr ist aber nicht so leicht zu beobachten. Die Figur richtet sich bei einäugiger Betrachtung scheinbar auf und bleibt so, wenn man die Hand ruhig hält. Wem die Beobachtung nicht gleich gelingt, gehe so vor, wie es für den Drahtwürfel beschrieben wurde. Es lohnt sich, die Umkehr zu beobachten. Die den Erwartungen gegenläufigen Bewegungen der aufgerichteten Figur sind sehr eindrucksvoll. Hinzu kommt, daß die Figur bei einseitiger Beleuchtung helle und dunkle Seiten hat. Wenn man sie invertiert sieht, stimmen die Körperschatten nicht mehr mit den Erwartungen überein, die man unbewußt auf Grund der Beleuchtung hat. Das führt zu der Täuschung, daß die Figur auf der Hand leuchte.

Normalerweise treten keine Konflikte zwischen Sehen und Tasten auf. Es ist vielmehr so, daß die beiden Wahrnehmungsweisen einander kontrollieren, Abschnitt 11.3.2. Bei entfernten Gegenständen, im Extremfall bei den Gestirnen, ist diese Kontrolle durch Tasten aber nicht möglich. Dort sind auch die Sehleistungen nicht zuverlässig. Die Höhe von Gebirgen und die Größe des Mondes kann man mit bloßem Auge nicht richtig erkennen.

2.3.3 Mechanische Sensibilität der Haut

Der ⇢ organadäquate Reiz für die Mechanorezeptoren der Haut ist die Verschiebung der Hautschichten gegeneinander, wie sie z. B. im Umfeld einer Druckstelle auftritt. Das kann man eindrucksvoll mit dem sogenannten **Meissnerschen Versuch** demonstrieren, zu dem man so viel Quecksilber benötigt, daß man einen Finger etwa 5 cm tief hineinstecken kann. 1000 g genügen, wenn man das Quecksilber in ein Becherglas mit einem Durchmesser von 4 cm füllt. Besser ist eine größere Menge, in die man die ganze Hand eintauchen kann. An den eingetauchten Teilen des Fingers hat man wegen der thermischen Eigenschaften des Quecksilbers eine deutliche Kaltempfindung, und man spürt auch den mechanischen Widerstand, den das schwere flüssige Metall dem Finger entgegensetzt. Eine Berührungsempfindung tritt aber an den untergetauchten Teilen des Fingers nicht auf. Allseitiger Druck führt somit nicht zu Berührungsempfindungen. „Taucht man nun die Finger senkrecht abwärts gerichtet in das Quecksilber, so hat man die deutliche Empfindung eines den Finger umgebenden Ringes genau an der Stelle und ausschließlich da, wo der Rand des Quecksilbers liegt. Diese Empfindung tritt am schönsten und deutlichsten auf, wenn man sanft, ohne Wellen zu erregen, die Finger im Quecksilber auf- und niederschiebt: es ist als ob man einen feinen Ring hin- und herschöbe..." (127).

Erklärung: Der Finger kann mit einem flüssigkeitsgefüllten Schlauch verglichen werden, der durch das schwere Quecksilber im untergetauchten Teil zusammengepreßt wird, so daß der Durchmesser des Fingers an der Grenze zwischen Quecksilber und Luft ein wenig verschieden ist. Dadurch kommt es zu einer Verschiebung der Hautschichten und zur Reizung der Mechanorezeptoren für die Berührungsempfindung. „Sehr auffallend ist es, wenn man mit der tief in Quecksilber getauchten Hand nur ganz leise die Wand des Gefäßes berührt und die deutlichste Empfindung davon hat." (127) Eine geringe Verformung der Haut reicht für die Berührungsempfindung aus.

Ist kein Quecksilber zur Hand, so kann man sich auch mit einem eng anliegenden Gummihandschuh von der Bedeutung der Verschiebung der Hautschichten überzeugen.

Zieht man an einer Fingerspitze des Gummihandschuhs, so hat man überall, wo die Haut parallel zur Oberfläche verschoben wird, eine Berührungsempfindung.

Ohne alle Hilfsmittel empfiehlt sich zum selben Zweck folgender Versuch. Wenn man seine Hand bei leicht gespreizten herabhängenden Fingern schüttelt, „so entsteht alsbald eine eigentümliche Tastempfindung, die keineswegs eine Temperaturempfindung ist, sondern die jedem wohl den Eindruck machen wird, als wühle die Hand in der feinsten Wolle, in dem zartesten Flaum, der beiläufig kühler als die Haut wäre... Die Empfindung der „Wolle" ist am deutlichsten an den Fingerspitzen, wo sie auch zuerst eintritt" (127). Beim Schütteln, so die Erklärung, wird die Hand durch Trägheitskräfte verformt, wodurch es zu Verschiebungen der Haut und damit zur Reizung der mechanischen Hautrezeptoren kommt.

Die *Haarbalgrezeptoren*, Abb. 27, gehören zu den Sinnesnervenendigungen, die Berührungsempfindungen vermitteln. Das kann man leicht verifizieren, indem **man ein Haar auf dem Handrücken oder dem Unterarm mit einer Nadel anhebt. Man hat eine sichere Wahrnehmung davon**

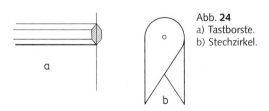

Abb. 24
a) Tastborste.
b) Stechzirkel.

nur während der Bewegung. Elektrophysiologische Ableitungen von Sinnesnervenzellen der Haarbalg-Rezeptoren bestätigen diesen Befund. Nervenimpulse treten nur während der Änderung des Reizes und nicht bei gleichbleibender Auslenkung des Haares auf.

Man kann die Haarbalgrezeptoren auch mit einer Tastborste reizen. Darunter versteht man eine Borste z.B. aus einer Kleiderbürste, die steifer ist als ein menschliches Kopfhaar. Man klebt sie an einen handlichen Stab, z.B. einen Bleistift, Abb. 24a. Den Berührungsreiz kann man quantifizieren, indem man mit einer geeigneten Waage feststellt, wie groß der Auflagedruck sein muß, bei dem sich das Haar krümmt. Wenn die Waage dabei 0,1 bis 0,5 g anzeigt, ist das Haar geeignet. Man kann aber auch mit einer beliebigen Borste die kleinste sichtbare Delle in der Haut als Bezugsgröße nehmen. Man findet mit der Tastborste auf dem Handrücken oder Unterarm sogenannte Berührungspunkte, an denen die Haut besonders empfindlich ist. Zwischen diesen sind viel größere Reize notwendig, um eine Berührungsempfindung auszulösen. Die Berührungspunkte befinden sich in der Nähe der Haarwurzeln und weisen damit wieder auf die Haarbalgrezeptoren als reizaufnehmende Sinnesendigung hin. Man findet aber vereinzelt auch Berührungspunkte, die zu keinem Haar zu gehören scheinen. Derartige Berührungspunkte kann man auch auf der haarlosen Innenseite der Hand nachweisen. An der Fingerkuppe, wo die Tastempfindlichkeit am größten ist, liegen sie dichter beisammen als etwa auf dem Handballen, sind aber wegen der großen Empfindlichkeit dieser Region auch schwerer auseinanderzuhalten. Eindellungen von weniger als 0,01 mm können dort schon Berührungsempfindungen auslösen. Die Versuchsperson muß sich bei diesem Versuch konzentrieren und darf nicht gestört werden. Mit zunehmender Übung entdeckt sie zunächst immer mehr Berührungspunkte, nach einiger Zeit aber, wenn sie müde wird, wieder weniger. Man kann das verfolgen, wenn man die gefundenen Punkte auf der Haut mit einem geeigneten Stift markiert und wiederholt prüft.

Mit jeder Berührungsempfindung nimmt man den Ort der Reizung wahr. Die Genauigkeit, mit der ein Ort erkannt wird, hängt von der Auf-

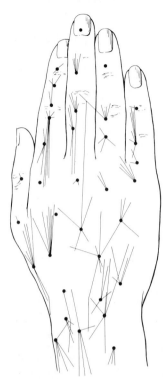

Abb. 25 Lokalisation der Reizorte nach Henry (aus v. Skramlik, E.: Psychophysiologie der Tastsinne. In Wirth, W.: Archiv für die gesamte Psychologie. Akademische Verlagsgesellschaft, Leipzig, 1937 [169]).

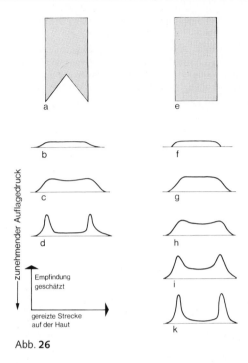

Abb. 26

merksamkeit, von der Art des Reizes und von dem gereizten Körperabschnitt ab. Abb. 25 zeigt das Ergebnis eines Versuchs, bei dem die Hand der VP mit einer Sonde berührt wurde. Die VP, die während des Versuchs ihre Hand nicht anschaute, markierte die Stelle an einem Handmodell. Es ist deutlich, daß selbst an der Hand Fehler in der Größenordnung von Zentimetern auftreten. In einigen Fällen wurde der Reizpunkt sogar am falschen Finger wahrgenommen. Das ist wahrscheinlich damit zu erklären, daß in der flächigen Abbildung der Körperoberfläche im Großhirn nicht alle auf der Haut benachbarten Punkte nebeneinander liegen können. An den Grenzen zwischen den Projektionen der einzelnen Finger können Reizorte von verschiedenen Fingern benachbart sein, so daß dem großen Abstand auf der Hand ein sehr kleiner im Großhirn entspricht.

Man kann den Lokalisationsversuch für den Berührungsort leicht nachvollziehen. Man zeichnet eine Umrißskizze der linken Hand auf zwei Papiere. Die VP legt die linke Hand auf den Tisch, schaut weg, wenn ihre Hand mit der oben erwähnten Tastborste berührt wird, und zeigt mit einem Stift auf ihrer Handskizze, an welcher Stelle sie die Berührung wahrgenommen hat. Der VL protokolliert die wahren und die wahrgenommenen Punkte auf seiner Handskizze.

Sehr genau wurde der minimale wahrnehmbare Abstand zwischen zwei Berührungsreizen studiert.

Man kann den kleinsten wahrnehmbaren Abstand mit den Spitzen eines Stechzirkels oder mit einem weniger gefährlichen Tastzirkel aus harter Pappe oder Kunststoff nach Art der Abb. 24b durchführen. Bei gleichzeitiger Berührung der Haut mit beiden Spitzen bestimmt man die simultane räumliche Unterscheidungsschwelle. Sie beträgt 1 bis 2 mm auf der Zunge und auf den Fingerspitzen, etwas weniger als 10 mm auf der Innenfläche der Hand und etwas mehr auf der Stirn und mehrere Zentimeter auf dem Rücken. Wenn man die Haut mit den beiden Spitzen nacheinander berührt, kann man Reize unterscheiden, die näher beieinander liegen.

Das räumliche Auflösungsvermögen, gegeben durch den Kehrwert des kleinsten wahrnehmbaren Abstandes, ist auf den Hautarealen am größten, deren Projektion in der Großhirnrinde relativ großflächig ist. Das ist, wie die Abb. 19 zeigt, der Fall an den Fingerspitzen, der Zunge und den Lippen.

Der räumliche Abstand zwischen zwei Reizorten wird in diesen Hautarealen merkwürdigerweise auch oft größer wahrgenommen als an anderen. Das führt zur **haptischen Abstandstäuschung, die man beobachten kann, wenn man zwei Finger aneinander legt und dann mit diesen beiden Fingerkuppen von einem Ohr über den Mund zum anderen Ohr streicht. Das fühlt sich so an, als sei der Abstand zwischen den Fingern auf den Wangen kleiner und an den Lippen größer. Streicht man mit den beiden Fingern auf der Unterseite des Unterarms vom Ellenbogen zu Handwurzel, so wird der Abstand scheinbar kleiner. Man kann diesen Versuch auch mit dem Tastzirkel der Abb. 24b oder mit einem zweispitzigen Stück Pappe nach Art der Abb. 26a machen.**

Die *Summation* benachbarter Reize und die ➝ *laterale Hemmung oder Inhibition* der Sinneserregungen kann man folgendermaßen in Erfahrung bringen. **Man schneide aus harter Pappe zwei Stücke der Form von Abb. 26 aus. Der Abstand der Spitzen bzw. die Breite des Kartons soll für Versuche am Unterarm etwa 1 cm betragen. Wenn man die beiden Spitzen bzw. die Kante mit zunehmender Kraft auf die Haut drückt, so hat man Empfindungen, wie sie qualitativ durch die Diagramme Abb. 26 b-k beschrieben werden. Bei leichtem Druck hat man in beiden Fällen den Eindruck einer Kante, was im Falle des zweispitzigen Kartons eine Täuschung ist. Bei sehr starkem Auflagedruck spürt man in beiden Fällen zwei Reizorte, was im Fall der Kante eine Täuschung ist.**

Daß die beiden Spitzen bei geringem Druck nicht getrennt wahrgenommen werden, liegt daran, daß sich die Hautverschiebungen und damit die ➝ organadäquaten Reize im Umkreis der Reizorte zwischen den Spitzen überlagern. Wenn dann mit wachsendem Druck die Erregungsstärke an den beiden Reizorten zunimmt, wächst auch die laterale Hemmung zwischen den Sinneserregungen, so daß die Erregung zwischen den Spitzen unterdrückt wird. Die Deutung der Empfindungen unter der Kante ist etwas komplizierter. Entlang der aufgedrückten Kante findet die Verschiebung der Hautschichten vor allem quer zur Kante statt. An den Enden hingegen tritt der Scherungsreiz auch in der Richtung der Kante auf. Folglich kann man dort mit einem zusätzlichen Reiz rechnen. Die Sinneserregung dürfte deshalb an den Enden der Kante größer sein und durch Hemmung die Erregung im Mittelbereich verkleinern. Bei sorgfältiger Beobachtung der Verteilung der Empfindungen kann man tatsächlich feststellen, daß bei starkem Druck der Kante nicht nur die Enden deutlicher sind, sondern die Mitte der Kante wenig oder überhaupt nicht wahrnehmbar ist, daß also die Empfindungsintensität in der Mitte mit wachsendem Reiz abnimmt, was auf laterale Hemmung hinweist.

Eine inadäquate Reizung von Mechanorezeptoren der Haut, die zu dem Gefühl des Kribbelns wie bei „eingeschlafenen Füßen" führt, ist als Folge der Unterbrechung des Kreislaufs in einer Extremität zu beobachten. **Man schnüre einen Oberarm mit der Manschette eines Blutdruckmeßgerätes oder einem breiten Gummiband für die Dauer von einigen Minuten ab. Der abgeschnürte Arm ist dann für Berührungsreize weniger empfindlich als der andere. Nach Lösung der Abschnürung tritt nach der im Abschnitt 2.4.3 beschriebenen paradoxen Kaltempfindung das Kribbeln ein, das man durch Reiben der Haut noch erheblich steigern kann. Daß die Erregung beim Einströmen frischen Blutes mit der Senkung des CO_2 oder der Vermehrung von O_2 im Bereich der Sinnesendigungen ursächlich zusammenhängt, kann man zeigen, in dem man vor dem Lösen der Abschnürung durch tiefes Durchatmen, die CO_2-Konzentration im Blut senkt und die O_2-Konzentration erhöht, was eine Steigerung der Kribbelintensität zur Folge hat. Hält man dagegen vor dem Öffnen der Abschnürung die Luft an und macht darüber hinaus noch einige Kniebeugen, so fällt das Kribbeln schwächer aus.**

Von großem Interesse ist die Frage nach der ➝ Empfindungsspezifität der verschiedenen Arten von Rezeptoren in der Haut. Da es praktisch unmöglich ist, die verschiedenen Sinnesendigungen selektiv zu reizen, kann man die Empfindungen auch nicht einzeln hervorrufen. Es ist aber möglich, die ➝ Reizspezifität der Sinneszellen mit elektrophysiologischer Methodik zu studieren und mit Hilfe der so gewonnenen Forschungsergebnisse Einblick in die Funktion der Mechanorezeptoren der Haut zu gewinnen.

Man kann die Sinnesnervenzellen nach dem zeitlichen Verlauf ihrer Reaktionen einteilen in solche, die nur auf Änderungen der Reize reagieren, und solche, die auch andauernde Verformungen mit Nervenimpulsen beantworten. Die Haarbalgrezeptoren gehören, wie oben gezeigt wurde, zur ersten Gruppe. Weil die Reaktion der Rezeptorarten dieser Gruppe ihre Reaktion nach einer Reizänderung schnell einstellt, bezeichnet man diese Rezeptoren oft als die schnell adaptierenden. Man kann sie weiter unterteilen, indem man bei Reizung der Haut mit Vibratoren feststellt, in welchem Frequenzbereich sie am empfindlichsten sind, d.h. bei welcher Frequenz die kleinste wirksame Reizamplitude und damit die größte Empfindlichkeit zu finden ist. Die kleinste

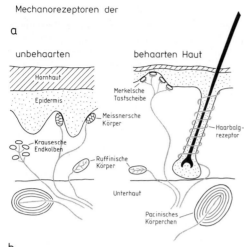

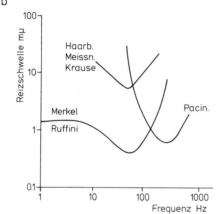

Abb. 27

Reizamplitude, bei der eine Wirkung auf die Erregung registriert werden kann, bezeichnet man als Reizschwelle. In Abb. **27b** sind Schwellenkurven dargestellt, die an mechanorezeptiven Sinnesnervenzellen der Haut gemessen wurden (133). Die Amplitude der sinusförmigen Vibrationsreize ist logarithmisch auf der Ordinate und die Frequenz ebenfalls logarithmisch auf der Abszisse aufgetragen.

Man erkennt sofort, daß die Pacinischen Körperchen in den tieferen Schichten der Haut im Frequenzbereich zwischen 100 und 1000 Hz besonders empfindlich und folglich auch für die Vibrationsempfindungen, die man bei mechanischen Schwingungen der Haut oberhalb von 65 Hz wahrnimmt, verantwortlich sein müssen. Die Meissnerschen und Krauseschen Rezeptoren, die sich in geringerer Tiefe in der Haut befinden,

sind am empfindlichsten im Frequenzbereich zwischen 10 und 100 Hz, in dem eine Empfindung auszulösen ist, die man als Schwirren bezeichnet. Eine Betäubung dieser Rezeptoren von außen mit Hilfe von elektroosmotisch eingebrachter Kokainlösung erhöht die Schwelle im niederfrequenten Bereich, bis das Schwirren ganz verschwindet. Die Vibrationsempfindungen, die man den tiefer liegenden Pacinischen Körperchen zuschreibt, bleibt dagegen unverändert.

Der dritte Kurventyp gehört zu den sogenannten langsam adaptierenden Sinnesnervenzellen, die mit den Merkelschen Tastscheiben und den Ruffinischen Rezeptoren verbunden sind.

Sie zeigen auch gleichbleibende Verformungen der Haut an und nicht nur Veränderungen. Ihre Schwellenkurve liegt unter den anderen, d. h., sie sind besonders empfindlich.

Die Ruffinischen Rezeptoren reagieren stärker, wenn die Haut kalt ist. Damit liefern sie die Erklärung für die **Webersche Täuschung**.

E. H. Weber (193) schreibt: „**Kalte auf der Haut ruhende Körper scheinen uns schwerer, warme leichter zu sein... Man nehme gleiche Gewichte von ganz gleicher Gestalt, die man bequem übereinander legen kann. Hierzu eignen sich sehr gut neue Taler. Man erkälte die einen bis unter den Frostpunkt, z. B. auf – 7°C oder – 4°C und erwärme die anderen bis auf +37°C oder +38°C, und lege einem Beobachter, der so daliegt, daß der Kopf völlig unterstützt und, daß die Fläche der Stirn horizontal ist und er zugleich die Augen schließt, einen kalten Taler auf die Stirn, entferne ihn gleich darauf und lege zwei warme übereinander liegende Taler genau an dieselbe Stelle, nehme sie dann weg und bringe sehr schnell wieder einen kalten dahin, und nachdem man ihn wieder weggenommen, lege man wieder zwei warme Taler hin, bis der Beobachter im Stande ist, ein Urteil darüber abzugeben, ob das zuerst auf die Stirn gelegte, oder das nachher dahin gebrachte Gewicht das schwerere sei. Der Beobachter wird behaupten, daß beide Gewichte gleich schwer wären, und sogar, daß das, welches aus zwei erwärmten Talern bestand, das leichtere sei.**"

Setzt man auf den Unterarm einen Vibrator auf, so entstehen auf der Haut Transversalwellen, die sich wie die Wanderwellen auf einer Wasseroberfläche weiter ausbreiten. Beleuchtet man den Körper mit Flimmerlicht gleicher Frequenz, z. B. mit Hilfe eines → Stroboskops, so wird das Schwingungsbild immer nur in einer bestimmten Phasenlage und darum ohne Bewegung sichtbar, so daß man es unabhängig von der schnellen Schwingung erkennen kann. Bei Vibrationen mit 50 Hz am Unterarm sind die Wellen noch auf der Brust erkennbar wie auch beim Singen eines tiefen Tones. Man spürt aber die Vibration nur in der Nähe des Vibrators, und die vom Kehlkopf ausgehenden Schwingungen nimmt man meistens überhaupt nicht wahr, obwohl Vibrationen mit vergleichbarer Amplitude wahrnehmbar sind, wenn sie auf der Brust erzeugt werden. Hierin zeigt sich ein physiologischer Mechanismus, der in der Lage ist, bestimmte Signale zu unterdrücken.

Mit dem Finger kann man die Schwingungen des Brustkorbs beim Singen eines tiefen Tones immer wahrnehmen. Es kann geschehen, daß bei zwei benachbarten Vibrationsreizen nur ein Reizort wahrgenommen wird, der mehr oder weniger genau in der Mitte zwischen den beiden tatsächlich gereizten Hautstellen liegt. **Wird dann bei einem Vibrator die Schwingungsamplitude erhöht, so wandert der scheinbare Reizort auf diesen Vibrator zu.**

Die physikalischen und neuronalen Mechanismen der Vibrationsempfindung ähneln denen des inneren Ohrs. In beiden Fällen führt ein periodischer mechanischer Reiz zu Wanderwellen. Während aber bei der Vibrationsempfindung sowohl der Ort als auch die Vibrationsfrequenz wahrgenommen wird, gilt dies beim Hören nur für die frequenzabhängige Tonhöhe. Die Vibrationsempfindlichkeit ist am größten bei Reizung mit 200 Hz, die des Gehörs bei mehr als zehnmal größerer Frequenz. Die Schwelle für Frequenzunterschiede des Reizes liegt im Bereich maximaler Vibrationsempfindlichkeit zwischen 10 und 15 % der Reizfrequenz, beim Gehör dagegen bei 0,3 %. Trotz dieser quantitativen Unterschiede hat sich der Vergleich der beiden Systeme als fruchtbar erwiesen. v. Bekesy (20) reizte benachbarte Hautstellen gleichzeitig mit mechanischen Schwingungen verschiedener Frequenz (z. B. 10 Hz, 40 Hz, 80 Hz, 160 Hz, 320 Hz) und erzeugte damit eine Situation, die der des inneren Ohres bei Reizung mit einem akustischen Frequenzgemisch vergleichbar ist. In diesem Fall führte nur der Reiz des mittleren Vibrators zu einer Wahrnehmung, und zwar zu der von einem Reiz mit 80 Hz. Die anderen Vibrationsempfindungen traten nicht auf. In gleicher Weise kann durch die Erregung an einem Ort der Hörschnecke die Wirkung der Reize an benachbarten Stellen unterdrückt werden.

Die Vibrationsempfindung ist im Zusammenhang mit der Entwicklung von Hörgeräten für Taubstumme von Interesse. Man kann einer VP beibringen, im Bereich zwischen 40 und 400 Hz des Vibrationsreizes Oktaven zu erkennen und bei Einsatz mehrerer Vibratoren verschiedene Anordnungen und zeitliche Folgen von Schwingungsreizen zu unterscheiden. Das schwierigste Problem bei der Wahrnehmung durch Vibration besteht in der beschränkten Zahl verschiedener Empfindungen, die sich eine VP merken kann, also in der Kapazität der angeschlossenen Teile des auswertenden Nervensystems.

2.4 **Temperatursinn**

2.4.1 *Biologische Funktionen des Temperatursinns*

2.4.1.1 Thermische Befindlichkeit

In diesem Abschnitt werden die Temperaturempfindungen beschrieben, die man auf den eigenen Körper bezieht, d. h. ➛ somatisiert. Für die eigene *Temperaturbefindlichkeit* kann man einen mittleren neutralen Bereich abgrenzen, in dem man sich weder warm noch kalt fühlt. Die Temperatur ist dabei keineswegs im ganzen Körper gleich. Sie nimmt von 37°C im Kernbereich (Gehirn und Eingeweide des Rumpfes) zur Haut ab, wo sie auch im Neutralbereich der Befindlichkeit verschieden sein kann, unter 30°C an exponierten Stellen und oberhalb unter den Kleidern. Die einheitliche Temperaturbefindlichkeit bei verschiedenen Temperaturen der Körperteile zeigt an, daß es eine zentrale Verrechnung der Sinneserregungen aller Temperaturrezeptoren geben muß. Wenn man die ➛ Aufmerksamkeit auf bestimmte Körperteile richtet, kann man aber die Temperaturempfindungen auch getrennt für die einzelnen Teile in Erfahrung bringen, wie es schon für die ➛ Berührungsempfindung beschrieben wurde. Ohne Kleider hat man bei Hauttemperaturen oberhalb 36°C und unterhalb von 31°C anhaltende Warm- bzw. Kaltempfindungen, die auch mit der Zeit nicht verschwinden. Man kann sich bemühen, kalte Hände und Füße vorübergehend nicht zu beachten. Sie melden sich aber immer wieder, wenn keine Abhilfe geschaffen wird.

Erhöhte Körpertemperatur und die Empfindung, daß es einem warm wird, stellt sich auch im Fieber, bei harter Arbeit und bei Aufregung, beim Lampen- und Reisefieber, zusammen mit einer Erhöhung der Körpertemperatur ein. Die Wärmeempfindung kann sich zur Hitzeempfindung mit Schwitzen steigern. Im Zustand der Angst kann mit dem Abfall des Blutdrucks eine Abkühlung der Haut einhergehen, die zum Frösteln führt, wobei man auch fühlen kann, wie sich eine Gänsehaut ausbildet, „es läuft einem kalt den Rücken herunter". Bei anhaltendem Frieren stellt sich das Kältezittern ein. Diese Temperaturwahrnehmungen führen dazu, daß man durch zweckmäßiges Verhalten seinen Körper bei der Thermoregulation unterstützt. Die Thermoregulation, d.h. die physiologische Steuerung der Erzeugung und Abgabe von Wärme, wird in diesem Buch nicht behandelt.

2.4.1.2 Temperaturwahrnehmungen an Objekten

Die Temperaturempfindungen, die sich beim Tasten einstellen, werden ➝ objektiviert, d.h. den Objekten zugeordnet. Die Temperatur eines Gegenstandes, z.B. einer Babyflasche, des Badewassers oder der menschlichen Haut, kann man mit großer Sicherheit und guter Genauigkeit ertasten. Man ist dabei erstaunlicherweise weitgehend unabhängig von der eigenen Hauttemperatur. Das kann man schnell nachprüfen.

Man tauche für einige Minuten eine Hand in kaltes Wasser und gleichzeitig die andere Hand in heißes. Dann trockne man die Hände ab. Nach kurzer Zeit fühlt man den Temperaturunterschied nicht mehr. Man kann aber sehen, daß die wärmere Hand gerötet und die kalte blaß ist. Daß die Hände verschieden warm sind, merkt man, wenn man mit ihnen das Gesicht berührt. Betastet man nun Gegenstände, so erscheinen diese den beiden Händen in der Regel nicht verschieden, sondern gleich warm oder kalt zu sein.

Die verschiedenen Hauttemperaturen machen sich bei der Beurteilung der Objekttemperatur auch bei sorgfältigeren Messungen nach der ➝ eigenmetrischen Methode kaum bemerkbar. Man kann sagen, daß die Temperatur nahezu konstant, d.h. unabhängig von den Reizbedingungen wahrgenommen wird. Fragt man aber nach dem *affektiven Effekt* einer Temperaturwahrnehmung, d.h. danach, ob ein betasteter Gegenstand angenehm kühl oder unangenehm kalt, ob er angenehm warm oder heiß ist, so findet man keine Konstanz. Die affektive Komponente der Temperaturempfindung hängt von der Eigentemperatur ab. Für einen erhitzten Menschen kann die Berührung eines kalten Gegenstandes angenehm sein, die bei einem frierenden Frösteln auslöst.

Die offensichtlich vorhandene und biologisch wichtige Konstanzleistung bei der Beurteilung objektiver Temperaturen steht im Widerspruch zu einer Erfahrung, die schon von John Locke (1632–1704) beschrieben wurde (120) und mit dem Drei-Schalen-Versuch von Ewald Hering (1834–1918) demonstriert werden kann, Abb. 28.

„Taucht man die eine Hand in kaltes Wasser (6°–10°), die andere gleichzeitig in heißes Was-

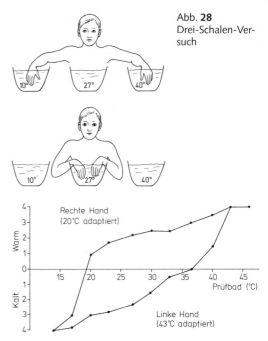

Abb. **28** Drei-Schalen-Versuch

Abb. **29** Eigenmetrische Bestimmung der Wärme bzw. Kälte des Prüfbades bei verschiedenen Temperaturen (Abszisse) durch die beiden an verschiedene Temperaturen adaptierten Hände (nach Tritsch [187]).

ser (40°–45°) und bringt nach 20–30 sec beide Hände in Wasser von 25°–27°, so empfindet die eine Hand das Wasser deutlich warm, die andere deutlich kalt" (94). Die Erfahrung, daß dasselbe Wasser der einen Hand warm und der anderen kalt erscheint, ist so eindrucksvoll, daß man alles Vertrauen in die Fähigkeit, Temperaturen zu beurteilen, verlieren müßte, wenn man nicht auch die gerade beschriebenen Erfahrungen hätte, die für eine gute Konstanzleistung bei der Temperaturwahrnehmung sprechen. Der Widerspruch ist erst nach sorgfältiger Interpretation quantitativer Meßdaten aufzulösen.

Zunächst soll eine Version des Dreischalenversuchs etwas genauer beschrieben werden. Die eine Hand wurde an 20°C und die andere an 43°C adaptiert. Für kurze Zeit wurden beide Hände dann in Wasser verschiedener Temperaturen (Prüfbad) zwischen 13°C und 46°C getaucht. Nach der ➝ eigenmetrischen Methode gab die VP ihre Warm- bzw. Kaltempfindungen zu Protokoll und benutzten dabei für die Intensität der Warm- und Kaltempfindung je eine Skala von 0 bis 4. Das Ergebnis zeigt die Abb. **29**. Im mittleren Bereich liegen die Schätzungen mit den beiden Händen weit auseinander. Hohe und tiefe

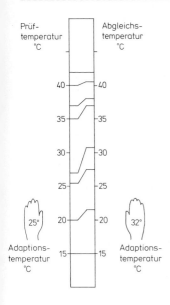

Abb. 30 Abgleichsexperiment für die Temperatur durch die an verschiedene Temperaturen adaptierten Hände. Vor der VP befindet sich eine senkrechte Säule mit einem Temperaturgradienten. Gleich warm erscheinende Orte sind durch eine Linie verbunden, (nach Tritsch [185]).

Temperaturen werden dagegen mit der warm- und der kaltadaptierten Hand gleich empfunden. Die Konstanzleistung hängt offensichtlich vom Temperaturbereich ab.

Man kann diesen Tatbestand auch mit dem → Abgleichverfahren nachweisen. Abb. 30 zeigt das Prinzip des Versuchs. Die Hände der VP liegen während dieses Experiments auf Heizkissen, durch die die eine Hand an 32°C und die andere an 25°C adaptiert wird. Vor der VP steht eine Aluminium-Säule, die oben aufgeheizt und unten gekühlt ist, so daß ihre Temperatur von oben nach unten abnimmt. Mit der 25°-Hand berührt die VP die Säule an einer Stelle und sucht dann mit der 32°-Hand auf der anderen Seite der Säule den Ort, der die gleiche Temperatur zu haben scheint. Orte gleicher Temperaturempfindung sind in der Abbildung verbunden. Man erkennt, daß die beiden verschieden warmen Hände bei hohen und tiefen Temperaturen die gleichen Empfindungen liefern, nicht aber im Mittelbereich. Durch zusätzliche Messungen muß bei derartigen Experimenten sichergestellt werden, daß die Wahrnehmungen mit den beiden Händen unabhängig voneinander sind, daß also die Adaptation einer Hand keinen Einfluß auf die Empfindlichkeit der anderen ausübt.

Die Ergebnisse des Dreischalen- und des Abgleichversuchs werden verständlich, wenn man die biologische Funktion des Temperatursinns genauer betrachtet. Für Mensch und Tier sind Temperaturen, die erheblich über oder unter der Hauttemperatur liegen, normalerweise nicht erstrebenswert, weil bei ihnen zur Konstanterhaltung der Körpertemperatur Energie aufgewendet werden muß. Es erscheint sinnvoll, daß diese biologisch unerwünschten Temperaturbereiche richtig wahrgenommen werden, was tatsächlich der Fall ist.

Objekttemperaturen aber, die nur wenig von der Hauttemperatur abweichen, sind von ungleich geringerem Interesse. Meistens befinden sich die Gegenstände in der Umgebung von Mensch und Tier ohnehin im thermischen Gleichgewicht, d. h., sie haben dieselbe Temperatur wie die umgebende Luft. Daß sie trotzdem verschieden warm oder kalt zu sein scheinen, liegt nicht an ihrer Temperatur, sondern an ihren Materialeigenschaften.

Ein Stück Metall, das sich seit Stunden in einem Zimmer befindet und darum dieselbe Temperatur wie die umgebende Luft hat, erscheint kühl, wenn man es berührt. Ein Stück Kunststoff, z. B. Styropor, scheint unter denselben Bedingungen warm zu sein.

Das kommt dadurch zustande, daß der Körper des Warmblüters durch Diffusion Wärmeenergie an die Umgebung abgibt, wobei der Wärmeabfluß in das Metall viel rascher und der Abfluß ins Styropor weniger schnell erfolgt als der in die umgebende Luft. Trotz gleicher Temperatur der Objekte erfährt die Haut deshalb bei der Berührung des Metalls eine Abkühlung, bei Styropor eine Aufwärmung.

Man kann darum mit den Thermorezeptoren Information auch über das Material gewinnen, aus dem die Gegenstände bestehen.

Die Doppelkompetenz des Temperatursinns für Temperatur und Material zeigt sich darin, daß man etwa gleich geformte Stücke aus Silber, Blei, Stein, Glas, Porzellan, Holz oder aus Kunststoffen mit etwas Übung tastend unterscheiden kann, auch wenn sie dieselbe Temperatur haben.

Für unsere Vorfahren, die noch nicht über alle diese Materialien verfügten, dürfte diese Fähigkeit große Bedeutung gehabt haben zur Beurteilung des Wassergehalts von Nahrungsmitteln, von Holz und vor allem vom Untergrund, auf dem sie saßen oder schliefen.

Die physiologische Erklärung für die Doppelkompetenz des Temperatursinns ist überraschend einfach. Die Temperaturrezeptoren liegen in der Fingerbeere etwa 0,6 mm unter der Oberfläche der Leistenhaut, kommen also nicht unmittelbar mit den betasteten Gegenständen in Berührung. Wenn T_A die Temperatur der Haut im Bereich der Rezeptoren und T_O die des berührten Objektes ist, gilt

(8) $\quad T_O = T_A + \Delta T$

wobei ΔT die Differenz zwischen der Haut- und der Objekttemperatur ist. Wenn T_A und ΔT bekannt sind, kann man T_O ausrechnen. Ein System, das nach dieser Formel arbeitet, wäre unabhängig von seiner eigenen Temperatur, hätte somit den Vorzug der Temperaturkonstanz. Es soll nun zuerst überlegt werden, ob und wie ΔT registriert werden kann.

Wenn man einen wärmeren oder kälteren Gegenstand berührt, ist ΔT zuerst groß und verschwindet dann mit der Aufwärmung oder Abkühlung der Haut. In der Tiefe der Haut, in der die Rezeptoren liegen, dauert es, wie Messungen mit feinen Temperatursonden zeigten, viele Sekunden, bis sich eine neue Temperatur einstellt. Den Temperaturunterschied zwischen zwei Gegenständen ertastet man aber in weniger als einer Sekunde. Selbst in dem kritischen, oben beschriebenen Abgleichexperiment benötigten die VPn kaum mehr als zwei Sekunden. Die Entscheidung über die Temperatur der betasteten Objekte findet somit statt, bevor sich die endgültige Hauttemperatur eingestellt hat. Sie muß aus der Verlaufsform der Temperaturänderung hergeleitet werden.

Man muß nur annehmen, daß T_A in Gleichung (8) am Anfang registriert und ΔT aus der Veränderung der Hauttemperatur hergeleitet wird. Der Verlauf der Änderung ist bei verschiedenen Materialien nicht ganz gleich. Darum kann die Konstanzleistung nicht perfekt sein. Die Abweichungen liefern aber Information über die Materialien. Bei großen Temperatursprüngen, bei denen die Temperatur nahezu fehlerfrei wahrgenommen wird, spielen die Abweichungen keine Rolle. Bei kleinen Temperatursprüngen, wie sie beim Betasten von Gegenständen im Temperaturbereich der Haut auftreten, werden sie zum Erkennen des Materials genutzt.

Dieser Vorschlag zur Erklärung der Doppelkompetenz des Temperatursinns (185, 186) mag angesichts der physikalischen Gegebenheiten zu einfach erscheinen. Bei der Berechnung der Hauttemperatur und ihrer Änderung sind in der Tat viele Parameter zu berücksichtigen, die bei der Erregungsverarbeitung keineswegs als bekannt vorausgesetzt werden können. Die Spezifische Wärme, die Wärmeleitzahl und die Dichte der Objekte, zusammengefaßt in der sogenannten Wärmeeindringzahl, sowie die Form und Größe der Objekte und der Finger und die Eigenschaften der Rezeptoren und ihre ➔ Adaptation sind zu berücksichtigen. Das Problem ist aber ganz einfach mit Hilfe eines der Aufgabe angepaßten Auswertesystems (matched filter) zu lösen. Vorauszusetzen ist, daß Gegenstände entweder im thermischen Gleichgewicht mit der umgebenden Luft stehen oder erheblich davon abweichen. Wenn dann nur T_A und der materialabhängige zeitliche Verlauf der Änderung von ΔT ausgewertet werden, kann die beinahe vollständige Konstanzleistung und die Materialunterscheidung erreicht werden.

Daß dies wirklich möglich ist, bewies Tritsch (188) mit einem Roboter, der nach diesem Prinzip arbeitet. Ein Temperaturfühler (Thermistor) wurde in einen künstlichen Finger aus vulkanisiertem Silikonkautschuk eingebettet. Die elektrischen Signale, die dieser Fühler bei Berührung verschiedener Materialien lieferte, wurden in einem angeschlossenen Computer nach dem geschilderten Prinzip ausgewertet. Im Computer waren die Materialkonstanten der verschiedenen Stoffe gespeichert. Bei größeren Gegenständen war nicht nur die Unterscheidung, sondern auch die richtige Zuordnung zu den Materialien möglich. Im erregungsverarbeitenden System des Menschen sind die physikalischen Materialeigenschaften nicht gespeichert. Die Unterscheidungsfähigkeit für die verschiedenen Verlaufsformen reicht aber aus, weil ihre Bedeutungen gelernt werden können.

2.4.1.3 Wahrnehmung von Wärmestrahlung

Wärme oder Kälte ohne Berührungsempfindung bezieht man auf einen entfernten warmen Gegenstand, insbesondere wenn sich der Reizort bei Körperbewegung auf der Haut verschiebt. Man kann einen wärmeren oder kälteren Gegenstand auch im Dunkeln über mehrere Meter hinweg bemerken und seinen Ort bestimmen. Diese Fähigkeit wurde bei den Schlangen, die Grubenorgane besitzen, hoch entwickelt.

2.4.2 *Thermosensibilität der Haut*

Warm und Kalt empfindet man normalerweise nicht gleichzeitig, wenn auch manchmal im schnellen Wechsel. Daß es sich bei Wärme und Kälte um zwei verschiedene ➔ Modalitäten handelt, konnte zweifelhaft bleiben bis zur Entdeckung der *Kalt- und Warmpunkte der Haut* durch M. Blix (1883) und A. Goldscheider (1884). **Kaltpunkte findet man mit sogenannten Thermoden, d. h. kalten oder warmen zugespitzten Metallstiften, mit denen man die Haut berührt. Geeignet sind große Nägel, die man an einem Schleifstein etwas angespitzt hat oder ein Stück Draht. Ideal ist ein Holzgriff oder eine wärmedämmende Umwickelung, die den Wärmeausgleich mit der Hand drosselt. Metallsonden mit Zimmertemperatur entzie-**

hen wegen ihrer Wärmeleitfähigkeit der Haut bereits so viel Wärme, daß an den Kaltpunkten Kaltempfindungen ausgelöst werden können. Unterkühlte Sonden (Kühlschrank) können schon vor der Berührung, also über einen Luftspalt hinweg, Kaltrezeptoren erregen. Zum Nachweis von Warmpunkten steckt man die Thermode in warmes Wasser und trocknet sie vor dem Versuch ab. An den Empfindungspunkten lassen sich mit kleinen Reizen nur entweder Kalt- oder Warmempfindungen erzeugen. An den Fingern liegen die Kaltpunkte ungefähr 2 mm, die Warmpunkte wenigstens zehnmal so weit auseinander. Die Zahl der nachgewiesenen Kalt- und Warmpunkte schwankt je nach den Versuchsbedingungen und nach der Aufmerksamkeit der VP erheblich.

Die → Empfindungsspezifität der Kalt- und Warmpunkte wurde auch durch lokale elektrische Reize nachgewiesen, die je nach dem Reizort zu Warm- oder Kaltempfindungen führen. Kaltpunkte findet man an der gesamten Haut und auch an den Schleimhäuten aller Körperöffnungen. Warmpunkte sind eindeutig nachweisbar nur an den Fingern und den Lippen. Die schlechtere Lokalisierbarkeit wird mit der Lage der Warmrezeptoren in tieferen Hautschichten begründet, was sich auch darin zeigt, daß bei von außen aufgebrachten Betäubungsmitteln zuerst die Kaltempfindlichkeit nachläßt.

Mit elektrophysiologischen Methoden wurden auch im Nervensystem und in den Eingeweiden Thermorezeptoren nachgewiesen, die sich aber nicht durch Temperaturempfindungen bemerkbar machen. Die Aufnahme kalter Flüssigkeit kann zwar fühlbare Reaktionen des Magens auslösen. Um Kaltempfindungen handelt es sich dabei aber ebensowenig wie bei den Empfindungen, die auftreten, wenn durch einen Einlauf kaltes Wasser in den Darm befördert wird. Ob die Bluttemperatur im Gehirn zu bewußten Kalt- oder Warmempfindungen führt oder nur unbewußte thermoregulatorische Reaktionen verursacht, ist schwer zu entscheiden. Die Temperaturempfindlichkeit der Haut würde zur Erklärung aller Kalt- und Warmempfindungen ausreichen, auch für diejenigen, die bei unveränderter Außentemperatur aus psychischen Ursachen oder bei Fieber auftreten. Die Hauttemperatur hängt nämlich auch von der Durchblutung ab und diese schwankt erheblich. Der erregte Mensch hat ein rotes Gesicht und empfindet Wärme, der erschreckte Mensch erbleicht und fröstelt.

Die Temperaturrezeptoren sind freie verzweigte Endigungen von Sinnesnervenzellen. Elektrophysiologische Ableitungen von den Nervenfasern bei Tieren und Menschen zeigten, daß gleichbleibende Temperaturen durch die Frequenz der Nervenimpulse codiert werden, die bei Kaltfasern ein Maximum bei Hauttemperaturen T_A unterhalb von 30°C und bei Warmfasern oberhalb von 40°C hat. Auf eine Senkung der Hauttemperatur ($-\Delta T$) reagieren die Kaltfasern mit einer vorübergehend überschießenden Frequenzerhöhung, die Warmfasern mit der entgegengesetzten Reaktion. Diese dynamische Antwort wächst mit der Größe und der Schnelligkeit der Temperaturänderung ΔT. Bei Steigerung der Hauttemperatur ($+\Delta T$) kehren sich die Vorzeichen der Reaktion um.

Die Temperaturrezeptoren stellen somit die Information über die Hauttemperatur T_A und ihre Änderung ΔT zur Verfügung, die zur Erklärung der Beobachtungen des letzten Abschnitts nötig sind. Die entgegengesetzte dynamische Antwort der Kalt- und Warmfasern erklärt, warum dieselbe Temperatur je nachdem, ob man vorher an höhere oder tiefere Temperaturen adaptiert war, verschiedene, d. h. Kalt- oder Warmempfindungen, hervorrufen kann, wie es im Dreischalenversuch zu beobachten ist. Daß nicht nur die Änderung der Hauttemperatur von Bedeutung ist, zeigt der Kaltnacheffekt. **Man halte ein Stück Eis oder ein kaltes Stück Metall für einige Sek. an die Stirn. Danach hat man noch für wenigstens 30 Sek. eine Kaltempfindung. Sie zeigt, daß die Kaltempfingung nicht nur während der Reizung, also bei fallender Temperatur, sondern auch beim Nacheffekt, also bei steigender Temperatur, auftritt. Die anhaltende Kaltempfindung ist auf die absolute Temperatur zurückzuführen. Sonst müßte man während der Reizung eine Kaltempfindung und beim Nacheffekt eine Warmempfindung haben.**

Der räumliche Temperaturgradient in der Haut und seine Änderung ist ohne Bedeutung für die Temperaturempfindungen. Das wurde nachgewiesen in Versuchen, in denen kalte bzw. warme Blutersatzlösungen in eine Hautvene injiziert wurden. Abkühlung der Haut führt immer zu Kaltempfindungen unabhängig davon, ob die Temperatur von außen nach innen oder von innen nach außen zunimmt. Dasselbe gilt für Wärmeempfindungen bei Temperaturerhöhungen der Haut (93).

Ein bisher noch nicht erwähnter, aber sehr wichtiger Reizparameter ist die Flächengröße der gereizten Haut. Werden kleine Hautflächen von $1\,cm^2$, ausgehend von 30°C, in der Weise aufgeheizt, daß sich die Temperatur mit einer Geschwindigkeit von $0{,}017°C/s$ ändert, so bemerkt man die Wärme erst nach einer Temperaturzunahme von etwa 9°C. Bei einer Reizfläche von $100\,cm^2$ auf der Haut tritt die Wärmeempfindung

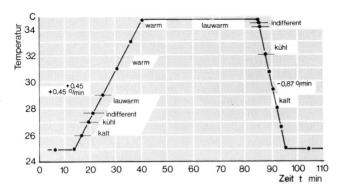

Abb. 31 Wärmeempfindungen nach Angaben einer VP bei langsamer Änderung der Hauttemperatur (nach Hensel [93]).

dagegen schon bei einer Temperaturzunahme von weniger als 2°C auf. Am größten ist die Temperaturempfindlichkeit, wenn die gesamte Körperoberfläche gleichmäßig erwärmt oder abgekühlt wird. In Klimakammerversuchen bemerkten unbekleidete VPn bereits Änderungen der Hauttemperatur von Bruchteilen eines Grades, wenn die Änderungsgeschwindigkeit der Hauttemperatur groß ist. **Taucht man einen Finger nacheinander in zwei Schüsseln mit Wasser von Temperaturen, die sich um 1°–3°C voneinander unterscheiden, so kann man den Unterschied nicht feststellen, wohl aber, wenn man die ganze Hand eintaucht.**

Ein andere wichtige Größe ist die Adaptation. Abb. 31 zeigt, welche Wärmeempfindungen eine VP bei einer Änderung der Temperatur ihres Fußes beobachtete. Die Empfindlichkeitsänderung hinkt der Temperaturänderung immer etwas hinterher. Das zeigt sich darin, daß die Empfindung von warm nach lauwarm abfällt, wenn über längere Zeit der Wärmereiz konstant gehalten wird und daß beim Abkühlen die Empfindung kühl und kalt schon bei höheren Temperaturen auftritt als bei Erwärmung.

Heiß ist eine besondere Empfindung, die sich eindeutig von Warm unterscheidet. Ob es sich dabei um eine selbständige Empfindungsart wie warm und kalt mit möglicherweise sogar eigenen Rezeptororganen und Nervenfasern handelt, ist nicht entschieden. Die früher vertretene Ansicht, daß man die Empfindung heiß durch gleichzeitige Warm- und Kaltreize an benachbarten Stellen der Haut erzeugen könne, wurde in neuerer Zeit nicht bestätigt. Es könnte sein, daß die Empfindung Heiß durch gleichzeitige Reizung von Warm- und Schmerzrezeptoren hervorgerufen wird.

2.4.3 *Merkwürdige Temperaturphänomene*

Allgemein bekannt ist die paradoxe Kaltempfindung, die zusammen mit einer Gänsehaut beim Eintauchen in heißes Badewasser auftreten kann. Man kann sie auch beobachten, wenn man eine Hand für etwa 10 Sek. in kaltes und gleich danach in heißes Wasser taucht. In den ersten Sek. kann sich statt der erwarteten Warm- eine vorübergehende Kaltempfindung einstellen. Eine analoge Reaktion wurde mit elektrophysiologischer Methodik an Kaltfasern der Katze beobachtet, deren Nervenimpulsfrequenz mit zunehmender Temperatur zunächst abnahm, aber oberhalb von 40° wieder anstieg. Auf die Webersche Täuschung, die darin besteht, daß kalte Gegenstände unter bestimmten Umständen schwerer zu sein scheinen als warme, wurde im Abschnitt 2.3.2 hingewiesen.

Sehr eindrucksvoll ist die **unerwartete Kaltempfindung, die sich nach Unterbrechung des Kreislaufs einstellt. „Der rechte Unterarm wird in 15° kaltes Wasser getaucht und 7 min. in ihm gelassen. Hierauf wird seine Blutzirkulation ... durch die Manchette eines Blutdruckmessers unterbrochen. Danach wird der Arm aus dem Wasser gehoben und rasch abgetrocknet, worauf man in ihm keine nennenswerte Temperaturempfindung hat. Wird nach weiteren 5 min. die abschnürende Manchette gelöst, so entsteht mit dem Einströmen des Blutes eine ausgesprochene Kaltempfindung"** (62). Auch diese Kaltwahrnehmung ist paradox, weil das einströmende Blut warm ist. Die Kaltempfindung beruht möglicherweise darauf, daß die Kaltrezeptoren bei Sauerstoffmangel ihre Tätigkeit einstellen und unter der Wirkung des einströmenden sauerstoffbeladenen Blutes wieder aufnehmen. Wenn die Kaltempfindung abgeklungen ist, stellt sich gewöhnlich mit großer Heftigkeit das Kribbeln wie „bei eingeschlafenen Füßen" ein, Abschnitt 2.3.2.

Schwer zu deuten ist das **Inversionsphänomen**. Man lege eine warme und eine kalte (Kühlschrank) Münze im Abstand von einigen Zentimetern auf die Haut. In der Regel wird man am Anfang richtig wahrnehmen, welches das warme und welches das kalte Geldstück ist. Nach etwa 20 Sek. wird man unsicher und dann erscheint die kalte Münze warm und die warme kalt.

Die erfrischende Wirkung von Menthol, dem Eukalyptusduftstoff, beruht wenigstens teilweise auf der Aktivierung von Kaltrezeptoren in der Nase. Der Effekt konnte bislang noch nicht am Angriffsort des Menthols, an den fein verzweigten temperaturempfindlichen Nervenendigungen in der Haut, nachgewiesen werden, wohl aber an der Wirkung auf die Nervenimpulsfolge der Kaltfasern. Diese reagieren auch auf Erhöhung der Calciumkonzentration in der Haut, die zu Wärmeempfindungen führt.

2.5 Schmerz

2.5.1 *Schmerzempfindung*

Der Schmerz wird in der Wahrnehmung ⇒ somatisiert. Man ordnet den Schmerz nicht dem Stuhl zu, an dem man sich gestoßen hat, oder dem Messer, durch das es zur Verletzung kam, sondern dem verletzten Körperteil. Der Schmerz selbst liefert keine Information über seine Ursache. Nur durch zusätzliche Wahrnehmungen kann man herausfinden, wodurch der Schmerz hervorgerufen wird. Schmerzempfindungen sind den meisten Menschen weniger genau bekannt als ihre psychischen Reaktionen darauf, die Angst vor dem Schmerz und der unangenehme bis unerträgliche Zustand, in dem man sich befindet, wenn man Schmerzen hat. Darum ist es nicht einfach, über das Charakteristische der Schmerzempfindungen zu reden.

Für die Beschreibung von Schmerzen gibt es keine unterscheidenden Eigennamen wie für Farben oder Geschmacksempfindungen. Man redet von Kopf- oder Zahnschmerzen und von der Intensität der Schmerzen. Es ist fraglich, ob es darüber hinaus qualitativ verschiedene Schmerzempfindungen überhaupt gibt. In einem Fragebogen der Mainzer Schmerzpoliklinik wird gefragt, ob der Schmerz ziehend, brennend, glühend, stechend, schneidend, klopfend, drückend, kribbelnd, bohrend, blähend, blitzartig, hämmernd, reißend, krampfartig, dumpf, beengend, anfallartig, scharf, spannend usw. ist. Häufig bezeichnet man den Schmerz auch als hell oder dumpf, und man unterscheidet Oberflächenschmerz von Tiefenschmerz oder viszeralem Schmerz. Mit diesen Eigenschaftsworten kann man beim Patienten die ⇒ Apperzeption seines Zustands fördern, so daß er die begleitenden Umstände mitteilt. Vom Schmerz selbst kann man aber kaum mehr als den Körperteil angeben, an dem man ihn spürt, und man kann die Intensität und den zeitlichen Verlauf der Schmerzempfindung beschreiben. Darüber hinausgehende qualitative Unterscheidungen sind problematisch.

Es empfiehlt sich, diese Aussagen nachzuprüfen. **Man kann leichte Schmerzen erzeugen, indem man ein Gummiband um die Finger legt, anhebt und zurückschnappen läßt. Der kurze Schmerz verschwindet innerhalb von ein oder zwei Sek. Nach mehreren Min. kann man aber die Nachwirkungen noch spüren, wenn man seine ⇒ Aufmerksamkeit darauf richtet. Wenn man die Haut zwischen den Fingerwurzeln mit einer Pinzette zwickt, nimmt man gewöhnlich den Schmerz in zwei Schüben war. Zuerst hat man eine kurze „helle" Schmerzempfindung, der dann eine „dumpfe", länger anhaltende folgt. Eine eindeutige Schmerzempfindung kann man erzeugen, indem man eine Hand oder einen Fuß in Eiswasser oder in heißes Wasser taucht. Um Schädigungen zu vermeiden, beginne man mit Wasser von 40°C und, wenn man den Versuch durchgeführt hat, steigere man durch Zugabe heißen Wassers schrittweise die Temperatur bis auf 47°C. An der eingetauchten Hand stellt sich innerhalb von einigen Sek. ein heftiger Schmerz ein, der anhält und sich sogar noch steigern kann, nachdem man die Hand aus dem Wasser herausgezogen hat.**

Schmerzempfindlich sind alle lebenden Teile des Körpers. **Auf der Haut findet man Schmerzpunkte, die bei geringem Berührungsdruck mit sehr feinen Sonden, z.B. mit spitzen Kaktusstacheln, Schmerzempfindungen wie bei einem Stich liefern. Zwischen den Schmerzpunkten ist die Empfindlichkeit wesentlich geringer. Die Dichte der Schmerzpunkte ist etwa zehnmal so groß wie die der ⇒ Berührungspunkte. Die Zahl der Schmerzpunkte der gesamten Körperoberfläche wird auf 3,5 Millionen geschätzt.**

Eingeweide können erhebliche Schmerzen verursachen, sind allerdings nicht empfindlich für Berührung, wenn sie offen liegen. Insbesondere Hohlorgane wie Herz, Gefäße, Magen, Darm und Harnleiter erzeugen beim krampfartigen Zusammenziehen Schmerzen. Den Reizort kann man nicht richtig wahrnehmen, wenn er in den Eingeweideorganen liegt. Von Natur aus weiß man ja nicht, daß man ein Herz oder einen Harnleiter hat. Manche Eingeweideschmerzen bleiben räumlich unbestimmt, andere werden an eine bestimmte Körperstelle projiziert. So können

Schmerzreize am Herzen zu Schmerzempfindungen am linken Arm, Entzündungen am Zwerchfell zu Schmerzen an der Schulter führen. Bei der Gürtelrose treten starke Schmerzen zusammen mit Hautausschlag in einem begrenzten Körpersegment, dem Innervationsgebiet eines Spinalnervs, auf. Dieser schmerzende Bereich ist aber für Schmerzreize, wie z. B. für Nadelstiche, ganz unempfindlich. Man spürt also in diesem Fall Schmerzen in dem Bereich, der durch die Virusinfektion, Abb. 19, des zugehörigen Spinalganglions unempfindlich geworden ist.

Als besonders unangenehm wird der sogenannte Phantomschmerz beschrieben, der auf amputierte, d.h. gar nicht mehr vorhandene, Gliedmaßen bezogen wird. Die Knochen, die man zwar nicht sehen, aber ertasten kann, machen sich auch durch eigene Empfindungen bemerkbar, die durch Verletzung der Knochenhaut und möglicherweise durch die Erregung der dünnen Nervenfasern hervorgerufen werden, die das Knochenmark innervieren. Knochenschmerz ist jedenfalls vom Verletzungsschmerz der Haut unterscheidbar.

Für die psychophysische Schmerzforschung benötigt man einen quantifizierbaren Reiz, der aber keine bleibenden Gewebeschäden verursachen sollte, so daß man die Reizung wiederholen kann. Außer Kälte und Hitze wurden elektrische Reize und mechanischer Druck sowie ein schmerzerzeugender Zustand verwendet, der sich nach Abschnüren der Blutversorgung in den Gliedmaßen einstellt. Als Maß für die ▸ eigenmetrisch bestimmte Schmerzintensität wurde das „dol" eingeführt. Die gesamte subjektive dol-Skala umfaßt nur sieben Intensitätsstufen, weil die Unterscheidungsfähigkeit für Schmerzintensitäten gering ist.

Als variablen Schmerzreiz kann man die Wärmeeinstrahlung auf vorher geschwärzte Haut verwenden. Es zeigte sich, daß bei Hauttemperaturen oberhalb von 45° C immer Schmerzen auftreten. Zu Beginn des Schmerzreizes sind die Empfindungen für einen Bruchteil einer Sek. intensiver als später. Sie nehmen aber dann, jedenfalls bei intensiven Schmerzempfindungen, nicht ab. ▸ Adaptation wie bei den Wärmeempfindungen läßt sich also, wenn man von dem kurzen Überschießen der Schmerzempfindung am Anfang absieht, nicht nachweisen. Das zeigen auch Versuche, bei denen die VPn für viele Min. die Größe des Schmerzreizes so regelten, daß er gerade überschwellig blieb. Die Schwelle für Schmerzempfindungen ändert sich mit der Zeit der Reizwirkung nicht oder nur unwesentlich.

Einsicht in die Unabwendbarkeit von Schmerzen kann die Verhaltensreaktionen bei Schmerz dämpfen, aber schwerlich den Schmerz verkleinern. Boxer und Ringer, die häufig Schmerzen ertragen müssen, sind beim Zahnarzt nicht weniger erregt und ängstlich als andere Menschen. Mit den Schmerzempfindungen treten beim Menschen physiologische Reaktionen wie Muskelspannung, Blutdruckänderung, Schweißausbruch, Gänsehaut, Pupillenerweiterung in verschiedenen Kombinationen auf, so daß man oft auch ohne verbale Mitteilung erkennen kann, ob jemand Schmerzen hat.

Die biologische Bedeutung des Schmerzes ist in der Schutzwirkung vor Verletzungen zu suchen. Fällt die Schmerzempfindlichkeit aus wie beim Aussatz, dann bemerkt oder beachtet der Patient gefährliche Verletzungen, Entzündungen und Vereiterungen nicht, oder er belastet schonungsbedürftige Gliedmaßen in schädlicher Weise. Krankheiten, die sich nicht im Frühstadium durch Schmerzen bemerkbar machen, sind gefährlich. Ein Beispiel dafür ist Krebs.

2.5.2 Schmerzrezeption

Die Erregung, die zu Schmerzempfindungen führt, entsteht in freien Nervenendigungen. Empfindungsspezifische Schmerzrezeptoren sind oft geleugnet worden zugunsten der Annahme, daß jeder überreizte Rezeptor Schmerzen erzeugen könne oder daß der Schmerz durch die kombinierte Aktion verschiedener Rezeptoren zustande komme (Mosaiktheorie). Gegen diese Hypothesen spricht unter anderem die Erfahrung, daß die Schmerzempfindlichkeit bei bestimmten Verletzungen des Rückenmarks selektiv ausfallen kann und daß man bei lokaler wohldosierter Hitzebehandlung peripherer Nerven die Schmerzempfindlichkeit durch Zerstörung bestimmter Fasern verkleinern oder ganz unterdrücken kann, ohne daß andere Empfindlichkeiten verlorengehen. Darum sind empfindungsspezifische Schmerzrezeptoren mit hoher Wahrscheinlichkeit vorhanden.

Als ▸ organadäquater Reiz kann alles gelten, was Gewebeschädigungen verursacht: mechanische Kräfte, Hitze, Kälte, elektrische und chemische Reize. Letztere sind die Ursache für die Schmerzen von Entzündungen. Ob es Schmerzrezeptoren mit verschiedener, d.h. mit mechanischer, chemischer oder thermischer Reizspezifität gibt, muß zur Zeit offenbleiben. Zwischen dem organadäquaten Reiz und der Nervenerregung werden chemische Vermittlerstoffe angenommen. Viele Stoffe, die in den Zellen vorkommen, lösen Schmerzen aus, wenn sie in die Haut injiziert werden oder so aufgebracht werden, daß sie eindringen können. Der oder die normalerweise wirkenden Stoffe sind nicht mit Sicherheit bekannt.

Der Ort, an dem Schmerzen ausgelöst werden, ist in vielen Fällen sichtbar verändert. Am Ort eines mechanischen Schmerzreizes auf der Haut entwickelt sich eine Schwellung und Rötung. In diesem Bereich ist gewöhnlich die Schmerzempfindlichkeit erhöht (Hyperalgesie), so daß bloße Berührung bereits weh tut. Die Empfindlichkeit ist auch außerhalb der geröteten Zone erhöht. Von zwei Schmerzempfindungen an verschiedenen Körperstellen, z. B. bei Zahnschmerz und willkürlichem Kneifen der Haut, spürt man vor allem den intensiveren Schmerz. Diese Beobachtungen weisen auf Vorgänge im Zentralnervensystem hin, die die Schmerzempfindlichkeit kontrollieren.

Man kann zwei Arten von Schmerzfasern in den sensorischen Nerven unterscheiden, die markhaltigen A-Fasern mit einem Durchmesser von 3–6 µm und einer Leitungsgeschwindigkeit von bis zu 30 m/s und die marklosen C-Fasern mit einem Durchmesser von 0,3–1,2 µm und einer Leitungsgeschwindigkeit von höchstens 2 m/s. Die unterschiedlichen Leitungsgeschwindigkeit ist möglicherweise die Ursache dafür, daß ein plötzlich auftretender Verletzungsschmerz oft in zwei kurz aufeinanderfolgenden Schüben auftritt.

2.5.3 Kontrolle des Schmerzes

Schmerz wird nicht immer gleich empfunden. Bei konzentrierter Tätigkeit werden mitunter auch schwere Verletzungen nicht gefühlt und erst durch die Blutung bemerkt. Es gibt viele Berichte über Kriegsverletzte, die keine Schmerzen verspürten bei Verwundungen, die normalerweise erhebliche Schmerzen verursachen. Durch Hypnose können manche Menschen von ihren Schmerzen abgelenkt und für Schmerzreize unempfindlich gemacht werden. Dasselbe kann durch Selbsthypnose oder durch Konzentration auf irgendeine andere Sache erreicht werden. Diese Methoden funktionieren nicht bei allen Menschen gleich gut. Bei Kopf- und Zahnschmerzen kann man sich selbst in dieser Fähigkeit üben. Diese Methoden weisen auf die Rolle des Zentralnervensystems bei der Steuerung der Schmerzerregung hin.

Schmerzen lassen sich durch Medikamente (Analgetika) unterdrücken. Es gibt Analgetika, die ihre Wirkung in dem Gewebe entfalten, in dem sich die Schmerzrezeptoren befinden und somit bei der sensorischen Erregungsbildung eine Rolle spielen. Dazu gehören die früher aus der Rinde der Weide (Salix alba) gewonnenen Salicylate, die wie das Aspirin gleichzeitig auch entzündungshemmend und fiebersenkend wirken. Im Nervensystem wirken die Opiate als Modulatoren der → synaptischen Erregungsübertragung. Es hat sich herausgestellt, daß sie körpereigene Neuropeptide von ihren Bindungsstellen an der Membran von Nervenzellen verdrängen. Die Neuropeptide spielen aber nicht nur im Zusammenhang mit der Schmerzerregung eine Rolle. Viele Analgetika enthalten auch Psychopharmaka. Bei Krämpfen als Schmerzursache kann man Lokalanästhetika einsetzen, die vorübergehend die Nervenleitung ausschalten. In ganz ernsten Fällen unterbricht man die Nervenbahnen auch chirurgisch.

Bei der Akupunktur, einer Behandlung, bei der Nadeln in die Haut eingestochen werden, werden viele Menschen ebenfalls schmerzfrei. Die Wirkung der Nadeln kann mechanisch durch Drehen der Nadeln oder durch elektrische Reize verstärkt werden. Bei den verschiedenen Verfahrensweisen kommen jeweils noch andere Manipulationen hinzu, wie die Gabe von Medikamenten und die psychische Führung des wachen Patienten durch einen Spezialisten, der mit ihm spricht, sowie durch Nahrungsaufnahme des Patienten während der Behandlung. Eine einfache physiologische Deutung der komplizierten Verfahrensweise, die zudem nicht bei allen Menschen gelingt, kann man nicht erwarten. Interessant sind Messungen, die zeigen, daß die Schmerzschwelle während der Akupunktur gleich bleibt, also nicht ansteigt.

2.6 Wahrnehmung der Stellung von Gliedmaßen

Mit geschlossenen Augen bringe man die Hände in die in Abb. 32 angegebene Position.

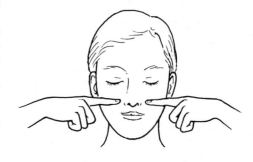

Abb. 32

Wenn man dann die Augen öffnet, sieht man, daß man die angestrebte Position erreicht oder um nur wenige Millimeter verfehlt hat. Für diese Leistung muß man die vielen beteiligten Gelenke auf Winkelminuten genau einstellen. Dieser Versuch gelingt auch, wenn man die beiden Hände ungleichmäßig belastet. **Man lege auf eine Hand ein schweres Buch und bringe sie bei geschlossenen Augen auf dieselbe Höhe wie die andere.** Auch diese Aufgabe bewältigt man, wie man nach Öffnen der Augen sieht, sehr genau. Hierher gehören auch Beobachtungen, die man unter der Wirkung der Fliehkraft z. B. auf dem Karussell machen kann. Man fühlt, wie die Gliedmaßen weggezogen werden. Wenn man sie aber anschaut, sieht man, daß sie sich genau da befinden, wo sie nach der Stellungswahrnehmung sein sollten. Es ist gut, wenn man sich bei der Lösung dieser Aufgaben etwas Zeit läßt. Bei schnellen Bewegungen ist der Fehler nämlich größer. **Wenn man in der Anordnung der Abb. 32 die Fingerspitzen aus größerem Abstand schnell aufeinander zubewegt, treffen sie fast nie genau aufeinander.**

Man kann die Lage der Gliedmaßen in Erfahrung bringen, indem man die ➝ Aufmerksamkeit darauf richtet. Das gelingt selbst dann, wenn man **die Hände so faltet und verschränkt, wie es in Abb. 21 dargestellt ist. Obwohl man die Finger verwechselt, wenn man sie erst ansieht und dann zu bewegen versucht, kann man mit geschlossenen Augen die Lage jedes Fingers wahrnehmen. Daß man sich dabei nicht täuscht, prüft man, indem man den Finger, dessen Lage man sich klargemacht hat, kurz bewegt. Dabei bestätigt sich die vorangegangene Lagewahrnehmung.**

Die physiologische Herkunft der Information über die Gliederstellung ist kompliziert. ➝ Propriozeption durch Mechanorezeptoren an den Gelenken spielt sicher eine Rolle, muß aber als alleinige Erklärung ausgeschlossen werden, weil bei künstlichen Gelenken dann Schwierigkeiten zu erwarten wären, die nicht auftreten. Tatsächlich befinden sich im Bereich der Gelenke Mechanorezeptoren vom Typ der Ruffini-Rezeptoren und freie Nervenendigungen, Abb. 27, deren Erregung von der Gelenkstellung abhängt. Man kann sie durch Lokalanästhetika im Gelenkbereich und in den umgebenden Geweben ausschalten, ohne daß der Stellungssinn dadurch wesentlich verschlechtert würde. Erinnert sei auch an die Stellung der Augen, die nicht über Stellungsrezeptoren registriert, sondern über ➝ Efferenzkopien festgestellt werden, wie im Abschnitt 1.2.5.1 mitgeteilt wurde.

Wendet man die Erkenntnisse von den Augen auf die Gelenke an, so müßte man fordern, daß im Gehirn die Information über die jeweilige Stellung der Gliedmaßen auch aus den Efferenzkopien, d. h. aus der Summe der vorangegangenen Bewegungskommandos, gewonnen wird. Als Erklärung für den Stellungssinn reicht das aber auch nicht aus. Efferenzkopien entstehen bei aktiven Bewegungen. Die Stellung der Gliedmaßen nimmt man aber auch dann richtig wahr, wenn sie von jemand anderem in ihre Stellung bewegt werden. **Eine bequem sitzende VP reicht dem VL bei geschlossenen Augen eine Hand, die dieser vorsichtig in eine bestimmte Stellung bringt und dann losläßt. Die VP beläßt die Hand in dieser Stellung und bringt danach die andere Hand in die dazu spiegelbildliche Position. Dies gelingt recht gut, wovon sich die VP nach Öffnen der Augen selbst überzeugen kann.** Die Information über die Stellung der passiv erreichten Stellung der ersten Hand steht offensichtlich später noch sehr genau zu Verfügung, wenn sie mit der zweiten nachgestellt wird.

Diese einfachen Erkenntnisse schließen Propriozeption an den Gelenken und Efferenzkopien als alleinige Erklärung des Stellungssinnes aus. Somit ist zu untersuchen, ob auch die Muskeln mit ihren Mechanorezeptoren als Ursprung der Stellungsinformation in Frage kommen. Das neuronale Regelungssystem für die Bewegung, an dem außer den Muskeln die Motoneuronen des Rückenmarks, die Muskelspindeln und die Spannungsrezeptoren in den Sehnen beteiligt sind, wird in Physiologiebüchern behandelt und kann hier nicht genauer beschrieben werden. Dieses physiologische Regelsystem könnte auch Information über die Stellung der Gliedmaßen liefern. Nach dieser Annahme wären systematische Fehler zu erwarten, wenn die Muskelspindeln und damit die Fühlglieder für die Muskellänge im Regelkreis auf irreführende Weise gereizt werden. Das gelang in einem Experiment mit Hilfe eines Vibrators, der auf den Oberarm einwirkend die Beugemuskeln für das Ellenbogengelenk samt ihren Muskelspindeln in Schwingungen von 100 Hz versetzte. Dadurch wurden die Muskelspindeln gereizt, was eine stärkere Dehnung der Muskeln vortäuschte. Es entstand das Gefühl, als sei der Arm mehr gestreckt, als es wirklich der Fall war. Das konnte man am anderen Arm der VP sehen, der in die gleiche Stellung gebracht werden sollte, wobei Fehler von mehr als 30 Winkelgrad auftraten. Dieser Befund stützt die Vorstellung, nach der Stellungsinformation durch das physiologische Regelsystem für die Bewegung der Skelettmuskeln bereitgestellt wird (77).

Eine Abschätzung über die Genauigkeit des Stellungssinnes erlaubt der **Zeigeversuch. Man**

2.6 Wahrnehmung der Stellung von Gliedmaßen

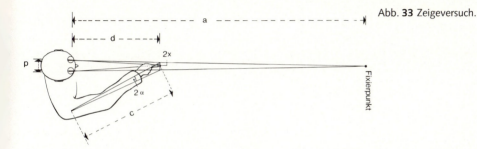

Abb. 33 Zeigeversuch.

fixiere einen weit entfernten Punkt, schließe die Augen, deute mit dem Zeigefinger bei gestrecktem Arm auf diesen Punkt und öffne dann die Augen wieder. Man sieht dann, wenn man darauf achtet, außer dem Fixierpunkt auch den Zeigefinger, und zwar als → Doppelbild. Zur Auswertung ziehe man Abb. 33 heran. Wenn sich der Zeigefinger genau zwischen den beiden Sehachsen der Augen befindet, wird er im linken Auge links und im rechten rechts vom Fixierpunkt abgebildet und folglich rechts und links vom Fixierpunkt wahrgenommen. Wenn der Finger um den Abstand x zu einer Seite verschoben ist, fällt er für ein Auge mit dem Fixierpunkt zusammen. (Der Finger wird dann scheinbar durchsichtig, Abschnitt 10.2). Nach dem Strahlensatz gilt $2x : p = (a - d) : a$, wobei $p = 66$ mm der Augenabstand ist. Wenn a sehr groß ist, bleibt $x = p/2 = 33$ mm. Es macht normalerweise keine Schwierigkeiten, mit dem Finger in die Mittelposition oder jedenfalls nahe zu ihr zu kommen. Eine Verschiebung um den Betrag $x = 33$ mm zur Seite, wäre gut erkennbar. Man kann die Abweichung zur Seite, die tatsächlich auftritt, zu etwa 10 mm abschätzen. Mit einem Zollstock kann man den Abstand der Fingerspitze vom Schultergelenk zu ungefähr $c = 650$ mm bestimmen, woraus dann über $\tan \alpha = 10/650$ die Abweichung α mit weniger als einem Winkelgrad bestimmt werden kann.

Gleichzeitig und unabhängig von der Gliederstellung kann man auch die Kraft abschätzen, die man entwickeln muß, um die Gliedmaßen in eine bestimmte Stellung zu bringen. **Wenn man einen Koffer trägt, scheint diese Kraft mit der Zeit größer zu werden, so als ob der Koffer schwerer würde. Setzt man den Koffer dann ab, kann sich ein Nacheffekt einstellen, ein Gefühl der Leichtigkeit in den vorher belasteten Armen und Schultern.**

3 Chemorezeption

3.1 Einführung

Alle Zellen tragen auf ihrer Außenmembran molekulare Rezeptorstrukturen. Botenstoffe (first messenger), die mit diesen Rezeptoren chemische Bindungen eingehen, lösen Reaktionen der Zelle aus, die damit beginnen können, daß auf der Innenseite der Zellmembran andere Botenstoffe (second messenger) gebildet werden (Beispiel: Hypophysenhormone). Die Bindung kann zur Öffnung oder zum Verschluß von → Ionenkanälen in der Zellmembran führen (Beispiel: Transmitterstoffe in → Synapsen). Es besteht auch die Möglichkeit, daß Ionen selbst die Funktion von Signalstoffen haben und durch vorhandene Poren in die Zelle eindringen und dadurch das elektrische Membranpotential beeinflussen (Beispiel: K^+- oder Na^+-Ionen). Schließlich können fettlösliche Stoffe auch durch die Zellmembran wandern und eine Wirkung auf den Zellstoffwechsel ausüben (Beispiel: Steroidhormone). Alle Zellen reagieren somit auf chemische Signale.

Chemorezeptive Sinneszellen sind dadurch ausgezeichnet, daß sie darüber hinaus auch Erregungssignale erzeugen, die zum Gehirn fortgeleitet werden. Die → Primärprozesse der chemorezeptiven Sinneserregung bestehen je nach Zelltyp und Reizstoff aus einem oder mehreren der eben erwähnten Membranprozesse (14). Außer den Riechzellen der Nase und den Schmeckzellen der Zunge gibt es in den Eingeweiden und im Gehirn chemorezeptive Sinneszellen, deren Erregungen aber nicht unmittelbar zu bewußten Wahrnehmungen führen. Verwirrung entsteht häufig dadurch, daß das Wort *Rezeptor* sowohl für die molekularen Strukturen der Zellmembran als auch für ganze Sinneszellen verwendet wird.

Ob sich ein Stoff durch einen Duft oder Geschmack bemerkbar machen kann, wird letztlich durch den molekularen Aufbau der Zellmembran bestimmt. Die Moleküle der Zellmembran, die als Rezeptor fungieren, sind genetisch determiniert. Darum kann der Ausfall eines Gens zu einer *spezifischen Anosmie* führen, die darin besteht, daß bestimmte Duftstoffe keine Riechempfindung hervorrufen. So wird der Duftstoff des Stinktiers (n-Butylmercaptan) von einigen Menschen nicht wahrgenommen, 5–8% erkennen den Blütenduft der Freesien nicht, ein höherer Prozentsatz ist für den Geruch von Blausäure unempfindlich. Menschen mit einer Anosmie für den Schweißgeruch der Isobuttersäure besitzen eine geringere Riechempfindlichkeit auch für ähnliche Moleküle, d.h. für etwas längere und kürzere Fettsäuren (11). Auch mit der Methode der Zwillingsforschung wurde gezeigt, daß die Empfindlichkeit für bestimmte Stoffe genetisch bestimmt ist (202).

Genetisch bedingte Ausfälle kennt man auch beim Geschmackssinn. In einem Fall von *„spezifischer Geschmacks-Blindheit"* wurde sogar der Erbgang ermittelt. Es handelt sich um den bitteren Geschmack von Phenylthiocarbamid (PTC), dessen Wahrnehmung von einem autosomalen Gen T (Taster) abhängt. In Europa und Asien findet man bei vielen Völkern außer der genetischen Konstitution TT und Tt, die man an großer PTC-Empfindlichkeit erkennt, auch die Konstitution tt, deren Träger höhere PTC-Konzentrationen zur Auslösung der Geschmacksempfindung benötigen. Ein einfacher Demonstrationsversuch für diesen genetischen Polymorphismus wird im Abschnitt 3.2.4 beschrieben. Bei Völkern, die in Südamerika und Afrika als Jäger und Sammler leben, fand man nur die Konstitution TT. Die hohe Empfindlichkeit ist möglicherweise ein Selektionsvorteil bei der Auswahl bekömmlicher Nahrung. Daß das Gen T für einen Rezeptormechanismus sorgt und nicht für die Fähigkeit zur Geschmacksempfindung „bitter", zeigt sich darin, daß die Empfindlichkeit für andere bitter schmeckende Stoffe durch den Ausfall des Gens nicht betroffen ist (102).

Durch Chemorezeption werden Menschen und andere Lebewesen über Tatbestände und Gegenstände informiert, die sich in der Regel nicht durch einen einzelnen Duft- oder Schmeckstoff, sondern durch Gemische aus vielen Stoffen, ein sogenanntes Bukett, bemerkbar machen. Trotz des komplizierten Aufbaus der chemischen Reize sind die Duft- und Geschmackswahrnehmungen oft einfach und so eindeutig, daß sie lebenslänglich im Gedächtnis haften, wie der Geruch bestimmter Häuser oder Speisen. Die Bewertung und Bedeutung der Duft- und Schmeckempfindungen wird, wie man aus eigener Erfahrung weiß, gelernt. Ein Sonderfall ist möglicherweise die Duftprägung, d. h. ein zeitlich beschränkter irreversibler Lernprozeß, mit dem z. B. bei Herdentieren die Mutter gleich nach der Geburt den Geruch des Jungen lernt.

Von Tieren kennt man auch angeborene Reaktionen auf bestimmte Signalstoffe, die *Pheromone mit Auslöserfunktion*. Diese werden mit großer Sicherheit und auch bei sehr geringer Konzentration wahrgenommen. Männliche Nachtschmetterlinge werden durch Lockstoffe zu den Weibchen geleitet. Fische fliehen den Ort, an dem sogenannte Schreckstoffe aus der verletzten Haut eines Artgenossen ausgetreten sind. Fortpflanzungsbereite Sauen nehmen bei dem vom Eber ausgehenden Geruch von 5-α-Androstenon, eines mit den Sexualhormonen verwandten Steroids, die zur Begattung geeignete Haltung ein.

Menschen haben in der Haut außer Schweiß- und Talgdrüsen auch Duftdrüsen, die besonders in den Achselhöhlen nach der Pubertät unter anderem Steroide absondern, deren Pheromoncharakter diskutiert wird (184). Die Duftsekrete entwickeln ihren Geruch zum Teil erst innerhalb von Stunden nach der Ausscheidung unter dem Einfluß von Bakterien der Haut. Die gereinigten Steroide der Duftdrüsen werden von Menschen entweder überhaupt nicht oder ganz verschieden wahrgenommen und als urinartig, stechend oder angenehm moschusartig beschrieben. Sie lösen keine bestimmten Verhaltensweisen aus. Sichere pheromonartig determinierte Wirkungen von Düften auf die Menschen werden bei der Entwicklung von Parfümen angestrebt. Parfüme unterliegen aber modischen Trends und zeigen damit, daß Düfte mit pheromonartiger Wirkung trotz großer Anstrengungen der Parfümeure noch nicht gefunden wurden.

Ob der Mensch *Pheromone mit Primer-Wirkung* besitzt, ist ebenfalls umstritten. Man versteht darunter Ekto- oder Sozialhormone, die eine längerfristige Wirkung ausüben. Bei Mäusen z. B. beeinflussen männliche Pheromone den zeitlichen Ablauf des weiblichen Fortpflanzungszyklus. Ein möglicher Fall für eine Primerwirkung ist die bei zusammenlebenden Frauen beobachtete Synchronisierung des Menstruationszyklus.

Ob die Primer-Wirkung über chemorezeptive Sinneszellen läuft oder unmittelbar an den Zielzellen des Körpers angreift wie die von Hormonen, ist auch noch zu klären.

3.2 Schmecken

3.2.1 *Die biologische Bedeutung des Geschmackssinns*

Der Geschmackssinn ist ein Nahsinn. Nur was in Kontakt mit der Zunge kommt, kann Geschmacksempfindungen auslösen. Normalerweise treten gleichzeitig Geruchsempfindungen auf. Diese sind subjektiv von den Geschmacksempfindungen nicht zu trennen. Wenn die Riechempfindungen nur wenig intensiv sind, kann man sie durch Zuhalten der Nase zum Verschwinden bringen, so daß die Geschmacksempfindungen allein wahrzunehmen und zu beurteilen sind. Die biologische Bedeutung des Geschmackssinns liegt bei der Bestimmung und Auswahl von Nahrungsmitteln. Bittere Stoffe sind unter natürlichen Bedingungen normalerweise unbekömmlich, süße haben einen hohen Nährwert, sehr saure Stoffe können schädlich sein, und Salze müssen aus physiologischen Gründen aufgenommen werden.

Die Intensität der Geschmacksempfindungen ist nicht immer gleich groß. Jeder kennt den spezifischen Hunger auf z. B. etwas Salziges und den intensiveren Geschmack bei Befriedigung dieses spezifischen Hungergefühls. Zentrale und hormonabhängige Vorgänge im Gehirn sind dafür verantwortlich, daß Menschen und Tiere die Art der Nahrungsmittel dem Bedarf anpassen. Dabei spielt im Normalfall nicht der aktuelle Mangel an bestimmten Stoffen im Körper die entscheidende Rolle. Der Antrieb zur Nahrungsaufnahme verhindert vielmehr vorzeitig, daß eine Mangelsituation eintritt. Möglicherweise wird im Zusammenhang mit der physiologischen Steuerung der Nahrungsaufnahme die Zahl der molekularen Rezeptoren auf der sensorischen Zellmembran dem Bedarf angepaßt, wie es bei anderen Zellen der Fall ist.

3.2.2 *Die vier Geschmacksqualitäten*

Die Mannigfaltigkeit der Geschmacksqualitäten ist auffallend gering. Sie tragen mit süß, sauer, salzig und bitter eigene Namen wie die Farbempfindungen, was beim Geruch nicht der Fall ist. Karl v. Linné (1707–1778) unterschied noch zehn Geschmacksqualitäten: feucht, sauer, fett, süß, schleimig, trocken, bitter, adstringierend, scharf und salzig. In dieser Einteilung gehen offensichtlich die Qualitäten der Tastwahrnehmung mit denen des Schmeckens durcheinander. Die heute übliche Einteilung des Geschmacks in die vier Qualitäten wurde zum ersten

Mal 1864 von R. Fick vertreten. Danach läßt sich jeder Geschmack einer oder mehreren von diesen vier Qualitäten zuordnen. Die Pampelmuse z. B. schmeckt gleichzeitig süß, sauer und bitter.

Nicht immer aber sind die Qualitäten einzeln wahrnehmbar. Nur durch Erfahrung weiß man, daß der „fade" Geschmack der Nahrung manchmal durch Salz verbessert werden kann. In neuerer Zeit wird „Umami" als eine zusätzliche Geschmacksqualität diskutiert. Das japanische Wort bedeutet soviel wie „Guter Geschmack" und bezieht sich auf eine Empfindung, die durch eiweißreiche Nahrung hervorgerufen werden soll. Man kann auch fragen, ob die Geschmackskomponente „scharf", die vom Rettich und Meerrettich hervorgerufen wird, nicht als selbständige Qualität aufzufassen ist. Die Anerkennung des Systems der vier Qualitäten sollte also nicht den Eindruck erwecken, als ob das System endgültig abgeschlossen und die Zuordnung der Geschmacksempfindungen zu den Qualitäten immer einfach möglich sei. Argumente zugunsten der vier Grundqualitäten findet der Leser in Abschnitt 3.2.4.

3.2.3 *Physiologie des Geschmackssinns*

Die Oberfläche der Zunge ist wegen der dicht stehenden, warzenartigen **Papillen rauh. Man kann sie mit Hilfe eines Taschenspiegels und einer Lupe an der eigenen Zunge, besser aber an einer Rinder- oder Schweinezunge aus einer Metzgerei sehen.** Bei der Mehrheit der Papillen, den Fadenpapillen, sind die Zellen an der Oberfläche verhornt. Bei den dazwischen eingestreuten Pilzpapillen im vorderen Teil der Zunge befinden sich die Schmeckzellen oben, bei den weiter hinten vorkommenden Blätter- und Wallpapillen in den Seitenwänden. Am Grunde der Furchen zwischen den Papillen befinden sich die sogenannten Spüldrüsen, die ein dünnflüssiges Sekret absondern. Von den Schmeckzellen sind jeweils 40 – 50 in den tönnchenförmigen Geschmacksknospen zusammengeordnet. Jede Geschmacksknospe öffnet sich zum Mundraum mit einem Porus, durch den die Schmeckstoffe zu den fadenartigen Ausstülpungen der Sinneszellen gelangen, an denen sich die molekularen Rezeptorstrukturen befinden.

Die Sinneszellen haben eine Lebensdauer von nur etwa 10 Tagen. Sie stehen über Synapsen mit Nervenfasern in Verbindung. Diese Synapsen müssen bei dem ständigen Verschwinden und Nachwachsen von Sinneszellen fortwährend neu gebildet werden. Eine Nervenfaser versorgt über ihre Verzweigungen Sinneszellen in mehreren Geschmacksknospen. Die Nervenfasern verlaufen in drei Gehirnnerven, dem N. facialis im vorderen Teil der Zunge, dem N. glossopharyngeus im hinteren und N. vagus in einem kleinen Bereich des Zungengrundes. Diese Nerven führen alle zur Medulla oblongata, wo die Erregung auf Folgezellen übertragen wird, die sie ohne die bei anderen Sinnen übliche Überkreuzung zum Thalamus leiten. Von dort gelangt geschmacksspezifische Erregung zum Großhirn.

Tierversuche an Nervenfasern und Sinneszellen der Zunge zeigten übereinstimmend, daß es keine reizspezifischen Süß-, Sauer-, Salzig- und Bitter-Schmeckzellen gibt. Alle Sinneszellen und auch alle zugehörigen Nervenfasern sind durch alle Schmeckstoffe mehr oder weniger erregbar. Sie unterscheiden sich nur durch ihre relative Empfindlichkeit für die verschiedenen Schmeckstoffe. Der Zusammenhang zwischen den Schmeckempfindungen und den Erregungen der Sinneszellen und Nervenfasern ist noch ganz unklar.

Elektrophysiologische Untersuchungen zum Geschmackssinn haben aber für die Frage nach dem quantitativen Verhältnis von Reiz und Erregung grundsätzliche Bedeutung in der Psychophysik gewonnen. Es handelte sich um Messungen an der sogenannten Chorda tympani, einem Ast des N. facialis, der bei Mittelohroperationen für Elektroden zugänglich wird. Unter den Bedingungen des Operationssaals verzichteten die Forscher auf Ableitungen von einzelnen Nervenfasern und begnügten sich mit der Registrierung des Summenpotentials von vielen Fasern bei gleichzeitiger Reizung der Zunge mit wäßrigen Lösungen der Schmeckstoffe. Das Experiment hat zwei Teile. Das Ergebnis des ersten Teils zeigt die Abb. 34. In der linken Spalte sieht man die Reaktionen der Chorda tympani unter normalen Bedingungen. In der rechten Spalte ist das Ergebnis von Experimenten dargestellt, bei denen vor der Messung ein Extrakt aus der indischen Pflanze Gymnema silvestre auf die Zunge aufgebracht worden war. Dieser Extrakt unterdrückt die Geschmacksqualität süß in der Wahrnehmung. Wie man sieht, verschwindet nach Gymnema-Behandlung auch die physiologische Erregung bei Reizung mit süß schmeckenden Stoffen.

Der zweite Teil des Versuchs wurde mit Patienten durchgeführt, die vorher mit ➤ eigenmetrischer Methodik die Intensität ihrer Geschmacksempfindungen bestimmt hatten, die bei Reizung mit wäßrigen Lösungen von Rohrzucker und Zitronensäure verschiedener Konzentration auftrat. Die Abb. 35 zeigt in einem Diagramm die physiologische Erregungsgröße, gemessen an der

3 Chemorezeption

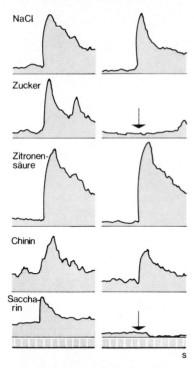

Abb. 34 Elektrophysiologische Ableitungen von einem Geschmacksnerv (Chorda tympani) des Menschen (Summenpotential). Rechte Spalte: Wiederholung der Reizung (Pfeil) bei Einwirkung von Gymnema-Extrakt auf die Schmeckzellen (nach Borg u. Mitarb. [25]).

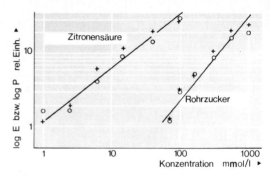

Abb. 35 Eigenmetrische Bestimmung der Empfindungsintensität E und der elektrophysiologischen Signalamplitude P (Ordinate) über der Konzentration der Schmeckstoffe (Abszisse) nach (25)

Tabelle 2 Geschmack von Kochsalz (NaCl) und Kaliumchlorid (KCl) in Abhängigkeit von der Konzentration (151)

Konzentration mol/l	NaCl	KCl
0,009	–	süß
0,010	schwach süß	stark süß
0,02	süß	süß, vielleicht bitter
0,03	süß	bitter
0,04	salzig, schwach süß	bitter
0,05	salzig	bitter, salzig
0,1	salzig	bitter, salzig
0,2	rein salzig	salzig, bitter, sauer
1,0	rein salzig	salzig, bitter, sauer

Chorda tympani (+), und die subjektive Empfindungsintensität (o). In der doppelt logarithmischen Auftragung erkennt man, daß die Reiz-Reaktions-Funktion in beiden Fällen einer → Potenzfunktion mit gleichem Exponenten folgt. In dieser quantitativen Übereinstimmung kommt der Zusammenhang von physiologischen Messungen und subjektiven Empfindungen deutlich zum Vorschein (206).

Der Zusammenhang zwischen den Moleküleigenschaften der Schmeckstoffe und den Geschmacksempfindungen muß unklar bleiben, solange die in Abschnitt 3.1. erwähnten Rezeptormechanismen nicht alle aufgeklärt sind. Zur Zeit gibt es noch keine durchgehend gültigen Erklärungen. Süß schmecken z. B. viele Zuckerarten, Saccharin, manche Aminosäuren, Chloroform, Bleiacetat und Berylliumsalze. In manchen Fällen entscheidet die sterische Anordnung der Atome im Molekül über den Geschmack: Die Aminosäure D-Leucin schmeckt süß, L-Leucin dagegen nicht. Ähnlich ist der Kenntnisstand über bitter schmeckende Stoffe. Viele Bitterstoffe haben in ihren Molekülen das Teilstück (– CH = N – OH). Man findet es aber auch bei Stoffen, die nicht bitter schmecken. Für den Geschmack sauer ist der Säuregrad (pH) verantwortlich, allerdings nicht allein. Säuren mit gleichem pH können verschieden intensiv sauer schmecken und solche mit verschiedenem pH gleich. Für den Geschmack salzig sind Eigenschaften der Anionen und der Kationen der Salze verantwortlich. Innerhalb jeder Geschmacksqualität gibt es noch viele Unterschiede. Fast alle Salze und Zucker schmecken verschieden, und viele Stoffe lösen gleichzeitig mehrere Geschmacksempfindungen aus. Harnstoff und Kaliumnitrat schmecken beispielsweise salzig und bitter. Als weitere Komplikation ist zu nennen, daß die Geschmacksqualitäten auch von der Konzentration der Schmeckstoffe abhängen, Tab. 2.

3.2.4 Psychophysik des Geschmackssinns

Manche Autoren räumen dem *elektrischen Geschmack* eine eigene Qualität ein. Man nimmt ihn wahr, wenn man die Pole einer Flachbatterie gleichzeitig mit der Zunge berührt. Das Grenzflächenpotential zwischen Kupfer und Zink reicht bereits zur Reizung aus. Man presse je ein gereinigtes Stück Kupferdraht und Zinkblech mit einer Zange so fest zusammen, daß sie aneinander haften. Zwischen den verschieden edlen Metallen entsteht eine elektrische Spannung. Bringt man verschiedene Stellen der Zunge gleichzeitig mit jeweils einem der Metalle in Kontakt, so fließt ein Strom durch die Zunge und man hat eine Geschmacksempfindung. Der positive Pol schmeckt übrigens anders als der negative. Den naheliegenden Verdacht, daß der Unterschied auf der chemischen Reizung durch die Produkte der Elektrolyse an den verschiedenen Metallen zustande kommt, kann man widerlegen. Zwei Personen, die mit je einer Hand je einen Pol einer Batterie berühren, legen ihre Zungenspitzen aneinander. Obwohl die dünne Flüssigkeitsschicht zwischen den beiden feuchten Zungen nicht gleichzeitig sauer und alkalisch schmecken kann, hat die eine Person sauren und die andere alkalischen Geschmack je nach der Richtung des Stroms (143). Der elektrische Geschmack kommt somit nicht durch Ionenbildung an der Elektrode, sondern durch → inadäquate elektrische Reizung der Sinneszellen zustande.

Mit der inadäquaten elektrischen Reizung kann man auch die normalen Geschmacksqualitäten hervorrufen, wie v. Békésy mit einer großflächigen Elektrode ($70 \, mm^2$) auf der Zunge nachwies. In Abhängigkeit von Frequenz und Dauer der elektrischen Reizimpulse wechseln die Geschmacksempfindungen von süß nach sauer, salzig oder bitter. Daß andere Qualitäten nicht auftreten, stützt die These der vier Geschmacksqualitäten. In weiterführenden Versuchen reizte v. Békésy einzelne Papillen der Zungenoberfläche mit feinen nichtpolarisierbaren Elektroden elektrisch und mit kleinen Wassertropfen, in denen Schmeckstoffe gelöst waren. Vorher photographierte er die Zungenoberfläche durch ein Präpariermikroskop, so daß er an verschiedenen Versuchstagen mit Hilfe der Photographie die einzelnen Papillen wiedererkennen und erneut untersuchen konnte. Auch in diesen Versuchen ließen sich die vier Empfindungsqualitäten nicht weiter aufspalten. Ganz gleich sind die Empfindungen bei verschiedenartiger Reizung allerdings nie. Die elektrisch ausgelöste Süßempfindung beschrieb v. Békésy als „himmlische Süße", um den Unterschied zur Süßempfindung herauszustellen, die man mit Rohrzuckerlösungen hervorrufen kann.

Ein anderes Argument zugunsten der vier Qualitäten gründete v. Skramlik auf Versuche mit Mischreizen aus verschiedenen Geschmacksstoffen (169). Vier Stoffe wurden ausgewählt: A = Kochsalz, B = Chininsulfat, C = Fructose, D = Kaliumtartrat. Wenn jeder dieser vier Stoffe eine der vier Geschmacksqualitäten in der Wahrnehmung ansteuert, dann sollte man durch Variation der Konzentrationen der vier Stoffe in der Reizlösung alle möglichen Kombinationen von Empfindungsstärken hervorrufen können. Es sollte möglich sein, den Geschmack eines beliebigen Stoffes mit Hilfe der vier ausgewählten Substanzen nachzumischen. Derartige Mischversuche sind mühsam, aber, wie die Ergebnisse an drei VPn mit 24 Salzen zeigten, nicht unmöglich. Das Prinzip kann man in einer Mischungsgleichung beschreiben.

$$(9) \qquad nS \equiv xA + yB + zC + vD$$

Hier bedeutet nS auf der linken Seite eine beliebige Substanz S, die mit der Molarität n geboten wird und genauso schmeckt (≡) wie eine Mischung aus den Substanzen A, B, C und D in den Molaritäten x, y, z, v. Diese Geschmacksmischungsversuche ergeben von VP zu VP etwas andere Ergebnisse und ihre Durchführung ist so schwierig, daß sich bisher niemand fand, der den Ansatz weiter verfolgt hätte. Wenn die Geschmacksmischungsversuche grundsätzlich möglich sind, kann man die Gesamtheit der Geschmacksempfindungen als eine vierdimensionale Mannigfaltigkeit auffassen. Eine ähnliche Situation wurde auf Grund von Mischungsversuchen beim Farbensehen entdeckt und begründete dort die → trichromatische Theorie. Leider ist beim Geschmackssinn noch nicht klargestellt, in wie weit die Schmeckstoffe unabhängig von einander wirksam werden, was in der linearen Gleichung (9) vorausgesetzt ist.

Die Empfindlichkeit der Zunge ist nicht überall gleich. In Abb. 36 ist dies dargestellt. Die Reizschwelle, d. h. die kleinste wirksame Konzentration der Schmeckstoffe, wurde an vielen Orten der Zungenoberfläche bestimmt. Dann wurden alle Reizschwellen jedes Stoffes durch den kleinsten gefundenen Wert dividiert, so daß man am Ort der größten → Empfindlichkeit und somit der kleinsten Reizschwelle jeweils den Wert 1 erhält und an den anderen Orten Zahlen, die angeben, wieviel mal größer die Reizschwelle dort ist. Das Ergebnis der Untersuchung lautet: Alle Geschmacksempfindungen sind überall auf der Zun-

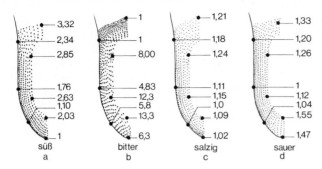

Abb. 36 Reizschwellen auf der Zunge in relativen Einheiten. Den Wert 1 hat die Schwelle am jeweiligen Ort der höchsten Empfindlichkeit (nach Hänig [82]).

ge hervorzurufen, aber die Empfindlichkeit ist nicht überall gleich. Die Ermittlung dieser Daten ist mühsam, weil man zur Bestimmung der Schwelle an jedem Ort der Zunge viele Reizungen durchführen muß.

Mit einem abgekürzten Verfahren kann man zeigen, daß der Bereich maximaler Empfindlichkeit für Zucker an der Zungenspitze liegt, dahinter der für Kochsalz, dahinter für Salzsäure und ganz hinten der Bereich für Chinin. In vier Bechergläsern stelle man wäßrige Lösungen her von Kochsalz (1 %), Zucker (2 %), Salzsäure (0, 1 %) und Chininsulfat (0,002 g). Für jede Lösung und VP braucht man vier Ohrenputzer oder etwa erbsengroße Wattebäusche und eine Pinzette. Man taucht einen Ohrenputzer oder einen Wattebausch in eine der Lösungen, streift den hängenden Tropfen an der Glaswand ab und berührt die Zunge einer VP damit an verschiedenen Stellen. Die VP spürt die Berührung und den Kältereiz überall, aber den Süß-, Salzig-, Sauer- und Bittergeschmack nur in den Arealen der höchsten Empfindlichkeit.

Mit derselben Methode kann man auch die Schmeckschwelle für Phenylthiocarbamid (PTC) ermitteln, um den im Abschnitt 3.1. beschriebenen genetischen Polymorphismus nachzuweisen. Um zu zeigen, daß es Menschen mit hoher und mit geringer Empfindlichkeit für den Bittergeschmack des PTC gibt, braucht man wenigstens 20 VPn. Man löse 1,3 g PTC in einem Liter abgekochten Leitungswassers und verdünnt diese Stammlösung 14mal im Verhältnis 1:2. Man braucht also 15 Glasgefäße. Mit dem Probieren beginnt man mit der geringsten Konzentration und hört auf, wenn die VP einen eindeutigen Bittergeschmack empfindet. Die Schwellenkonzentrationen stellt man dann graphisch dar: auf der Abszisse die 15 Konzentrationen, auf der Ordinate die Zahl der VPn, die bei den jeweiligen Konzentrationen ihre Schmeckschwelle zu Protokoll gegeben haben. Man wird bei europäischen VPn eine zweigipfelige Verteilung finden (107).

Die Schmeckmoleküle legen den letzten Teil des Weges zu den Sinneszellen durch Diffusion zurück. Es bleibt somit dem Zufall überlassen, ob dabei ein Molekül auf seinen Rezeptor trifft oder nicht. Darum kann man strenggenommen gar keine eindeutige Schwellenkonzentrationen für Schmeckreize erwarten. Angemessener ist die Vorstellung eines Konzentrationsbereiches, oberhalb dessen alle Reize zu Schmeckempfindungen führen und unterhalb dessen keine Empfindungen auszulösen sind. In diesem Übergangsbereich sollte die Trefferwahrscheinlichkeit und damit die Häufigkeit der Wahrnehmung mit der Konzentration der Schmeckstoffe zunehmen. Ein Schwellenbereich mit diesen Eigenschaften läßt sich mit psychophysischen Methoden tatsächlich nachweisen, wie gleich gezeigt werden soll.

Eine weitere Besonderheit der Schmeckschwelle besteht darin, daß man sie aufteilen muß in eine untere, bei der man ein Geschmackserlebnis hat, aber nicht erkennt, um welchen Geschmack es sich handelt, und eine zweite qualitätsspezifische Schmeckschwelle bei höheren Konzentrationen. Schließlich ist festzuhalten, daß sich der Geschmack mit der Konzentration ändern kann, so daß es für verschiedene Qualitäten auch verschiedene Reizschwellen gibt. Das zeigt die Tab. 2. **Daß Kochsalz auch süß schmecken kann, ist schnell nachzuweisen, indem man in ein Glas mit abgekochtem kalten Leitungswasser einige Löffel davon einfüllt, umrührt und den ungelösten Teil sich absetzen läßt. Den Überstand verdünnt man 10mal im Verhältnis 2:1 und fügt den so gewonnen 11 Testlösungen noch ein Glas mit Leitungswasser hinzu. Man probiert am besten mit zugehaltener Nase zuerst das reine Wasser und dann die Salzlösungen mit steigender Konzentration. Die ersten sicheren Empfindungen haben dann die Qualität süß.**

Noch aussagekräftiger für die Natur der Reizschwelle ist der folgende Versuch, mit dem man die **Zufallsbedingtheit der Schwelle und ihre Aufspaltung in eine unspezifische und mehrere qualitätsspezifische genauer nachweisen kann. Man benötigt allerdings wenigstens zehn VPn. Die Geschmacksschwellen für NaCl und KCl werden ge-**

prüft. Man stellt zunächst von beiden Salzen eine 1molare Lösung her, indem man 74,6 g KCl und 58,5 g NaCl jeweils in einen Meßzylinder gibt und mit destilliertem Wasser auf einen Liter auffüllt. Aus den Stammlösungen werden durch Verdünnen folgende Konzentrationen hergestellt: 1, 0,2, 0,1, 0,05, 0,03, 0,02, 0,01, 0,005 mol/l. Diesen acht Testlösungen wird noch ein Glas reines Wasser hinzugefügt. Man braucht also zweimal neun Glasgefäße für jeweils einen Liter. Die Gefäße sind zu beschriften, aber so, daß die VPn nicht erkennen können, was sie enthalten. Der VL erklärt, daß die Testlösungen aus reinem Wasser bestehen oder Schmeckstoffe in verschiedenen Konzentrationen enthalten. Beim Ausschenken schwenken die VPn mit jeder Testlösung ihr Glas einmal aus und gießen die Lösung fort. Dann wird noch einmal eingeschenkt, und erst diese Lösung wird probiert. Die VPn nehmen so viel Flüssigkeit in den Mund, daß sie die ganze Zunge damit benetzen können. Die Testlösung wird dann verschluckt oder ausgespuckt. Der Versuch fängt mit destilliertem Wasser an und wird mit steigenden Konzentrationen fortgesetzt, zuerst für das eine und dann für das andere Salz.

Für jede Testlösung schreiben die VPn in eine vorbereitete Tabelle, ob sie süß, salzig, sauer, bitter schmeckt, wobei mehrere Geschmacksqualitäten gleichzeitig auftreten können. Zur Auswertung legt man drei Diagramme an. In den ersten beiden trägt man für KCl und NaCl über der Molarität (Abszisse) die Zahl der VPn (Ordinate) ein, die bei der zugehörigen Konzentration die Geschmacksempfindungen süß, sauer, salzig und bitter wahrgenommen hatten, und verbindet die Punkte so, daß man für jede Qualität eine Kurve bekommt. Diese Kurven zeigen, wie die Geschmacksqualität von der Konzentration abhängt. Im dritten Diagramm trägt man entlang der Ordinate die Zahl der VPn auf, die den Geschmack salzig bei NaCl und in einer separaten Kurve den Geschmack bitter bei KCl hatten, und zwar über der Molarität auf der Abszisse, letztere in logarithmischem Maßstab. Man erhält keine abrupte Grenze zwischen unter- und überschwelligen Reizen, sondern einen sigmoiden Anstieg der Häufigkeit, mit der der Geschmack bei steigender Konzentration auftritt. Der Kurvenverlauf kommt um so deutlicher heraus, je größer die Zahl der VPn oder die Wiederholung des Versuchs ist. Einzelheiten zur Theorie für den Schwellenbereich findet man im Abschnitt 7.2.3, in dem das analoge Problem für die Sehschwelle behandelt wird.

Die Schmeckstoffe unterscheiden sich nicht nur durch ihren Geschmack, sondern auch durch ihren *Nachgeschmack*. Saccharin hat einen intensiveren Bitter-Nachgeschmack als Rohrzucker. **Man gebe in eine Tasse mit Wasser drei Löffel** Zucker, rühre um, lasse den ungelösten Teil absinken. Man nehme einen großen Schluck für etwa eine Minute in den Mund, so daß die ganze Zunge damit in Berührung kommt. Wenn das Zuckerwasser ausgespuckt oder verschluckt ist, stellt sich ein bitterer Nachgeschmack ein. Leitungswasser schmeckt süß nach Artischocken und nach Zitronensäure, nicht aber nach verdünnter Salzsäure. Die Schmeckstoffe lösen also die Geschmacks- und Nachgeschmacksempfindungen in verschiedenen Kombinationen aus.

Wirkt Kochsalz längere Zeit auf die Zunge ein, so wird die Schwellenkonzentration für alle salzig schmeckenden Stoffe größer. Die experimentelle Bestätigung dieses einfachen Befundes ist schwierig, weil fast alle Salze auch bitter, sauer und süß schmecken, Tab. 2. Die Wahrnehmungsschwelle muß deshalb nicht notwendigerweise durch die Empfindung für salzig bestimmt werden. Die Adaptationsvorgänge lassen sich nur studieren, wenn man die Empfindungsintensität für alle vier Qualitäten bestimmen läßt. Die Adaptation kann in den Sinneszellen und/oder dem Gehirn stattfinden.

Die Zunge kann gleichzeitig an verschiedenen Stellen chemische, mechanische und thermische Reize empfangen. Diese Reize führen zu getrennten Empfindungen, die außerdem auch noch jeweils die Information über den Reizort enthalten. v. Békésy (20) untersuchte diese Verhältnisse mit Geräten des Typs der Abb. 37. War der Abstand zwischen zwei Reizorten kleiner als 14 mm, so nahm die VP nur jeweils einen Reizort in der Mitte zwischen den beiden Reizen wahr. Wenn bei einem Abstand von 26 mm zwischen zwei Reizorten der eine um nur 1 ms früher durch Kochsalz gereizt wird, kann es geschehen, daß die VP den Reiz in der Nähe des früheren Reizortes lokalisiert, bei gleichzeitiger Reizung

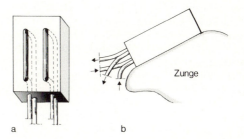

Abb. 37 Vorrichtung zur Reizung der Zunge an zwei Stellen mit Geschmacksstoffen in wäßriger Lösung (nach v. Békésy [22]). In den auf die Zunge gedrückten Kunststoffblock sind zwei Rillen gefräst, an denen die durch die Kanäle gepumpten Flüssigkeiten in Kontakt mit der Zunge gebracht werden.

dagegen in der Mitte zwischen den Reizorten. Bei einem zeitlichen Abstand von 3 ms werden die Reizorte immer getrennt wahrgenommen. Diese Experimente sind der Fragestellung nach den Vibrationsversuchen an der Haut, Abschnitt 2.3, ähnlich.

3.3 Riechen

3.3.1 *Bedeutung des Riechsinns für den Menschen*

Was man in der Umgangssprache mit Geschmack bezeichnet, ist, wenn man von den vier Qualitäten des Geschmackssinns absieht, eine Leistung des Riechorgans. Die Schmeck- und Riechempfindungen verschmelzen in der Wahrnehmung zu einer unauflöslichen Einheit. Darum ist es immer wieder **überraschend, daß man bei zugehaltener Nase zwischen Apfel, Birne, roher Kartoffel und Sellerie selbst beim Kauen nicht unterscheiden kann. Tee und Kaffee erkennt man allerdings auch bei zugehaltener Nase.** Für die Gerüche, von denen wir mehrere Tausend unterscheiden können, haben wir keine bestimmten Worte. Wir bezeichnen sie durch Assoziation mit einer bekannten Geruchsquelle, indem wir sagen, es riecht wie Apfel, Lavendel, Benzin usw.

Beim Atmen, Essen und Trinken hat der Riechsinn eine Wächterfunktion, weil er uns davor schützen kann, Schadstoffe aufzunehmen. Man kann allerdings nicht alles, was schädlich ist, riechen. Kohlendioxid und Kohlenmonoxid sind Beispiele für Giftstoffe, die wir in reiner Form nicht wahrnehmen können. Unter natürlichen Umständen treten sie aber meistens vermischt mit anderen Gasen auf, die unangenehm riechen.

Die meisten Gerüche sind entweder angenehm oder unangenehm. Diese Gefühlskomponente ist nicht angeboren. Der Duft einer Speise, die jemandem einmal schlecht bekommen ist, kann lebenslänglich dafür sorgen, daß ihm bei ihrem Geruch schlecht wird. Die affektive Reaktion hängt auch vom physiologischen Zustand ab. Küchengeruch kann vor dem Essen angenehm und danach unangenehm sein. Weil Gerüche lange im Gedächtnis haften und fast immer eine positive oder negative Gefühlskomponente besitzen, kann man Menschen durch Gerüche beeinflussen. Es gibt kaum eine käufliche Ware, bei der der Geruch vom Hersteller nicht sorgfältig mitgestaltet wäre. Manchmal sind schon die Verkaufskataloge mit einem ansprechenden Duft versehen. Es gibt einen Duft in Sprühdosen, mit dem man einem alten Auto den Geruch eines neuen geben kann.

Der Mensch wird in der Literatur meistens als Mikrosmat, d. h. als Wesen mit geringem Geruchsvermögen, abqualifiziert, und den Makrosmaten, wie z. B. den Hunden, gegenübergestellt, die dem Menschen mit ihrer Fähigkeit, Fährten zu verfolgen, offensichtlich überlegen sind. Tatsächlich sind die Riechleistungen aber gar nicht so schlecht. Mütter erkennen mit der Nase die Hemden ihrer Kinder, Babies erkennen den Duft der Windeln, die ihre Mütter an der Brust getragen haben, und werden unruhig, wenn man ihnen auf diesem Weg den Duft einer anderen Frau bietet. Der Physiker Richard P. Feynman trug bei Geselligkeiten damit zur Unterhaltung bei, daß er mit der Nase herausfand, wer welches Buch in der Hand gehalten hatte (72). **Tatsächlich kann man riechen, welches Buch gerade aus dem Regal gezogen und durchblättert worden ist. Man muß nur alle Bände dicht vor der Nase aufblättern. Es empfiehlt sich, dieses Experiment bei einem mehrbändigen Werk zu machen, weil Bücher mit verschiedenem Papier und Einband von allein schon so verschieden riechen, daß die Aufgabe erschwert wird.**

Die praktische Bedeutung des Riechens bei der medizinischen Diagnose und bei Materialprüfungen aller Art nimmt ab, weil man bemüht ist, zum Nachweis von Duftstoffen Meßgeräte, z. B. Gaschromatographen, einzusetzen. Die Meßergebnisse sind aber häufig schwer zu interpretieren. Darum kann man auf Fachleute nicht verzichten, die gelernt haben, bestimmte Düfte mit der Nase zu erkennen. Die Fähigkeiten der meisten Menschen sind allerdings so unterentwickelt, daß man sie leicht verwirren kann. **Es ist ein beliebter Scherz, seinen Gästen denselben Wein in verschiedenen Gläsern vorzusetzen und nach Unterschieden zu fragen. Wenn man außerdem für verschiedene Temperaturen des Weines gesorgt hat, kann man mit einer angeregten Diskussion über die angeblich verschiedenen Weine rechnen.**

Professionelle Weinprüfer können dagegen täglich bis zu 100 Weine sicher beurteilen und kommen bei Wiederholung der Prüfung in der Regel zum selben Ergebnis. Darum wird man auf die organoleptischen, d. h. die sogenannten Geschmacksprüfungen, kaum jemals verzichten. Der Unterschied zwischen Laien und Fachleuten besteht nicht in der Empfindlichkeit, sondern darin, daß die Fachleute nach bestimmten Vorgaben entscheiden. Sie prüfen, ob der Wein nach Farbe, Klarheit, Geruch und Geschmack in Ordnung ist und die Kriterien der Rebsorte, des Herkunftsgebietes und des Jahrgangs erfüllt, ferner, ob er einer wiederum vorgegebenen Qualitätsklasse zuzuordnen ist oder nicht. Es geht also wie

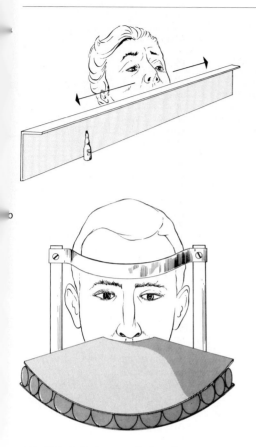

Abb. 38 Lokalisation von Duftquellen.

nicht nur bei der Chemorezeption machen, wie im Abschnitt 1.2.4 nachzulesen ist. Man prüft ähnliche Duftproben nicht nacheinander oder abwechselnd, weil man dadurch leicht verwirrt wird. Zwischen zwei Duftproben riechen Parfümeure manchmal kurz am eigenen Ärmel. Dadurch gewinnen sie ihre verwirrte Unterscheidungsfähigkeit wieder zurück. Die Regeneration der Riechfähigkeit für fremde Duftreize durch den kurzen Reiz mit Eigenduft erklärt vielleicht, weshalb Säugetiere wie Pferde, Rinder und Hunde beim Beschnuppern eines Menschen Luft durch ihre Nase pusten.

Die Bedeutung des Geruchs für die Orientierung hat in der modernen Welt abgenommen. Wer aber einmal in einem dünn besiedelten Land gewandert ist, weiß, daß man eine kleine Feuerstelle über viele Kilometer hinweg riechen kann und dabei auch gleich die Richtung zur Geruchsquelle wahrnimmt.

Auch hier ist der erste Eindruck der entscheidende. **Wenn man eine versteckte Duftflasche suchen läßt, Abb. 38a, oder in nur eine von vielen Flaschen einen Duftstoff einfüllt, dann wird die Duftquelle leicht geortet. Bei der Anordnung der Abb. 38b gibt die VP die Richtung, aus der der Duft kommt mit großer Genauigkeit an. Fragt man aber danach die VP, ob sie sich nicht geirrt habe, so fängt sie an zu schnüffeln, wird unsicher und macht dann meistens ganz falsche Angaben.** Mehr zur Lokalisation von Duftquellen findet man am Ende des Abschnitts 3.3.3.

3.3.2 Physiologie des Riechsinns

Der Strömungsweg der Atemluft durch die Nase ist beim Ein- und Ausatmen nicht ganz gleich. Beim Einatmen gelangen die Duftstoffe mit der einströmenden Luft auch in den oberen Teil der Nasenhöhlen, wo sich das Riechepithel mit den Sinneszellen befindet, während die ausgeatmete Luft überwiegend durch den unteren Teil der Nasenhöhle abfließt. Die kompliziert geformten Nasenhöhlen sorgen für die Feuchtigkeit und Temperatur der Atemluft, aber eben auch dafür, daß Duftstoffe von außen einen größeren Reizerfolg haben als solche, die man selbst erzeugt. Das Riechepithel kleidet je $2,5\,cm^2$ des obersten Teils der Nasenhöhlen aus. In ihm befinden sich 5 bis 6 Millionen der bipolaren Sinneszellen, die mit ihren je 50 bis 100 Zilien in die das ganze Sinnesepithel bedeckende Schleimschicht hineinragen. Die Schleimschicht wird durch Sekretion laufend erneuert. Bei Reizung mit Duftstoffen kann man mit einer Elektrode am Sinnesepithel eine Potentialänderung, das *Olfak-*

bei allen Wahrnehmungen darum, die Übereinstimmung der Sinneserlebnisse mit bestimmten inneren Vorgaben festzustellen. Das ➤ Suchbild bringt der Fachmann schon mit, um es mit dem ➤ Merkbild zu vergleichen. Diese Aufgabe ist bei einiger Übung nicht sehr anstrengend. Der Laie schlägt sich dagegen mit den ermüdenden Problemen der ➤ Apperzeption herum. Wenn man einem professionellen Weinprüfungsgremium die Vorgaben für die Beurteilung vorenthält, d. h. Rebsorte, Jahrgang und Herkunftsgebiet nicht nennt, dann gehen die Beurteilungen weit auseinander, wie bei Laien, die von sich behaupten, sie könnten das alles am „Geschmack" erkennen.

Bei allen professionellen Duftprüfern kann man beobachten, daß sie sich nach dem ersten Eindruck entscheiden und das Ergebnis sofort aufschreiben. Durch längeres Schnüffeln oder Schlürfen wird das Urteil merkwürdigerweise wieder unsicher. Dann muß man die Probe zurückstellen und zu einem späteren Zeitpunkt noch einmal prüfen. Man kann diese Erfahrungen

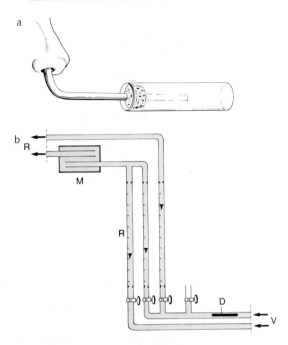

Abb. 39 a) Zwaardemakersches Olfaktometer (207). b) Olfaktometer, mit dem durch einen Ventilator (V) Luft in die Nase geblasen werden kann, D=Filterpapier mit Duftstoff, R= Rotameter, in denen die leichten Anzeigen durch den Luftstrom angehoben werden und damit die Strömungsgeschwindigkeit anzeigen, M= Mischkammer, R=Reizapparatur (nach Neuhaus [136]).

Tabelle 3 Einteilung der Düfte in sechs Klassen (nach Amoore u. v. Skramlik aus [162])

Duftklasse	typischer Duftstoff	riecht nach
Blumig	Geraniol	Rosen
Ätherisch	Benzylacetat	Birnen
Moschusartig	Moschus	Moschus
Kampherartig	Cineol, Kampher	Eukalyptus
Faulig	Schwefelwasserstoff	faulen Eiern
Stechend	Ameisensäure, Essigsäure	Essig

togramm, ableiten, das ein ➙ Summenpotential von vielen Zellen ist. Bei Tieren gelang auch die Ableitung der ➙ Rezeptorpotentiale einzelner Sinneszellen des Riechepithels. Jede untersuchte Sinneszelle reagiert auf viele verschiedene Duftstoffe, aber nicht jede Zelle reagiert auf dieselben Duftstoffe.

Die Sinneszellen sind über kurze Fortsätze synaptisch mit Zellen des paarigen Riechhirns verbunden. Etwa 1000 Sinneszellen enden an je einem der Folgeneurone, einer Mitral- oder Büschelzelle. Fortsätze der Mitralzellen bilden den Tractus olfactorius, der zum primären Projektionsfeld der Großhirnrinde führt. Zwischen den Sinneszellen und dem primären Projektionsfeld befindet sich somit nur eine Synapse. Eine andere Bahn, die vordere Kommissur, verbindet die beiden Riechhirnhälften. Die vordere Kommissur dient zur Registrierung der Zeit- und Intensitätsdifferenzen, aber anscheinend nicht zur Auswertung qualitativer Unterschiede der Reize in den beiden Nasenlöchern. Sonst wäre nicht verständlich, warum die ➙ Splitbrain-Patienten mit erhaltener vorderer Kommissur den Duft der ins eine Nasenloch eingeblasen wurde, über das andere nicht wiedererkennen können, Abschnitt 1.6.3. Das Riechhirn wird über efferente hemmende Bahnen von höheren Zentren des Gehirns kontrolliert.

3.3.3 Psychophysik des Riechens

Eine besondere Schwierigkeit bei allen Überlegungen zum Riechsinn besteht darin, daß es kein allgemein anerkanntes Duftsystem gibt, das dem Farbenkreis oder den vier Qualitäten des Geschmackssinns vergleichbar wäre. Linné stellte ein subjektives System aus sieben Duftklassen auf, das von späteren Autoren verändert oder verworfen wurde. Ein neueres System dieser Art gibt die Tab. 3 wieder.

Die *Reizmetrik* muß sich in der Regel auf die Konzentration des Duftstoffs in der Atemluft, also den ➙ organadäquaten Reiz, beschränken. Beim Riechen an Duftflaschen kann man die Konzentration kaum kontrollieren. Etwas genauer läßt sich der Reiz in einer Camera odorata beherrschen, einem Raum mit duftender Atemluft, in den man seinen Kopf hineinstecken kann. Hier läßt sich die Konzentration des Duftstoffes aus der Menge verdampfter Substanz bestimmen. Stärkere und schwächere Duftreize kann man mit Hilfe des Zwaardemakerschen Olfaktometers, Abb. 39a, erzeugen. Hier atmet die VP die Luft durch ein Glasrohr ein. Über das Glasrohr wird ein zweites Glasrohr geschoben, das an seiner Innenseite den Duftstoff trägt. Durch Verschieben dieses zweiten Glasrohres kann man die Strecke variieren, über die die Atemluft an dem Duftstoff vorbeistreicht. Wenn die Duftstoffsättigung innerhalb des Glasrohres unvollständig ist, ändert sich damit auch die Konzentration. Wenn die Pausen zwischen den Atemzügen verschieden lang sind, wird natürlich auch die Konzentration des Duftstoffes verschieden groß sein. Darum bevorzugt man für quantitative Untersuchungen *Olfaktometer*, die mit einem Ventilatorsystem andauernd gleichmäßig durchblasen werden, Abb. 39b. Den Duftstoff kann man auf verschiedene Arten und Weisen einbringen, beispielsweise durch getränktes Filterpapier, das man in bestimmten Zeitabständen wägt, um somit den Abgang von Duftstoff zu kontrollieren. Zur Eichung von Olfaktometern wurden auch radioaktive Duftstoffe verwendet, deren Konzentration sich am Ausgang der Apparatur genau bestimmen läßt. Die Strömungsgeschwindigkeit im Olfaktometer mißt man mit Hilfe von Rotametern (R). Das sind senkrecht stehende Glasrohre mit Skala, in denen der Luftstrom einen Körper je nach Strömungsgeschwindigkeit in einer bestimmten Höhe hält.

Ein grundsätzliches Problem bei der Herstellung von Duftreizen besteht darin, daß praktisch alles riecht, das Filtermaterial, das Gehäuse des Ventilators usw. Dem Zustand der vollständigen Duftstoffreinheit des Atemgases kann man nahekommen, indem man durch vorübergehendes Unterkühlen der Luft mit flüssigem Stickstoff den größten Teil der Duftstoffe niederschlägt. Ein besonderes Problem stellt der Übergang vom Olfaktometer zur Nase dar. Hier sind je nach Fragestellung verschiedene apparative Lösungen entwickelt worden, mit denen die Duftstoffe von den VPn eingesaugt oder in die Nase eingeblasen werden, wobei im Idealfall die Reizzeit und die Menge der eingeblasenen Luft variiert werden können.

Für die *Reizschwelle* gelten beim Riechen dieselben Überlegungen wie beim Schmecken, Abschnitt 3.2.3. Eine bestimmte Schwellenkonzentration kann es nicht geben, weil die Häufigkeit von Treffern der Duftmoleküle auf die Rezeptoren der Zellmembran der Riechzellen zufallsbedingt ist. Abb. 40 zeigt für eine Schwellenmessung von Äthylmercaptan mit einem Olfaktometer, wie die Häufigkeit, mit der der Geruch bemerkt wird, mit der Konzentration des Duftstoffs in der Luft zunimmt. Der sigmoide Verlauf dieser Kurve ist typisch für alle Schwellen von Reizen, die aus unabhängigen Einzelereignissen zusammengesetzt sind. Mit der bei der Sehschwelle behandelten Theorie, Abschnitt 7.2.3, kann man berechnen, daß etwa 40 Riechzellen je ein Duftmolekül empfangen müssen, damit die Schwelle erreicht wird.

Auch beim Riechen kann man mehrere Schwellen unterscheiden. **Man stelle in einem Raum ohne Luftzug ein Gefäß mit einem Duftstoff in die Mitte eines Tisches. Geeignet sind gestoßene Küchengewürze, gemahlener Kaffee in Alkohol,**

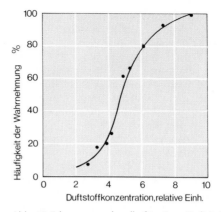

Abb. **40** Erkennungsschwelle für einen Duftstoff (Äthylmerkaptan). Ordinate: Häufigkeit, mit der der Duft wahrgenommen wurde. Abszisse: Duftstoffkonzentration in der Luft, die durch ein Olfaktometer in die Nase der VP geblasen wurde (nach Stuiver [181]).

Kölnisch Wasser, Ammoniak, Rumaroma, Aceton oder Eisessig. Die um den Tisch sitzenden VPn werden über die Art des Duftstoffs nicht informiert. Sie bemerken nach einer Zeit, die je nach Dampfdruck des Duftstoffs zwischen wenigen Sekunden und einigen Minuten liegt, einen Duft, den sie aber nicht identifizieren können (unspezifische Reizschwelle). Das gelingt erst, wenn nach einiger Zeit die Konzentration in der Atemluft bis zur spezifischen Reizschwelle angestiegen ist.

In einer sorgfältigen Messung fand man, daß Buttersäure, eine Duftkomponente des Schweißes, bei niedriger Konzentration (7×10^9 Moleküle/ml) manchmal wahrgenommen wurde und manchmal nicht, was der Schwellenmessung der Abb. 40 entspricht. Eine höhere Konzentration (8×10^9 Moleküle/ml) wurde immer wahrgenommen, allerdings ohne daß die VPn den Geruch erkannten. Eine um den Faktor 10 höhere Konzentration führte zu einer Geruchswahrnehmung, die aber von dem Geruch der Buttersäure verschieden war. Erst bei noch höheren Konzentrationen ($1,7 \times 10^{11}$ Moleküle/ml) wurde die Buttersäure mit Sicherheit erkannt. Die Qualität der Geruchswahrnehmung kann sich offensichtlich mit Konzentration des Duftstoffes ändern. Der Geruch von Skatol, ein anderes Beispiel, wird bei geringen Konzentrationen als blumig und angenehm, bei höheren dagegen als faulig und ekelerregend beschrieben (136).

Es ist allgemein bekannt, daß man Gerüche, auch starke und unangenehme, nach einiger Zeit nicht mehr wahrnimmt, d. h., daß das Riechorgan adaptiert. Mit der ➤ Adaptation ändert sich nicht nur die Empfindlichkeit für den Duft. Auch die Qualität der Geruchsempfindung kann sich ändern. Der anfangs üble Geruch von Mercaptan wird nach einiger Zeit als ätherisch und angenehm beschrieben. Durch Adaptation an einer Komponente aus einem Duftgemisch kann die Wahrnehmung anderer Duftreize möglich werden. **Man gebe in ein Glas ungelöstes Vanillin und dazu ein bis drei Kristallkörnchen Cumarin. Wenn man daran riecht, nimmt man nur das Vanillin wahr. Hält man aber für wenigstens eine halbe Minute ein Glas, das nur Vanillin enthält, unter die Nase, so adaptiert das Riechorgan an diesen Duft. Danach nimmt man an dem Gefäß mit der Mischung den Waldmeisterduft des Cumarins wahr.**

Durch Adaptation an einen Duftreiz A kann sich auch die Empfindlichkeit für einen anderen Stoff B ändern. Prüft man, ob B als Adaptationsreiz auch die Empfindlichkeit für den Duftstoff A herabsetzt, so kommt man, je nach Art der Substanzen, zu verschiedenen Ergebnissen. Man bezeichnet derartige Experimente als Kreuzadaptationsversuche. Die Interpretation der Ergebnisse ist noch schwierig. Kreuzadaptierende Duftstoffe reizen möglicherweise die gleichen Typen von Rezeptorzellen, aber verschiedene molekulare Rezeptorstrukturen der Membran. Es sind aber wahrscheinlich auch zentralnervöse Vorgänge an dem Effekt der Kreuzadaptation beteiligt.

Normalerweise bestehen Duftreize aus Stoffgemischen. Die Kreuzadaptation zeigt bereits, daß die Wirkung der einzelnen Duftreize des Gemisches nicht unabhängig voneinander zu sein braucht. Eine Mischungskomponente kann die durch den Mischreiz hervorgerufene Empfindungsstärke verkleinern (Duftkompensation) oder auch nicht beeinflussen (Unabhängigkeit); die Wirkungen der Mischkomponenten können sich in der Empfindungsstärke überlagern (Additivität) und möglicherweise sogar gegenseitig oder einseitig verstärken (Synergismus). Zum Nachweis dieser Verarbeitungsweisen verschiedener Duftkombinationen sind sehr aufwendige Versuche notwendig. Darum sind die Kenntnisse bisher auf wenige Substanzen beschränkt und im Hinblick auf eine physiologische Erklärung schwer interpretierbar. Solange man die Interaktion der Wirkungen der Duftreize in einem Gemisch und die physiologischen Ursachen der Wechselwirkungen noch nicht kennt, ist man bei der Herstellung von Duftstoffen und bei der Beurteilung der Düfte von Stoffgemischen auf die Erfahrung angewiesen.

Zum Studium der *Lokalisation einer Duftquelle* entwickelte v. Békésy (21) eine Apparatur, die es erlaubte, in die beiden Nasenlöcher Duftstoffe mit bestimmter Konzentration einzublasen. Eine Konzentrationsdifferenz von 10 % reicht aus, um der VP den Eindruck zu vermitteln, die Duftquelle liege nicht gerade vor ihr, sondern auf der Seite der höheren Konzentration. Wenn bei Duftreizen, die in jedem Nasenloch die gleiche Empfindungsintensität haben, eine einseitige Verzögerung von nur 0,3 ms auftritt, so glaubt die VP, der Duft komme von der Seite, auf der die Nase früher gereizt wurde. Für diese erstaunliche Fähigkeit des Riechsystems wurde mittlerweile eine Entsprechung im Riechhirn nachgewiesen: Die Potentiale von Zellen des Riechhirns von Kaninchen werden, je nachdem welche Nasenseite früher gereizt wurde, mehr oder weniger gehemmt und die Empfindlichkeit für Zeitverzögerungen ist in der richtigen Größenordnung.

Täuschungen des Riechsinns kommen oft vor. Verbreitet sind auch Dufthalluzinationen. Eine besonders massive Geruchstäuschung soll in der Übersetzung der Erstbeschreibung mitgeteilt werden. Die Täuschung funktioniert auch ohne große rhetorische Anstrengungen in jedem Hörsaal. **„... Ich hatte eine Flasche mit destilliertem Wasser vorbereitet und liebevoll in eine Schachtel mit Watte eingepackt ... Ich sagte, ich wolle sehen, wie schnell ein Duft durch die Luft diffundiere und verlangte, daß jeder, der ihn wahrnehme, sofort seine Hand hochhebe. Dann packte ich die Flasche vorn im Hörsaal aus, schüttete das Wasser über die Watte, wobei ich meinen Kopf abgewendet hielt und setzte die Stoppuhr in Gang. Während ich auf die Folgen wartete, erklärte ich, ich sei sicher, daß niemand im Hörsaal den chemischen Stoff, den ich ausgegossen hatte, jemals gerochen habe, und gab der Hoffnung Ausdruck, daß der Geruch, wenn er auch stark und merkwürdig erschiene, doch für niemanden zu unangenehm sein möchte. Innerhalb von 15 Sek. gaben bereits fast alle Hörer der ersten Reihe Handzeichen und innerhalb von 40 Sek. hatte der Duft das Ende des Hörsaals erreicht. Dabei breitete er sich in einer hübsch regelmäßigen Wellenfront aus. Etwa drei Viertel der Hörer behauptete, den Geruch wahrzunehmen. Die hartnäckige Minderheit bestand aus mehr Männern, als dem Mittelwert entsprach. Mehr Hörer wären wahrscheinlich der Täuschung erlegen, wenn ich nicht nach einer Minute gezwungen gewesen wäre, das Experiment zu beenden, weil sich einige Teilnehmer der ersten Reihe anschickten, wegen Übelkeit den Raum zu verlassen ..."** (170).

4 Hören

4.1 Die akustische Außenwelt

Das Gehör ist ein Fernsinn. Die akustischen Sinnesreize erreichen das Hörorgan von außen durch die Luft. Sie entstehen in Schallquellen, deren mechanische Schwingungen in der umgebenden Luft akustische Schwingungen erzeugen. Schallquellen bewegen die umgebende Luft nicht nur hin und her, sie bewirken auch periodische Verdichtungen, die in Form von Druckwellen durch die Luft fortgeleitet werden. Wenn sie nach Amplitude und Frequenzbereich geeignet sind, das Hörorgan zu reizen, bezeichnet man sie als *Schallwellen*, Abb. 41.

Von der Kompliziertheit der Schallwellen im Luftraum kann man sich eine Vorstellung machen, wenn man Wasserwellen am Meer oder in der Badewanne beobachtet. Was man als vertikale Bewegung der Wasseroberfläche sieht, entspricht den Luftdruckänderungen, die ein Mikrophon oder das Ohr registrieren kann. Man sieht die Wellen in verschiedener Richtung durcheinanderlaufen und man erkennt ihre oft komplizierte, zeitlich veränderliche Form. Wellen werden durch Hindernisse beeinflußt und an Wänden reflektiert. Schallwellen breiten sich in allen Raumrichtungen aus. Sie gelangen nicht nur auf dem kürzesten Weg zum Empfänger, sondern auch auf Umwegen nach Reflexion an Wänden, Decken und anderen akustischen Hindernissen. Wegen der unterschiedlichen Länge der Laufwege treffen akustische Signale an jedem Ort nicht gleichzeitig ein. Durch die frequenzabhängige → Schallabsorption an den Wänden und in der Luft ändert sich der Frequenzgehalt der akustischen Signale auf dem Weg von der Quelle zum Empfänger. Die Bedingungen für die Schallübertragung sind in jeder Umgebung anders.

Das Hörorgan ist an die komplizierte akustische Außenwelt angepaßt. Das merkt man daran, daß das Hören und Sprechen in einem Raum mit schallschluckenden Wänden keineswegs leichter fällt, obwohl dort die Signale von den komplizierten Echowirkungen befreit sind. Das ungewohnte und unangenehme Hörerlebnis ist so, als befände man sich in einem dichten Schneegestöber oder mit dem Kopf in der Mitte eines Daunenkissens. Um sich von der Qualität der Hörleistung eine angemessene Vorstellung zu machen, erinnere man sich des großen technischen Aufwands, der nötig ist, um Sprache oder Musik unverfälscht und ohne Nebengeräusche mit einem Mikrophon aufzunehmen. Das Hörorgan leistet diese Aufgabe mühelos.

In Theatern, Kirchen, Konzert- und Hörsälen bemüht man sich mit den Methoden der *Raumakustik* um eine vorteilhafte akustische Außenwelt. Dabei treten rein physikalische Probleme auf, die mit der Berechnung der Schallausbreitung im Raum sowie den Reflexions- und Absorptionseigenschaften der Baumaterialien zusammenhängen. Von entscheidender Bedeutung sind aber auch physiologische Eigentümlichkeiten des Gehörs, denen die Raumakustik gerecht werden muß.

Ein wichtiger Parameter der Raumakustik ist der Nachhall, dessen Fehlen in Räumen mit schallschluckenden Wänden und dessen lange Dauer in großen hohen Räumen das Sprechen und Hören erschwert. Die *Nachhallzeit* ist technisch definiert als die Zeit, innerhalb welcher der Schalldruck p auf $10^{-6}p$ abgefallen ist. Für einen Vortragssaal sind Nachhallzeiten um 0,8 Sek. günstig für den Hörer und den Sprecher. Bei Konzertsälen und Opernhäusern werden Nachhallzeiten von 1,7 bis 2 Sek. für gut gehalten.

Der Nachhall ist auch für das Sprechen bedeutsam, weil alle Lautäußerungen des Men-

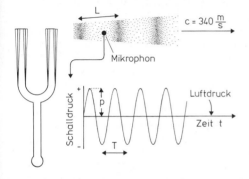

Abb. 41

schen durch das Gehör geregelt werden. Ohne akustische Rückkoppelung ist das Sprechen erschwert, was man an der Sprechweise von tauben Menschen merkt. In großen Sälen spricht man wegen der längeren Nachhallzeit langsamer als in kleinen. Bei schlecht eingestellten Lautsprecheranlagen kann die Echoverzögerung zum *Lee-Effekt* führen, der darin besteht, daß der Sprecher stottert oder gar nicht mehr sprechen kann. **Man kann den Lee-Effekt beobachten, wenn man einem sprechenden Menschen seine Stimme über Mikrophon und Kopfhörer laut zurückspielt. Bei einer Verzögerung von 100 bis 200 ms spricht er zunächst lauter, dann stockend und hört schließlich ganz auf.**

Durch sogenannte *Rückwärtsmaskierung* kann das Hören in Räumen sehr erschwert werden. Sie beruht darauf, daß ein lautes Echo bei einer Verzögerung von etwa 60 ms die Wahrnehmung des zuerst empfangenen Reizes unterdrückt. Das kann passieren, wenn sich etwa 10 m hinter dem Hörer eine reflektierende Wand befindet, derzufolge das Echo von dort einen um 20 m längeren Laufweg hat als der auf direktem Wege empfangene Reiz. **Man kann die Rückwärtsmaskierung mit Knacklauten demonstrieren, die man herstellt, indem man einen Lautsprecher mit zwei elektrischen Pulsen aus elektronischen Impulsgeneratoren im zeitlichen Abstand von 60 ms ansteuert. Man verkleinere die Amplitude des ersten Impulses, bis der zugehörige Knacklaut gerade unhörbar wird. Wenn man dann den zeitlichen Abstand der Impulse vergrößert oder verkleinert, hört man wieder beide Knacklaute, zuerst einen leisen und dann einen lauten. Die Rückwärtsmaskierung findet somit nur im Bereich der Verzögerung von 60 ms statt. Man kann die Rückwärtsmaskierung auch → dichotisch nachweisen. Dazu muß man die beiden Knacklaute über einen Kopfhörer dem rechten und linken Ohr getrennt zuführen. Damit ist gezeigt, daß Rückwärtsmaskierung nicht auf Vorgängen im Ohr, sondern im Gehirn beruht.** Der Effekt ist mit dem visuellen → Metakontrast verwandt.

Die beiden Ohren erhalten normalerweise verschiedene Reize. **Das kann man leicht in einem Konzert nachprüfen, indem man die Ohren abwechselnd zuhält.** Diese *binauralen Reizunterschiede* sind, wie man von Stereo-Wiedergaben weiß, nicht grundsätzlich nachteilig. An den besten Plätzen eines Konzertsaales sind die zeitlichen Verzögerungen zwischen den Komponenten des Reizes an den beiden Ohren gerade besonders groß. Das erkennt man an Musikaufzeichnungen, die mit *Kunstkopfmikrophonen* gewonnen wurden. Diese Mikrophone sind in einen künstlichen Kopf an Stelle der Trommelfelle eingebaut, so daß die Einflüsse des Kopfes und des Gehörgangs auf die Hörreize gewahrt werden. Stereophone Wiedergaben über Kopfhörer von Aufzeichnungen, die mit Kunstkopfmikrophonen aufgenommen wurden, vermitteln den räumlichen Höreindruck des Konzertsaals am besten.

Die meisten *Schallquellen* erzeugen akustische Wellengemische, wie der Wald, durch den Wind weht, das Rascheln der Blätter, das Plätschern und Gurgeln des Wassers, die → Stimmen der Tiere und Menschen. Menschen und Tiere können derartige Geräuschquellen erkennen und unterscheiden. Es ist die Aufgabe der Psychophysik, die Eigentümlichkeiten der akustischen Reize zu ermitteln, die die Reichhaltigkeit akustischer Wahrnehmungen ermöglichen. Bei wissenschaftlichen Untersuchungen des Gehörs bedient man sich meistens streng definierter einfacher Reize, um zu eindeutigen Schlußfolgerungen zu gelangen. Dabei darf man aber nicht vergessen, daß die natürlichen Reize, an die das Hörorgan angepaßt ist, kompliziert und immer von Störungen überlagert sind.

4.2 Der Hörreiz

4.2.1 Einfache Reize und Hörphänomene

Der Hörreiz wird durch Schallquellen erzeugt, die ihre Schwingungen wie die Stimmgabel auf das umgebende Medium übertragen, Abb. **41**. Je größer die *Frequenz*, desto höher ist der Ton. Das gilt nicht nur für die sinusförmigen Schallwellen, wie man sie mit der Stimmgabel erzeugen kann, sondern für alle periodischen Druckwellen. **Wenn man mit dem Fingernagel über die Zinken eines Kammes streicht, erzeugt man eine Folge von Knacklauten und damit ein Geräusch, dessen Tonhöhe mit der → Wiederholfrequenz der Knacklaute steigt. Die Flügelschlagfrequenz eines Insekts kann man mit dem Ohr bestimmen, indem man die Tonhöhe feststellt und die zugehörige Frequenz aus der Abb. 60 herleitet.** Christiaan Huygens (1629–1695) entdeckte im Schloß Chantilly bei Paris im Echo des Geräusches eines Springbrunnens, das an einer Treppe entstand, die Tonhöhe, die der schnellen zeitlichen Folge der Echos entsprach, die von den einzelnen Stufen hervorgerufen wurden.

Weil sich der Schall in der Luft kugelförmig ausbreitet, nimmt seine Energie mit wachsender Kugeloberfläche ($4\pi r^2$), d. h. mit $1/r^2$, ab, wobei r = Abstand. Der Energieverlust durch *Schallabsorption* in der Luft ist näherungsweise durch die Gleichung $I = I_0 \cdot e^{-b}$ gegeben, d. h., die Schallenergie I nimmt mit wachsendem b ex-

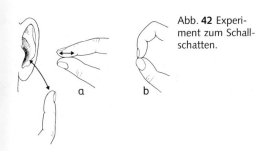

Abb. 42 Experiment zum Schallschatten.

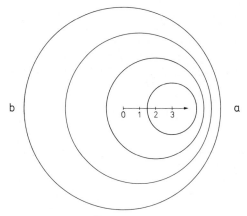

Abb. 43 Dopplereffekt.

ponentiell ab. Der Exponent b besteht aus einigen physikalischen Konstanten und dem Produkt $r \cdot f^2$. Dabei ist r der Abstand und f die Frequenz. Demnach sind die Schalleitungsverluste bei hohen Frequenzen viel größer als bei tiefen. **Darum hört man von einem fernen Gewitter nur ein tiefes Grollen, während eine Blitzentladung in der Nähe wie ein heller harter Knall klingt.** Der Tonmeister im Filmstudio erzeugt die Illusion großer Nähe, durch Anhebung der Lautstärke im oberen Frequenzbereich. Die Schallgeschwindigkeit c ist in der Luft näherungsweise c = 340 m/s. Darum kann man bei einem Gewitter die Entfernung zum Ort der elektrischen Blitzentladung über die Zeit zwischen Blitz und Donner bestimmen. Jeder Sekunde entsprechen 340 m Abstand.

Eine sinusförmige Schallwelle, Abb. 41, ist durch ihre Frequenz f, die Dauer einer Schwingungsperiode T und ihre räumliche Wellenlänge L charakterisiert, zwischen die die Beziehungen $f = 1/T$ und $L = c/f$ verknüpft sind. Hörbar sind Schallwellen für junge Menschen im Frequenzbereich zwischen 20 Hz und 20 kHz. Die zugehörigen *Wellenlängen L* reichen nach der zweiten Beziehung von 17 m bis 1,7 cm, sind also bei niedrigen Frequenzen größer und bei hohen kleiner als ein Mensch. Trifft ein Wellenzug auf ein Hindernis, so entsteht dahinter ein *Schallschatten*, wenn die Wellenlänge L kleiner ist als das Hindernis, nicht aber, wenn sie größer ist. Das gilt für alle Arten von Wellen und kann an Wasserwellen leicht beobachtet werden. Im Lichtmikroskop werden aus diesem Grund nur Objekte sichtbar, deren Größe die Wellenlänge des Lichtes übersteigt.

Dieser Tatbestand ist von großer Bedeutung auch für das Gehör. Kommt der Schall von der Seite, so ist der Unterschied für die beiden Ohren bei hochfrequenten, d.h. kurzwelligen, akustischen Reizen groß. **Den Schallschatten kann man leicht nachweisen. In ruhiger Umgebung reibe man dicht vor einem Ohr die Fingerbeeren von Daumen und Zeigefinger aneinander, Abb. 42a. Man hört ein Geräusch in hoher Tonlage. Mit dem Ohr auf der Gegenseite kann man das hochfrequente Geräusch nicht hören, weil es im Schallschatten des Kopfes liegt. Das merkt man, wenn man ein Ohr mit dem Finger der anderen Hand verschließt. Ein schwacher Knacklaut, wie man ihn mit zwei Fingernägeln vor einem Ohr erzeugen kann, Abb. 42b, wird dagegen auch mit dem anderen Ohr wahrgenommen. Das liegt daran, daß ein kurzer Reiz auch Schallwellen mit tieferen Frequenzen enthält,** Abb. 46d, **die keinen Schallschatten ausbilden.**

Wenn sich die Schallquelle schnell bewegt, hört man als ruhender Beobachter das Geräusch wegen des *Dopplereffektes* in veränderter Tonhöhe. **Der Dopplereffekt macht sich bemerkbar, wenn ein lautes Fahrzeug schnell vorbeifährt. Die von ihm ausgehenden Geräusche sinken im Augenblick des Vorbeifahrens in der Tonhöhe ab.** Die Erklärung kann man der Abb. 43 entnehmen. Der größte Kreis zeigt eine Welle, die von dem Fahrzeug in der Position (0) ausging. Etwas später erzeugte es in der Position (1) wieder eine Welle, die sich noch nicht so weit von ihrem Ursprungsort entfernt hat. An der Position (2) entstand die dritte und bei (3) die vierte Welle, die im Augenblick der Betrachtung die nächst kleineren Kreise bilden. Für einen Menschen am Ort (b) liegen die Wellen weiter auseinander als für einen am Ort (a), was bei konstanter Schallgeschwindigkeit bedeutet, daß man an den beiden Orten Reize mit verschiedener Frequenz empfängt.

Der Reiz, den man mit einer Stimmgabel erzeugt, ist einfach, aber untypisch. Er besteht aus einer sinusförmigen Schallwelle. Man kann ihn als Tonreiz bezeichnen. Durch ihn wird eine *Tonempfindung* hervorgerufen. **Kurz nach dem Anschlagen treten an der Stimmgabel allerdings mehrere überlagerte Schwingungen mit anderen**

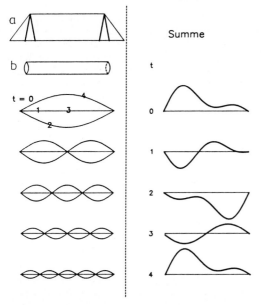

Abb. 44 Harmonische Schwingungen einer Saite (a) und einer beiderseits offenen Flöte (b). Linke Spalte: Erste bis fünfte Harmonische, rechte Spalte: Summe der Harmonischen zu den Zeiten t = 1 bis 4.

Frequenzen und rasch abfallenden Amplituden auf. Dieser Einschwingungsvorgang macht sich durch ein helleres Anklingen bemerkbar.

Die meisten Schallquellen erzeugen kompliziertere Schallwellen. Noch verhältnismäßig einfach sind die in Abb. 44 beschriebenen Schallquellen mit Eigenschwingungen. Auf der linken Seite sind die möglichen Schwingungsweisen (Moden) einer gespannten Saite (a) und der Luftsäule in einer beiderseits offenen Flöte (b) gezeigt. Weil weder die Endpunkte der Saite noch der Luftdruck des umgebenden Raumes erheblich mitschwingen können, sind nur die Moden möglich, die an den Endpunkten einen Schwingungsknoten haben. Die Darstellung, die das Prinzip erläutern soll, ist physikalisch stark vereinfacht.

Die Schwingungsfiguren lassen sich im Falle der Saite (a) als Momentaufnahmen, bei der Flöte als Ergebnis gleichzeitiger Luftdruckmessungen an verschiedenen Orten entlang der Länge l der Röhre auffassen. Die Schwingungsmoden sind einzeln und mit willkürlich gewählter Amplitude untereinander gezeichnet. Dargestellt sind in jeder Zeile die extremen Positionen der Schwingungen, die im Vergleich zur Schwingung der ersten Zeile bei der zweiten mit doppelter, in der dritten mit dreifacher und in der vierten mit vierfacher Frequenz erreicht werden. Wenn mehrere Schwingungen gleichzeitig auftreten, entstehen kompliziertere Figuren. Auf der rechten Seite ist die Folge von Schwingungsformen untereinander gezeichnet, die nacheinander entstehen, wenn die Eigenschwingungen der linken Seite gleichzeitig auftreten.

Reizquellen von der Art der Abb. 44 erzeugen sogenannte *harmonische Schwingungen*. Mit harmonisch wird hier keine ästhetische Eigenschaft der Schwingungen oder der Töne bezeichnet. Der Begriff wird vielmehr im Sinne der mathematischen Harmonielehre, der Lehre von den Zahlenverhältnissen, verwendet. Die räumlichen Wellenlängen L der Schwingungen betragen bei der Saite und der beiderseits offenen Flöte, die die Länge l haben sollen, $L = 2 \cdot l/n$, wobei n = 1, 2, 3 usw. ist. Man bezeichnet die Schwingungskomponenten als *Grundwelle und 1., 2. und 3. Oberwelle* oder auch als *1., 2. und 3. Harmonische*, wobei der Grundwelle die 1. Harmonische entspricht.

Die Oberwellen erzeugen Tonempfindungen, die man, wie gleich gezeigt werden soll, unter günstigen Bedingungen als *Obertöne* oder *Partialtöne* einzeln hören kann, Abb. 45. Meistens allerdings verschmilzt die Wirkung der Oberwellen in der Wahrnehmung. Was man dann wahrnimmt, ist ein Ton mit einer bestimmten Tonhöhe, obwohl der Reiz aus vielen überlagerten Tonreizen mit verschiedener Frequenz besteht. Man kann von einer „virtuellen Tonhöhe" sprechen, um sie von der „spektralen Tonhöhe" bei einfachen Tonreizen zu unterscheiden (183). In manchen Fällen ist die Bestimmung der Tonhöhe bei überlagerten Tonreizen sehr schwierig. **Man merkt das, wenn man versucht, die Tonhöhe einer Kirchenglocke oder des Kuckucksrufes mit der eigenen Stimme nachzuahmen.**

Abb. 45 Obertöne zu c.

Die einzeln nicht hörbaren Oberwellen machen sich in der *Klangfarbe* bemerkbar. Für Klangfarben gibt es keine speziellen Worte wie für Farben. Daß man die Klangfarbe von Geräuschen, von Stimmen oder Orchesterinstrumenten auch in einem Gemisch anderer akustischer Reize erkennen kann, ist eine erstaunliche ↠ Gestaltwahrnehmung. Die für eine Schallquelle charakteristische Klangfarbe ist vor allem während des Ein- und Ausschwingens zu Beginn und am Ende von Tonreizen deutlich zu hören. Lang anhaltende Töne von verschiedenen Musikinstrumenten mit verschiedenen Oberwellenspektren unterscheiden sich wesentlich weniger.

Die Obertöne kann man nach einiger Übung einzeln hören, wenn man die ↠ Aufmerksamkeit auf sie richtet. v. Helmholtz (89) verbesserte die Hörbarkeit der Obertöne mit Hilfe von zweiseitig offenen Glasgefäßen mit verschiedenen Resonanzfrequenzen. Die ausgezogene kleine Öffnung führte er in den Gehörgang ein und verstärkte somit selektiv diejenigen Komponenten komplexer Tonreize, die gerade die Resonanzfrequenz des Gefäßes hatten. Mit dieser Methode konnte er noch den 16. Oberton hörbar machen.

Auf Helmholtz geht auch die Demonstration der Obertöne am Klavier zurück. Man muß die Tasten für die in Abb. 45 angegebenen Obertöne einzeln lautlos drücken, so daß sich der Dämpfer von den zugehörigen Saiten hebt, und dann den Grundton kurz und kräftig anschlagen. Nach Abklingen des Grundtons hört man dann leise den Oberton, hervorgerufen durch die Resonanz der entdämpften Saite. Läßt man nun die niedergehaltene Taste los, so verschwindet er. Hat man eine Saite gedrückt, die nicht auf eine der Oberwellen gestimmt ist, so bleibt das Resonanzphänomen aus. Daß man sich dabei nicht geirrt hat, kann man sich klarmachen, indem man nach Erklingen des Obertons die niedergehaltene Taste vorsichtig anschlägt. Man erkennt dann zwischen dem durch Resonanz und dem durch den Anschlag auftretenden Ton einen kleinen Unterschied in der Tonhöhe, der in der ↠ wohltemperierten Stimmung des Klaviers seine Ursache hat. Diese Differenz kommt bei den höheren Obertönen deutlicher heraus.

Mit Hilfe einer Gitarre oder eines anderen Saiteninstrumentes kann man die Tonempfindungen bei harmonischen Schwingungen, die Obertöne und die Wirkung der Oberwellen auf die Klangfarbe studieren. Die Beobachtungen gelingen nur in einem Raum ohne Geräusche durch Ventilatoren oder Klimageräte, weil sonst die leisen Obertöne im Rauschen untergehen.

Zunächst berühre man eine vibrierende Saite vorsichtig mit dem Finger oder einem Pinsel genau in der Mitte, wo die Grundschwingung ihren Schwingungsbauch hat. Wenn es gelingt, die Grundschwingung selektiv zu unterdrücken, hört man einen um eine Oktave höheren Ton, der durch die weiter schwingende erste Oberwelle hervorgerufen wird. Damit ist gezeigt, daß bei harmonischen Schwingungen die gehörte Tonhöhe durch die Grundschwingung bestimmt wird.

Berührt man dagegen die schwingende Saite am Schwingungsbauch der ersten Oberwelle, also an einem Ort, der die Saite im Verhältnis 1:3 teilt, so ändert sich die Tonhöhe nicht, wohl aber die Klangfarbe. Damit ist der Einfluß der Oberwellen auf die Klangfarbe nachgewiesen.

Die höheren Obertöne sind schwer zu hören, weil sie sehr leise sind. Man kann aber das Oberwellenspektrum indirekt durch die Klangfarbe hörbar machen, indem man die Saite an verschiedenen Stellen anhebt und dann losläßt, weil sich dabei die Klangfarbe ändert. An der Abb. 43 kann man ablesen, daß man durch Zupfen in der Mitte die Grundschwingung und alle geradzahligen Oberwellen bevorzugt anregt, weil diese dort Schwingungsbäuche haben. Die ungeradzahligen Oberwellen, die in der Mitte einen Schwingungsknoten haben, werden beim Zupfen in der Mitte kaum angeregt. Zupft man an einem Ort, der die Saite im Verhältnis 1 : 3 teilt, so fallen die 3., 6., 9., ... Harmonischen aus, bei Teilung 1 : 4 die 4., 8., 12., ... Harmonischen. Insgesamt wird das Schwingungsspektrum um so reicher, je näher man dem Ende einer Saite kommt.

Viel häufiger als harmonische sind *unharmonische Schwingungen*, bei denen die Oberwellen in keinem ganzzahligen Verhältnis zur Grundschwingung stehen. Das ist auch bei Musikinstrumenten die Regel. Orgelpfeifen, die ein nur schwaches Oberwellenspektrum haben, werden zu Blockwerken zusammengeschaltet, um durch unharmonische Oberwellenspektren dem sonst zu weichen Klang Glanz und Bestimmtheit zu geben. Insbesondere im Ein- und Ausschwingverhalten spielen unharmonische Oberwellen eine wichtige Rolle. Wenn sie schnell ansprechen, verleihen sie den Tönen einen hellen und deutlichen Klang. Bei Blechblasinstrumenten entstehen sie in lauten Tönen erst nach der Grundschwingung und klingen vor ihr aus, und sie fehlen bei leisen Tönen, die darum weich und weniger fanfarenartig hell klingen. Die Klangfarbe der Musikinstrumente wird durch ihren Resonanzkörper und dessen frequenzspezifisches Ein- und Ausschwingverhalten bestimmt.

Zum Abschluß dieses Abschnitts soll noch auf ein Problem der *Terminologie in der Akustik* hingewiesen werden. Es ist weitgehend

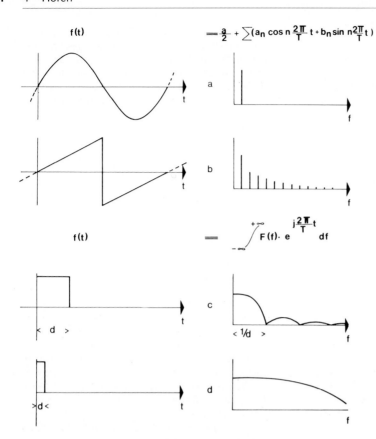

Abb. 46 Fourier-Transformation, linke Spalte: akustische Schwingungen im Zeitbereich, rechte Spalte: im Frequenzbereich. Obere Formel: Berechnung der Fourier-Reihe für periodische Funktionen; untere Formel: Fourier-Integral zur Transformation aperiodischer Funktionen.

üblich geworden, die Worte Ton, Klang, Oberton, die sich in der Umgangssprache auf Empfindungen beziehen, auch zur Bezeichnung der Reize zu verwenden, mit denen man sie hervorruft. In diesem Text wird das wie in der älteren Literatur vermieden, weil es sich lohnt, zwischen Reiz und Empfindung zu unterscheiden.

4.2.2 Mathematische Beschreibung des Reizes

Auf Georg Simon Ohm (1789–1854) geht die durch v. Helmholtz (89) weiter entwickelte Theorie zurück, nach der im Ohr eine Frequenzanalyse der Reize durchgeführt wird. Die große Bedeutung dieser Theorie zeigt sich darin, daß spätere abweichende Hörtheorien in der Regel mit ihrer Überlegenheit im Vergleich zum sogenannten *Ohmschen Gesetz der Akustik* begründet wurden. Die Theorie beruht auf der seinerzeit noch neuen mathematischen Fourier-Analyse.

Jede mathematische Funktion läßt sich nach dem Fourier-Theorem als Summe von überlagerten sinusförmigen Komponenten verschiedener Frequenz, Amplitude und Phasenlage auffassen. In der Abb. 46 sind auf der linken Seite vier Funktionen dargestellt. Die rechte Seite zeigt das Ergebnis der Fourier-Transformation. Die Funktion auf der linken Seite ist jeweils die Summe der Komponenten in der Darstellung auf der rechten Seite, in der allerdings die Phaseninformation fehlt. Eine einfache sinusförmige Schwingung (a) besteht aus nur einer Komponente, die sägezahnförmige Funktion (b), die der Schwingung einer gestrichenen Violinsaite ähnlich ist, enthält viele Komponenten unterschiedlicher Amplitude. Die Umrechnung einer Funktion aus dem Zeitbereich (linke Spalte) in den Frequenzbereich (rechte Spalte) ist auch für nichtperiodische Funktionen (c, d) möglich und ergibt ein kontinuierliches Frequenzspektrum.

Das Ohmsche Gesetz der Akustik sagt, daß alle akustischen Reize im Ohr nach einer der mathematischen Fourier-Transformation analogen Weise in ihre sinusförmigen Komponenten zerlegt werden. Die Hörwahrnehmung soll dann bei der Erregungsverarbeitung im Gehirn aus den Fourier-Komponenten aufgebaut werden. Bei einem musikalischen Tonreiz soll die unterste Komponente, die → Grundwelle oder 1. Harmo-

4.2 Der Hörreiz

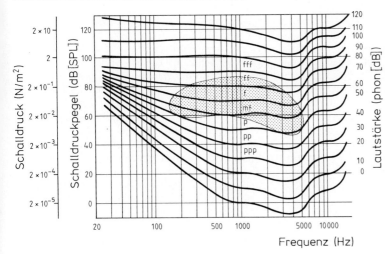

Abb. **47** Empfindlichkeit des Gehörs für Tonreize verschiedener Frequenz und Amplitude. Unterste Kurve; Schwellenkurve, oberste: Schmerzgrenze, schraffiert: Sprachbereich, ppp bis fff für pianissimo bis fortissimo.

nische, die wahrgenommene Tonhöhe bestimmen, während die jeweils vorhandene Kombination von Oberwellen für die Klangfarbe verantwortlich ist. Die Phaseninformation soll bei dem Prozeß der Frequenzanalyse verlorengehen. Die Beobachtungen des letzten Abschnitts passen qualitativ zu dem Gesetz. Die Grenzen werden in den nächsten Abschnitten deutlich werden.

Unabhängig vom Ohmschen Gesetz bewährt sich die Fourier-Analyse bei der Beschreibung und Erklärung vieler wichtiger Hörphänomene. Interessant ist z. B. der mathematische Zusammenhang zwischen der Dauer d kurzer Reize und dem zugehörigen Frequenzspektrum, das bei $1/d$ einen Nullpunkt hat, Abb. **46c**. Ein unendlich kurzer Reiz läßt sich mathematisch als ein Reiz auffassen, der Komponenten aller Frequenzen mit gleicher Amplitude enthält. Die unterste Zeile (d) illustriert den Übergang von kurzen zu unendlich kurzen Reizdauern. Diese Einsicht erklärt den Versuch der Abb. **42b**. In dem kurzen Knackreiz sind niederfrequente Komponenten enthalten, die sich am Ohr auf der reizabgewandten Seite des Kopfes bemerkbar machten.

Die Größe der *Schalldruckamplitude* wird meistens in der Form des *Schalldruckpegels* (SPL = sound pressure level) in dB (=Dezibel) angegeben. Es handelt sich dabei um ein Relativmaß, in welches das Verhältnis des Schalldruckes p zu einem willkürlich festzulegenden Bezugswert p_0 eingeht.

$$\text{Schalldruckpegel} = 20 \log_{10} \frac{p}{p_0} \text{ dB SPL}$$

Als Bezugsgröße dient, falls nicht anders angegeben, $p_0 = 2 \cdot 10^{-5} \text{ N/m}^2$, ein Wert, der der Hörschwelle des Menschen (0 db) bei 2 kHz nahekommt. Man hat mit dem Schalldruckpegel ein logarithmisches Maß eingeführt, um die unhandlich großen Zahlen zu vermeiden, mit denen man sonst wegen des riesigen Unterschieds zwischen den kleinsten und größten Hörreizen rechnen müßte. Die logarithmische Skala entspricht auch dem → Fechnerschen Gesetz. Statt des Schalldrucks wird manchmal die Schallstärke oder Schallintensität in Watt/cm² verwendet, d. h. die akustische Energie, die eine Fläche in einer Zeiteinheit durchdringt. Wenn die Schallintensität in dB angegeben ist, steht am Anfang der Definition statt des Faktors 20 der Faktor 10, weil die Leistung dem Quadrat der Schalldruckamplitude proportional ist.

4.2.3 *Reizparameter für Lautstärke, Lautheit, Tonhöhe*

Wie laut ein Geräusch erscheint, hängt von der Schalldruckamplitude und der Frequenz der akustischen Reize ab. Das kann man dem Diagramm der Abb. **47** entnehmen. Die unterste Kurve verbindet Werte für gerade wahrnehmbare Tonreize und wird darum als *Schwellenkurve* bezeichnet. Die Bestimmung der Schwellenkurve ist Aufgabe der *Audiometrie*. Man kann nacheinander bei verschiedenen Frequenzen den kleinsten wahrnehmbaren Schalldruckpegel messen oder nach dem Prinzip der Békésy-Audiometrie vorgehen. In diesem Fall ändert sich die Reizfrequenz kontinuierlich, und der Patient hält die Druckamplitude im Schwellenbereich, indem er über Knopfdruck veranlaßt, daß der Schalldruckpegel steigt, bis der Ton gerade hörbar wird, und dann wieder sinkt, bis er unhörbar ist. Das Ergebnis ist eine Zickzacklinie, deren Mittelwert der Schwellenkurve entspricht. Die oberste Kurve gibt die *Schmerzschwelle* an. Somit grenzt die Kurvenschar den gesamten Hörbereich ein. Der Hauptsprachbereich ist getönt eingezeichnet. Die mittleren Kurven verbinden Meßwerte von Tonreizen, die gleich laut erscheinen. Man bezeichnet diese Kurven als *Isophone*. Ihr Verlauf zeigt, daß der Schalldruckpegel bei tiefen und sehr hohen Tönen erheblich größer sein muß als im mittleren Frequenzbereich, damit die Töne gleich laut erscheinen. Darum übertönt eine Violine oder Flöte mühelos mehrere Kontrabässe.

Die Hörfähigkeit für Tonreize hoher Frequenz nimmt mit dem Alter ab. Es gilt die Faustregel, daß die obere Frequenzgrenze für das Gehör ab 20 Jahren täglich um 1 Hz sinkt. Trotz individueller Unterschiede kann man davon ausgehen, daß im Alter von 50 Jahren Hörreize mit mehr als 10 kHz nur noch bei sehr großem Schalldruckpegel wahrgenommen werden.

Bei der Definition der *Lautstärke* geht man von physikalisch festgelegten Reizgrößen aus, wobei man unterstellt, daß diese akustischen Standardreize bei allen Menschen dieselben Empfindungen hervorrufen. Man vergleicht Tonreize von 1000 Hz und verschiedenem Schalldruck mit Tonreizen anderer Frequenzen und bestimmt bei den letzteren denjenigen Schalldruck, der zu gleich lauter Empfindung führt. Die zu vergleichenden Reize wurden abwechselnd eingeschaltet. So kam man zu der Kurvenschar der Isophone in Abb. 47. Das Maß für die Lautstärke ist das *phon*, das in dB gemessen wird. Bei 1000 Hz fallen die Skalen für phon und Schalldruckpegel zusammen. Zur Messung der Lautstärke von Geräuschen aller Art benötigt man Geräte, deren Empfindlichkeit denen des menschlichen Ohrs technisch nachgebildet ist. Diese Geräte sind in Deutschland in der Regel in dB(A) geeicht, also nicht in phon, weil ihre Empfindlichkeit nicht genau der durch die Isophone gegebenen entspricht.

Die dB-Skala der Schalldruckpegel, die in die Phon- und dB(A)-Skala für die Lautstärke übernommen wurde, ist, wie im letzten Abschnitt erklärt wurde, dem Fechnerschen Gesetz nachgebildet. Weil dieses aber nur näherungsweise gültig ist, ist es nicht überraschend, daß man von den Abständen zwischen den Isophonen in Abb. 47 nicht exakt auf die Größe der Unterschiede in der subjektiven Empfindungsintensität schließen kann. Deshalb wurde die *Lautheitsskala* mit der Maßeinheit *sone* entwickelt, die mit höherer Genauigkeit angibt, wieviel lauter eine Geräuschquelle ist als eine andere. Die Lautheitskala wurde mit der Methode der ➤ Eigenmetrik erstellt. Als Bezugswert wurde ein Ton von 1000 Hz mit 40 phon gewählt und diesem wurde die Lautheit 1 sone zugeordnet. Doppelt und dreimal so laute Töne erhalten die Maßzahl 2 bzw. 3 sone. Der Exponent der Potenzfunktion, die die Schalldruckskala mit der Lautheitsskala verbindet, ist in Tab.1 im Abschnitt **1.5.4**, angegeben.

Die Maße für Lautstärke und Lautheit sind, das soll noch einmal betont werden, auf physikalisch definierte Standardreize bezogen und sagen nicht, wie laut ein Geräusch tatsächlich empfunden wird, zumal sich die Empfindlichkeit des Gehörs durch ➤ Adaptation ändern kann.

Die *Tonhöhe* läßt sich mit größter Sicherheit bei reinen Tonreizen, d. h. bei sinusförmigen akustischen Schwingungen, erkennen. Bietet man einer VP abwechselnd zwei Tonreize gleicher Lautstärke, aber verschiedener Frequenz, so entdeckt sie Frequenzunterschiede bis hinab zu etwa 0,3 % der Frequenz. Bei dieser Unterschiedsschwelle bemerkt sie aber nur, daß die beiden Töne nicht gleich sind. Erst bei viel größeren Frequenzunterschieden kann man auch angeben, welcher von den Tönen der höhere ist. Eine Schwellenkurve für diese Tonhöhenunterscheidung findet man in Abb. **51**.

Bestimmt man die Tonhöhe nach der Methode der ➤ Eigenmetrik, so kommt man zu dem überraschenden Ergebnis, daß nur bei tiefen Frequenzen die wahrgenommene Tonhöhe dem Logarithmus der Frequenz proportional ist. Als Bezugsgröße für die *subjektive Tonhöhenskala* mit der Maßeinheit *mel* wurde der Ton mit 1000 Hz gewählt und seine Tonhöhe zu 1000 mel festgesetzt. Ein Tonreiz mit einem Zehntel dieser Frequenz erhält bei der eigenmetrischen Bestimmung der Tonhöhe den Wert 100 mel, ein Ton mit der zehnfachen Frequenz aber nur den Wert von etwa 2000 mel. **Die Musikinstrumente sind nicht nach der subjektiven Tonhöhenskala gestimmt (➤ Musik). Beim Klavier mit seinem großen Frequenzbereich kann man das hören. Die oberen Tonabstände erscheinen kleiner als die unteren.**

Die Tonhöhe ändert sich ein wenig mit der Lautstärke. **Hält man eine angeschlagene Stimmgabel für den ➤ Kammerton abwechselnd nahe vor ein Ohr und weiter weg, so erscheint der Ton nicht nur laut und leise, sondern auch ein bißchen tiefer und höher. Steht ein Lautsprecher und ein elektronischer Sinusgenerator zur Verfügung, so kann man diese Abhängigkeit bei verschiedenen Frequenzen nachprüfen, indem man die Lautstärke verstellt. Bei Tonreizen von 1000 Hz bleibt die Tonhöhe bei Vergrößerung der Lautstärke gleich, bei**

4.3 Bau und Funktion des Hörorgans

tieferen sinkt sie, und bei höheren steigt sie ein wenig.

4.3 Bau und Funktion des Hörorgans

Das *Außenohr*, Abb. 48a, reicht von der Ohrmuschel bis zum Trommelfell am Ende des äußeren Gehörgangs. Es ist für das räumliche Hören von Bedeutung. Das macht sich in der Überlegenheit von Musikaufnahmen bemerkbar, die mit ➤ Kunstkopfmikrophonen registriert wurden, und leider auch in der Verschlechterung des räumlichen Hörens beim Einsatz von Hörgeräten, die hinter der Ohrmuschel getragen werden. **Man kann die Wirkung der Ohrmuscheln ausschalten, indem man von dem Stethoskopbügel der Abb. 58 die Schläuche entfernt, so daß der Schall durch die beiden Öffnungen in den Gehörgang eindringt. Wenn man nun versucht, mit dem Finger in die Richtung einer Schallquelle, z. B. eine tickende Uhr, zu deuten, stellt man eine eigentümliche Unsicherheit besonders in vertikaler Richtung fest. Dreht man sich langsam, so hat man manchmal das Gefühl, als ob sich die Schallquelle mitbewege. Die akustische Lokalisierung ist nicht ganz unmöglich, aber beeinträchtigt.** Siehe auch Abschnitt **4.5**.

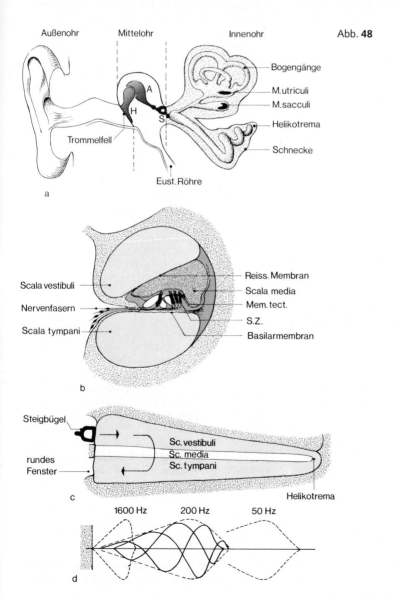

Abb. 48

Große Ohren erleichtern die Lokalisation von Schallquellen. Davon kann man sich leicht überzeugen, indem man die eigenen Ohrmuscheln mit den Händen vergrößert. Die Ohrmuscheln der Menschen haben eine komplizierte Form, deren akustische Bedeutung diskutiert wird. Der von außen auftreffende Schall gelangt unmittelbar zum Trommelfell, aber auch auf einem um ungefähr 6,6 cm längeren Umweg durch den halb offenen Tunnel, der durch die eingerollte Ohrkrempe oberhalb des Darwinschen Höckerchens gebildet wird und im tiefsten Teil der Ohrmuschel am äußeren Gehörgang endet. Der Reiz wird in der Ohrmuschel somit räumlich und zeitlich zerlegt in Anteile, die interessanterweise in verschiedener Weise von der Richtung zur Schallquelle abhängen (34). Daß diese richtungsabhängigen Reizvariablen für das räumliche Hören genutzt werden, ist denkbar, zumal ähnliches für das Gehör von Eulen nachgewiesen wurde. Der Verschluß des akustischen Umwegs mit Knetgummi führt allerdings zu keinen auffälligen Änderungen des räumlichen Hörens.

Das *Mittelohr* beginnt mit dem Trommelfell und endet mit dem Steigbügel am ovalen Fenster. Es ist luftgefüllt. Druckausgleich ist über die normalerweise zusammengedrückte *Eustachische Röhre* möglich, die das Mittelohr mit dem Mundraum verbindet. **Die Eustachische Röhre öffnet sich beim Schlucken, was sich durch einen hohen Anfangslaut bemerkbar macht, den man zu Beginn des Schluckvorgangs hören kann. Mit Übung kann man diesen Laut auch erzeugen, ohne zu schlucken. Beim Abfall des Luftdrucks während einer Bergfahrt oder im Flugzeug hört und fühlt man manchmal, insbesondere beim Bewegen des Unterkiefers, wie Luft durch die Eustachische Röhre nach außen entweicht. Bei geschlossenem Mund und zugehaltener Nase, kann man den Binnendruck im Mundraum so erhöhen, daß man einen Luftstoß ins Mittelohr erzeugt. Bei zu hohem oder zu geringem Druck im Mittelohr hört man schlecht, weil dann das Trommelfell nach innen bzw. außen gespannt und deshalb weniger beweglich ist.**

Schallwellen setzen das Trommelfell in Schwingungen, die über die Hörknöchelchen Hammer, Amboß und Steigbügel auf das Innenohr übertragen werden. Der komplizierte Übertragungsvorgang dient der Überwindung des Wellenwiderstandes an der Grenze zwischen der Luft und den Flüssigkeiten, mit denen das Innenohr gefüllt ist. Ohne diese Anpassung an das Hören in Luft würde der größte Teil der Schallenergie an dieser Grenze reflektiert und nicht in das Innenohr eindringen. Im Mittelohr befinden sich zwei Muskeln, die am Hammer bzw. Steigbügel ansetzen und durch Kontraktion die mechanische Verbindung zwischen Trommelfell und ovalem Fenster versteifen. Im Schlaf sind diese Muskeln schlaff. Durch ihre Kontraktion wird die Amplitude der übertragenen Schwingungen tiefer Frequenzen auf weniger als die Hälfte herabgesetzt. Das Innenohr kann auf diesem Weg vor zu großen Reizen geschützt werden. Das geschieht reflexartig bei lauten Geräuschen. Die Muskeln beginnen sich außerdem zu kontrahieren, kurz bevor man selber spricht.

Beim Sprechen gelangen Schwingungen vom Kehlkopf durch *Knochenleitung* zum Ohr. Vibrationen der Schädelknochen, die zu Hörempfindungen führen, werden aber auch durch Luftschall ausgelöst. **Mit Stöpseln oder Ohropax-Pfropfen in den Ohren kann man die Reizung durch Luftschall weitgehend unterbinden, so daß fast nur die Reizung durch Knochenleitung übrigbleibt. Die Empfindlichkeit ist dann um 35–40 dB niedriger. Die Überlegenheit des Luftschalls kann man auch mit dem Rinneschen Versuch demonstrieren. Man schlage eine Stimmgabel an, halte ihren Stiel an das Felsenbein hinter dem Ohr und warte ab, bis die Schwingung so weit abgefallen ist, daß man nichts mehr hört. Dann halte man die noch immer schwingende Stimmgabel vor das Ohr. Bei gesundem Mittelohr kann man dann den Ton wieder hören. Hört man nichts, so ist mit einer Schädigung der Schallübertragung im Mittelohr zu rechnen.** In diesem Fall bleibt zum Hören nur noch die unmittelbare Reizung des Innenohrs durch Knochenschall übrig, wobei die Empfindlichkeit um etwa 70 dB verkleinert ist.

Luft- und Knochenschall wirken beim Hören zusammen. Offensichtlich wird das bei einem Phänomen, mit dessen Erklärung schon die Physiologen des letzten Jahrhunderts gerungen haben (184a). **Man halte den Stiel einer schwingenden Stimmgabel an die Stirn. Man hört dann einen Ton, dessen Ursprungsort mitten im Kopf zu liegen scheint. Dort lokalisiert man auch Summtöne, die man mit der eigenen Stimme erzeugt. Verschließt man nun mit einem Finger ein Ohr, so wandert die scheinbare Schallquelle in dieses Ohr und der Ton wird lauter.** Diese Tonempfindungen werden durch Knochenschall hervorgerufen, durch den das Innenohr, das Mittelohr und der Luftraum im äußeren Gehörgang gleichzeitig in Schwingung versetzt werden. Die durch Knochenschall im äußeren Gehörgang erzeugten Schallschwingungen wandern auch nach außen. Das kann man folgendermaßen nachweisen. Eine VP setzt den Stiel einer schwingenden Stimmgabel auf ihren Kopf. In einem Abstand von etwa zwei Metern kann eine zweite VP den Ton der schwingenden Stimmgabel noch hören.

Wenn er so leise geworden ist, daß sie ihn nicht mehr hört, stecken beide VPn die Enden eines Laborschlauches in je ein Ohr. Durch diesen Schlauch hört die zweite VP dann den Ton wieder, wobei jetzt nicht die Stimmgabel, sondern der Gehörgang der ersten VP die Quelle des Luftschalls ist.

Früher glaubte man, daß der nach außen abgestrahlte Schall von dem schwingenden Trommelfell erzeugt wird. Dagegen spricht aber, daß der bei Knochenschwingungen im äußeren Gehörgang von Tieren gemessene Schalldruck nicht geringer wird, wenn man das Trommelfell entfernt. Die Luft im Gehörgang wird unmittelbar durch die vibrierenden Schädelknochen in Schwingung versetzt. Diese Schwingungen wandern nicht nur nach außen. Sie werden auch auf dem normalen Weg durch das Mittelohr zum Innenohr geleitet und werden so zur Quelle von Hörempfindungen. Wenn man in einem Luftraum akustische Schwingungen erzeugen will, braucht man um so mehr Energie, je größer der Luftraum ist. **Verkleinert man den Luftraum im Gehörgang, indem man einen Finger hineinschiebt, so wird folgerichtig der gehörte Ton lauter. Vergrößert man den äußeren Gehörgang, so wird der gehörte Ton leiser.** Das kann man mit einem Schlauch nachprüfen, der nach Art der Abb. 58 über ein Stethoskop die beiden Ohren verbindet. Man halte den Stiel einer schwingenden Stimmgabel an die Stirn oder man erzeuge mit der eigenen Stimme einen Summton. Wenn man nun den Schlauch in der Nähe eines Ohres zusammendrückt, so ist der Gehörgang dieses Ohres mit einem kleineren Luftraum verbunden als der des anderen. Der Ton wird deshalb auf dieser Seite lauter gehört.

Mit dem Finger im Gehörgang kann man nicht nur den Luftraum verkleinern, sondern auch den Luftdruck vergrößern, indem man den Finger tiefer in den Gehörgang drückt. Als Folge des vergrößerten Luftdrucks wird das Trommelfell nach innen gedrückt und die Kette der Gehörknöchelchen wird verschoben und darum weniger beweglich. Der gehörte Ton, den man mit der Stimme oder mit einer Stimmgabel erzeugt, wird dabei erwartungsgemäß leiser. Das kann man auch mit dem Schlauch am Stethoskop, Abb. 58, erreichen, indem man ihn während eines Summtons mit der Hand so zusammendrückt, daß der Luftdruck im äußeren Gehörgang steigt.

Das *Innenohr* ist schneckenartig gewunden, Abb. **48a**. Einen Querschnitt durch den Schneckengang sieht man in (b) und in (c) ist der Schneckengang schematisch in gestreckter Form dargestellt. Die Scala vestibuli und die Scala tympani stehen nur an der Spitze durch das sogenannte Helikotrema in Verbindung und sind im übrigen Teil der Schnecke durch die häutige Scala media getrennt. Druckwellen, die von dem schwingenden Steigbügel ausgehen, pflanzen sich durch die Scala media und das Helikotrema zur Scala tympani fort. Das elastische runde Fenster sorgt für den Druckausgleich. Durch die Druckwellen wird die Basilarmembran der Scala media in Schwingung versetzt und dadurch werden die haarförmigen Fortsätze (Stereovilli) der Sinneszellen bewegt. Das ist der → rezeptoradäquate Reiz, der die Erregungsbildung einleitet.

Für das → Ohmsche Gesetz der Akustik liefert die Physiologie des inneren Ohres zwei Erklärungen, von denen das auf v. Helmholtz (89) zurückgehende *Ortsprinzip* die erste ist. Es besagt, daß akustische Reize auf der Basilarmembran Schwingungen an bestimmten Orten hervorrufen, die von der Frequenz abhängen. Nach dem Ortsprinzip wird somit die Frequenzinformation durch die mechanischen Eigenschaften des inneren Ohres auf verschiedene Reizorte und damit auf verschiedene Sinneszellen und Nervenfasern aufgeteilt. Das Prinzip der → parallelen Verarbeitung wird hier schon durch die mechanische Aufteilung der Frequenzen auf verschiedene Sinneszellen verwirklicht. Helmholtz schlug als Erklärung für die ortsabhängige Frequenzaufteilung das Resonanzprinzip vor, das aber vollständig widerlegt werden konnte.

Wie v. Békésy zeigen konnte, entstehen im inneren Ohr bei Reizung *Wanderwellen*, die innerhalb von 2 ms bis zum Helikotrema hinauflaufen, wenn sie nicht vorher verebben, Abb **48d**. Wanderwellen kann man im Prinzip an jeder Wasseroberfläche beobachten. Im Ohr durchläuft die Wanderwelle ein Schwingungsmaximum, dessen Ort von der Reizfrequenz abhängt. Mit steigender Frequenz verschiebt sich das Maximum vom Helikotrema zur Schneckenbasis. Damit erfüllt die Wanderwelle die Forderung des Ortsprinzips. Die gestrichelten Linien stellen die Umhüllende der Wanderwellen dar. Die Amplituden der Wanderwellen sind in Wirklichkeit winzig klein. Bei Reizen mit 100 dB hat man mit verschiedenen Techniken Amplituden zwischen 0,01 und 0,1 μm gemessen. Bei der Reizschwelle (0 dB) müßten die Amplituden nach Abschnitt **4.2.2**. dann 10^{-5} mal kleiner und damit, sofern die Extrapolation erlaubt ist, in der Größenordnung des Durchmessers von Atomen liegen.

Das Ortsprinzip kann man durch Erregungsmessungen am Hörnerv bestätigen. Diejenigen Nervenfasern, die das Cortische Organ an der Schneckenbasis innervieren, reagieren auf akustische Reize hoher Frequenz. Die sogenannte Bestfrequenz, d. h. die Reizfrequenz, für die eine

Nervenfaser am empfindlichsten ist, wird mit dem Abstand von der Basis immer kleiner. Das Ortsprinzip zeigt sich auch darin, daß man durch extrem laute Tonreize lokale Schädigungen des Innenohrs erzeugen kann, die das Absterben der Hörzellen am zugehörigen Ort nach sich ziehen können. Die Folge ist der Ausfall der Hörfähigkeit für Reize dieser Frequenzen. Bei Schädigung durch hohe Töne findet man die geschädigten Zellen nahe der Schneckenbasis. Mit steigender Frequenz verschiebt sich die geschädigte Stelle in Richtung zum Helikotrema, und zwar um 3,5 bis 4 mm mit jeder Oktave. Die Frequenzen sind im inneren Ohr somit logarithmisch aufgetragen wie die Tonfrequenzen auf der Klaviatur. Gleiche Abstände entsprechen nicht gleichen Frequenzdifferenzen, sondern gleichen Faktoren. Das Ortsprinzip reicht allerdings nicht zur Erklärung aller Hörphänomene aus. Beim → Residuum z. B. hört man eine bestimmte Tonhöhe, obwohl die zugehörige Frequenz im Reiz fehlt. Die Tonhöhe wird also nicht allein durch den Ort im Cortischen Organ codiert.

Die zweite physiologische Erklärung des Ohmschen Gesetzes soll hier unter dem Stichwort *Telefonprinzip* zusammenfassend skizziert werden. Danach führen die periodischen Schwingungen im Innenohr zu periodischen Schwankungen der Nervenimpulsfrequenz, also zu einer zeitlichen Codierung nach Art der Codierung akustischer Signale im Telefonkabel. Das läßt sich mit elektrophysiologischer Methode bei den Fasern des Hörnervs nachweisen. Die nach dem Ohmschen Gesetz zu fordernde Frequenzanalyse kann in diesem Fall erst bei der Erregungsverarbeitung im Gehirn durchgeführt werden.

Nach der *Duplextheorie* findet die Frequenzanalyse sowohl im Ohr als auch im Nervensystem statt. Bei jedem Hörphänomenen muß man deshalb fragen, ob es durch die mechanischen Schwingungseigenschaften, durch neuronale Erregungsverarbeitung oder durch eine Kombination dieser Vorgänge zu erklären ist, siehe Abschnitt **4.4**. Zu der z.Z. aktuellen Forschung am Innenohr hat die Psychophysik leider kaum etwas beigetragen. Die Physiologie der Hörzellen und die Reizphysik im inneren Ohr wird deshalb hier fast vollständig übergangen.

Schon früher war aufgefallen, daß 95 % der afferenten Fasern des Hörnervs mit jeweils nur einer inneren Haarzelle synaptisch verbunden sind, wogegen die restlichen Fasern mit jeweils vielen der dreimal so zahlreichen äußeren Haarzellen verknüpft sind. Schon aus diesem Grund kommen die äußeren Haarzellen für Hörleistungen mit hohem Frequenzauflösungsvermögen nicht in Frage. Die Haarzellen stehen unter der Kontrolle des Gehirns. Sie empfangen über Fasern und Synapsen efferente Erregungen, die der Hemmung sowie der Auslösung von Bewegungen im inneren Ohr dienen.

In neuester Zeit hat sich herausgestellt, daß die äußeren Haarzellen im lebenden Ohr aktiv bewegt werden. In pathologischen Fällen führt das dazu, daß im inneren Ohr Schwingungen auftreten, die die betroffenen Patienten als Dauertöne hören und die durch den Gehörgang nach außen abgestrahlt werden. Bei gesunden Ohren kann man als Reaktion auf kurze Reize im äußeren Gehörgang eine reflektorische akustische Antwort registrieren, die oft nach dem Entdecker als Kemp-Ton bezeichnet wird. Der Kemp-Ton tritt aber nur auf, wenn die Hörzellen intakt sind. Damit steht eine neue Möglichkeit zur Verfügung, Taubheit schon bei Neugeborenen festzustellen und Maßnahmen gegen zu erwartende Schwierigkeiten beim späteren Lernen der → Sprache zu treffen.

Das hohe → Tonunterscheidungsvermögen, das durch die flachen Wanderwellen nicht hinreichend erklärbar ist, kommt vielleicht mit Hilfe dieser aktiven Bewegungen zustande. Die ursprünglich vermutete Verbesserung der Frequenzunterscheidung durch Einengung des erregten Bereiches auf dem Wege der → lateralen Hemmung hat sich zwar experimentell nachweisen lassen, reicht aber nicht zur Erklärung für die hohe Unterschiedsempfindlichkeit aus. Interessant sind Überlegungen zu den sogenannten Sekundärströmungen im inneren Ohr, die am Ort maximaler Schwingungsamplitude die Stereovilli in Reizrichtung, bei den benachbarten Hörzellen aber in entgegengesetzter und somit hemmender Richtung abbiegen und dadurch eine Einengung des Reizortes bewirken können (83).

Wenigstens fünf hintereinandergeschaltete Nervenzellen bilden die Hörbahn von den Ohren zum Großhirn. Die Hörbahn kreuzt im Stammhirn zur Gegenseite. Durch synaptische Verbindungen ist aber dafür gesorgt, daß Erregungen von beiden Ohren auf jeder Seite wirksam werden. Im ersten Kern der Hörbahn findet man außer den Fasern des Hörnervs, die durch ihre Bestfrequenzen charakterisiert sind, bereits Zellen, die nur auf bestimmte Eigenschaften von akustischen Reizen, z. B. nur auf den Anfang, reagieren. In der nächsten Umschaltstation, der oberen Olive, findet man Nervenzellen, die empfindlich auf Zeit- oder Intensitätsdifferenzen der Reize an den beiden Ohren reagieren, was für das → räumliche Hören von Bedeutung ist. Je näher man zum Großhirn kommt, desto höher ist der

Spezialisierungsgrad der Zellen. Bei Tieren mit arteigenen Kommunikationslauten fand man für diese spezialisierte Zellen (91, 182). Die akustischen Großhirnfelder, Ak in Abb. 12, sind durch das ‣ Corpus callosum verbunden. Nach Durchtrennung dieser Verbindung reagiert jede Großhirnhälfte nur noch auf akustische Reize, die auf der jeweils gegenüberliegenden Seite eintreffen.

4.4 Akustische Informationsverarbeitung

4.4.1 Experimente mit Tonreizen

4.4.1.1 Interferenz

Die einfachsten Hörreize sind sinusförmige akustische Wellen, sogenannte Tonreize. Obwohl natürliche Geräusche in der Regel kompliziertere Schwingungsformen haben, sind Tonreize für die Erforschung des Hörorgans wichtig, weil sie nach dem ‣ Ohmschen Gesetz der Akustik als Bausteine aller akustischen Reize gelten. Aber nicht alle Hörphänomene, die man mit Tonreizen erzeugen kann, haben ihre Ursache im Hörorgan. So kann es bereits durch *Interferenz* der Schallwellen im Außenraum zu Schwankungen der Lautheit kommen, die eine rein physikalische und keine physiologische Erklärung haben.

Um die Interferenz hörbar zu machen, erzeuge man einen Tonreiz, indem man mit einem elektronischen Sinusgenerator einen Verstärker treibt, an den zwei Lautsprecher angeschlossen sind. Wenn man langsam vor den beiden Lautsprechern vorbeigeht oder auch nur den Kopf bewegt, kann der Ton lauter oder leiser erscheinen. Leiser ist der Ton an allen Orten, an denen die Differenz der Abstände zu den beiden Lautsprechern gerade der halben Wellenlänge entspricht, weil sich dort die beiden akustischen Wellen gegenseitig aufheben. Die Wellenlänge ist L = c/f, Abschnitt 4.2.1. Wählt man einen Tonreiz mit f = 340 Hz, so ist bei der Schallgeschwindigkeit c = 340 m/s gerade L = 1 m und L/2 = 50 cm. Es ist nicht überraschend, daß die Abstände der Orte mit Interferenzauslöschung des Tonreizes bei höheren Frequenzen und somit kleinerem L näher beieinander liegen als bei kleineren Frequenzen und größerem L. Auch wenn nur ein Lautsprecher zur Verfügung steht, kann man normalerweise ortsabhängige Lautheitsschwankungen feststellen, die durch Interferenz der akustischen Wellen aus dem Lautsprecher mit ihrem Echo von den Wänden zustande kommen. Bei komplizierteren Reizen findet die Interferenzauslöschung für jede Frequenzkomponente an anderen Orten statt und ist deshalb nicht so leicht mit dem Gehör zu entdecken wie bei Tonreizen.

4.4.1.2 Kritisches Band

Mit zwei Tonreizen kann man verschiedene Hörphänomene hervorrufen. Am bekanntesten sind die *Schwebungen*, die man hört, wenn zwei Schwingungen mit leicht verschiedener Frequenz überlagert werden, Abb. 49. Die Frequenz der Schwebungen ist $\Delta f = f_2 - f_1$. **Man kann Schwebungen mit zwei in Musikgeschäften käuflichen Stimmgabeln hörbar machen, von denen die eine auf den alten Kammerton f_1 = 435 Hz und die andere auf den neuen Kammerton mit f_2 = 440 Hz gestimmt sein soll. Man schlage beide Stimmgabeln an und halte sie vor dasselbe Ohr. Die Schwebungen machen sich dann durch ein Wimmern des Tones mit der Frequenz Δf = 5 Hz bemerkbar. Sodann halte man die eine Stimmgabel vor ein Ohr und die andere vor das zweite. Jetzt hört man den Ton ohne Schwebung. Die Schwebungsempfindung tritt somit nur auf, wenn beide Reize im selben Ohr wirksam werden.** Das Ausbleiben der Schwebungsempfindung im ‣ dichotischen Experiment zeigt, daß die Ursache für die Schwebungsempfindung im Ohr oder in der Hörbahn vor der binauralen Vereinigung im Gehirn zu suchen ist.

Ein idealer Frequenzanalysator würde bei Anregung durch zwei überlagerte Wellen die beiden Frequenzen f_1 und f_2 getrennt anzeigen. Das menschliche Gehör leistet die Aufgabe der Frequenzanalyse offensichtlich nur unvollkommen, denn man nimmt statt zweier verschiedener Töne einen schwebenden wahr. **Man kann die Schwebungen mit zwei Lautsprechern, Verstärkern und Sinusgeneratoren hervorrufen und hat dann den Vorteil, daß man Δf und damit die Schwebungsfrequenz verändern kann. Man kommt mit einem Lautsprecher aus, wenn man einen Differenzverstärker benutzt, in dem man die beiden Schwingungen addieren kann. Man entdeckt, daß die Schwebungen bei Frequenzen oberhalb von etwa Δf = 15 Hz**

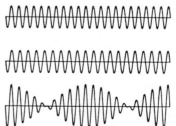

Abb. 49 Schwebung. Untere Kurve ist die Summe der beiden oberen.

ZEIT

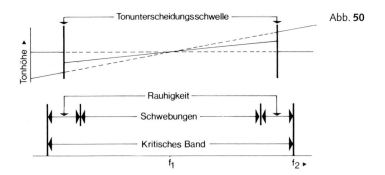

Abb. 50

nicht mehr hörbar sind. Man hört dann aber die Rauhigkeit, eine andere unangenehme Begleiterscheinung der Tonwahrnehmung. **Die Rauhigkeit verschwindet allmählich mit weiter wachsendem Frequenzabstand Δf.** Mit hinreichender Aufmerksamkeit kann man hören, daß sich auch die Tonhöhe mit dem Frequenzabstand zweier dicht benachbarter Tonreize ein wenig ändert, so als ob statt der zwei Tonreize einer mit einer Frequenz zwischen f_1 und f_2 vorhanden wäre. Erst bei größeren Frequenzdifferenzen hört man zwei Töne. Schwebungen, Rauhigkeit und die Veränderung der Tonhöhe zeigen in diesem Experiment die Grenzen des ➤ Ohmschen Gesetzes der Akustik.

Der Frequenzbereich auf beiden Seiten von einer festen Mittelfrequenz f_1, in dem die Tonwahrnehmung durch einen zweiten Reiz beeinflußt werden kann, bezeichnet man als *kritisches Band*, Abb. 50. Seine Breite ist der Mittelfrequenz f_1 nahezu proportional, Abb. 51. Darum entspricht dem kritischen Band im Cortischen Organ an allen Orten derselbe Abstand, der 1,2 mm beträgt. Zwei Reize, die innerhalb des kritischen Bandes wirken, reizen das Cortische Organ an eng benachbarten Stellen, die sich wegen ihrer mechanischen Kopplung nicht unabhängig voneinander bewegen können, so daß es nach dem Ortsprinzip auch nicht zu zwei unabhängigen Tonempfindungen kommen kann.

4.4.1.3 Kombinationstöne

Auch außerhalb vom kritischen Band gilt das Ohmsche Gesetz der Akustik nicht uneingeschränkt, obwohl zwei Tonreize mit größerem Frequenzabstand zur Wahrnehmung zweier getrennter Töne führen. Unter geeigneten Bedingungen kann man noch zusätzliche Töne hören, die beim Zusammenspiel von Blockflöten oder bei Frauenchören unangenehm auffallen können. Sie werden manchmal als Tartini-Töne bezeichnet nach einem Musiker, der sie im 18. Jahrhun-

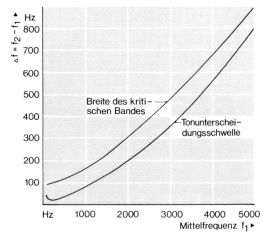

Abb. 51

dert beschrieben hat. Man fand später heraus, daß diese zusätzlichen Töne in zwei Gruppen eingeteilt werden können, von denen die erste ihre Ursache im Ohr hat und mit sinusförmigen Tonreizen hervorgerufen werden kann. Die zweite Gruppe wird im Abschnitt **4.4.1.5** besprochen.

Die Hörphänomene der erste Gruppe bezeichnet man meistens als *Kombinationstöne*. **Man kann sie nur bei großer Lautstärke hören. Man braucht zwei elektronische Sinusgeneratoren, Verstärker und Lautsprecher. Bei Verwendung von Kopfhörern umgeht man die Lärmbelästigung für andere. Man benötigt aber dann einen Differenzverstärker zur additiven Überlagerung der Schwingungssignale, weil beide Tonreize im selben Ohr wirksam werden müssen. Wenn der eine Tonreiz mit der Frequenz f_1 = 4000 Hz und der andere f_2 = 3000 Hz gewählt wird, hört man einen Kombinationston mit der Frequenz $\Delta f = f_1 - f_2$ = 1000 Hz, der als Differenzton bezeichnet wird.** Ursache des Differenztons sind mechanische Schwingungen

4.4.1.4 Maskierung

Ein anderes Phänomen der ersten Gruppe ist die *Maskierung*. In Gegenwart eines lauten Geräusches kann man ein leises nur schlecht oder gar nicht wahrnehmen. **Stellt man bei laufendem Autoradio den Motor ab, so erscheint die Radiomusik viel lauter. Das Motorgeräusch hat die Radiomusik verdeckt oder, wie man auch sagt, maskiert.** Die Empfindlichkeitsminderung ist noch für Sekunden bis Minuten nach Abschalten des verdeckenden Geräusches nachweisbar. Diese fortdauernde Wirkung kann als ein Fall von → Adaptation aufgefaßt werden.

Die Maskierung ist frequenzspezifisch. Die Demonstration ist eindrucksvoll, wenn zwei Anlagen bestehend aus je einem elektronischen Sinusgenerator, Verstärker und Lautsprecher, zur Verfügung stehen. Mit der einen Anlage stelle man je einen Ton oberhalb und unterhalb der Frequenz mit der kleinsten Hörschwelle, Abb. 47, ein. Dazu schalte man am Sinusgenerator mit dem Bereichschalter abwechselnd zwischen 300 und 3000 Hz hin und her und verschiebe die Frequenzen mit dem kontinuierlichen Frequenzschalter nach oben, bis die beiden Töne gleich laut erscheinen. Dann stelle man die beiden Töne so leise ein, daß sie gerade noch hörbar sind. Mit der zweiten Anlage erzeuge man noch einmal den tieferen Ton und lasse ihn für eine halbe Minute mit großer Lautstärke als Adaptationsreiz wirken. Nach Abschalten des Adaptationsreizes ist von den beiden anderen Tönen nur noch der höhere wahrnehmbar. Nach Adaptation an den höherfrequenten Tonreiz kann man nur noch den tieferen Ton hören.

Systematisch kann man den Verdeckungseffekt untersuchen, indem man die Wirkung eines Tones mit fester Frequenz f_1 auf die Wahrnehmungsschwelle eines zweiten Tones variabler Frequenz f_2 bestimmt. Ergebnisse derartiger Messungen zeigt Abb. 53. Der verdeckende Ton hat die Frequenz $f_1 = 1000$ Hz. Die Kurven geben die Schwelle für den verdeckten Ton bei verschiedenen Frequenzen f_2 an. Jede Kurve wurde bei einer anderen, im Diagramm angegebenen Lautstärke des verdeckenden Tones aufgenommen. Wie man sieht, ist die Schwellenänderung des verdeckten Tones bei geringen Lautstärken oberhalb und unterhalb der Verdeckungsfrequenz f_1 ungefähr gleich, wie man es nach den Erfahrungen mit dem kritischen Band erwartet. Bei großen Lautstärken wirkt sich der Effekt aber viel stärker für höhere Frequenzen aus als für tiefere. Das ist der Grund, weshalb Musik, die man mit einer Lautstärke hört, die größer oder kleiner als die Originallautstärke ist, qualitativ anders klingt.

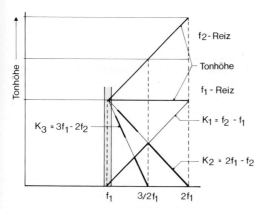

Abb. 52 Graphische Darstellung von Kombinationstönen. Im oberen Teil ist der ansteigende f_2- und der gleichbleibende f_1-Tonreiz dargestellt. Im unteren Teil sind drei Differenztöne, K_1 mit steigender, K_2 und K_3 mit fallender Tonhöhe wiedergegeben, deren Auftreten durch die verdickten Linienabschnitte gekennzeichnet ist.

im Ohr. Man kann sie und damit den Differenzton experimentell auslöschen durch einen dritten Tonreiz, dessen Amplitude und Phasenlage so einzustellen ist, daß er die 1000-Hz-Schwingung im Ohr gerade kompensiert. Außerdem fand man im Tierversuch die zu dem Kombinationston gehörende Nervenerregung im Hörnerv.

Es gibt noch andere Kombinationstöne, die man besonders gut hören kann, wenn man eine Frequenz festhält und die andere verändert, so daß ein Heulton entsteht. Mit einiger Aufmerksamkeit hört man dann außer dem Differenzton noch Kombinationstöne, deren Tonhöhe sich in entgegengesetzter Richtung verändert. Die drei Kombinationstöne, die man am leichtesten hören kann, sind in der Abb. **52 schematisch eingezeichnet.**

Kombinationstöne entstehen durch die Verformung der Schwingungen, was besonders dann geschieht, wenn die Amplituden so groß sind, daß die lineare Übertragung nicht mehr gewährleistet ist. Ein Problem bei Demonstrationen von Kombinationstönen, besteht darin, daß zusätzliche Schwingungsfrequenzen aus demselben Grund auch im Verstärker, Lautsprecher und überhaupt in jedem Schwingungen übertragenden System entstehen können. Nur bei physikalisch sehr genau kontrollierten Reizen kann man sicher sein, daß die gehörten Kombinationstöne wirklich im Ohr erzeugt werden.

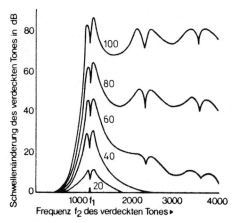

Abb. 53 Verdeckung. Die Reizschwelle (Ordinate) eines Tonreizes variabler Frequenz (Abszisse) bei gleichzeitiger Reizung durch einen verdeckenden Tonreiz der Frequenz f_1 = 1000 Hz. Die Zahlen geben die Lautstärke des verdeckenden Reizes in dB an.

Wenn der verdeckende und der verdeckte Ton nahezu die gleiche Frequenz haben, ist die Schwelle des verdeckten Tones scheinbar kleiner, was sich in dem spitzen Kurvental zeigt. Das liegt daran, daß sich der verdeckte Ton, schon bevor er selbst hörbar wird, durch → Schwebungen bemerkbar macht. Dasselbe tritt auf, wenn der verdeckte Ton eine Frequenz hat, die um eine oder mehrere Oktaven über der des verdeckenden Tones liegt. In diesem Fall macht sich der verdeckte Ton durch das Phänomen der → verstimmten Oktaven bemerkbar.

Der Maskierungseffekt ist viel geringer, wenn der verdeckende Ton über Kopfhörer dem einem und der verdeckte dem anderen Ohr geboten wird. Der verdeckende Tonreiz muß in dieser → dichotische Reizanordnung um 50 dB vergrößert werden, wenn er denselben Maskierungseffekt wie bei monauraler Reizung haben soll. Damit ist gezeigt, daß der Maskierungseffekt auf Vorgängen im Ohr beruht. Daß es bei dichotischer Reizung überhaupt zur Verdeckung kommt, beruht darauf, daß die beiden Ohren akustisch nicht vollständig voneinander isoliert sind. Der verdeckende Reiz kann deshalb bei großer Lautstärke auch im Ohr auf der anderen Seite wirksam werden.

Die Verdeckung ist ohne große Schwierigkeiten zu registrieren, wenn man darauf verzichtet, die akustischen Reize zu messen und statt dessen die elektrische Spannungsamplitude registriert, mit der die Lautsprecher angeregt werden. Man unterstellt dann, daß das elektrische Signal der Reizgröße proportional ist. Selbst wenn das nicht genau stimmt, gelangt man zu Ergebnissen, die der Abb. 53 ähnlich sind. Oft reicht schon das Ausgangssignal des Sinusgenerators aus, um die kleinen Lautsprecher des Kopfhörers anzusteuern, so daß man auf Zwischenverstärkung verzichten kann. Bei dem dichotischen Experiment muß man den rechten und linken Lautsprecher des Kopfhörers getrennt ansteuern.

4.4.1.5 Phasenempfindlichkeit

Nun sollen Experimente der zweiten Gruppe besprochen werden, bei denen der Einfluß eines Tonreizes auf die Wahrnehmung eines anderen durch Wechselwirkungen im Gehirn beruhen. Zwei Tonreize, deren Frequenzabstand so groß ist, daß die zugehörigen kritischen Bänder nicht überlappen, führen bekanntlich zur Wahrnehmung zweier getrennter Töne, und zwar unabhängig von ihrer Phasenlage. Das → Ohmsche Gesetz der Akustik ist damit erfüllt. Bei genauem Hinhören stellt sich aber heraus, daß die Phasenlage nicht ohne jede Bedeutung und unter bestimmten Bedingungen Ursache für charakteristische Hörphänomene ist. Alle Hörphänomene der zweiten Gruppe treten schon bei geringen Lautstärken auf.

Das *Phänomen der verstimmten Oktaven* ist nach Reizart und Empfindung dem Schwebungsphänomen verwandt, hat aber eine andere Ursache. Abb. 54a zeigt vier verschiedene Schwingungsbilder, die durch Überlagerung zweier sinusförmiger Schwingungen in verschiedenen Phasenlagen zustande gekommen sind. Die beiden Sinusschwingungen sind gerade um eine Oktave auseinander. Bei gleichbleibenden Tonreizen dieser Art kann man keinen Unterschied zwischen den verschiedenen Phasenlagen hören. Wenn man aber die beiden Teiltöne in der Weise verstimmt, daß $f_2 = 2f_1 + \Delta f$, dann ändert sich die Phasenlage von Schwingung zu Schwingung und die Bilder der Abb. 54a werden periodisch nacheinander durchlaufen, Abb. 54b. Man beachte, daß die Schwingungsamplituden selbst gleichbleiben, wohingegen sie sich bei der Schwebung periodisch ändern. Was sich mit der Frequenz Δf ändert, ist lediglich das Schwingungsbild, hervorgerufen durch die sich periodisch ändernde Phasenlage. Interessanterweise kann man diesen periodischen Wechsel hören, und zwar als ein den Schwebungen ähnliches Phänomen.

Wenn man das Phänomen der verstimmten Oktaven mit elektronischen Sinusgeneratoren, Verstärkern und Lautsprechern demonstrieren will, lohnt es sich, gleichzeitig mit dem akustischen Reiz die Schwingungen auf einem Oszilloskopschirm anzusehen. Empfehlenswert ist ein Oszilloskop mit Differenzverstärker, in dem man die beiden Sinusschwingungen addiert. Wenn das Oszilloskop einen Ausgang für das addierte und verstärkte Signal hat, kann man dieses unmittelbar den Lautsprechern eines Kopfhörers zuführen. Man hört eine periodische Änderung des Geräusches, das synchron mit den Änderungen des Schwingungsbildes auftritt. Diese periodische Änderung klingt nicht wie eine Änderung der Lautstärke, wie es beim Schwebungsphänomen der Fall ist, sondern eher wie eine periodische Änderung der Klangfarbe. Führt man die beiden Tonreize je einem Ohr zu, so kann man das Phänomen ebenfalls hören. Der Ursprung des Phänomens ist deshalb der Interaktion von Nervenerregungen im Gehirn zuzuordnen.

Noch eindrucksvoller ist die ebenfalls von der Phasenlage abhängige *Wahrnehmung der Wiederholfrequenz*. Abb. 55 zeigt ein Schwingungsbild, das durch Überlagerung einer Frequenz f_1 mit einer zweiten $f_2 = (2/3)f_1$ entstanden ist. Das Frequenzverhältnis entspricht einer musikalischen → Quinte. Die beiden abwechselnd entstehenden Schwingungsbilder wiederholen sich mit der Frequenz $f_w = (1/2)f_1$, also mit einer Frequenz, die um eine Oktave tiefer liegt als f_1. Der Klangreiz enthält keine Sinuskomponente mit dieser Frequenz. Trotzdem kann man, wenn man darauf achtet, einen Ton hören, wie er durch einen Tonreiz mit der Frequenz f_w hervorzurufen ist. Dieser Ton wird nicht durch eine bestimmte, im Reiz oder im Ohr vorhandene Schwingung hervorgerufen. Man kann die Tonwahrnehmung auch nicht durch einen zusätzlichen Tonreiz mit der Frequenz f_w, der in Gegenphase oszilliert, unterdrücken, wie das bei den Kombinationstönen möglich ist. Auch dieses Phänomen bleibt bei → dichotischer Reizung erhalten, so daß seine Ursache im Gehirn zu suchen ist. Die Wahrnehmung der fehlenden → Grundwelle, wie das Phänomen auch bezeichnet wird, zeigt, daß die Frequenz, mit der sich derselbe Schwingungsverlauf im Reiz wiederholt, also die Wiederholfrequenz des Reizes, in der Form eines zusätzlichen Tones gehört werden kann.

Man nutzt die durch die Wiederholfrequenz entstehenden Töne seit langem im Orgelbau zur Erzeugung sehr tiefer mitklingender Töne und bezeichnet sie dort in irreführender Weise auch als Kombinationstöne, obwohl sie auch bei geringer Lautstärke hervortreten und, wie gesagt, anders zu erklären sind. Es gibt viele Kombinationen von Tonreizen, die zur Wahrnehmung fehlender Grundwellen führen. Bei der musikalischen Quinte liegt die Wiederholfrequenz eine Oktave unter dem tieferen Ton, Abb. 55, bei einer Terz sogar zwei Oktaven tiefer.

Auch die Wahrnehmung der Wiederholfrequenz kann mit den gerade für die verstimmten

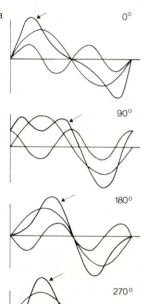

a 0° 90° 180° 270°

Abb. **54** Phänomen der verstimmten Oktaven. Obere Diagramme: Summe (Pfeil) zweier Sinusschwingungen in vier verschiedenen Phasenlagen mit Frequenzen im Oktavenabstand. Unten: bei einer kleinen Abweichung vom Oktavenabstand wechseln die Schwingungsverläufe periodisch.

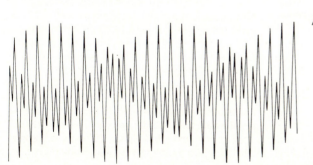

Abb. **54** b

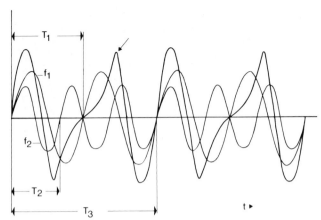

Abb. **55** Wiederholfrequenz. Die Summe zweier Sinusschwingungen f_1 und f_2 im Quintenabstand mit den Periodenlängen T_1 bzw. T_2 hat den Verlauf der dicker eingezeichneten Kurve (Pfeil), deren Verlaufsform sich nach jeweils zwei Durchgängen der Periodenlänge T_3 mit einer Frequenz wiederholt, die um eine Oktave unter f_1 liegt.

Oktaven aufgezählten Geräten demonstriert werden. Man kann dabei Wiederholfrequenzen so einstellen und damit zur Wahrnehmung von Tönen gelangen, die so tief sind, daß sie durch die benutzte Lautsprecheranlage gar nicht erzeugt werden könnten. Damit ist dann gezeigt, daß die tiefen Töne erst bei der Erregungsverarbeitung im Gehirn entstehen.

4.4.2 Residuum

Bei Glockentönen und beim Kuckucksruf kann es geschehen, daß man eine Tonhöhe wahrnimmt, zu der im Reiz keine passende Frequenz vorhanden ist. Auch bei den musikalischen Tönen von Streichinstrumenten haben die Grundwellen wegen der beschränkten Größe der Resonanzkörper sehr kleine Amplituden, bestimmen aber trotzdem die gehörte Tonhöhe. Akustische Reize dieser Art können technisch hergestellt werden, indem man aus dem Reiz diejenige Frequenz herausfiltert, die der gehörten Tonhöhe zuzuordnen ist. Als *Residuum* bezeichnet man dann die Tonhöhe, die erstaunlicherweise häufig „übrigbleibt", obwohl die zugehörige Frequenz im Reiz fehlt.

Daß die zur wahrgenommenen Tonhöhe gehörende Frequenz im Ohr tatsächlich fehlt, zeigt sich daran, daß man mit dem Residuum keine → Schwebungen erzeugen kann. Das Residuum läßt sich auch nicht maskieren. Es kann deshalb nicht als → Kombinationston aufgefaßt werden, zumal es schon bei geringen Lautstärken auftritt. Das Residuum unterscheidet sich auch von der Wahrnehmung der → Wiederholfrequenz, die schon bei zwei überlagerten Tonreizen möglich ist. Für das Residuum ist ein unharmonisches Oberwellenspektrum notwendig. Bei dem harmonischen Obertonspektrum der Gitarre hört man nach Unterdrückung der Grundwelle den Ton um eine Oktave höher, siehe Abschnitt 4.2.1.

Der Physiologe August Seebeck (1805–1849), ein Zeitgenosse von v. Helmholtz, erkannte schon 1841, daß das Residuum nicht zum → Ohmschen Gesetz der Akustik und auch nicht zum → Ortsprinzip paßt. Die Argumente für das Ortsprinzip, Abschnitt **4.3**, werden allerdings durch das Residuum nicht entkräftet. Darum ist das Residuum als Stütze der → Duplextheorie anzusehen, die den Vorgang der Frequenzanalyse den Schwingungsprozessen im Ohr und außerdem neuronalen Vorgängen im Gehirn zuschreibt. Die Ursache für das Residuum ist im Zusammenhang der Frequenzanalyse im Nervensystem zu suchen.

Zur Demonstration des Residuums steuere man einen Lautsprecher über einen Verstärker mit einer Rechteckfunktion, Abb. 56a, aus einem elektronischen Funktionsgenerator an. Man hört dann ein schnarrendes Geräusch mit der Tonhöhe, die zu der Frequenz der Rechteckfunktion gehört. Nach dem Ohmschen Gesetz der Akustik werden die Reize im Ohr in ihre sinusförmigen Fourier-Komponenten zerlegt. Die Komponente mit der tiefsten Frequenz bestimmt die wahrgenommene Tonhöhe. Jetzt soll gezeigt werden, daß sich die Tonhöhe nicht ändert, wenn die Sinuskomponente mit der kleinsten Frequenz aus dem Reiz entfernt wird.

Wenn man die Amplitude der Rechteckfunktion mit $a = 1$ ansetzt, kann man die Amplitude der sinusförmigen Grundwelle mit $a = 4/\pi = 1{,}273\ldots$ ausrechnen, siehe Abb. 174d. Die Grundwelle ist in Abb. 56a ebenfalls eingezeichnet. Man erzeuge mit einem zweiten Funktionsgenerator diese Sinusfunktion. Subtrahiert man die beiden Funktionen, was mit Hilfe eines Differenzverstärkers leicht möglich ist, so gelangt man zu der Funktion,

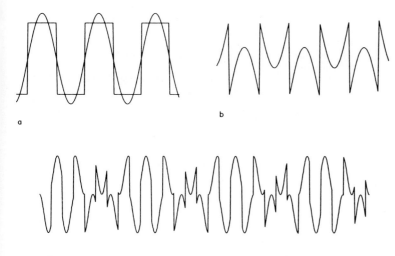

Abb. 56 Zum Nachweis des Residuums.
a) Eine Rechteckschwingung und ihre erste Harmonische werden überlagert.
b) Die Differenz entspricht der Rechteckschwingung ohne deren Grundwelle (erster Harmonischer).
c) Bei kleiner Frequenzdifferenz zwischen Rechteck- und Sinusschwingung wechselt periodisch die Summe mit der Differenz.

die in Abb. 56b abgebildet ist, der Rechteckfunktion ohne ihre Grundwelle. Dieses Bild ist mit einfachen Geräten nicht leicht zu bekommen, weil die zu subtrahierende Funktion nach Frequenz und Phasenlage genau zu kontrollieren ist. Wählt man aber die Frequenz der Sinusfunktion ein wenig größer oder kleiner als die der Rechteckfunktion, so verschieben sich die beiden von Schwingung zu Schwingung ein wenig gegeneinander. Bei der Differenzfunktion wechseln dann periodisch Phasenlagen, in denen die Funktionen addiert werden. Das ist in Abb. 56c dargestellt. Man kann diesen periodischen Phasendurchgang hören als eine periodische Änderung der Klangfarbe. Die Tonhöhe aber bleibt gleich, obwohl die Grundwelle periodisch ganz verschwindet.

4.5 Räumliches Hören

Über den ⇢ Nachhall, die ⇢ Schallabsorption in der Luft, durch den ⇢ Schallschatten des Kopfes und die Richtungsempfindlichkeit des ⇢ äußeren Ohrs gewinnen die Menschen Information über den sie umgebenden Raum. Man hört, ob man sich in einem großen oder kleinen Raum befindet. Daß Blinde Hindernissen oft mit erstaunlicher Geschicklichkeit ausweichen können, ist seit langem bekannt. Daß sie aber dabei das Echo selbst erzeugter Geräusche nutzen wie die Fledermäuse, blieb lange unklar, weil blinde VPn nicht die Ohren, sondern das „Gesicht" für diese Leistung verantwortlich machen.

Blinde und VPn mit verbundenen Augen können große Hartfaserplatten aus einem Abstand von 2 m sicher erkennen, auch wenn Wärmestrahlungen, Luftbewegungen usw. durch Abdecken des Gesichts und der Hände als Informationsquellen ausgeschaltet sind. Bei verstopften Ohren versagten die VPn und erklärten, daß ihnen jetzt der besondere Hindernis-Sinn ihres „Gesichts" fehle. In einem Experiment lenkten die VPn über eine Fernsteuerung aus einem benachbarten Zimmer ein Fahrzeug um die Hindernisse herum. Das gelang, wenn sich (a) auf dem Wagen ein Mikrophon befand, mit dem sie über Kopfhörer verbunden waren, und wenn (b) von dem Fahrzeug Geräusche ausgingen. Schallabsorbierende Hindernisse wurden nicht erkannt (54a). In einer anderen Untersuchung (152a) wurden unter akustisch kontrollierten Bedingungen flache Gegenstände verschiedener Größe und Form vor den VPn von der Decke herabgelassen. Die VPn, deren Augen verbunden waren, sollten akustisch in Erfahrung bringen, worum es sich handelt. Die einen verlegten sich darauf, Zischlaute von sich zu geben, die anderen schnalzten mit der Zunge. Die Erkennungsleistungen für Größe und sogar Form waren erstaunlich gut. Die zischenden VPn lösten die Aufgabe nach der Sonar-Methode der Fledermäuse mit hochfrequenten Geräuschen, die schnalzenden wie Flughunde der Gattung Rousettus.

Zur Echoorientierung gehört ein Laut, den man aussendet, und das Echo, das man empfängt. Diese beiden Laute kann man mit einer Stereoanlage herstellen. Ein Lautsprecher steht dicht bei einer VP mit geschlossenen oder verbundenen Augen oder, was noch besser ist, er wird von ihr gehalten. Der andere befindet sich im Abstand von einigen Metern. Die VP erzeugt durch Knopfdruck über einen Impulsgenerator einen Knacklaut. Sie muß das selber tun! Oft genügt es, den Verstärker ein- oder

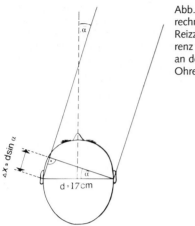

Abb. 57 Zur Berechnung der Reizzeitdifferenz des Reizes an den beiden Ohren.

auszuschalten. Der Knacklaut des entfernten Lautsprechers soll gut hörbar sein. Der nahe Lautsprecher wird zuerst extrem leise und dann langsam lauter gestellt. Man findet leicht ein Verhältnis der beiden Lautstärken, bei denen der Knacklaut von einer Empfindung besonderer Art begleitet ist. Man nimmt eine Wand im Abstand des weiter entfernten Lautsprechers wahr. Wird der nahe Lautsprecher zu laut, verschwindet das Phänomen.

Durch *binaurales Hören*, d. h. durch Auswertung der Reizinformation beider Ohren, gewinnt man Information über die Richtung zur Schallquelle. Dabei wird sowohl der zeitliche wie auch der Intensitätsunterschied der Reize an den beiden Ohren genutzt. Die *Reizzeitdifferenz Δt an den beiden Ohren* kommt durch die Differenz der Schallwege Δx zustande, Abb. 57, und kann nach $\Delta t = \Delta x/c$ ausgerechnet werden, wobei die Schallgeschwindigkeit mit $c = 340$ m/s anzusetzen ist. Bei kurzen Klicklauten kann man Richtungsabweichungen bis hinab zu $\alpha = 3°$ hören. Nach der eingezeichneten Beziehung beträgt die Wegdifferenz dann mit $\Delta x = 17 \cdot \sin \alpha$ etwas weniger als $\Delta x = 1$ cm. Für diese Wegstrecke benötigt der Schall etwa 30 µs. Diese Zeit ist kurz im Vergleich zu der Dauer der Erregungssignale im Nervensystem. Ein → Nervenimpuls dauert ungefähr 100mal so lang, und ein → Synapsenpotential kann 1000mal länger sein. Darum ist es erstaunlich, daß derartig kurze Zeitdifferenzen bei der Erregungsverarbeitung zur Wahrnehmung der Schallrichtung eine Rolle spielen. Daß derartig kurze Zeitdifferenzen im Nervensystem genutzt werden, zeigt sich auch im Zusammenhang mit den → musterinduzierten Flimmerfarben und beim → Bewegungssehen. In der Hörbahn findet man mit elektrophysiologischer Me-

thode bereits im der oberen Olive, einem → Kern des Stammhirns, Nervenzellen, deren Erregung von den Reizzeitdifferenzen an den beiden Ohren abhängt.

Die Kreuzkorrelationsrechnung kann benutzt werden, um zeitliche Abstände zwischen Signalen zu bestimmen. Wenn zwischen zwei Signalen A(t) und B(t) eine Zeit Δt verstreicht, kann man diese aus der Kreuzkorrelationsfunktion $K(\tau)$ selbst dann bestimmen, wenn die Signale erheblich verrauscht sind.

$$K(\tau) = \frac{1}{T} \cdot \int_{-\frac{T}{2}}^{+\frac{T}{2}} A(t) \cdot B(t-\tau)\, dt$$

In Worten kann man diese Rechenvorschrift folgendermaßen beschreiben. Die Zeit τ ist eine Variable, die man in der Regel in einem begrenzten Intervall T in kleinen Schritten verändert. Die beiden Signalfunktionen werden miteinander multipliziert und dann integriert. Für jedes τ erhält man einen Wert der Kreuzkorrelationsfunktion. Man stelle sich vor, die Signale A(t) und B(t) seien kurze Impulse. Ihr Produkt ist Null, wenn eines der beiden Signale Null ist. Mit τ werden die Signale gegeneinander verschoben. Bei $\tau = \Delta t$ ist die Kreuzkorrelationsfunktion $K(\tau)$ von Null verschieden. Auch wenn die Impulsfunktionen mit Rauschen überlagert sind, hat die Korrelationsfunktion bei $\tau = \Delta t$ ein Maximum. Damit ist Δt bestimmt.

In der Radartechnik wird diese Rechnung in Computern durchgeführt. Im Nervensystem sind verschiedene Arten der Realisierung der Rechenvorschrift denkbar. Wenn eine Nervenzelle das Signal A(t) meldet und kontinuierlich durch eine andere mit dem Signal B(t) und einer zeitlichen Verzögerung τ gehemmt wird, kann das Ergebnis als das Produkt (A(t) · B(t-τ)) betrachtet werden. Wenn diese Erregung auf eine sehr langsam reagierende dritte Nervenzelle einwirkt, wird das Produkt dort aufsummiert, was einer Integration entspricht. Das berühmteste Beispiel für die Kreuzkorrelation als Verrechnungsprinzip im Nervensystem ist das Minimalmodell für die visuelle Bewegungsregistrierung, bei dem in Abb. 223 der Integrationsschritt allerdings nicht eingezeichnet ist.

Wegen der großen Bedeutung der Verarbeitung kurzer Zeitdifferenzen soll noch ein eindrucksvolles Experiment zu diesem Thema beschrieben werden. **Klopft man mit einer Stricknadel auf einen Schlauch, der über einen Stethoskopbügel die beiden Ohren miteinander verbindet, Abb. 58, so erreicht der kurze akustische Reiz die beiden Ohren in einem zeitlichen Abstand Δt, der von der Klopfstelle und damit der Länge der Luftsäulen von der Klopfstelle zu den Ohren abhängt. Wenn man bezweifelt, daß der Schall durch die Luft im Schlauch geleitet wird, drücke man den Schlauch an einer Stelle mit einer Klammer zusammen. Das Klopfgeräusch wird über die Stelle, an der die Luft-**

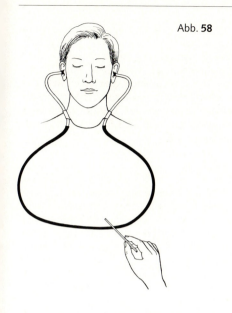

Abb. 58

säule unterbrochen ist, nicht hinweggeleitet. Die VP soll mit der Hand in die Richtung zeigen, aus der der Schall zu kommen scheint. Sie soll bei dem Versuch die Augen geschlossen halten. Es muß ruhig sein, und die VP soll sich konzentrieren. Man suche und markiere die Stelle am Schlauch, an der das Klopfen genau von vorn zu kommen scheint. Diese Stelle liegt in der Mitte, wenn beide Ohren genau gleich empfindlich sind, was nicht immer der Fall ist. Dann bestimme man den kleinsten Abstand von dieser Stelle, bei dem die Richtung eindeutig von der Medianebene abweicht. Man findet gewöhnlich, daß 10 mm Verschiebung der Klopfstelle und damit ein Abstandsunterschied von $\Delta x = 20$ mm zu den beiden Ohren ausreicht. Die Berechnung der zugehörigen Reizzeitdifferenz Δt ist im vorangehenden Absatz erklärt worden.

Mit einem Kopfhörer, dessen beide Lautsprecher getrennt anzusteuern sind, kann man die beiden Ohren mit einem Sinusreiz von 1000 Hz ansteuern. Wenn ein elektronischer Sinusgenerator mit zwei Ausgängen zur Verfügung steht, deren Phasenlage verstellbar ist, so hört man die Schallquelle so, als befände sie sich in der Mitte des Kopfes, wenn die Phasenverschiebung $\Delta\varphi = 0$, d. h., wenn die beiden Ohren synchron gereizt werden. Dasselbe hört man bei $\Delta\varphi = 180°$, also dann, wenn die Reize rechts und links gerade um eine halbe Periodenlänge auseinander sind. Bei kleinen Veränderungen dieser beiden Phasenlagen wandert die scheinbare Schallquelle in das jeweils früher gereizte Ohr. Rechnet man die Phasendifferenz in die Reizzeitdifferenz um ($\Delta t : T = \Delta\varphi : 360$, mit $T = 1$ ms bei 1000 Hz) so findet man noch kürzere effek-

tive Reizzeitdifferenzen als bei dem Klopfreiz. Reizt man die beiden Ohren mit zwei Sinustönen leicht verschiedener Frequenz, wozu man nur zwei gewöhnliche Sinusgeneratoren braucht, so verschiebt sich die Phasenlage von Schwingung zu Schwingung und man hört die scheinbare Schallquelle so, als ob sie um den Kopf oder im Kopf im Kreis herumgehe.

Die Differenz des Schalldrucks an den beiden Ohren kann bei höheren Frequenzen wegen des → Schallschattens bis zu 20 dB SPL betragen. Leider ist die Schalldruckmessung schwierig. Man kann aber die Bedeutung der Schalldruckdifferenz an den beiden Ohren für das Richtungshören dadurch nachweisen, daß man eine Reizzeitdifferenz Δt durch eine Intensitätsdifferenz ΔI kompensiert. Man muß dazu die Ohren über Kopfhörer mit je einem kurzen elektrischen Impuls ansteuern, so daß kurze Knacklaute entstehen. Die wahrgenomme Richtung zur scheinbaren Reizquelle liegt dann auf der Seite des früher gereizten Ohres. Sie kann zur Mitte zurückgeholt werden, wenn man den Impuls für die Reizung und damit die Lautstärke auf dem anderen Ohr vergrößert.

4.6 Erkennen der akustischen Gestalt

4.6.1 Vorbemerkung

Das Erkennen akustischer Signale ist eine erstaunliche → Konstanzleistung. Man kann keine einfachen Kriterien dafür angeben, woran man die Stimme eines Menschen erkennt. Über Telephon empfängt man nur einen Ausschnitt aus dem Frequenzspektrum der Stimme, und diesen Ausschnitt kann man experimentell nach oben und unten verschieben, ohne daß das Erkennen unmöglich wird. Man kann sogar die flüsternde Stimme erkennen. Die Stimme kann durch störende Geräusche überlagert sein, ja sie kann im Stimmengewirr einer Cocktailparty ganz untergehen. Wenn man aber seine → Aufmerksamkeit auf sie richtet, hört man sie plötzlich aus den anderen Geräuschen heraus. Diese Erfahrung macht man auch beim Hören von Musik. Man kann aus einem Orchester einzelne Instrumente heraushören. Dabei spielt die → Klangfarbe eine entscheidende Rolle. Diese beruht auf dem Oberwellenspektrum der Reize. Dieses muß im Frequenzgemisch aller anderen Geräusche entdeckt und für das Erkennen des speziellen Instrumentes im Hörsystem zusammengesetzt werden.

Ein wesentliches Erkennungskriterium einer akustischen Gestalt ist das Tempo des zeitlichen Ablaufs. Nach Halbierung oder Verdoppelung der Wiedergabegeschwindigkeit bei Plattenspielern oder Magnetbandgeräten sind Sprache und Melodien kaum noch zu erkennen. Der zeitliche Ablauf sprachlicher Signale ist so exakt, daß man die Sprache zur Zeitmessung im Sekundenbereich nutzen kann, indem man sagt „einundzwanzig-zweiundzwanzig-...". Die Fähigkeit, zeitliche Abläufe exakt zu reproduzieren, ist schlechterdings erstaunlich. Der Dirigent Arturo Toskanini benötigte zur Aufführung des Orchesterwerks „Variationen zu einem Thema von Haydn (Opus 56 A)" von Johannes Brahms im Jahr 1935 die Zeit von 1004 Sekunden, 1938 die Zeit von 1010,5 Sekunden und 1948 wieder 1010,5 Sekunden. Alle drei Aufführungen fanden im selben Saal statt, was wegen der Wirkung des → Nachhalls auf die Geschwindigkeit von Lautäußerungen wichtig ist. Das Orchester bestand zum Teil aus denselben Musikern. Man kann Gegenbeispiele anführen und auf Fälle verweisen, in denen Änderungen des Tempos größer oder beabsichtigt waren. Das Beispiel zeigt aber, daß die Fähigkeit, zeitliche Abläufe von Lautäußerungen exakt zu reproduzieren, unerwartet groß ist.

Für das Erkennen sind die Reizparameter und Verarbeitungsvorgänge, die in den vorangegangenen Abschnitten behandelt wurden, wichtig. Darüber hinaus aber braucht man eine Theorie für den Erkennungsvorgang selbst, der im Abschnitt 1.2.4 anschaulich als Abgleich von Such- und Merkbild beschrieben wurde. **Man kann sein eigenes Hörsystem bei der Gestaltwahrnehmung beobachten. Man achte auf das Ticken einer Uhr oder eines Metronoms. Eine regelmäßige Folge von Knacklauten nimmt man nicht wahr, auch wenn die Frequenz exakt eingehalten ist. Man hört die Knacklaute vielmehr in Gruppen von zwei oder mehreren. Die rhythmische Gestalt kann sich mit oder ohne persönliches Zutun ändern. Bei Maschinengeräuschen kann man beobachten, wie das eigene Hörsystem den Versuch macht, einen Rhythmus oder sogar eine Melodie zu finden.**

Durch Forschungen an angeborenen Kommunikationslauten von Tieren weiß man in einzelnen Fällen, daß Reize nach dem Prinzip der → parallelen Verarbeitung viele Nervenzellen aktivieren, die selektiv auf verschiedene Reizparameter reagieren. Dazu gehört auch die Struktur des zeitlichen Ablaufs. Diese Nervenzellen wirken gemeinsam wie Informationsfilter. Die folgenden Verarbeitungsschritte in nachgeschalteten Nervenzellen hängen von der gemeinsamen Aktivierung der spezialisierten Nervenzellen und damit von den in parallelen Kanälen registrierten Parametern ab (91, 182). Für erlernte Signale, für die es keine angeborenen Filter gibt, muß man variable Informationsfilter dieser Art postulieren.

Wie zeitlich strukturierte Information im Gehirn gespeichert wird, läßt sich z.Z. noch nicht sagen. **Bei der Speicherung von zeitlich strukturierter Information wird der Ablauf der Ereignisse unumkehrbar mit abgespeichert. Das merkt man daran, daß man Melodien nicht wiedererkennt, wenn sie rückwärts gespielt werden. Dieses Phänomen ist so verblüffend, daß man sich die Erfahrung nicht entgehen lassen sollte.**

4.6.2 Sprache

Die akustischen Signale der Sprache sind außerordentlich kompliziert. In der Abb. 59 zeigt das obere Diagramm, was ein Mikrophon registriert, wenn das Wort „Akustik" gesprochen wird. Das untere Diagramm zeigt eine Zerlegung des Signals in seine akustischen Bestandteile, die man mit einem *Klangspektrographen* gewinnen kann. Die Zeit ist entlang der Abszisse aufgetragen, die Frequenz auf der Ordinate. Die Energie, die in den einzelnen Frequenzbereichen gemessen wurde, ist durch den Grad der Schwärzung wiedergegeben. Bei den Konsonanten ist die akustische Energie über einen weiten Frequenzbereich verteilt. Bei den Vokalen ist sie auf charakteristische Bänder, die *Formanten*, konzentriert. Die stimmhaften Anteile entstehen durch die Vibration der Stimmlippen beim Durchströmen der Luft im Kehlkopf und werden je nach der Form des Mundraumes so umgeformt, daß bestimmte Frequenzbereiche, eben die Formanten, hervorgehoben und andere gedämpft werden. Den Gestaltungsbeitrag des Kehlkopfs bezeichnet man als *Phonation*, den des Mundraums als *Artikulation*.

Daß sich die Vokale in ihren Formanten unterscheiden, kann man am Klavier demonstrieren. Man hebe mit dem Pedal die Dämpfer von den Saiten ab und rufe einen Vokal in das geöffnete Klavier. Das Klangspektrum der Resonanz ist ganz verschieden, aber charakteristisch für die Vokale, übrigens auch dann, wenn man sie in verschiedener Tonhöhe in das Instrument hinein ruft.

Die informationstragenden Sprachlaute unterscheiden sich in den verschiedenen Sprachen erheblich. Darum ist es so schwierig, eine Fremdsprache akzentfrei zu sprechen. Untersuchungen mit synthetischen Sprachlauten haben gezeigt, daß das Problem der Aussprache weniger mit dem Hervorbringen der *Phoneme*, d.h. der sprachtypischen Laute, als mit dem Hören der Unterschiede zu tun hat. Experimentell läßt sich das zeigen, indem man einen Parameter eines Phonems systematisch ändert und die VP befragt, ob sie z.B. „ba" oder „pa" gehört hat. Derartige Versuche kann man mit computergenerierten syn-

4.6 Erkennen der akustischen Gestalt

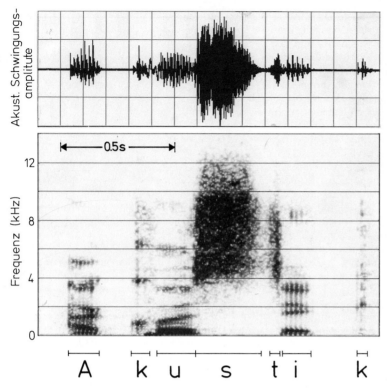

Abb. **59** Oberes Diagramm: Aufzeichnung eines Mikrophons beim gesprochenen Wort „Akustik", unteres Diagramm: gleichzeitig aufgenommenes Klangspektrogramm. Die relative Schallenergie ist in der Schwärzung wiedergegeben (Diagramm erstellt mit Unterstützung von J. Martens, Mainz).

thetischen Lauten durchführen. Der Unterschied zwischen „ba" und „pa" besteht in dem zeitlichen Abstand zwischen der Verschlußlösung der Lippen und dem Einsetzen der Stimmhaftigkeit des Lautes. Bei kontinuierlicher Veränderung dieses Abstandes findet man eine Grenze für die Zuordnung zu den beiden Phonemen durch das Gehör. Daraus folgert man, daß beim Hören eine *Kategorisierung* stattfindet, d.h. eine Zuordnung der gehörten Sprachlaute zu einer Klasse des gelernten *Phoneminventars* der Sprache (200).

Das Phoneminventar muß gelernt werden wie die Sprache selbst, denn es ist bei den Sprachen ganz verschieden. Man fand, daß der Unterschied zwischen „l" und „r", der den Japanern Schwierigkeit bei der Aussprache europäischer Sprachen macht, von japanischen Kleinkindern gehört wird, nicht aber von erwachsenen Japanern. Eltern und Sprachlehrer erleben es immer wieder, daß ein Kind behauptet, genau das gesagt zu haben, was ihm vorgesprochen wurde, obwohl seine Aussprache ganz falsch war. Das Phoneminventar wird bereits vor dem eigentlichen Sprechenlernen eingerichtet. Schon in den ersten Lebenswochen kann man bei Babies Verhaltensreaktionen beim Auftreten ungewohnter Phoneme registrieren. Es gibt demnach eine an-geborene Lerndisposition für die Phoneme der Muttersprache in einem frühen Entwicklungsabschnitt des Kindes, der dem eigentlichen Sprechenlernen vorausläuft. Auch bei vielen Singvögeln wurden angeborene Lerndispositionen für die Besonderheiten des väterlichen Gesangs nachgewiesen, die lange, bevor die Vögel selbst singen, wirksam sind.

4.6.3 Musik

Die Elemente, aus denen sich Musik zusammensetzt, sind in den Kulturen und Epochen ganz verschieden. Die Benutzung bestimmter Tonintervalle ist in der klassischen Musik des Abendlandes der Normalfall, während die kontinuierliche Änderung der Tonhöhe in der Musik asiatischer Kulturen verbreitet ist. Tonleitern mit siebenfach unterteilten Oktaven sind sehr alt und um 2000 v. Chr. in Ägypten nachgewiesen. Über den ursprüngliche Grund für eine durch eine Tonleiter gegebene Ordnung kann man nur spekulieren. Man weiß aber sehr genau, daß die Psychophysik bei der Gestaltung der Tonleitern eine erhebliche Rolle gespielt hat. Die Musiktheorie steht am Anfang der Psychophysik. Darum soll sie hier nicht ganz ausgelassen werden.

Pythagoras entdeckte im 6. Jahrhundert v. Chr. die einfachen Zahlenbeziehungen zwischen der Saitenlänge des Monochords und der gehörten Tonhöhe. Ein Monochord ist ein Zupf- oder Streichinstrument mit nur einer Saite, die über einen verschiebbaren Steg gespannt ist, so daß man die Länge der schwingenden Saite verändern kann. Halbierung der Saitenlänge führt zu einer Erhöhung des Tones um eine Oktave und, wie man heute weiß, zu einer Verdoppelung der Frequenz. Die Oktave ist ein besonderer Tonabstand. Zwei Töne, die um eine Oktave auseinander liegen, verschmelzen ohne jede Dissonanz miteinander. Verkürzt man die Saite auf 2/3, steigt die Tonhöhe um eine Quinte und die Frequenz auf das 3/2fache, bei Verkürzung auf 3/4 um eine Quarte und die Frequenz auf das 4/3fache. Zweiklänge in Quinten- und Quartenabstand klingen ebenfalls harmonisch.

Es war eine große und für die Psychophysik grundlegende Entdeckung, daß zwischen einer physikalisch meßbaren Größe – der Saitenlänge – einerseits und subjektiven Empfindungen, wie Tonhöhe oder musikalische Harmonie – andererseits Beziehungen bestehen, die sich durch Zahlenverhältnisse beschreiben lassen (120a). Bis heute wird die Bezeichnung „harmonisch" in der Musik und in der Umgangssprache für Eigenschaften von Wahrnehmungen, in der Physik dagegen für die Ganzzahligkeit der Frequenzteilungen der ⇢ Oberwellen verwendet.

Die anderen Tonabstände der pythagoreischen Tonleiter, Abb. 60b, wurden durch weitere Teilungen der Saitenlänge oder der Frequenzen gewonnen. So kann man die Sekunde finden, indem man von der Quinte um eine Quarte herunter geht. Rechnet man mit Frequenzen, so erhält man $(3/2) : (4/3) = 9/8$. Wenn f_1 die Frequenz von „c" ist, so ist $(9/8)f_1$ die Frequenz des „d". Geht man von „d" um einen Ganzton nach oben, erhält man die große Terz, $(81/64)f_1$. Geht man dagegen von „f" um einen Ganzton nach unten, kommt man zur kleinen Terz, $(32/27)f_1$. So kann man die Frequenzen der 12fach unterteilten Oktave berechnen. Die Tonabstände der pythagoreischen Tonleiter sind nicht ganz gleich. Das zeigen die Verhältniszahlen der benachbarten Töne in Abb. 60c. Eine Melodie klingt deshalb je nach dem Ton, mit dem man anfängt, etwas anders. Ein Problem bei der pythagoreischen Einteilung besteht darin, daß man durch Quinten- und Oktavenschritte theoretisch nie zum selben Ton gelangen kann. Man mußte beim Stimmen von Instrumenten mit großem Tonumfang deshalb einen Kompromiß machen, der bei der 12tonigen Temperatur darin besteht,

Abb. **60** Frequenzteilung der pythagoreischen Tonleiter (b) und Frequenzverhältnisse benachbarter Töne (c). Wohltemperierte Frequenzteilung (d).

daß man 12 Quinten mit sieben Oktaven gleichsetzt, obwohl $(3/2)^{12} > (2)^7$. Das Verhältnis dieser Frequenzen heißt pythagoreisches Komma.

Bei der wohltemperierten Stimmung ist jede Oktave in 12 Töne unterteilt, deren Frequenz um den Faktor $\sqrt[12]{2}$ auseinander liegt. Bei dieser Stimmung treten diese Probleme der Stimmung nicht auf, und das Zusammenspiel von Instrumenten ist ohne Schwierigkeiten möglich. Die Obertöne eines musikalischen Tons fallen allerdings bei dieser Stimmung nicht genau mit den durch die Stimmung vorgesehenen Tönen zusammen, wie mit dem Versuch am Klavier, Abschnitt **4.2**, zu zeigen ist.

Die pythagoreische Tonleiter steht in dem Ruf, daß man mit ihr besonders reine, d. h. harmonisch oder konsonant klingende Mehrklänge erzeugen kann. Dissonanz kommt nach v. Helmholtz durch Schwebungen zwischen den Obertönen zustande. Dasselbe wurde für das Hörphänomen der ⇢ Rauhigkeit nachgewiesen (183). Die Obertöne von zwei Tönen im Oktavabstand fallen zusammen und klingen deshalb konsonant. Beim Quintenabstand fallen einige zusammen, z. B. der dritte des tieferen Tones mit der Frequenz $3 \cdot f_1$ und der zweite des höheren mit $2 \cdot f_1(3/2)$. Wenn die Tonabstände so gewählt werden, daß ihre Frequenzverhältnisse durch ganze kleine Zahlen beschrieben werden können, ist damit zu rechnen, daß immer ein Teil der Obertöne zusammenfällt. Darin liegt ein möglicher Vorteil der pythagoreischen Tonleiter. Liegen bei Mehrklängen die Obertöne so dicht beieinander, daß ihre kritischen Bänder überlappen, so klingen sie nach der Theorie dissonant.

Durch sorgfältige Untersuchungen mit modernen Geräten ließ sich diese Theorie der Konsonanz und Dissonanz nicht eindeutig bestätigen. Es stellt sich vielmehr heraus, daß verschiedene Menschen Mehrklänge im Hinblick auf ihren harmonischen Wohlklang keineswegs gleichartig beurteilen. Lediglich Zweiklänge mit Tonabständen von weniger als einer kleinen Terz werden von allen als dissonant klassifiziert. Die Bedingungen für harmonischen Wohlklang scheint darüber hinaus vor allem kulturbedingt zu sein (155).

5 Wahrnehmung der Stellung und Bewegung im Raum

5.1 Herkunft und Funktion der Information über Körperstellung und -bewegung

Normalerweise weiß man, ob man aufrecht steht oder liegt, ob man sich bewegt oder in Ruhe befindet. Dieses Wissen verdankt man vielen verschiedenen Sinnesorganen. Die *Stato- oder Maculaorgane* in der Nachbarschaft des inneren Ohres, Abb. 48a, registrieren die *Schwerkraft* sowie die Kraft, die bei *linearer Beschleunigung*, d. h. bei Beschleunigung in beliebiger Richtung, aber ohne Rotation, auftritt. In beiden Fällen handelt es sich um mechanische Kräfte, die nach der Relativitätstheorie letztlich äquivalent sind. Mit den benachbarten *Bogengängen* wird die *Drehbeschleunigung* registriert. Maculaorgane und Bogengänge werden oft zusammen als *vestibuläre Sinnesorgane* oder als Vestibularapparat bezeichnet. Der Name stammt vom Vestibulum, einem Teil des Labyrinths oder Kanalsystems im Felsenbein, in welches das Schlauchsystem des sogenannten häutigen Labyrinths, zu dem auch das ➤ innere Ohr gehört, eingebettet ist. Die vestibulären Sinnesorgane sind Teile des Häutigen Labyrinths. Der Vestibularapparat ist ungefähr erbsengroß. Lage- und Bewegungsinformation stammt auch von ➤ somatosensorischen ➤ Propriozeptoren, die die *Stellung der Körperteile* zueinander registrieren, z. B. den Winkel des Kopfes zum Rumpf, Abschnitt 2.6. Dazu kommen noch die nach außen gerichteten Sinnesorgane, die *Augen und die der Tastleistung dienenden Sinneszellen*.

Bei der großen Zahl von beteiligten Sinnesorganen ist es nicht folgerichtig, von einem Gleichgewichts- und Bewegungssinn zu sprechen. Die Wahrnehmung der Körperorientierung und Eigenbewegung ist vielmehr das Ergebnis der Erregungsverarbeitung von vielen verschiedenen Sinnesorganen im Nervensystem. **Die genannten Sinnesorgane sind nicht alle gleichzeitig notwendig. Das merkt man daran, daß man auch mit geschlossenen Augen sein *Gleichgewicht* halten und einigermaßen gut geradeaus gehen kann.** Wenn die vestibulären Sinnesorgane nicht funktionieren, was vorkommt, gelingt das nicht so gut. Das vollständige Fehlen funktionstüchtiger vestibulärer Sinnesorgane stört weniger als ein teilweiser Ausfall, bei dem die verschiedenen sensorischen Signale unvollständig oder so verändert sind, daß sie nicht zueinander passen. Von Seekrankheit (➤ Kinetosen) werden nur Menschen mit funktionierenden vestibulären Sinnesorganen geplagt.

Information über die Körperorientierung und Eigenbewegung geht in alle Wahrnehmungen von Gegenständen der Umwelt ein. Ob z. B. ein Baum an einem Abhang aufrecht oder schräg gewachsen ist, kann man allein mit den Augen nicht wahrnehmen. Dazu ist Information über die Richtung der Schwerkraft notwendig, die durch die Statoorgane vermittelt wird, Abschnitt 5.3.

5.2 Bogengänge

5.2.1 *Bau und Funktion der Bogengänge*

Die drei Bogengänge stehen senkrecht aufeinander, Abb. 48a und 61b, d. Man kann sie vereinfachend als ringförmig geschlossene Schläuche beschreiben, Abb. 61c. Die Flüssigkeit, mit der sie gefüllt sind, heißt Endolymphe. In einer erweiterten Stelle jedes Bogenganges, der Ampulle, wird der flüssigkeitsgefüllte Hohlraum durch die Kupula unterbrochen. Die Kupula ist eine elastische gallertige Klappe. Sie wird durchgebogen, wenn die Flüssigkeit in Bewegung gerät. In die Kupula ragen Zilien der Sinneszellen hinein, die zusammen mit der Kupula abgebogen werden. Je nach Richtung der Auslenkung wird die Erregung der Sinneszellen vergrößert oder verkleinert.

Die Physik des Bogengangreizes kann man einfach veranschaulichen. Man drehe eine Kaffeetasse am Henkel um ihre Hochachse. Man sieht dann, daß der Kaffee nicht die volle Winkeldrehung mitmacht, sondern hinter der gedrehten Tasse zurückbleibt. Hält man die Tasse plötzlich an, so sieht man den Kaffee noch etwas weiter kreisen. Die Bewegung des Kaffees relativ zur Tasse bezeichnet man oft nach der physikalischen Ursache als Trägheitsströmung. Ein Bogengangmodell kann man aus einem durchsichtigen Plastikschlauch herstel-

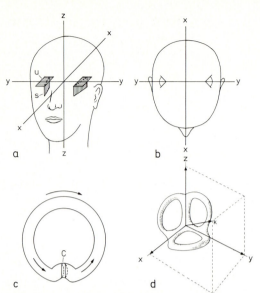
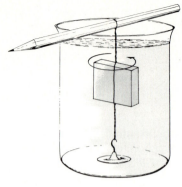

Abb. 62 Drehpendel als Modell für Bogengangreize.

Abb. 61 a) Lage der Macula utriculi (u) und sacculi (s) sowie b) der Bogengänge. c) Schema eines Bogengangs mit Kupula (c). d) Bogengänge im räumlichen Koordinatensystem. Vektor K zeigt die Drehachse, seine Länge die Drehbeschleunigung an.

len, den man an einem Ende erwärmt, so daß er weich wird und sich über das andere Ende schieben läßt. Die Trägheitsströmung des eingeschlossenen Wassers erkennt man an der Bewegung von Luftblasen oder schwarzen Papierfetzen, die man mit dem Wasser in den ringförmig geschlossenen Schlauch gibt. Dreht man den flach aufliegenden Ring, so bleibt die Flüssigkeit zurück. Hält man die Drehung an, so strömt die Flüssigkeit weiter. Letzteres kann man über einen Schreibprojektor demonstrieren.

Die physikalische Behandlung des Bogengangreizes beruht auf den Newtonschen Axiomen „Kraft = Gegenkraft" und „Kraft = Masse × Beschleunigung". Bei einer Drehbeschleunigung tritt an die Stelle der Masse das Trägheitsmoment Θ. Die Gleichung (8) beschreibt die Vorgänge im Bogengangsystem.

(8) $$\Theta \frac{d^2\varphi}{dt^2} + \rho \frac{d\varphi}{dt} + D\varphi = B$$

Die Kraft B liegt der Kopfdrehung zugrunde. Die Gegenkraft in den Bogengängen besteht aus den Größen links des Gleichheitszeichens, der Trägheitskraft, die der Drehbeschleunigung proportional ist, der inneren Reibung, die der Drehgeschwindigkeit proportional ist, und der elastischen Rückstellkraft des Kupula-Endolymphe-Systems, die dem Winkel φ und damit näherungsweise der Auslenkung der Kupula proportional ist. Θ, ρ und D sind Koeffizienten für das Trägheitsmoment, die innere Reibung und die elastische Rückstellkraft. Von der relativen Größe der Koeffizienten hängen die Größe der Trägheitsströmung und die Dämpfung des Systems ab. Nur bei Drehbeschleunigungen, nicht aber bei gleichbleibenden Drehgeschwindigkeiten tritt die Kraft B auf.

Die Größe der Drehbeschleunigung des gesamten Systems ist in Abb. 61d durch die Länge eines Vektors K in Richtung einer zufälligen Drehachse des Kopfes dargestellt. Der Vektor steht nach mathematischer Konvention senkrecht auf der Drehebene. Die Drehbeschleunigung für die einzelnen Bogengänge kann man durch Zerlegen des Vektors in drei Vektoren gewinnen, die zu den drei Ebenen, in denen die Bogengänge liegen, senkrecht stehen. Jede Drehung des Kopfes wird somit durch drei Reizgrößen registriert. Die Richtung des daraus gebildeten Vektors gibt die Drehrichtung an und die Länge die Größe der Drehbeschleunigung.

In dem beschriebenen Schlauchmodell fehlt die elastische Rückstellkraft der Kupula. Ein weniger ähnliches Modell für einen Bogengang, das aber die Elastizität berücksichtigt und damit der Gleichung (8) entspricht, ist das Dreh- oder Torsionspendel, über dessen Eigenschaften man sich in Physikbüchern orientieren kann. **Ein einfaches Drehpendel zeigt Abb. 62. Auf dem Boden eines Becherglases befestigt man einen Saughaken, wie er in Badezimmern und Küchen Verwendung findet. Ein Gummiring wird durch den Haken und einen quer über dem Becherglas liegenden Bleistift gezogen. Quer durch den verdrehten Gummiring wird ein Stück Holz gesteckt. Dann wird das Glas mit Wasser gefüllt. Dem Trägheitsmoment des Kupula-Endolymphe-Systems entspricht der drehbare Holzflügel und das Wasser, der inneren Reibung** entspricht die Viskosität des Wassers, und die elastische Rückstellkraft wird durch das Gummi gegeben. Man kann die Rückstellkraft durch Verdrehen des Gummis vergrößern oder verkleinern.

Nimmt man das Becherglas in die Hand und dreht sich mit ihm langsam im Kreise, so kann man beobachten, wie der Holzflügel zunächst zurückbleibt, dann aber trotz fortgesetzter Drehung in seine Ausgangsstellung zurückkehrt. Er wird nur während der Drehbeschleunigung und nicht mehr bei gleichbleibender Drehgeschwindigkeit ausgelenkt. Bleibt man plötzlich stehen, so wird er in Gegenrichtung ausgelenkt und kehrt dann ebenfalls langsam wieder zurück, wobei es in der Regel zu Schwingungen um die Nullstelle kommt, die in dem hochgedämpften Bogengangsystem nicht auftreten. Diese Gegendrehung zeigt die negative, d. h. die entgegengesetzte, Beschleunigung an. Lehrreich ist die Beobachtung auf einem Drehstuhl, wenn man das Modell in der Hand hält und von einer anderen Person gedreht wird.

5.2.2 Psychophysik des Bogengangsystems

5.2.2.1 Reizung des Bogengangsystems

Man stelle sich aufrecht mit offenen Augen und drehe sich langsam mit kleinen Schritten auf der Stelle im Kreise. Man wähle die Drehgeschwindigkeit so hoch, daß man gerade drei- bis viermal herumkommt, ohne schwindelig zu werden. Außerdem achte man darauf, daß die Drehbewegung möglichst gleichmäßig und nicht ruckartig erfolgt. Man nimmt die Umwelt zunächst ruhend wahr. Dann tritt eine Bewegungstäuschung auf. Das Gefühl der Eigendrehung verschwindet, und die Umwelt scheint sich mit zunehmender Geschwindigkeit zu drehen, und zwar entgegengesetzt zur eigenen Drehrichtung. Hält man plötzlich an und betrachtet eine Struktur an der Wand, so sieht man diese sich ruckartig bewegen, und zwar mit einer langsamen Verschiebung entgegengesetzt zur vorigen Drehbewegung und einer schnellen in Richtung der vorangegangenen Bewegung. Außerdem fühlt man das Bestreben, sich in Richtung der vorangegangenen Eigenbewegung weiter zu drehen. Ein anderer Beobachter erkennt nach Beendigung der Eigenbewegung eine leichte Torsion des Oberkörpers in Richtung der vorangegangenen Drehbewegung.

In diesem Versuch wird die Kupula im horizontalen Bogengang beim Andrehen ausgelenkt, und die von ihr ausgehende Erregung sorgt dafür, daß die selbst verursachte Bildverschiebung in den Augen bei der Erregungsverarbeitung kompensiert wird, so daß man den Raum zunächst noch ruhend wahrnimmt. Bei fortgesetzter Drehung mit gleicher Geschwindigkeit, aber ohne Beschleunigung, kehrt die Kupula in ihre Ruhelage zurück und die Reizung hört auf. Ohne das kompensierende Erregungssignal führt nun die Bildverschiebung in den Augen zu einer Bewegungstäuschung. Nach Anhalten der Körperdrehung fließt die Endolymphe noch etwas in der vorherigen Drehrichtung weiter und verbiegt die Kupula in der Gegenrichtung, was als *postrotatorische Reizung* bezeichnet wird. Eine typische Beobachtung ist, daß man sich nun in der Gegenrichtung angedreht fühlt. Man führt mit dem Oberkörper die beobachtete reflexartige Drehung dagegen aus. Die ruckartigen Scheinbewegungen kommen durch den ➙ Nystagmus zustande, der durch die postrotatorische Reizung hervorgerufen wird.

Man wiederhole den Versuch mit geschlossenen Augen und halte die Eigendrehung plötzlich an, sobald man den Eindruck hat, daß sich die Umwelt dreht. Man öffne kurz die Augen und deute mit gestrecktem Arm auf einen beliebigen Gegenstand. Dann schließe man die Augen wieder, deute aber weiterhin in dieselbe Richtung. Wenn man nach einigen Sekunden die Augen wieder öffnet, erkennt man, daß der Arm weiter gewandert ist. Auch darin macht sich die postrotatorische Trägheitsströmung bemerkbar, die das Signal einer Gegendrehung erzeugt, auf das man mit dem Arm folgerichtig reagiert.

Bei dem folgenden Versuch sollte jemand dabeisein, der einen auffängt, wenn man das Gleichgewicht verliert. Man drehe sich im Uhrzeigersinn, bis die Umwelt in entgegengesetzter Drehrichtung zu rotieren scheint. Dann bleibe man stehen und beuge den Kopf nach vorn unten, so daß die horizontalen Bogengänge vertikal stehen. Man beobachtet dann einen Gleichgewichtsverlust, demzufolge man zur linken Seite zu kippt. Beugt man den Kopf nach hinten, so kippt man nach rechts. Hat man sich im Gegenuhrzeigersinn gedreht, so kippt man zur jeweils anderen Seite. Auch diese Beobachtungen sind auf die postrotatorische Trägheitsströmung zurückzuführen. Bei aufgerichteten horizontalen Bogengängen wird die fortdauernde Trägheitsströmung so interpretiert, als rotiere man um die x-Achse, Abb. 61. Wegen des dagegen gerichteten Gleichgewichtsreflexes kippt man zur Gegenseite.

Die selektive Reizung des Bogengangsystems gelingt besser, wenn ein Drehstuhl zur Verfügung steht. **Man verbinde der auf dem Drehstuhl sitzenden VP die Augen mit einem schwarzen Tuch. Schließen der Augen reicht nicht aus, weil man durch die Augenlider hindurch wahrnehmen kann, ob man zu einer Lichtquelle hin ausgerichtet** ist. Auch alle akustischen Orientierungsmöglichkeiten müssen ausgeschlossen werden. Man beginne die Versuche mit geringen Beschleunigungen. Auch bei diesen Versuchen muß jemand bereitstehen, der die VP festhält, wenn sie das Gleichgewicht verliert.

Die VP wird aufgefordert, mit gestrecktem Arm in eine Richtung zu deuten. Wenn man den Stuhl um etwa 90° nach rechts oder links dreht, kann die VP die ursprüngliche Zeigerichtung beibehalten. Wenn man aber den Stuhl ganz langsam, d. h. mit geringer Beschleunigung, an- und dann langsam mit gleichbleibender Geschwindigkeit weiterdreht, so kompensiert die VP die Zeigerichtung nicht! Der gestreckte Arm wandert mit ihr im Kreise herum. Es kann geschehen, daß die VP die kleine Beschleunigung am Anfang noch bemerkt und die Richtung des Arms korrigiert. Sobald aber die gleichförmige Drehgeschwindigkeit erreicht ist, merkt sie nichts mehr davon. Wird die gleichförmige Bewegung plötzlich abgebrochen, glaubt die VP, sie sei in der Gegenrichtung beschleunigt worden. Folgerichtig bewegt die nun stillsitzende VP ihren Arm in der ursprünglichen Richtung weiter, so als ob sie eine Gegendrehung kompensieren müsse. Das kann viele Sekunden dauern. Die Erklärung ist im Prinzip dieselbe wie bei den vorangegangenen Versuchen.

5.2.2.2 Gleichzeitige Reizung anderer Sinnesorgane

Man betrachte seine Hand, die man gleichförmig etwa zweimal pro Sekunde hin- und herbewegt. Das gelingt, wenn man dazu sagt „einundzwanzig" und bei jeder Silbe die Bewegungsrichtung ändert. Man kann auch, wenn man der Hand mit den Augen folgt, Einzelheiten der Hand nicht erkennen. Die Beobachtung sollte bei natürlichem Licht durchgeführt werden um → stroboskopische Effekte zu vermeiden. Dann halte man die Hand ruhig und drehe den Kopf im gleichen Rhythmus hin und her, so daß man das Bogengangsystem und die Stellungsrezeptoren des Halses reizt. Die Hand bleibt dann in allen Einzelheiten erkennbar. Man darf allerdings die beteiligten Sinnesorgane nicht überfordern. Wenn man den Kopf heftig schüttelt, scheint die visuelle Umwelt zu wackeln. Die Richtung der Scheinbewegung ist den ruckartigen Kopfdrehungen entgegengesetzt.

Die Bedeutung der beteiligten Sinnesorgane für die Kompensationsleistung ist verschieden. Das macht auch folgende Beobachtung deutlich. Man lese einen Text und nicke dabei mit dem Kopf etwa einmal in der Sekunde. Dann halte man den Kopf still und bewege das Buch so auf und ab, daß es zur gleichen Relativbewegung zwischen Kopf und Text kommt. Schließlich lasse man eine andere Person den Text auf- und abbewegen. Im ersten Fall ist der Text mühelos zu lesen, im zweiten Fall ist er schwer oder kaum, im dritten Fall gar nicht zu entziffern. Im ersten Fall sind die Bogengänge und die Stellungsrezeptoren des Halses beteiligt. Im zweiten Fall steht die mit der Armbewegung verbundene → Efferenzkopie und die → propriozeptive Sinnesinformation zur Verfügung. Im dritten Fall fehlten auch diese. Die Lesbarkeit des Textes ist dann am größten, wenn die Augenbewegungen so gesteuert werden, daß sie die Bildverschiebungen auf der Netzhaut verkleinern. Das gelingt am besten, wenn das Bogengangsystem beteiligt ist. Den Beitrag der Stellungsrezeptoren des Halses kann man durch diesen Versuch nicht bestimmen.

5.2.2.3 Coriolis-Kraft und andere Rotationseffekte

Wenn man auf einem Karussell oder in einem Fahrzeug in einer Kurve den Kopf bewegt, kann es zu überraschenden Drehempfindungen, Gleichgewichtsstörungen und zu *Kinetosen* (Bewegungskrankheiten) kommen, d. h., man wird „seekrank". Abb. 63 gibt einen Überblick über mögliche Drehempfindungen, die bei einem Menschen auf einem Karussell durch Kopfbewe-

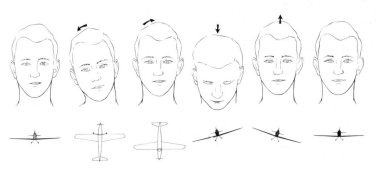

Abb. 63 Drehempfindungen hervorgerufen durch die Coriolis-Kraft bei VP auf Karussell in Stellung der Abb. 69b (nach Collins [50]).

5.3 Maculaorgane

5.3.1 Bau und Funktion der Maculaorgane

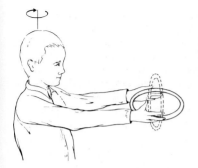

Abb. 64 Beobachtung des Coriolis-Effektes am Bogengangmodell.

Die *Macula utriculi* liegt horizontal, wenn man den Kopf um 30° nach vorne neigt. Die *Macula sacculi* steht senkrecht dazu in Richtung der Querachse durch den Kopf, Abb. 48a. Die Maculaorgane bestehen aus einer gallertigen Schicht, in die kleine Kristalle mit großem spezifischem Gewicht, die Statokonien, eingelagert sind. Die Zilien der darunter in einem Epithel angeordneten Sinneszellen ragen in die Schicht herein und werden abgebogen, wenn die Gallerte mit den schweren Statokonien verschoben wird. Die Sinneszellen sind so angeordnet, daß bei verschiedenen Verschiebungsrichtungen jeweils andere Zellen maximal reagieren. Bei Schrägstellung eines Maculaorgans rutscht die Statokonienmasse zur Seite, Abb. 65. Die Kraft, durch die die Gallerte mit den schweren Statokonien parallel zu ihrer Unterlage verschoben wird, bezeichnet man als *Scherkraft* R im Gegensatz zur Schwerkraft S. Die Scherkraft R ist dem Sinus des Neigungswinkels, sin α, proportional, wie man an dem Kräfteparallelogramm ablesen kann.

gungen ausgelöst werden können. Wenn die VP so wie in Abb. 69b auf dem Karussell sitzt, und z. B. den Kopf nach innen, d. h. zur Drehachse des Karussells neigt, hat sie das Gefühl, nach hinten zu kippen, wie es beim Steigen eines Flugzeugs der Fall wäre. Ursache derartiger Empfindungen ist die Coriolis-Kraft auf das Bogengangsystem; die Beteiligung der Makulaorgane kann man allerdings nicht ausschließen.

Die Coriolis-Kraft und ihre Wirkung auf das Bogengangsystem kann man mit dem oben erwähnten Schlauchmodell veranschaulichen, Abb. 64. Man halte den Ring bei gestreckten Armen und drehe sich dann mit ihm um die eigene Hochachse. Immer wenn man ihn von der horizontalen Lage in die vertikale bringt oder umgekehrt, erkennt man an den im eingeschlossenen Wasser schwimmenden Sichtmarken eine Trägheitsströmung. Das ist folgendermaßen zu erklären. Wird der aufrecht gehaltene Ring geneigt, so gerät die eine Hälfte des Ringes weiter nach außen und die andere weiter nach innen. Die Bahngeschwindigkeit und damit auch die kinetische Energie wächst mit dem Abstand von der Drehachse. Die Teile, die weiter nach außen kommen, erfahren eine positive, die nach innen bewegten eine negative Beschleunigung. Die Flüssigkeit bleibt im äußeren Teil zurück und eilt im inneren voraus. Richtet man den Ring wieder auf, so kommt es zu einer Trägheitsströmung in der Gegenrichtung. Die Beschleunigung und damit die resultierende Trägheitsströmung tritt nur während der Lageänderung auf und kommt bei fortgesetzter gleichförmiger Kreisbewegung wegen der inneren Reibung wieder zum Stillstand.

Weil die Reizung des Bogengangsystems durch Coriolis-Kräfte häufig zu Übelkeit führt, empfiehlt es sich, bei Rotation und bei der Fahrt durch Kurven den Kopf nicht unnötig zu bewegen. Das Übelkeitsgefühl wird übrigens nicht nur durch vestibuläre, sondern auch durch visuelle Reizung ausgelöst, Abschnitt 5.4.

Daß die sinusförmige Scherkraft R als Reiz wirksam wird, zeigte Holst (98) in Experimenten zum Lichtrückenreflex bei Fischen. Dieser besteht darin, daß sich die Fische bei seitlicher Beleuchtung mit dem Rücken zur Lichtquelle neigen und somit im Wasser schräg stehen. Sie gehen mit ihrer Körperlage einen Kompromiß zwischen der Schwerkraft- und Lichteinfallsrichtung ein. Die Schwerkraft S kann man vergrö-

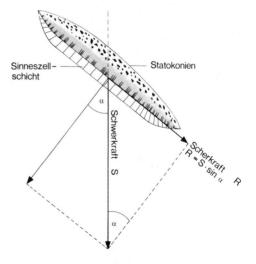

Abb. 65 Schema eines Maculaorgans.

ßern, indem man das Aquarium in einer rotierenden Zentrifuge so orientiert, daß sich die Fliehkraft zur Schwerkraft addiert. Wird in diesen Versuchen die Lichteinfallsrichtung zum Fisch konstant gehalten, so reagiert der Fisch auf die Zunahme der Schwerkraft S mit einer Verkleinerung seines Neigungswinkels zur Lichtquelle in genau der Weise, daß die Scherkraft R = S × sin α konstant bleibt. Der Fisch richtet sich somit nicht nach dem Neigungswinkel α, sondern nach einer Sinusfunktion. Daraus kann man schließen, daß die Scherkraft R als Reiz wirksam wird.

In der Macula utriculi des Menschen hat die Scherkraft bei aufrechter, aber um etwa 30° nach vorn geneigter Kopfhaltung den Wert R = S × sin 0° = 0 und wächst bei Neigung um 90° zur einen und zur anderen Seite auf R = S sin(+/−90) = +/−S an. Bei weiterer Vergrößerung der Neigungswinkel wird R wieder kleiner und ist, wenn der Kopf nach unten gerichtet ist, wieder R = S × sin 180° = 0. Das Scherkraftsignal R hat somit zwei Nullstellen und es wächst nicht proportional mit dem Neigungswinkel. Wäre das Utrikulus-Signal die einzige Quelle für die Lage im Raum, so könnte man damit nicht zwischen α = 0° und 180° unterscheiden und die Winkelinformation stünde nur in der Nähe der Nullstellen genau zur Verfügung, weil die Sinuskurve nur dort steil ansteigt. Wenn man z. B. bei einer Kopfneigung von α = 90 ° das Gleichgewicht halten wollte, käme man in Schwierigkeiten, weil sich die dort flach verlaufende Sinusfunktion bei kleinen Winkelabweichungen kaum ändert, so daß man für die Wahrnehmung von Lageänderungen unempfindlich wäre.

Probleme dieser Art treten immer auf, wenn Lebewesen oder Roboter Winkelinformation auszuwerten haben. Die Probleme lassen sich theoretisch mit dem Bikomponentenprinzip (130) lösen, nachdem man zwei Meßstellen benötigt, von denen eine den Sinus und die andere dagegen den Kosinus des Neigungswinkels bestimmt. Der Kosinus liefert in jedem Winkelbereich gerade die Information, die beim Sinus fehlt oder nur ungenau zur Verfügung steht. Im Schwerefeld wird die Aufgabe des Kosinusgebers von der Macula sacculi übernommen, die senkrecht zur Macula utriculi angeordnet ist.

Die Maculaorgane registrieren außer der Schwerkraft auch → lineare Beschleunigungen, bei denen an der schweren Statokonienmasse Trägheitskräfte für Verschiebungen der Gallerte sorgen, die zur Reizung von Sinneszellen führen. Die Frage, ob und wozu diese Information genutzt wird, läßt sich noch nicht abschließend beurteilen, siehe Abschnitt 5.3.2.2. Die Gegenkraft zu einer Beschleunigung kann man für die Maculaorgane analog zu der Gleichung (8), die in Abschnitt 5.2.1 für die Bogengänge aufgestellt wurde, beschreiben. Sie besteht aus der Trägheit, die der Beschleunigung und der Masse proportional ist, die hier an die Stelle des Trägheitsmomentes tritt, ferner aus der inneren Reibung und der elastischen Rückstellkraft, die der Geschwindigkeit bzw. der Verschiebung x proportional sind. Die Koeffizienten m, ρ und D haben dieselbe Bedeutung wie in der Gleichung (8).

(9) $$m \frac{d^2 x}{dt^2} + \rho \frac{dx}{dt} + Dx = C$$

5.3.2 Wahrnehmung der Lotrechten

Die Richtung der Schwerkraft kann der Mensch nicht beliebig genau angeben. Darum benutzt er in kritischen Fällen ein Lot oder eine Wasserwaage. Viele Sinnesorgane sind an dieser Wahrnehmung beteiligt. Das merkt man schon an einfachen Beobachtungen. **Neigt man den Kopf schnell zur Seite und zurück, so kann man eine scheinbare Gegendrehung der visuellen Umwelt insbesondere an langen geraden Konturen beobachten.** An dieser visuellen Wahrnehmung sind die Bogengänge, die Maculaorgane und die Stellungsrezeptoren vor allem im Halsbereich beteiligt. Täuschungen über die Lotrechte treten auch ohne Reizung der Bogengänge auf. Das zeigt sich, wenn man den ganzen Raum und gleichzeitig auch den Stuhl, auf dem die VP sitzt, mit verschiedenen Winkeln schräg stellt, Abb. 66. Die von der Decke des schrägstehenden Raumes herabhängende Lampe wird in dieser Situation nicht als lotrecht empfunden. Gibt man der VP im schrägstehenden Raum einen Stab oder eine helle Linie, die sie lotrecht einstellen soll, so dreht sie diese in eine Richtung, die weder mit der Schwerkraft noch mit den Koordinaten des Raumes zusammenfällt, sondern dazwischen liegt. Sie schließt einen Kompromiß zwischen vestibulärer und visueller Sinnesinformation. Manche Menschen richten sich dabei mehr nach der Schwerkraft, andere mehr nach der visuellen Umgebung.

Den Einfluß der visuellen Umwelt auf die Wahrnehmung der Lotrechten kann man ausschalten, indem man der VP im Dunkeln nur eine helle Linie zeigt. Wenn sie nun den Kopf oder den ganzen Körper zur Seite neigt, erscheint eine senkrechte Linie bis zu 30° oder mehr zur Gegenseite gekippt. Diese eindrucksvolle Wahrnehmungstäuschung, die nach dem Entdecker *Au-*

5.3 Maculaorgane

Abb. 66 Versuchsanordnung, in der VP und Umgebung unabhängig um dieselbe Achse A gekippt werden können (nach Witkin u. Mitarb. [198]).

bert-Phänomen genannt wird, kann man leicht demonstrieren.

Man schneide in einen lichtdichten Kasten, z.B. einen Schuhkarton, einen senkrechten Schlitz von ungefähr 5 cm Länge und 2 mm Breite. In den Schuhkarton lege man eine brennende Taschenlampe, so daß man im Dunkeln den Schlitz als helle Linie sieht. Wenn das Licht der Taschenlampe nicht ausreicht, kleide man den Karton von innen mit hellem Papier aus. Wenn man in einem verdunkelten Zimmer bei Betrachtung der hellen Linie den Kopf zur Seite neigt, so erscheint die vertikale Linie schräg. Der Entdecker beschreibt das Phänomen folgendermaßen:

„War die helle Linie vertikal, so erschien sie, wenn ich den Kopf nach rechts neigte, so daß also das rechte Ohr nach unten gerichtet war, schief, und zwar von rechts unten nach links oben gerichtet; neigte ich den Kopf nach links, so erschien die Linie von links unten nach rechts oben gerichtet. Entsprechend waren die Resultate bei horizontaler Lage der hellen Linie: sie erschien bei Neigung des Kopfes nach der rechten Seite von links unten nach rechts oben, bei nach links geneigtem Kopfe dagegen von rechts unten nach links oben gerichtet.

Um über die Größe der scheinbaren Drehung einen Anhalt zu gewinnen, gab ich der Linie eine wirkliche Lage von 45°, und zwar war sie von links unten nach rechts oben gerichtet. Beugte ich nun den Kopf nach rechts, so wurde sie vertikal, ja sie ging bei sehr starker Neigung des Kopfes über die vertikale Stellung hinaus und erschien von rechts unten nach links oben geneigt. Wie zu erwarten, wurde die Linie, wenn ich den Kopf nach links neigte, horizontal, ging aber bei weiterer Neigung über die Horizontale hinaus, so daß sie wieder ein wenig von rechts unten nach links oben geneigt schien...

Die Erscheinung findet nur statt, wenn das Zimmer so stark verdunkelt ist, daß keine Gegenstände sichtbar sind, nach denen man sich orientieren kann. Sobald dergleichen sichtbar werden, so erscheint die Linie in ihrer wirklichen Lage. Hat man z. B. der Linie eine schiefe Lage unter einem Winkel von 45° gegeben und im Finstern eine solche Kopfbewegung ausgeführt, daß die Linie vertikal erscheint, und läßt nun, ohne seine Stellung zu ändern, die Tür öffnen, so daß die Tische, Fensterbrüstungen usw. sichtbar werden, so geht die Linie augenblicklich in die schiefe Lage zurück. Läßt man die Tür wieder schließen, während man in derselben Stellung verharrt, so wird die helle Linie in 1 – 2 Sek. wieder vertikal... Noch frappanter ist der Versuch in folgender Weise: bei geöffneter Tür, so daß die Meubles im Zimmer sichtbar sind, fixiert man die schief gestellte Linie und neigt den Kopf um etwa 90°: die Linie erscheint schief. Nun hält man ein ... Glas von dunkler Nuance vor die Augen: sogleich beginnt der Streifen sich zu drehen und hat binnen 1 – 2 Sek. eine vertikale Stellung eingenommen. Nimmt man das verdunkelnde Glas hinweg, so geht die Linie sofort zu ihrer schiefen Lage zurück. – Durch das gefärbte Glas werden

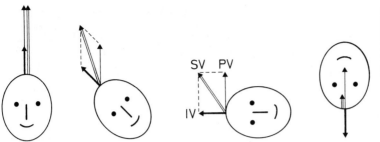

Abb. 67 Subjektive Vertikale (SV) als Funktion der physikalischen Vertikalen (PV) und des idiotropen Vektors (IV) (nach Mittelstaedt [131]).

nämlich die matt erleuchteten Gegenstände im Zimmer ganz unsichtbar, ebenso wie bei geschlossener Tür, während die lichtstarke helle Linie sehr deutlich bleibt. Dies ist also nur eine andere Form des Versuches, die ihrer Bequemlichkeit wegen zu empfehlen ist" (13).

Man muß nach den Erfahrungen mit dem Aubert-Phänomen zwischen der physikalischen (PV) und der *subjektiven Vertikalen* (SV) unterscheiden. Die SV kann, wie gerade gezeigt wurde, erheblich von der PV abweichen. Das gilt aber nur für die visuelle Wahrnehmung der Raumlage. Das zeigen Versuche im Dunkeln, in denen die VPn die Möglichkeit haben, die Unterlage, auf der sie sich in liegender oder anderer Stellung befindet, über eine elektrische Steuerung so einzuregeln, daß ihr Kopf in eine bestimmte, z. B. horizontale, Raumlage kommt. Die systematischen Abweichungen der SV von der PV des Aubert-Phänomens treten dann nicht auf. Sie sind eine Folge der Verarbeitung visueller Information.

Zur Erklärung der merkwürdigen Abweichungen der SV von der PV hat Mittelstaedt (131) den *idiotropen Vektor* (iV) eingeführt. Es handelt sich dabei um eine Verrechnungsgröße, die in die Erregungsverarbeitung im Nervensystem eingeht. Der iV soll die Richtung der Körperlängsachse und eine Länge von ungefähr zwei Fünfteln des Vektors der PV haben. Was als SV in Erscheinung tritt, ist nach dieser Theorie die Vektorsumme aus PV und iV, Abb. 67. Das Aubert-Phänomen läßt sich auf diese Weise vorhersagen. Wenn die SV in Richtung der Kopfneigung gekippt ist, dann muß eine vertikal stehende Linie in Gegenrichtung geneigt erscheinen. Die beim Aubert-Effekt zu beobachtenden Unterschiede bei verschiedenen VPn lassen sich durch individuelle Längenunterschiede des iV erklären. Der iV kann als Erklärung dafür herangezogen werden, daß das Gefühl dafür, wo oben und unten ist, auch unter den Bedingungen der → Schwerelosigkeit in einem Raumschiff nicht verloren geht,

Als unten erscheint dort die Richtung, in die die Füße weisen.

Es ist außerordentlich mühsam, einen Text zu entziffern, der auf dem Kopf steht. Daran zeigt sich, daß die statische Orientierung beim Formensehen mitberücksichtigt wird. **Der Mann mit dem Bart in Abb. 68 verwandelt sich sogar in eine Frau, wenn man sein Bild auf den Kopf stellt. Bei aufrechter Kopfhaltung nimmt man die fünf oberen Figuren als Männer und die fünf unteren als Frauen wahr, wobei sie um so leichter in die jeweils andere Wahrnehmung umschlagen, je mehr näher die Neigungswinkel an 90° herankommen. Weniger bekannt ist, daß bei der Formwahrnehmung auch die eigene Orientierung im Schwerefeld eine Rolle spielt. In der Abb. 68 verwandelt sich das Quadrat in eine Raute und die Raute in ein Quadrat, wenn man den Kopf zur Seite legt. Tut man dies beim Betrachten der Köpfe, so findet man, daß nun nicht mehr die statische Orientierung des Bildes darüber entscheidet, ob man den Mann oder die Frau erkennt, sondern eher seine Orientierung relativ zur subjektiven Vertikalen (SV), Abb. 67. Hat man den Kopf um 90° nach rechts gebeugt, so sieht man den Mann und die Frau mit Sicherheit in der Uhrzeigerrichtung nach zwei und drei bzw. sieben und acht Uhr. In Richtung nach zehn/elf und vier/fünf Uhr, also in der Richtung, die zur SV ungefähr rechtwinkelig verläuft, ist die Figur ambivalent, d. h., daß die Wahrnehmung von Mann und Frau leicht umschlägt (132).**

Auch auf einem Karussell kann man den Einfluß der Makulaorgane auf die visuelle Wahrnehmung studieren. Das Bogengangsystem wird dort, solange man den Kopf nicht bewegt, nur während der Drehbeschleunigung gereizt. Zur Schwerkraft wird die Fliehkraft vektoriell addiert, Abb. 69. Eine VP, die zur Mitte des Karussells schaut, Abb. 69a, hat den Eindruck, als sei sie nach hinten gekippt, weil die Resultierende aus Schwer- und Fliehkraft die scheinbare Richtung der Schwerkraft bestimmt. Wird der rotierenden VP im Dunkeln eine kleine Lichtquelle geboten,

5.3 Maculaorgane

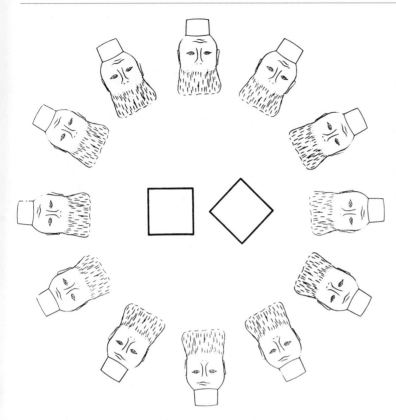

Abb. 68 Effekt der physikalischen und der subjektiven Vertikalen auf die visuelle Wahrnehmung. (1) Das Quadrat verwandelt sich in eine Raute (und umgekehrt), wenn man das Buch oder den Kopf um 45° um den Mittelpunkt der Abbildung dreht. (2) Die drei oberen Bilder des bärtigen Mannes sehen nach Vertauschung von oben und unten in den drei unteren Bildern wie Frauen aus. Die waagerechten Bilder und ihre Nachbarn sind ambivalent. Dreht man den Kopf um 90° zur Seite, dreht sich die Achse, in der Mann und Frau eindeutig erscheinen um einen kleineren Winkel, wie SV in Abb. 67 Mitte (nach Mach [123]).

so wird diese nicht an ihrem wahren Ort, sondern höher gesehen. Die scheinbar nach hinten gekippte VP interpretiert, was sie in horizontaler Richtung sieht so, als sei ihre Blickrichtung schräg nach oben gerichtet. Diese Täuschung verschwindet, wie das Aubertphänomen, wenn die VP nicht nur einen Lichtpunkt im Dunkeln, sondern die ganze Umwelt sehen kann. Schaut die VP in Bewegungsrichtung, Abb. 69b, so erscheint ihr die Umwelt gekippt, weil die Orientierung der visuellen Umwelt statt auf die wahre Lotrechte auf die Resultierende aus Fliehkraft und Schwerkraft bezogen wird. Steht die Resultierende senkrecht auf der Fläche des Utrikulus, was in der Anordnung der Abb. 69c der Fall ist, so wird die wahrgenommene Lotrechte durch die Größe der resultierenden Kraft im Prinzip nicht beeinflußt. Kleine Abweichung der Kopfhaltungen bewirken aber große Veränderungen der subjektiven Lotrechten, was nach dem Schema der Abb. 66 zu erwarten ist, weil S vergrößert ist und darum auch der Reiz R, wenn er von Null abweicht, größer sein muß.

Man kann derartige Phänomene beobachten, wenn man aus einem Fahrzeug herausschaut, das mit großer Geschwindigkeit durch eine Kurve fährt. Beim Blick aus einem kreisenden Flugzeug ist die scheinbar schräg stehende Erdoberfläche so irritierend, daß sich der Pilot nach den Instrumenten richten muß und nicht nach dem, was er draußen sieht. In diesen Fällen wird allerdings, anders als in dem Versuch mit dem gleichmäßig rotierenden Karussell, auch das Bogengangsystem gereizt.

5.3.3 Wahrnehmung linearer Beschleunigung

Unter *linearen Beschleunigungen* versteht man Geschwindigkeitsänderungen von Bewegungen, die keine Rotationen sind. Die genaue Definition ist notwendig, um den Beitrag der Maculaorgane von dem der Bogengänge zu unterscheiden. In einem Fahrzeug auf gerader Bahn wird das Bogengangsystem nicht gereizt. Die gleichförmige Bewegung spürt man nicht, wenn man davon absieht, daß Geräusche oder Erschütterungen unter Umständen Rückschlüsse ermöglichen. Man bemerkt nur Vergrößerungen und Verkleinerungen der Geschwindigkeit, d. h. positive und negative lineare Beschleunigungen. Die-

94 5 Wahrnehmung der Stellung und Bewegung im Raum

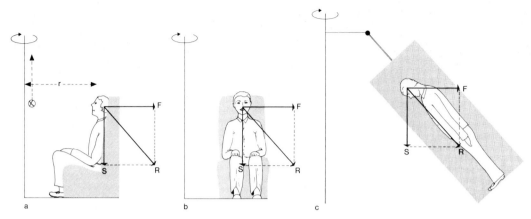

Abb. **69** Zentrifugenexperimente.

se können im Prinzip in den Maculaorganen registriert werden, deren schwere Statokonienmasse bei positiver Beschleunigungen zurückbleibt und bei negativer vorauseilt und somit zu Scherungsreizen führt. Die Hypothese, daß lineare Beschleunigungen auf diese Weise in Erfahrung gebracht werden, wird durch den Befund gestützt, daß VPn ohne funktionstüchtigen Vestibularapparat größere Reizschwellen für Beschleunigungsreize haben als normale. Aber auch sie merken, ob sie beschleunigt werden oder nicht. Daraus folgt, daß die Maculaorgane auf keinen Fall die einzigen Informationsquellen für lineare Beschleunigung sind.

In Aufzügen kann man beim Anfahren und Anhalten ein Beschleunigungsphänomen beobachten, das häufig, aber wohl zu Unrecht, mit der Funktion der Makulaorgane in Zusammenhang gebracht wird. Man betrachte eine Struktur an der Wand des Aufzugs. Diese Sichtmarke verschiebt sich beim Anfahren sprunghaft jeweils in der Richtung, in der sich der Aufzug bewegt, und beim Anhalten in Gegenrichtung dazu. Daß diese Scheinbewegung keinesfalls allein durch die Registrierung der Beschleunigung in den Maculaorganen zu erklären ist, kann man leicht zeigen, indem man mit der Hand die Wand des Aufzugs berührt. Beim Anfahren und Abbremsen kann man dann eine Bewegung des Aufzugs mit den Fingern spüren, und zwar in derselben Richtung wie die visuelle Scheinbewegung. Durch die vertikale Beschleunigung wirken Trägheitskräfte auf den ganzen Körper, die ihn je nach Richtung der Beschleunigung dehnen oder stauchen. Durch diese tatsächlich auftretenden Relativbewegungen von Auge und Sichtmarke ist die Aufzugtäuschung erklärbar. Man kann die visuellen Scheinbewegungen auch durch einen Schlag auf den Kopf hervorrufen.

Das Fehlen eines Sinnesorgans für die gleichbleibende Eigenbewegung macht sich **im Flugzeug daran bemerkbar, daß man mit geschlossenen Augen nicht sagen kann, ob es vorwärts oder rückwärts fliegt. Wenn die Sichtmarken wie Berge oder Wolken sehr weit entfernt sind, kann man die Eigenbewegung nicht einmal sehen, so daß sich das Gefühl einstellt, man schwebe unbewegt.** Auch die folgende Sinnestäuschung ist auf das Fehlen eines Sinnesorgans für Geschwindigkeit zurückzuführen. **Betrachtet man aus einem bewegten Fahrzeug ein Flugzeug am Himmel, so entsteht oft der Eindruck, als flöge es nicht in Richtung seiner Längsachse, sondern schräg dazu.** Die wahre Bewegungsrichtung des Flugzeugs kann nur ermittelt werden, wenn Geschwindigkeit und Richtung der Eigenbewegung des Beobachters bekannt sind. Weil die gleichförmige Bewegung aber nicht registriert wird, steht sie bei der Erregungsverarbeitung nicht zur Verfügung, so daß das Ergebnis der Erregungsverarbeitung notwendig falsch sein muß.

5.3.4 Schwerelosigkeit

Unter den Bedingungen der Schwerelosigkeit in einem künstlichen Satelliten könnte man im Prinzip die Schwerkraft ersetzten durch die Fliehkraft, die man durch Rotation erzeugen kann. Dabei kann aber die Wirkung der → Coriolis-Kraft auf die vestibulären Sinnesorgane störend sein. Außerdem würde sich ein derartiges System durch einige weitere Eigenschaften von der gewohnten Umwelt auf der Erde unterscheiden. Die Fliehkraft nimmt in einem rotierenden System mit dem Abstand von der Drehachse nach außen zu. Die Füße eines im rotierenden Satelliten stehenden Menschen wären darum schwerer als der Kopf. Stiege er auf eine Leiter und näherte sich damit der Rotationsachse, würde er leichter. Ginge er im rotierenden Satelliten in Rotationsrichtung, würde sich seine Umlaufgeschwindigkeit und damit die Zentrifugalkraft erhöhen, so daß er schwerer würde. Bewegte er sich in der Gegenrichtung, würde er leichter. Ein Gegenstand fiele wegen der Coriolis-Kraft auf gekrümmter Bahn zum Boden. Die Umweltbedingungen in dem kleinen rotierenden System würden sich somit erheblich von denen auf der Erde unterscheiden. Daß auch unter den Bedingungen der Schwerelosigkeit das Gefühl dafür, wo oben und unten ist, erhalten bleibt, wurde schon im Abschnitt 5.3.2.1 im Zusammenhang mit dem → idiotropen Vektor mitgeteilt.

5.4 Bewegungstäuschungen

Rotiert ein Raum gleichmäßig um eine stillsitzende VP herum, so erliegt sie nach kurzer Zeit wider besseres Wissen der Täuschung, daß der Raum stillstehe und sie selbst in Gegenrichtung rotiere. Diese Wahrnehmungstäuschung ist nicht an bestimmte Rotationsachsen gebunden. Eine VP, die auf eine Wand schaut, an der ein visuelles Muster, z.B. ein Strichgitter wie in Abb. 70, nach oben wandert, glaubt vornüber zu kippen. Wandert das Muster nach unten, stellt sich bei der VP nach kurzer Zeit die Vorstellung ein, sie falle nach hinten. Steht die VP frei, so kann sie tatsächlich stürzen, und zwar in Richtung gegen die vermeintliche Körperdrehung, d.h. in Richtung ihrer kompensierenden Reflexbewegung. Sitzt die VP auf einem Stuhl, so bleibt die Drehempfindung erhalten, obwohl sich die zu erwartende Folge, daß nämlich der Stuhl umkippt, nicht einstellt. Die Widersprüchlichkeit der Wahrnehmungen wird besonders deutlich, wenn die VP ein aufwärts oder abwärts wanderndes Muster an der Wand betrachtet und gleichzeitig im peripheren Gesichtsfeld Einrichtungsgegenstände des Raumes wahrnimmt. Diese scheinen sich in Gegenrichtung zum Muster zu drehen, ändern aber trotzdem ihre Raumlage nicht. Man glaubt, die Gegenstände müßten umfallen, sie bleiben aber stehen. Diese Bewegungstäuschungen sind nicht auf Drehbewegungen beschränkt. **Beim Blick von einer Brücke in einen Fluß stellt sich leicht die Empfindung ein, daß man sich selbst bewege, insbesondere wenn man eine feste Fixiermarke im Fluß anschaut. Es kann auch passie-**

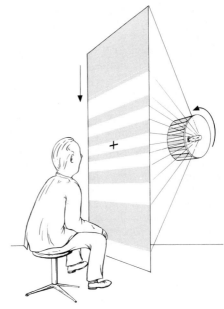

Abb. 70

ren, daß man je nach Richtung des Flusses glaubt, nach vorn oder hinten zu kippen und daß man entsprechende Kompensationsbewegungen einleitet. Beim Betrachten des Mondes durch ein schnell wanderndes Wolkenfeld ist es ebenfalls schwirig, das Gleichgewicht zu halten. Hierher gehört auch die Bewegungstäuschung, die auf Bahnhöfen beim Blick aus dem stehenden auf einen langsam fahrenden Zug zustande kommt. Alle diese visuell induzierten Bewegungstäuschungen hören sofort auf, wenn man den peripheren Teil der Netzhaut ausblendet, indem man die bewegten Muster durch eine enge Röhre oder die Öffnung zwischen drei Fingern, Abb. 102, betrachtet, so daß nur der foveale Teil der Netzhaut gereizt wird. Wegen Nacheffekten der visuellen Bewegungsreize siehe Abschnitt 11.1.2.

Der periphere Teil der Netzhaut hat somit eine dem Vestibularapparat vergleichbare Funktion: Verschiebungen des gesamten Netzhautbildes oder großer Teile davon führen zur Empfindung von Eigenbewegung und lösen reflektorische Bewegungsreaktionen aus. Die Tatsache, daß Änderungen der räumlichen Lage nicht nur durch den Vestibularapparat, sondern auch durch die periphere Netzhaut registriert werden, erklärt, warum beidseitige Ausfälle des Vestibularapparates keine auffälligen Folgen zu haben brauchen. Oft wird dieser Mangel erst bei einer medizinischen Untersuchung entdeckt. In Dunkelheit und bei geschlossenen Augen sind Menschen ohne funktionstüchtigen Vestibularapparat allerdings unsicher.

In den Kernen des Stammhirns, in denen vestibuläre Information verarbeitet wird, wurden Nervenzellen entdeckt, die gleichermaßen auf visuell und vestibulär registrierte Bewegungen reagieren. Mit derartigen Neuronen kann man vielleicht die Ähnlichkeit der Wirkung vestibulärer und visueller Bewegungsreize erklären. Die Gleichgewichtsstörungen und Kinetosen, die im Abschnitt 5.2.2.3 als Folge der Coriolis-Kraft beschrieben wurden, kann man auch hervorrufen, wenn man selbst unbewegt in rotierender Umwelt den Kopf zur Seite neigt. Diese visuell ausgelöste Reaktion wird als Pseudo-Coriolis-Effekt bezeichnet (55). **Das Zusammenwirken visueller und vestibulärer Erregung erkennt man auch daran, daß der → postrotatorische Nystagmus bei geschlossenen Augen wesentlich länger fortdauert als bei offenen.**

5.5 Lage- und Bewegungsreflexe

Reflexe gehören streng genommen nicht zum Thema Psychophysik der Wahrnehmung. Sie sind jedoch für den Wahrnehmungsvorgang so aufschlußreich, daß sie kurz erwähnt werden müssen. Die reflektorischen Gleichgewichtsreaktionen passen zu den Wahrnehmungen der Schwerkraft. Auf dem Karussell oder in einem Fahrzeug beim Durchfahren der Kurve richtet sich die Körperhaltung nach der Richtung der Resultierenden aus Schwer- und Fliehkraft, d.h., die VP neigt sich zum Zentrum der Drehbewegung; bei vorwärts gerichteten Beschleunigungen neigt man sich nach vorn. Wird man auf einem Schiff auf- und abbewegt und hin- und hergekippt, sucht man diese Bewegungen zu kompensieren und insbesondere den Kopf in gleicher Raumrichtung zu halten. Mit derartigen Stellreflexen kann man die Funktionstüchtigkeit des Vestibularapparates prüfen.

Besonderes Interesse verdienen die Augenbewegungen. Wird der Kopf aktiv oder passiv um irgendeine Achse gedreht, so können die Augen ihre Blickrichtung beibehalten. Dadurch werden Bildverschiebungen auf der Netzhaut klein gehalten. Bei Kopfneigung zur Seite treten Gegenrollungen der Augen auf, die allerdings klein sind im Vergleich zum Neigungswinkel des Kopfes. Die maximale Gegenrollung tritt bei etwa 60°-Kopfneigung auf und beträgt dann nur etwa 7°.

Ein Sonderfall von Augenbewegungen ist der *Nystagmus*, der bei anhaltenden optischen Bewegungs- und vestibulären Beschleunigungsreizen auftritt. Er besteht aus einer langsamen Richtungsänderung der Augen, durch die die Bildverschiebung auf der Netzhaut verkleinert wird, und einer ruckartigen Rückdrehung. **Den optokinetischen Nystagmus kann man an Menschen beobachten, die aus einem fahrenden Eisenbahnzug herausschauen oder auf eine andere horizontal bewegte Struktur sehen. Wenn man ein Auge schließt, kann man unter diesen Bedingungen am geschlossenen Augenlid die ruckartigen Augenbewegungen mit dem Finger fühlen. So kann man auch den vestibulären Nystagmus in Erfahrung bringen, während man mit geschlossenen Augen auf einem Drehstuhl beschleunigt oder abgebremst wird. Er überdauert wie auch die Drehempfindung den Vorgang der Abbremsung und ist dann bequem zu beobachten. Mann kann übrigens die Augenbewegungen einer VP auch durch die geschlossenen Lider hindurch sehen.**

Die langsame Phase des Nystagmus folgt der Bewegung und verkleinert somit die Bildverschiebung auf der Netzhaut. Daß dadurch die Sehleistung verbessert wird, ist leicht nachzuweisen. **Man lege eine Papierscheibe mit radialen Linien auf einen Plattenspieler und betrachte die kontinuierliche Drehbewegung des Musters. Wenn man über die rotierende Scheibe eine Nadel oder einen Bleistift hält, den man zur Unterdrückung des Nystagmus fixiert, so wird die Erscheinung des Strichmusters unscharf.**

Rätselhaft ist die Erklärung des sogenannten *kalorischen Nystagmus*, den man folgendermaßen auslösen kann. **Mit einer Pipette oder mit einer Injektionsspritze ohne Nadel fülle man etwa 28°C warmes Wasser in einen äußeren Gehörgang. Die VP soll den Kopf etwas zur Seite neigen, damit das Wasser nicht gleich wieder herausläuft. Dann verschließt die VP den gefüllten Gehörgang mit dem Finger und neigt den zunächst wieder aufgerichteten Kopf um etwa 60° nach hinten. Nach etwa einer Minute wird der Kopf in die Normalstellung zurückgedreht. Die VP hat dann eine leichte Drehempfindung und fühlt sich vorübergehend schwindelig. Mit dem Finger kann sie an ihren geschlossenen Augenlidern den Nystagmus fühlen, dessen schnelle Phase zur Seite des gespülten Ohres gerichtet ist. Wird die Spülung mit kühlem Wasser, 10°–12° C, ausgeführt, ist die schnelle Phase des Nystagmus zur Gegenseite gerichtet. Andere Personen erkennen die Augenbewegungen durch die geschlossenen Lider der VP.**

Robert Bárány (1876–1936), der den kalorischen Nystagmus als klinischen Funktionstest für das Bogengangsystem einführte und 1912 dafür den Nobelpreis erhielt, erklärte den kalorischen Nystagmus dadurch, daß die Endolymphe des horizontalen Bogenganges an der Seite, die dem äußeren Gehörgang am nächsten ist, aufgewärmt bzw. abgekühlt wird. Wird der horizontale Bogengang nach oder während der kalorischen Reizung durch Neigen des Kopfes nach hinten oder vornüber senkrecht gestellt, so steigt die erwärmte Endolymphe nach oben wie das Wasser in einer Zentralheizung, was zur Auslenkung der Kupula führt. Die Richtung des Kupula-Reizes hängt davon ab, ob erwärmt oder abgekühlt und ob der Kopf nach vorn oder hinten geneigt wurde.

Wenn diese Erklärung richtig wäre, dürfte der kalorische Nystagmus bei Schwerelosigkeit nicht auftreten. Diese Vorhersage bestätigte sich zuerst bei Experimenten in Flugzeugen, die auf einer parabolischen Flugbahn so gesteuert werden, daß die Fallbeschleunigung durch eine Aufwärtsbeschleunigung gerade aufgehoben wird, so daß Schwerelosigkeit resultiert. Der kalorische Nystagmus blieb unter dieser Schwerelosigkeitsbedingung aus. In einem Raumschiff dagegen trat der kalorische Nystagmus trotz Schwerelosigkeit auf (18). Es muß deshalb nach einer anderen Erklärung gesucht werden.

6 Sehen: Abbildung der Außenwelt im Auge

6.1 Auge und Kamera

Die optische Abbildung der Außenwelt kommt im Auge so zustande wie das Bild in einem Photoapparat, Abb. 71. Wir bezeichnen die optische Abbildung im Auge als das retinale oder Netzhautbild. Wie das Bild in der Kamera ist auch das *Netzhautbild invertiert*, d. h. um 180° gedreht. **Das kann man sichtbar machen an Rinderaugen, die man in Schlachthöfen bekommt. Man schneide in die Hinterwand des Auges mit Hilfe einer Rasierklinge oder einer guten Schere ein Fenster und entferne die Reste der Netzhaut mit einem Pinsel, so daß der Glaskörper freigelegt ist. Richtet man dieses Augenpräparat auf ein Fenster oder einen gut beleuchteten Gegenstand, so sieht man das umgekehrte Bild in der Ebene der herausgeschnittenen Netzhaut. Aber auch am eigenen Auge kann man sich davon überzeugen, daß das Netzhautbild invertiert ist. Man verdecke ein Auge mit der flachen Hand und schaue mit dem anderen auf die eigene Nasenspitze. Dabei drücke man mit dem Finger im äußeren Augenwinkel leicht auf dieses Auge. Man sieht dann ein Druckphosphen, in der Regel einen hellen unbunten Ring. Diese Lichterscheinung wird durch die → inadäquate mechanische Reizung der Netzhaut ausgelöst. Weil das Auge für ein seitenvertauschtes Netzhautbild eingerichtet ist, sieht man das Phosphen nicht auf der Seite, auf der es hervorgerufen wurde, sondern auf der nasalen Seite des Gesichtsfeldes.**

Der Vergleich von Auge und Kamera ist lehrreich, kann aber auch zu völlig falschen Schlüssen führen. Der → blinde Fleck sowie die → Aderfigur der Blutgefäße auf der Netzhaut wären eindeutige Fehlkonstruktionen. Die Netzhaut mit ihrer → Fovea centralis, der von der Mitte nach außen abnehmenden Rezeptordichte und den damit zusammenhängenden lokalen Unterschieden der Empfindlichkeit würden beim Vergleich mit einem homogenen photographischen Film nicht vorteilhaft abschneiden. Die → sphärische und die → chromatische Aberration des Auges wäre bei einer Kamera schwer zu ertragen. v. Helmholtz schrieb: „Nun ist es nicht zuviel gesagt, daß ich einem Optiker gegenüber, der mir ein Instrument verkaufen wollte, welches die letztgenannten Fehler hätte, mich vollkommen berechtigt glauben würde, die härtesten Ausdrücke über die Nachlässigkeit seiner Arbeit zu gebrauchen und ihm sein Instrument mit Protest zurückzugeben" (88).

Das Auge verdient aber, wie Helmholtz weiter ausführte, eine andere Betrachtung als die Kamera. Ein technisches Gerät wird für einen bestimmten Zweck entwickelt und kann danach beurteilt werden, wie gut es diesem Zweck genügt. Die Funktionsweise des Auges muß dagegen erst erforscht werden, bevor man die Zweckmäßigkeit beurteilen kann. Es gibt erhebliche Unterschiede zwischen Auge und Kamera. Die Kamera muß man still halten, damit das Bild nicht verwackelt. Das Auge dagegen muß bewegt werden, damit man überhaupt etwas sieht, Abschnitt 1.2.3. Mit den beweglichen Augen tastet man die Umgebung ab. Dabei stören die Lücken im Netzhautbild, die durch den Blinden Fleck und die Blutgefäße zustande kommen, nicht mehr als die Lücken zwischen den tastenden Fingern. Der Zweck der Baueigentümlichkeiten von Sinnesorganen ist oft schwer zu verstehen. Unterschiede zur Kamera müssen daraufhin untersucht werden, ob sie nicht für bestimmte Aufgaben gerade vorteilhaft sind und darum im Laufe der Evolution ausgebildet wurden. Die optischen Aberrationen des Auges werden z. B. bei der → Akkommodation genutzt, Abschnitt 6.1.5.2.

Ein grundsätzlicher Unterschied zwischen Auge und Kamera besteht darin, daß die Abbildung in der Kamera unmittelbar zur Photographie entwickelt wird, d. h. zum Endprodukt, das man ansehen kann. Das Netzhautbild ist dagegen nur ein Zwischenprodukt des Sehvorgangs.

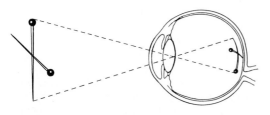

Abb. 71

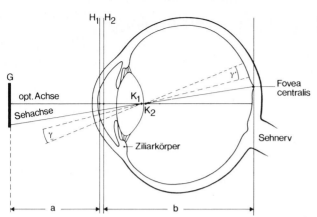

Abb. **72** Horizontaler Querschnitt durch das rechte Auge. $H_{1,2}$: Hauptebenen, $K_{1,2}$: Knotenpunkte.

Man kann es nicht sehen, und es unterscheidet sich erheblich von dem, was man wahrnimmt. Es ist zweidimensional und entsteht auf dem gekrümmten Augenhintergrund. Wir sehen aber einen dreidimensionalen Raum. Nahe Gegenstände werden größer als entferntere und je nach ihrer räumlichen Orientierung ganz verschieden abgebildet, aber trotzdem erkannt und in ihrer natürlichen Größe wahrgenommen. Durch ⇀ chromatische Aberration entstehen im Netzhautbild farbige Ränder, die man nicht sieht. Unscharfe Konturen im Netzhautbild können oft scharf wahrgenommen werden, siehe ⇀ laterale Hemmung. Daß sich das Netzhautbild wegen der Augenbewegungen fortwährend im Auge verschiebt, trotzdem aber zur Wahrnehmung der ruhenden Umwelt führt, ist vielleicht der wichtigste Unterschied. Was wir wahrnehmen, ist somit nicht das Netzhautbild, sondern das, was wir mit Hilfe der Nervenzellen im Auge und Gehirn daraus machen.

In der Redewendung „in Augenschein nehmen" lebt in der Umgangssprache eine antike Vorstellung fort, nach der das „Augenlicht" aus dem Auge kommt und die Umgebung beim Sehen ausleuchtet. Diese Vorstellung paßt zum Augenleuchten, das man bei vielen Tieren beobachten kann, wenn sie nachts ins Scheinwerferlicht geraten. Diese Tiere, z. B. Katzen, besitzen hinter der Netzhaut ein Tapetum, d. h. eine reflektierende Schicht. So falsch die Vorstellung des strahlenden Auges auch ist, so kennzeichnet sie den Sehvorgang doch richtig als einen aktiven Prozeß, während der Vergleich mit der Kamera dem Auge irreführend eine passive Rolle zuschreibt.

6.2 Augenoptik

Einen horizontalen Schnitt durch das rechte Auge zeigt die Abb. 72 in der Ansicht von oben. Man muß die *optische Achse* von der *Sehachse* unterscheiden. Die optische Achse verläuft durch die Mitte der Pupille und aller lichtbrechenden Oberflächen. Das Auge ist allerdings nicht exakt auf eine optische Achse zentriert. Das erkennt man daran, daß Lichtreflexe der Hornhaut und der Linse, Abb. **77b**, auch unter den günstigsten Beobachtungsbedingungen niemals exakt hintereinander liegen. Wenn man einen Punkt im Außenraum fixiert, dann stellt man das Auge so ein, daß er auf die Sehachse fällt und somit in der Mitte der Fovea centralis abgebildet wird. Der Winkel zwischen der optischen und der Sehachse beträgt in der Regel 5°.

Man kann die Abweichung der optischen von der Sehachse erkennen, wenn man in einem halbdunklen Raum zwischen zwei Personen eine ruhig brennende Kerze so aufstellt, daß sich die Flammenspitze auf Augenhöhe befindet. Beide Personen verdecken ein Auge mit der flachen Hand. Die eine Person richtet ihren Blick auf die Kerzenspitze, und die andere schaut über die Spitze auf das Auge der ersten Person. Der Lichtreflex von der Hornhaut wird dann nicht in der Mitte der Pupille, sondern etwas zur Nase versetzt wahrgenommen. Würde die erste Person ihre optische Achse auf die Kerzenspitze richten, so müßte der Reflex in der Mitte auftreten.

Das optische System des Auges ist kompliziert. Überschlagsrechnungen führt man deshalb mit einem stark vereinfachten Augenmodell, dem *reduzierten Auge*, Abb. **73**, durch. Hier gibt es nur eine lichtbrechende Fläche mit dem Krümmungsradius $r = 6\,\text{mm}$. Die Länge des reduzierten Auges beträgt $f_2 = 24\,\text{mm}$. Das Augeninnere

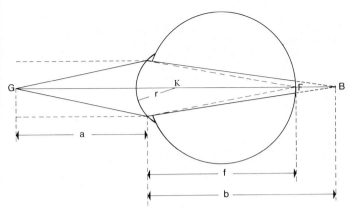

Abb. 73 Das reduzierte Auge.

wird mit Wasser gefüllt angenommen. Die Brechzahl in der Luft ist $n_1 = 1$, im Wasser $n_2 = 4/3$. Auf dieses Augenmodell ist die Abbildungsgleichung für kugelförmige Flächen anzuwenden, die in Physikbüchern hergeleitet wird.

(10) $\quad \dfrac{n_1}{a} + \dfrac{n_2}{b} = \dfrac{n_2 - n_1}{r}$

Kommt das Licht von einem unendlich weit entfernten Punkt, $a = \infty$, so laufen die einfallenden Strahlen parallel und werden auf der Netzhaut zu einem Punkt gebündelt wie die gestrichelten Linien in Abb. 73. Die Bildweite b wird dann gleich der Brennweite f_2

(11) $\quad f_2 = b = \dfrac{n_2 \cdot r}{n_2 - n_1} \quad$ für $a = \infty$

Die Brennweite im Luftraum findet man rechnerisch für $b = \infty$

(12) $\quad f_1 = a = \dfrac{n_1 \cdot r}{n_2 - n_1} \quad$ für $b = \infty$

Die innere und äußere Brennweite ist verschieden, weil die Brechzahlen für das Innen- und Außenmedium verschieden sind. Durch Einsetzen von (11) und (12) in (10) erhält man die Abbildungsgleichung

(13) $\quad \dfrac{f_1}{a} + \dfrac{f_2}{b} = 1$

Eine wichtige Größe des Systems ist die Brechkraft D

(14) $\quad \dfrac{n_2 - n_1}{r} = \dfrac{n_2}{f_2} = D$

Die Brechkraft wird in Dioptrien, $D(m^{-1})$, gemessen. Die Gesamtbrechkraft des reduzierten Auges beträgt 55,56 D und kommt dem entsprechenden Wert des natürlichen in die Ferne gerichteten Auges nahe, Tab. 4.

Von großem Nutzen für Überschlagsrechnungen ist der Krümmungsmittelpunkt K der Vorderseite des reduzierten Auges. Jeder senkrecht auf die brechende Fläche fallende Strahl läuft gerade weiter und somit durch den Krümmungsmittelpunkt. Mit dieser Einsicht kann man die Größe von Netzhautbildern berechnen. Die Abb. 74 zeigt das für das Netzhautbild des Daumens. Wenn der Daumen eine Breite von $G = 2$ cm hat und bei gestrecktem Arm, d.h. mit einem Abstand $a = 60$ cm, betrachtet wird, überspannt er einen Winkel γ, den man berechnen kann. Der $\tan \gamma = 2/60 = 0,033$ und $\gamma = 1°\,55'$. Weil $\gamma = \gamma'$, gilt auch $\tan \gamma = B/e$, wobei $e = (f_2 - r) = 18$ mm, d.h. der Abstand zwischen K und B ist. Die Größe des Daumenbildes auf der Netzhaut ergibt sich zu $B = e \times \tan \gamma = 0,6$ mm. **Die Netzhautbildgröße beliebiger Gegenstände kann man mit der Daumenregel näherungsweise bestimmen. Man halte den Daumen bei gestrecktem Arm vor ein Objekt und frage sich, wievielmal breiter es ist. Vorher muß man die Bildgröße des Daumens berechnet haben. Man findet dann bei einem z.B. 2 cm breiten Daumen und einem Abstand von 60 cm, daß der Vollmond im Durchmesser etwa ein Viertel davon mißt und folglich einen halben Winkelgrad überspannt, was den tatsächlichen 31,1 Winkelminuten nahekommt.**

Wollte man den Strahlengang genauer berechnen, so bräuchte man zusätzliche Daten über das Auge, von denen einige in Tab. 4 angegeben sind. In der Regel legt man ein sogenanntes *schematisches Auge* zugrunde, das auf Mittelwerten von Meßergebnissen an vielen Menschen beruht. Man kann die Lage und Größe des Netzhautbildes berechnen, indem man jeden Strahl nach dem Brechungsgesetz durch alle Ebenen verfolgt oder indem man die Gleichung (1) nacheinander auf alle brechenden Ebenen anwendet. Das ist aber nicht zu empfehlen, weil alle Abstän-

Tabelle 4 Optische Daten des schematischen Auges. Die Zahlen geben den Abstand vom Hornhautscheitel in mm bei Fern- und in Klammern bei Nahakkommodation an.

Brechzahl	
Hornhaut	1,376
Kammerwasser	1,336
Linse	1,386
Ort	
Vordere Hornhautfläche	0
Hintere Hornhautfläche	0,5
Vordere Linsenfläche	3,6 (3,2)
Hintere Linsenfläche	7,2
Krümmungsradius	
Vordere Hornhautfläche	7,8
Hintere Hornhautfläche	6,8
Vordere Linsenfläche	10 (5)
Hintere Linsenfläche	– 6
Vollsystem	
Brechkraft D	58,64 (70,57)
Ort der ersten Hauptebene	1,5
Ort der zweiten Hauptebene	1,6
Ort des ersten Knotenpunktes	7,3
Ort des zweiten Knotenpunktes	7,4
Ort der Netzhautfovea	24

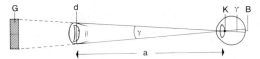

Abb. 74 Daumenregel zur Abschätzung von Netzhautbildgrößen.

de zu berücksichtigen sind, was die Rechnung kompliziert macht, und weil die Unterstellung der Kugelförmigkeit und Zentriertheit der lichtbrechenden Flächen nicht zutrifft und somit zu gravierenden Fehlern führen würde.

Einfacher ist die Rechnung mit den *Hauptebenen*, H_1 und H_2, und *Knotenpunkten*, K_1 und K_2, Abb. 72. Die Gleichung (13), die zunächst für nur eine brechende Fläche gilt, läßt sich auf zusammengesetzte Systeme anwenden, wenn man die Abstände f, a und b von den Hauptebenen aus mißt und den Zwischenraum bei der Rechnung einfach überspringt. Die Hauptebenen liegen im Auge so dicht beieinander, daß man sie bei Überschlagsrechnungen zusammenfallen lassen kann. Auch die Knotenpunkte, K_1 und K_2, fallen beinahe zusammen. Sie dienen wie der gerade behandelte Krümmungsmittelpunkt beim reduzierten Auge zur Berechnung des Abbildungsortes und der Netzhautbildgröße. Strahlen, die von außen ins Auge fallen, kann man sich im ersten Knotenpunkt gebündelt denken. Mit gleicher Richtung laufen diese gedachten Strahlen vom zweiten Knotenpunkt aus weiter. Auch hier gilt $\gamma = \gamma'$.

Mit Hilfe des schematische Auges kann man den Beitrag der einzelnen Teile zur Netzhautbildentstehung berechnen. Berechnet man z. B. die Brechkraft der vorderen Hornhautfläche mit Hilfe der Daten der Tab. 4 und der Gleichung (14), so findet man D = 48,2 m^{-1}. Der größte Teil der Gesamtbrechkraft stammt somit von der Grenzfläche Luft/Hornhaut. Das erklärt, warum man beim Tauchen nur schlecht sehen kann. Wenn man nämlich die Brechzahl von Wasser anstelle der Luft einsetzt, bleibt von der Brechkraft dieser Grenzfläche nur D = 4,82 m^{-1} übrig. Bei dieser kleinen Brechkraft würde ein scharfes Bild erst weit hinter der Netzhaut entstehen.

6.3 Netzhautbildschärfe und Akkommodation

Als *Akkommodation* bezeichnet man beim Auge die Fähigkeit, die Brechkraft der Augenoptik zu ändern. Was ohne Akkommodation geschieht, kann man in Abb. 73 ablesen: wenn der Abstand a zu klein ist, wird b zu groß, so daß ein scharfes Bild erst hinter der Netzhaut zustande kommen könnte. Auf der Netzhaut aber entsteht in diesem Fall ein defokussiertes und darum unscharfes Bild. Weil die Gegenstände im Außenraum verschiedene Abstände zum Auge haben, werden immer einige unscharf abgebildet. Der Bereich der *Schärfentiefe* wird durch die Pupillengröße bestimmt. Das kann man sich mit dem reduzierten Auge in Abb. 73 klarmachen. Der Abstand zur Punktlichtquelle ist in diesem Bild so klein gewählt, daß das Netzhautbild unscharf werden muß, weil ein scharfes Punktbild erst weit hinter der Netzhaut entstehen könnte. Was man unter diesen Umständen sieht, ist ein helles Scheibchen. Dieses Scheibchen wäre kleiner, wenn eine kleinere Pupille oder eine Lochblende dicht vor dem Auge nur die mittleren Strahlen durchließe. Je kleiner die Blende, desto schärfer das Bild. **Die Schärfentiefe kann man studieren, indem man eine Nadel oder Bleistiftspitze so dicht vor ein Auge hält, daß sie gerade unscharf gesehen wird. Das andere Auge wird dabei geschlossen. Wenn man nun dicht vor das Auge eine Lochblende hält wie in Abb. 82, sieht man die Nadel wieder scharf.**

Defokussierte Bilder sind nicht nur unscharf, sie unterscheiden sich von scharfen Abbildungen auch durch eine weitere Eigenschaft. **Wenn man den sogenannten Siemensstern, Abb. 75a, so dicht vor ein Auge hält, daß man ihn**

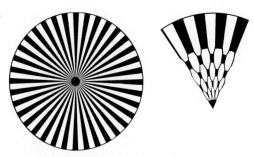

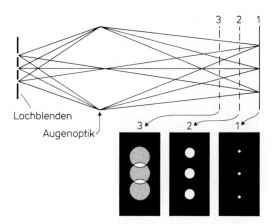

Abb. 75 a) Siemensstern, b) Ansicht bei Unscharfstellung, Ausschnitt schematisch.

Abb. 76 Zur Theorie der Kontrastumkehr in defokussierten Netzhautbildern.

nur noch unscharf sehen kann, so erkennt man Ringe, wie sie in Abb. 75b angedeutet sind. In den ringförmigen Zonen ist das Muster verschwommen, und die sonst hellen Strahlen erscheinen eher dunkel und die dunklen heller. Die Position der Ringe ändert sich mit dem Beobachtungsabstand. Man kann den Siemensstern auf eine Folie kopieren und über einen Schreibprojektor auf eine Wand abbilden. Stellt man das Gerät unscharf ein, so treten auch hier Ringzonen mit der Kontrastumkehr auf. Man benutzt den Siemensstern zur Kontrolle der Bildschärfe in technischen Systemen. Den Effekt der Kontrastumkehr im defokussierten Bild kann man mit der → Kontrastübertragungsfunktion berechnen (99).

Einfacher zu verstehen ist die analoge Erscheinung bei drei benachbarten Punkten. **Man steche mit einer Nadel dicht nebeneinander drei Löcher in ein schwarzes Stückchen Karton und halte diese Lochblende vor eine helle Fläche. Bei bequemem Beobachtungsabstand entsteht ein scharfes Bild in der Bildebene (1)**, Abb. 76. Wenn man den Karton zu nahe an das Auge heran bringt, wird das scharfe Bild immer weiter nach hinten verschoben, so daß die Abbildung auf der Netzhaut immer unschärfer wird. Die Querschnitte (2) und (3) durch die Lichtstrahlen zeigen näherungsweise, wie das Netzhautbild aussähe, wenn es erst hinter der Netzhaut scharf würde. In der Schnittebene (3) überlappen die hellen Scheibchen, so daß die hellsten Stellen des Bildes nicht mehr in, sondern zwischen den drei unscharfen Punktbildern entstehen, was der Kontrastumkehr beim Siemensstern entspricht.

Die Scharfstellung des Bildes wird im Photoapparat und in den Augen von niederen Wirbeltieren durch Verschiebung der Linsen bewerkstelligt. Beim Menschen dagegen wölbt sich bei Nahakkommodation die Linsenvorderseite nach vorn, Abb. 77a rechte Seite. Ursache dafür ist die Elastizität der Linse, die im Ruhezustand durch die Fasern, mit denen sie im Auge aufge-

hängt ist, nach außen gespannt und dadurch flach gehalten wird, Abb. 84. Während der Nahakkommodation kontrahiert sich der ringförmige Ziliarmuskel, so daß die Zugkraft der Fasern nachläßt. Der Krümmungsradius r der Linsenvorderseite verkürzt sich dabei, was nach Gleichung (14) Vergrößerung der Brechkraft D bedeutet. Bei jungen Menschen kann der Krümmungsradius r der Linsenvorderseite halbiert und die Brechkraft der Linsenvorderseite somit verdoppelt werden. Die Linsenvorderseite bewegt sich dabei um mehr als 2 mm nach vorn, was eine Vergrößerung des Netzhautbildes nach sich zieht. Außerdem wird der in der Linse vom Rand zur Mitte ansteigende Gradient der Brechzahl bei der Verformung steiler. Weil die Brechung immer zum Medium mit der größeren Brechzahl hin erfolgt, hier also zur Linsenmitte, führt das zu einer Erhöhung der Gesamtbrechkraft der Linse.

Der Ziliarmuskel ist ein glatter Muskel, der durch das vegetative Nervensystem gesteuert wird. Trotzdem kann man ihn willkürlich aktivieren, wenn man abwechselnd einen fernen und einen nahen Gegenstand ansieht. Man bemerkt dann auch, daß das Akkommodationssystem zur Scharfstellung wenigstens eine Sekunde braucht und schnell ermüdet. Es ist darum sehr unangenehm, abwechselnd auf ferne und nahe Gegenstände akkommodieren zu müssen. Das ist nötig, wenn man in einem Museum zwischen den Exponaten und dem Katalog hin- und her blickt. Große Beschriftungen, die bei unverändertem Abstand lesbar sind, sind empfehlenswert. Im Dunkeln läuft der Akkommodationsvorgang langsamer ab, so daß es bei nächtlichen Autofahrten mehr als eine Sekunde dauert, bis man nach einem Blick auf die Armaturen wieder auf die

Ferne eingestellt ist. Je weiter die Anzeigetafeln vom Fahrer entfernt sind, desto weniger braucht er zu akkommodieren.

Die Veränderung der vorderen Linsenwölbung kann man, wie v. Helmholtz zeigte, von außen sehen, und zwar an den **Purkinjeschen Spiegelbildern**, Abb. 77b. Um diese zu studieren, läßt man jemanden z. B. eine Kerze anschauen und betrachtet aus geringem Abstand seine Pupille. Der Raum soll möglichst dunkel sein, damit die Pupillen groß werden. Die Kerze stellt man aus demselben Grund nicht zu nah an die VP. Man erkennt außer dem hellen Spiegelbild der Kerze von der Hornhautvorderfläche noch das dunklere der Linsenvorderseite und ein sehr viel dunkleres der Linsenrückseite, das auf dem Kopf steht. Daß es damit seine Ordnung hat, kann man an einem gefüllten Weinglas mit näherungsweise kugeligem Kelch nachprüfen. Das Spiegelbild der Vorderseite ist aufrecht, das der Rückseite invertiert.

Diese Spiegelbilder ändern sich bei der Akkommodation. Abb. 77c zeigt links Spiegelbilder bei einem fernakkommodierten Auge mit flacher Linse und rechts bei einem nahakkommodierten mit vorgewölbter Linse. Man erkennt, daß sich nur die Größe des mittleren Spiegelbildes, das von der Linsenvorderseite stammt, ändert. **Will man die Veränderung der Purkinjeschen Spiegelbilder bei einem Mitmenschen sehen, so montiere man in der Verbindungslinie zwischen dem Auge und der Lichtquelle etwa 10 cm vor die VP eine Bleistiftspitze oder etwas ähnliches, was die VP ohne Augenbewegung abwechselnd mit der entfernteren Lichtquelle fixieren kann. Wenn die VP ein Auge zuhält, gelingt das leichter.** Akkommodiert sie auf den nahen Gegenstand, kann man sehen, wie das mittlere Purkinjesche Spiegelbild schrumpft.

Die Fähigkeit der Nahakkommodation nimmt mit dem Alter ab. Mit 10 Jahren kann man seine Nasenspitze noch scharf sehen, mit 35 Jahren ist der *Nahpunkt*, d.h. der Abstand, bei dem man gerade noch scharf sehen kann, ungefähr 25 cm, im Alter von 45 Jahren ungefähr 50 cm vom Auge entfernt. In diesem Alter beginnt man, beim Lesen das Buch weiter weg zu halten. Dadurch wird das Netzhautbild der Schrift so klein, daß das Lesen mühsam wird. Die fehlende Brechkraft ersetzt man dann durch eine Brille. Zwischen 50 und 60 Jahren hört die Akkommodationsfähigkeit fast ganz auf, so daß man ohne Brille nur noch in der Ferne gut sehen kann. Die Ursache dafür ist die abnehmende Elastizität der Linse. Die Linse wächst im Laufe des Lebens immer weiter und wird dabei härter. Bei der Geburt wiegt sie 90 mg, mit 20 Jahren 150 mg, mit 40 Jahren 190 mg und im Alter von 80 Jahren 240 mg, wenn sie nicht bereits durch den grauen Star undurchsichtig geworden und deshalb operativ entfernt wurde. Experimente zur Akkommodation kann man deshalb nur mit jungen Menschen machen.

Nach Christoph Scheiner (1575–1650) ist der klassische Versuch benannt, mit dem die Änderung der Brechkraft bei der Akkommodation zwingend bewiesen wurde. Wie Abb. 78 zeigt, beruht der Versuch darauf, daß man mit einem Auge durch zwei benachbarte künstliche Pupillen schaut. Der optische Apparat des Auges ist durch eine Linse symbolisiert. Bei dem Versuch entstehen monokulare Doppelbilder, die sich mit dem Akkommodationszustand ändern. **Man benötigt ein Stück feinen schwarzen Kartons, Kantenlänge ungefähr 5 cm, und eine Nadel, mit der man nebeneinander zwei kleine etwa 0, 5 mm breite Löcher sticht. Der Abstand der Löcher muß klei-**

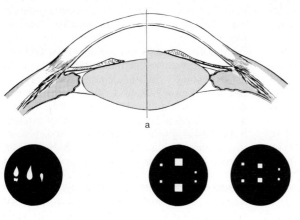

Abb. **77** Akkommodation nach v. Helmholtz [90]).

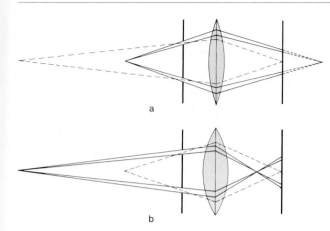

Abb. 78 Schema zur Erklärung des Scheinerschen Versuches.

ner sein als die Größe der Pupille. Wenn man das Experiment im Halbdunkeln und damit bei großer Pupille durchführt, kann der Abstand 2 – 3 mm betragen. Man hält den Karton so nahe wie irgend möglich vor ein Auge und schließt das andere.

Anschauen sollte man zwei senkrechte Konturen, die hintereinander auf der Sehachse liegen, z. B. eine Stecknadel im Abstand des → Nahpunktes und eine zweite im Abstand von 1 m oder mehr. Statt der zweiten Nadel kann eine beliebige weit entfernte Kontur, eine Fahnenstange, Laterne oder ein Kirchturm gewählt werden. Zuerst betrachte man durch die beiden Löcher die entfernte Struktur. In dem dann herrschenden Zustand der Fernakkommodation, Abb. 78a, wird die nahe Nadel auf der Netzhaut wegen der Doppelpupille zweimal abgebildet. Das ferne Objekt sieht man einfach, das nahe doppelt. Wenn man die linke künstliche Pupille verschließt, verschwindet wegen der → Inversion des Netzhautbildes das rechte Doppelbild. Akkommodiert man auf die nahe Nadel, Abb. 78b, so sieht man diese einfach und die ferne Struktur doppelt. Hält man nun eine Öffnung zu, so verschwindet wegen der Überkreuzung der Strahlen im Auge das gleichseitige Doppelbild.

Bei diesem Versuch treten gewöhnlich folgende Fragen auf. (a) Warum sieht man die Struktur, auf die man gerade nicht akkommodiert, einigermaßen scharf und nicht ganz verschwommen? Die Antwort liefert das Prinzip der → Schärfentiefe bei dünnen Lichtbündeln.- (b) Beweist das Experiment, daß die Akkommodation durch die variable Linsenwölbung bewerkstelligt wird? Nein! Es zeigt nur, daß sich die Brechkraft auf irgendeine Weise ändert. Der spezielle Akkommodationsmechanismus des Menschen wird erst durch die Purkinjeschen Spiegelbilder nachgewiesen. (c) Warum haben einige Personen Schwierigkeiten, beim zweiten Teil des Versuchs, Abb. 78b? Weil sie nicht mehr gut genug akkommodieren können. Ihr → Nahpunkt ist bereits so weit vom Auge entfernt, daß es nicht mehr zur Überkreu-

zung der Lichtbündel im Auge kommen kann. (d) Wie wird im visuellen System Bildschärfe bestimmt und Akkommodation gesteuert? Für technische Systeme wurden verschiedene einfache Kriterien zur Bestimmung der Bildschärfe entwickelt, die hier nicht diskutiert werden können. Die Verhältnisse im visuellen System sind kompliziert und nicht ganz klar. Die Frage wird im Zusammenhang mit der → sphärischen und → chromatischen Aberration im Auge am Ende des Abschnitts 6.1.5.2 noch einmal aufgenommen.

6.4 Eigenbeobachtungen zum Augenbau

6.4.1 Beobachtung entoptischer Erscheinungen

Wenn man durch ein kleines Loch gegen den hellen Himmel schaut, Abb. 82, sieht man viele Strukturen der Hornhaut, der Linse und des Glaskörpes, Abb. 83, und man kann sogar die eigenen Netzhautgefäße und die Fovea centralis sehen, Abb. 85. Visuelle Phänomene, die auf diese Weise über das Augeninnere Aufschluß geben, bezeichnet man als *entoptische Erscheinungen*. Zu ihrer Beobachtung sind Geschicklichkeit, Ausdauer und auch Vorkenntnisse hilfreich.

Wenn sich im Auge ein schattenwerfendes Hindernis, (h) in Abb. 79a, befindet, so wird man es bei einem scharf eingestellten Netzhautbild nicht sehen. Es wird lediglich den Lichtfluß zur Netzhaut abschwächen. Im unscharfen Netzhautbild wird es aber einen Schatten werfen, Abb. 79b,c. Das unscharfe Netzhautbild erzeugt man leicht mit einer Punktlichtquelle, z. B. einer hellen Blende dicht vor dem Auge, Abb. 82. Man kann auf diese Weise eine verwirrende Fülle von Beobachtungen machen, die im folgenden beschrieben werden sollen. Manche Beobachtungen gelingen besser, wenn man Farbfilter zu Hilfe nimmt.

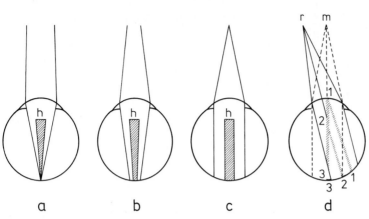

Abb. **79** Zur Theorie entoptischer Erscheinungen.

6.4.2 Beobachtungen an den Pupillen

Bei allen Pupillenbeobachtungen sorge man dafür, daß es nicht zu hell ist, weil dann die Pupillen nicht groß werden. Im höheren Alter werden die Pupillen unbeweglich und die Iris färbt sich dann grau.

Was man mit einer Blende dicht vor dem Auge, Abb. 82, sieht, ist ein helles Scheibchen. Dieses wird, wie man der Abb. 79a–d entnehmen kann, durch ein Lichtbündel hervorgerufen, das durch die Regenbogenhaut (Iris) begrenzt ist. Der unscharfe Rand des hellen Scheibchens ist also der Schatten des Irisrandes auf der Netzhaut. Wer daran zweifelt, der öffne bei der Beobachtung kurz das zweite Auge. Die runden Scheibchen schrumpfen dann, weil sich die Pupille wegen des Lichtreizes im anderen Auge zusammenzieht, siehe Abschnitt 1.4.3. Bei plötzlichen Größenänderungen kann man sehen, wie sich die Pupille zunächst überschießend und dann mit kleiner werdenden Oszillationen der neuen Größe annähert. Aber auch bei gleichbleibender Beleuchtung sieht man Bewegungen des Pupillenrandes.

Man braucht übrigens keine Lochblende vor dem Auge, um die Pupille entoptisch sichtbar zu machen. Es reicht ein glänzender Gegenstand, der Kopf einer Stecknadel oder der Glanz auf einem Bleistift, Abb. 81. Wenn man mit dem Auge dicht an einen glänzenden Punkt herangeht, wird er wie die nahe Lochblende im Auge als helles Scheibchen abgebildet. Was man sieht, ist auf der rechten Seite der Abb. 81 angedeutet. Auch diese hellen Scheibchen schrumpfen, wenn man das zweite Auge öffnet.

Die großen Reaktionen auf Lichtreize und die feinen Oszillationen verlaufen in beiden Augen synchron. Das erkennt man, wenn man vor beide Augen eine kleine helle Blende hält. Die Scheib-

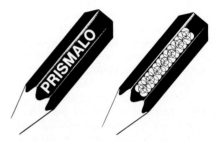

Abb. **80** Zur entoptischen Beobachtung der Pupillenbewegung an unscharf gesehenen punktförmigen Lichtreflexen.

chen, die man mit dem rechten und linken Auge sieht, fallen nie genau zusammen und sie sind auch nicht ganz gleich groß, weil die Stellung der Blenden vor den beiden Augen niemals ganz gleich ist. Darum kann man die beiden Pupillen und ihre Bewegungen gleichzeitig beobachten.

Beim gesunden Menschen haben beide Pupillen dieselbe Größe, und die Irismuskulatur wird durch das Nervensystem streng parallel gesteuert. Das ist keineswegs bei allen Wirbeltieren der Fall. Vor dem Spiegel hat man, insbesondere wenn bei seitlichem Lichteinfall das eine Auge im Schatten liegt, oft den Eindruck, eine Pupille sei größer als die andere. Das ist meistens eine Täuschung. Man kann im Spiegel auf einmal nur ein Auge betrachten. Wenn man beide Augen auf das Spiegelbild des heller beleuchteten Auges richtet, sind die Pupillen naturgemäß kleiner, als wenn man das beschattete Auge ansieht.

Die Irismuskulatur steht unter der Kontrolle des vegetativen Nervensystems. Die Pupillengröße spiegelt deshalb auch den emotionalen Zustand wider. Bei Erregung sind die Pupillen größer

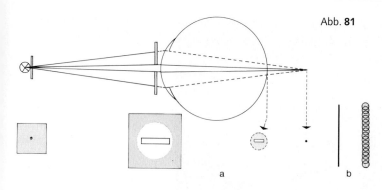

Abb. 81

als in Ruhe. Kleine Pupillen beim Gesprächspartner machen einen berechnenden, lauernden und damit nicht vertrauenerweckenden Eindruck. Mit Hilfe von Atropin, einem Alkaloid der Tollkirsche, vergrößern sich die Mädchen mancher Kulturen ihre Pupillen, um bei Männern den Eindruck großer Erregtheit zu machen. Die emotionale Wirksamkeit von Reklamematerial kann man an der Pupillenreaktion prüfen. Man kann diese Zusammenhänge vor dem Spiegel und auch entoptisch an sich beobachten, noch besser allerdings an einer anderen Person, der man eine schwierige Rechenaufgabe stellt. Die Pupille wächst dann und wird plötzlich kleiner, wenn die Lösung gefunden ist. Wenn die Beobachtung nicht gelingt, wiederhole man sie bei geringerer Beleuchtung. Die Pupillen werden bei Nahakkommodation kleiner. Das kann man leicht an einem Menschen sehen, der eine Fingerspitze fixiert, die sich langsam seinem Auge nähert. Ein Vorteil der Koppelung von Nahakkommodation und Pupillenkonstriktion ist in der Vergrößerung der → Schärfentiefe zu suchen, die bei schrumpfendem Beobachtungsabstand kritisch wird.

Die Blende dicht vor dem Auge, Abb. 81, kann man als *künstliche Pupille* bezeichnen. Sie bestimmt, wie die natürliche Pupille die Form des unscharfen Netzhautbildes. Wenn man anstelle der punktförmigen Blende einen Schlitz in den Karton schneidet oder ein winziges Dreieck oder zwei Löcher wie beim → Scheinerschen Versuch, dann wird das auf die Netzhaut fallende Lichtbündel durch diese Figuren begrenzt. Man sieht dann einen hellen Streifen, ein helles Dreieck (Netzhautbild nicht invertiert!) oder zwei helle Scheibchen nebeneinander.

6.4.3 *Entoptische Wahrnehmung der Augenmedien*

Schaut man durch eine kleine Blende, Abb. 82, auf eine helle Lichtquelle, so sieht man in dem hellen Scheibchen viele Strukturen, wie sie in Abb. 83 wiedergegeben sind. Zur Bestimmung der Ursachen ist es hilfreich, zunächst den Ort der schattenwerfenden Struktur zu ermitteln. Man muß dazu die Scheinbewegungen beobachten, die nach Abb. 79d zu erwarten sind, wenn man die Lochblende ein wenig zur Seite bewegt. Das helle Scheibchen, das man sieht, verschiebt sich im Auge in Gegenrichtung, was man wegen der → Inversion des Netzhautbildes als Bewegung in derselben Richtung wahrnimmt. Die feinen Strukturen, die man in dem Scheibchen sieht, bleiben dabei am alten Ort, wenn sie ihre Ursache dicht vor der Netzhaut haben. Sie wandern mit dem Scheibchen, wenn ihre Ursache in der Ebene des → Knotenpunktes liegt, und eilen voraus, wenn ihre Ursache weiter vorn im Auge, z. B. in der Hornhaut, liegt. Was man außer der Pupille entoptisch wahrnehmen kann, soll in den Worten von v. Helmholtz beschrieben werden (90)

„Von den Flüssigkeiten herrührend, welche die Hornhaut überziehen (Tränenfeuchtigkeit, Sekret der Augenliderdrüsen), nimmt man oft im entoptischen Gesichtsfelde Streifen wahr, wolkig helle oder lichte Stellen, tropfenähnliche Kreise mit heller Mitte, welche durch Blinzeln mit den Augenlidern verwischt und verändert

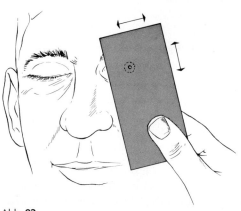

Abb. 82

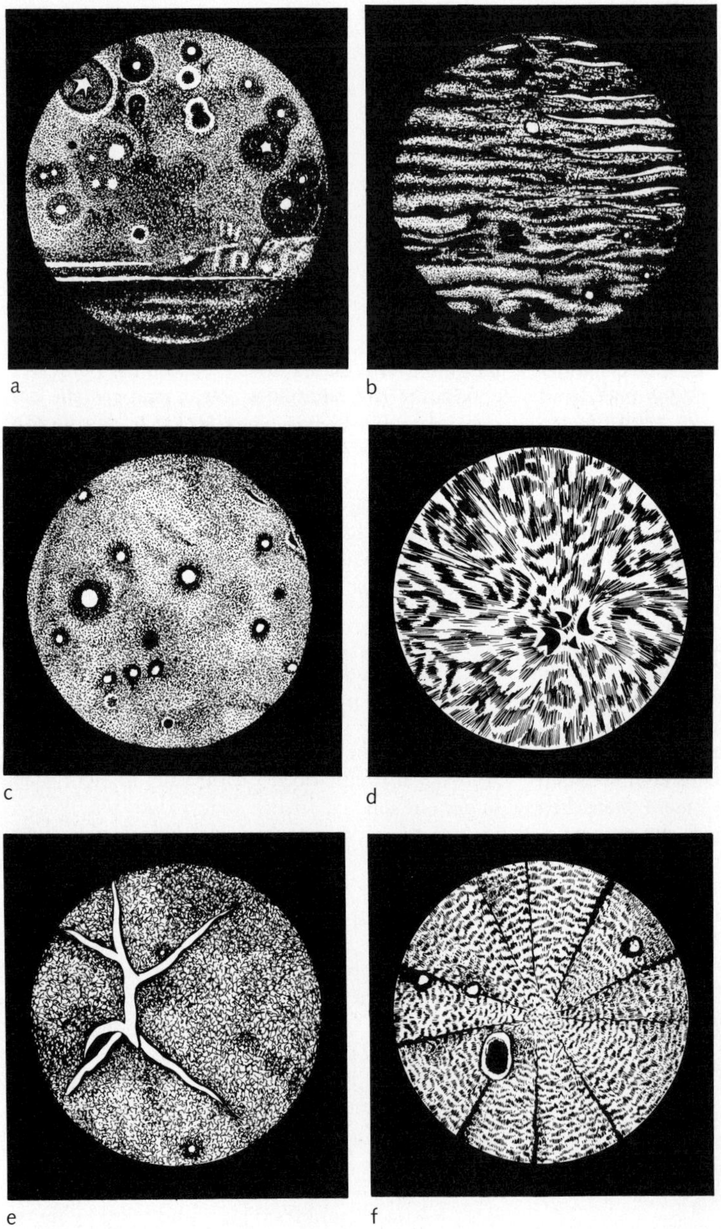

6 Sehen: Abbildung der Außenwelt im Auge

Abb. 83 Entoptische Erscheinungen (nach v. Helmholtz [90]).

a

b

c

d

e

f

werden ...", Abb. **83a**. „Die kraus gewordene Vorderfläche der Hornhaut, nachdem man eine Zeit lang das geschlossene Auge mit den Fingern gedrückt oder gerieben hat. Man sieht ziemlich gleichförmig verteilt, größere, unbestimmt begrenzte, wellige oder netzartig geordnete Linien und getigerte Flecken, die sich eine viertel Stunde bis zu einigen Stunden halten", Abb. **83b**. „Von der Linse namentlich der vorderen Kapselwand, und dem vorderen Teil des Kristallkörpers rühren mannigfache Erscheinungen her... a) Perlflecken, runde oder rundliche Scheiben, innen hell, mit scharfem, dunklen Rande. Sie sehen bald Luftbläschen, bald Öltropfen, bald Kristallchen ähnlich, welche man durch das Mikroskop sieht", Abb. **83c**, „b) Dunkle Flecken; unterscheiden sich von den vorigen durch den Mangel eines hellen Kerns und auch durch größere Mannigfaltigkeit der Gestalt", Abb. 83d, „c) Helle Streifen, meist einen unregelmäßigen Stern mit wenig Ausläufern in der Mitte des Gesichtsfeldes darstellend", Abb. 83e, „d) Dunkle radiale Linien, welche wohl Andeutungen des strahligen Baus der Linse sind", Abb. 83f.

Entoptische Erscheinungen machen sich auch beim Betrachten von Sternen und entfernten Straßenlaternen bemerkbar, und zwar in den Strahlen, die beim Blinzeln vor allem nach unten aus der Lichtquelle herauszuschießen scheinen. Diese haben ihre Ursache in der Flüssigkeit auf der Hornhaut, die dabei von oben und unten zusammengeschoben wird und eine Art von horizontal liegender Zylinderlinse formt. Dadurch werden die Lichtstrahlen in vertikaler Richtung zusätzlich gebrochen. Diese Erklärung läßt sich leicht prüfen. **Man blinzele, während man mit untergetauchtem Kopf aus dem Wasser die Sterne betrachtet. Dann kann sich keine Zylinderlinse vor der Hornhaut bilden und die großen Strahlen treten auch nicht auf.**

Was man aber auch dann noch sieht, ist ein feiner *Strahlenkranz* um die Lichtquelle, der auch unter normalen Beobachtungsbedingungen auftritt. Dieser Strahlenkranz dreht sich mit, wenn man den Kopf zur Seite neigt, hat also seine Ursache im Auge. Nach Staroperationen ist der Strahlenkranz nicht mehr zu sehen. In fünf oder sechs Richtungen sind die Strahlen länger. Darum werden auch die Strahlen von Sternen in der Kunst oft so dargestellt. Der Strahlenkranz und die Phänomene der Abb. 83 f, g werden mit hoher Wahrscheinlichkeit durch die Linse hervorgerufen. Die Linse, Abb. 84, ist aus radiär verlaufenden spindelartigen Zellen aufgebaut. Die Enden dieser Zellen bilden auf beiden Seiten der Linse eine sternförmige Figur, an der das Licht abgelenkt werden kann.

Beim Betrachten heller Flächen, des Himmels oder einer weißen Wand, sieht man fast immer glasige Scheibchen, die auch in Bändern oder Klumpen zusammenhängen können, die sogenannten *Mouches volantes* oder *fliegenden Mücken*. Sie werden durch verklebte Zellmembranen von Blutkörperchen hervorgerufen, die aus den Netzhautgefäßen stammen und wahrscheinlich zwischen Netzhaut und Glaskörper geplatzt sind. Nach Netzhautoperationen treten sie vermehrt auf. Daß sie sich nahe der Netzhaut aufhalten, erkennt man daran, daß sie sich mit dem Licht einer Punktlichtquelle fast nicht mitbewegen, Abb. 79d. Ein Blutkörperchen hat einen Durchmesser von 7,5 μm. Mit der → Daumenregel ermittelt man aber für die Mouches volantes eine Größe von 25 – 50 μm. Diese Größe

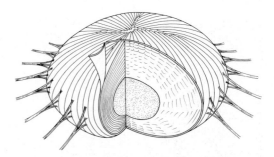

Abb. **84** Die Linse ist von der Linsenkapsel umgeben, an der die nach außen zum Ziliarkörper, Abb. 72 und 77, gespannten Zonula-Fasern ansetzen. Der zwiebelschalige Bau des Inneren besteht aus spindelförmigen Zellen, deren Enden in jeder Schicht oben und unten die drei- oder mehrstrahlige Figur bilden. Die äußeren Schichten sind elastisch. Im Zentrum befindet sich ein mit dem Alter wachsender harter Kern.

könnte eine Beugungsfigur sein, die die Blutkörperchen auf die Netzhaut werfen.

Die Mouches volantes verhalten sich bei Augenbewegungen wie → Nachbilder, d. h., sie bewegen sich mit und vollführen somit Scheinbewegungen im Außenraum. Wie die Nachbilder erscheinen sie groß, wenn man den Himmel anschaut, kleiner auf einem nahen hellen Papier und nochmals kleiner, wenn man sie mit Hilfe einer kleinen Lochblende, Abb. 82, sichtbar macht. Das ist nach dem → Emmertschen Gesetz als Folge der Größenkonstanzleistung zu erklären. Die Mouches volantes bewegen sich aber bei genauerer Betrachtung doch ein wenig, und zwar aufwärts, wenn man die Augen mittels eines Fixierpunktes ruhig hält, was einem Absinken vor der Netzhaut entspricht. Legt man sich auf den Rücken und fixiert einen Punkt an der Decke, so kann man keine Vorzugsrichtung erkennen.

Die Blutgefäße der Netzhaut, Abb. 85, sieht man, wenn man das Auge auf eine sehr helle Fläche richtet und den Karton mit Loch, Abb. 82, dicht vor dem Auge zitternd bewegt. Um die quer verlaufenden Gefäße wahrnehmbar zu machen, muß man die Blende schnell auf- und abbewegen, für die vertikalen Gefäße muß man sie horizontal hin- und herführen. Will man alle Gefäße gleichzeitig sehen, führe man kreisende Bewegungen aus. Diese Beobachtungsvorschrift erklärt, warum die Netzhautgefäße sichtbar werden. Die Gefäße werfen Schatten auf die Netzhaut, die wie die → stabilisierten Netzhautbilder unsichtbar bleiben, weil sie sich normalerweise nicht bewegen. Läßt man aber durch die Blende das Licht abwechselnd vom rech-

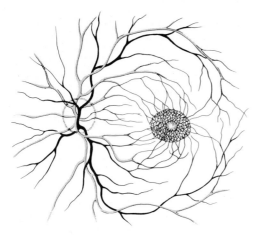

Abb. 85 Skizze des Augenhintergrundes. Die Zentralarterie (hell) und -vene (dunkel) entspringen im blinden Fleck (umrandetes Oval) auf der nasalen Seite der Sehgrube, deren Mitte, die Foveola, frei von Blutgefäßen ist.

ten und linken Rand der Pupille eintreten, so bewegt sich der Schatten der vertikal verlaufenden Gefäße ein wenig hin und her. Das reicht aus, um die Gefäße vorübergehend sichtbar zu machen. Bei horizontalen Gefäßen ändert sich am Schatten erst dann etwas, wenn die Lichtquelle quer dazu, also auf und ab, bewegt wird. Der Ort, den man bei dieser Betrachtung notwendigerweise immer gerade vor sich sieht, ist die Sehgrube oder Fovea centralis, rechts in Abb. 85. Die Blutgefäße laufen von allen Seiten zur Fovea hin und erreichen mit ihren feinsten Verzweigungen das runde Zentrum, die Foveola. Im fovealen Bereich zeigt die Netzhaut eine lederartige Struktur. Farbfilter können bei den entoptischen Netzhautbetrachtungen hilfreich sein.

Man kann die Netzhautgefäße, die sogenannte *Purkinjesche Aderfigur*, farbenprächtig sichtbar machen, indem man mit einer Taschenlampe die weiße Augenhaut neben der Iris durchleuchtet. Am besten schließt man ein Auge und richtet das andere auf die Nasenspitze. Richtet man nun den Strahl der Taschenlampe auf den äußeren Augenwinkel und führt die kreisende Bewegung durch, so sieht man beinahe dasselbe, was man mit dem Augenspiegel im Auge anderer Menschen erkennen kann. Die Beobachtung wird erleichtert, wenn man die Taschenlampe am äußeren Augenwinkel aufsetzt. Man kann dabei das Auge schließen und die Lider durchleuchten. In dieser Anordnung sieht man etwa den Ausschnitt des Augenhintergrundes, wie ihn Abb. 85 wiedergibt, allerdings nicht den eingekreisten Ursprungsort der Netzhautgefäße, weil sich dieser im → blinden Fleck befin-

det. Jetzt kann man auch die helleren Arterien von den dunkleren Venen unterscheiden.

Aus der Beobachtung läßt sich herleiten, daß die Lichtsinneszellen, die Zapfen und Stäbchen, die hintere Schicht der Netzhaut bilden, Abb. 113. Lägen die Gefäße der Rezeptorschicht direkt auf der lichtempfindlichen Schicht, so würden sich die Schatten kaum bewegen.

Diese wunderbare Beobachtung beruht darauf, daß die Augenhäute nicht ganz lichtundurchlässig sind. Dort, wo der Strahl der Taschenlampe durch die Augenhäute hindurchdringt, entsteht im Auge eine helle Stelle, die die Netzhaut aus ungewohnter Richtung beleuchtet und die Schatten bei Bewegung der Lampe ein wenig wandern läßt. **Daß die Augenhäute nicht ganz lichtdicht sind, kann man auch beim Lesen im hellen Sonnenlicht merken. Wenn die Sonnenstrahlen etwa quer zu Blickrichtung einfallen und dabei auch auf die weiße Augenhaut treffen, erscheinen die schwarzen Druckbuchstaben leuchtend rot wegen des Lichtes, das durch die Augenhäute eingedrungen ist. Auf den hellen Flächen kann man das schwache Rotlicht nicht sehen. Man sieht das rote Licht am besten auf fettgedruckten größeren Buchstaben, und man muß ein wenig mit der Blickrichtung experimentieren, um die optimale Einstellung zu finden.**

6.4.4 Monokulare Polyopie

Man kann das Phänomen an der hellen Mondsichel beobachten, deren Spitzen vor dunklem Nachthimmel bei genauer Betrachtung oft wie ein Büschel von Spitzen aussehen. Weil dieses Vielfachsehen der Kontur auch zu beobachten ist, wenn man ein Auge zuhält, bezeichnet man es als *monokulare Polyopie*. Regelmäßig tritt die Polyopie auf, wenn man Daumen und Zeigefinger dicht vor dem Auge bis auf einen schmalen Spalt zusammenbringt und zwischen den Fingerbeeren hindurch zu sehen versucht. Mit Annäherung der Fingerbeeren aneinander scheint sich eine Brücke über dem Spalt zu bilden, und diese scheinbare Verbindung ist parallel zu den Fingerkonturen gestreift, Abb. 86.

Die monokulare Polyopie ist mit der Struktur der Linse, Abb. 84, zu erklären, die aus Schichten besteht, deren Brechkraft von außen nach innen zunimmt. Die ringförmigen Zonen der Linse mit verschiedener Brechkraft können zu Netzhautbildern mit geringen Größenunterschieden führen, die sich durch die Vielfachkonturen bemerkbar machen. **Wenn man das zweite Auge öffnet, kann man unter günstigen Bedingungen sehen, daß die Zahl der parallelen Konturen abnimmt. Das ist mit der dabei stattfindenden Verkleinerung**

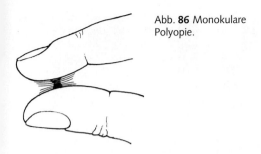

Abb. 86 Monokulare Polyopie.

der Pupille, Abschnitt 1.4.3, zu erklären, weil dadurch die äußeren Ringbezirke der Linse abgedeckt werden. Daß die monokulare Polyopie augenoptisch zu erklären ist, kann man mit einem Trick zeigen. Man betrachte die Vielfachkonturen zwischen den Fingerbeeren monokular und verdecke dabei die Pupille mit einem schwarzen Karton dicht vor dem Auge, Abb. 90b. Wenn die Richtung der schwarzen Kante und der Vielfachkonturen parallel sind, verschwinden die Vielfachkonturen. Auf diese Weise kann man das Phänomen von pathologischen Fällen des Mehrfachsehens unterscheiden, die ihre Ursache im Gehirn haben.

6.5 Eigentümlichkeiten der Augenoptik

6.5.1 Sphärische Aberration und Astigmatismus

Betrachtet man bei Nacht eine Straßenlaterne aus einem Abstand von 50 m oder mehr, so sieht man in der Mitte des gerade behandelten Strahlenkranzes um die Lichtquelle nicht etwa einen hellen Punkt, sondern eine komplizierte Figur. Sie besteht gewöhnlich aus einem hellen oder dunklen Mittelpunkt, umgeben von unregelmäßigen konzentrischen hellen und dunklen Ringzonen, die speichenartig miteinander verbunden sind. Diese Figur wird von den meisten Menschen mit dem rechten und linken Auge verschieden gesehen. Neigt man den Kopf zur Seite, so dreht sich die Figur mit. Man kann das an jeder Punktlichtquelle studieren, z. B. mit Hilfe einer kleinen Lochblende vor einer hellen Lichtquelle, Abb. 82, die man in einem sonst dunklen Raum aus einem Abstand von einigen Metern anschaut. Die Figur ändert sich mit dem Akkommodationszustand. Man halte zwischen die Punktlichtquelle und das Auge eine Nadelspitze so, daß man Nadel und Lichtquelle gleichzeitig sehen kann. Konzentriert man sich auf die nahe Nadelspitze, so ändert sich das Bild mit der Nahakkommodation.

Mit diesen Beobachtungen ist bereits gezeigt, daß man die Ursache für die eigentümliche Erscheinung von Punktlichtquellen im Auge und nicht bei der Lichtquelle suchen muß. Sie besteht in der *sphärischen Aberration*, die man den optischen Öffnungsfehlern zuordnet, weil sie auf die Randstrahlen zurückzuführen ist, die bei großer Pupillenöffnung ins Spiel kommen. Die → Brechkraft des Auges ist nahe der → optischen Achse um ein bis zwei → Dioptrien höher als am Rande. Darum liegt der Brennpunkt der peripheren Strahlen weiter hinten, Abb. 87. Das macht sich bei großen Pupillen, d.h. im Dunklen, bemerkbar. Laufen die Strahlen nicht im selben Brennpunkt zusammen, so bilden sie im Längsschnitt die hervorgehobene sogenannte kaustische Fläche. Was man sieht, entspricht dem Querschnitt des Strahlenbündels in der Netzhautebene. Durch → Akkommodation wird die Zone des

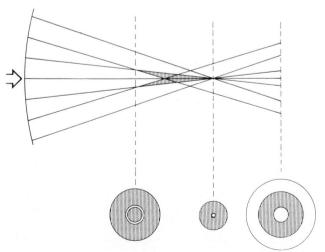

Abb. 87 Zur Erklärung der sphärischen Aberration im Auge.

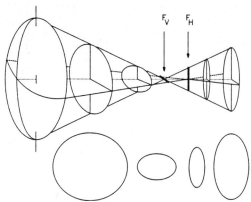

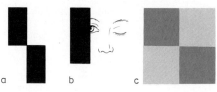

Abb. 90 Demonstration der chromatischen Aberration.

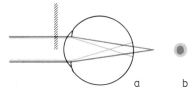

Abb. 91 Zur Theorie der chromatischen Aberration.

Abb. 88 Zur Erklärung der Stabsichtigkeit (Astigmatismus).

Abb. 89 Demonstration des Astigmatismus.

auseinandergezogenen Brennpunktes auf der optischen Achse vor- und zurückgeschoben. Dabei ändert sich die Querschnittsfigur in der Netzhautebene.

Ein anderer Fall von sphärischer Aberration ist die *Stabsichtigkeit*, bei der die Strahlen ebenfalls nicht in einem Punkt (Stigma) zusammenlaufen, weshalb man auch von *Astigmatismus* spricht. Im Auge kommt der Astigmatismus dadurch zustande, daß die Krümmung der lichtbrechenden Flächen ungleichmäßig ist, z. B. vertikal größer als horizontal, wie in Abb. 88. Der Querschnitt des Lichtbündels ist im Bereich des auseinandergezogenen Brennpunktes elliptisch bis „stabförmig", wobei die Ellipsen und die „Stäbe" verschiedene Richtungen haben, die ihrerseits von der Richtung der Krümmungsfehler der Hornhaut oder Linse abhängen. Was man sieht, entspricht auch hier dem Querschnitt des Strahlenbündels am Ort der Netzhaut. Durch Akkommodation verschiebt sich die Zone des auseinandergezogenen Brennpunktes. Leichter Astigmatismus ist in fast jedem Auge nachweisbar.

Entfernte Lichtquellen sieht man wegen des Astigmatismus in der Regel nicht als runde, sondern als ovale Figur. Die Orientierung hängt von der Richtung des Krümmungsfehlers ab und ist für gewöhnlich im rechten und linken Auge verschieden. Deutlicher macht sich der Astigmatismus an Schraffuren bemerkbar, Abb. 89. Bei einäugiger Betrachtung erscheinen die Linien je nach Richtung verschieden dunkel. Dreht man die Abbildung, so findet man gewöhnlich eine optimale Linienrichtung für jedes Auge. Man sieht den Kontrast abgeschwächt, wenn die Richtung des Astigmatismus quer zur Linienrichtung verläuft, so daß die Kanten nicht scharf abgebildet werden können. An den konzentrischen Kreisen kann man die Richtungen für die bessere und die schlechtere Abbildung gleichzeitig sehen und ihre Änderung bei Akkommodation studieren. Bewegt man die Abbildung vor dem Auge, so bewegen sich die helleren und dunkleren Sektoren wie die Reflexe auf einer Schallplatte.

6.5.2 Chromatische Aberration

Betrachtet man die Abb. 90a bei halb abgedeckter Pupille wie in Abb. 90b, so sieht man an den vertikalen Kanten bläuliche oder orangefarbene Ränder. Deckt man die andere Seite der Pupille ab oder dreht man die Abbildung um 180°, so wechseln auch die Farben der Ränder von Blau nach Orange oder umgekehrt.

Ursache für dieses Phänomen ist die *chromatische Aberration* des Auges. Die → Brechkraft des Auges ist für kurzwelliges Licht um etwa eine Dioptrie größer als für langwelliges. Darum liegt der Brennpunkt für rotes Licht hinter dem für blaues, was in Abb. 91a in übertriebener Weise gezeigt ist. Für das → reduzierte Auge mit der

Gesamtbrechkraft von $D = 55{,}56$ kann man mit Gleichung (14) den Abstand zwischen den Brennpunkten zu beinahe $0{,}5$ mm berechnen. Die Länge der Zapfenaußenglieder, und damit die Dicke der lichtempfindlichen Schicht der Netzhaut, liegt in der Fovea bei $0{,}1$ mm, Abb. 113. Daraus folgt, daß ein Bild nur entweder für rotes oder blaues Licht scharf eingestellt sein kann. Unter normalen Bedingungen wird bei der Akkommodation das Bild für den orangefarbenen Spektralbereich scharf gestellt.

Deckt man die halbe Pupille zu, so kann man die nicht abgedeckte Hälfte der Augenoptik als Prisma auffassen, an dem das einfallende Licht gebrochen und zerlegt wird. Die blauen Strahlen werden durch das Prisma stärker abgelenkt als die roten. Erfolgt im Auge die Lichtbrechung an der schwarz-weißen Kante zur schwarzen Seite, so sieht man einen blauen Rand wegen des Spektralanteils, der am stärksten in das dunkle Feld verschoben wurde. Erfolgt die Brechung in Richtung zur hellen Fläche, so sieht man den am wenigsten verschobenen Anteil als orangefarbenen Rand.

Die unterschiedliche Verschiebung der Kanten für lang- und kurzwelliges Licht kann man unmittelbar sichtbar machen an der Grenze zwischen den roten und blauen Feldern der Abb. 90c. Entweder schiebt sich im Netzhautbild das blaue Feld ein Stück weit über das rote, so daß zwischen den Feldern eine helle Linie entsteht, oder die Felder rücken auseinander, so daß man einen dunklen Spalt dazwischen sieht.

Man kann die chromatische Aberration gut an Punktlichtquellen studieren. Geeignet ist eine mit der Nadel in einen schwarzen Karton gestochene Lochblende vor einer sehr hellen Lichtquelle, z. B. einer Glühbirne. Hinter diese Blende wird ein Stück Kobaltglas oder ein anderes blauviolettes Lichtfilter montiert. Hält man die Blende mit gestrecktem Arm vor sich, so sieht man in der Regel einen roten Punkt in einem blauen Umfeld, Abb. 91b. Bei Annäherung kehrt sich dies zu einem blauen Punkt mit rotem Umfeld um. Voraussetzung dafür ist, daß das Filter Licht vom roten und vom blauen Ende des Spektrums durchläßt.

Drei weiterführende Fragen sollen kurz diskutiert werden. (a) Wie breit sind die farbigen Ränder? **Man wiederhole den Versuch der Abb. 90a,b und vergrößere den Beobachtungsabstand. Man erkennt dann, daß die farbigen Ränder scheinbar breiter werden.** Das ist in zwei Schritten zu erklären. Bei wachsendem Abstand wird das Netzhautbild der Figur kleiner, nicht aber die chromatische Aberration. Die farbigen Ränder werden im Netzhautbild also relativ zur Bildgröße breiter. Für die Wahrnehmung wird die Verkleinerung des Netzhautbildes bei wachsendem Abstand durch die ➔ Größenkonstanzleistung wieder kompensiert. Bei dieser Größenkorrektur werden die farbigen Ränder gleich mit vergrößert, so daß sie in ihrer absoluten Breite scheinbar zunehmen.

(b) Warum ist das Auge nicht chromatisch korrigiert? Was zunächst vielleicht als Mangel auffällt, erweist sich als Vorteil im Zusammenhang mit der ➔ Akkommodation. Im monochromatischen Licht, bei dem im Netzhautbild keine farbigen Ränder auftreten können, ist die Akkommodation erschwert. Das legt die Vermutung nahe, daß das Auftreten rötlicher und bläulicher Ränder vom visuellen System genutzt wird, um die richtige Einstellung zu finden. Nach kurzer Eingewöhnung gelingt die Einstellung dann allerdings wieder genauso gut wie im Weißlicht. Kompensiert man auch noch die ➔ sphärische Aberration mit einer Brille, so ist die Akkommodation wieder erschwert, allerdings auch nur vorübergehend. Die sphärische und die chromatische Aberration sind offensichtlich nicht als optische Abbildungsfehler zu betrachten. Diese Eigenschaften des Auges werden vielmehr für die Scharfstellung des Netzhautbildes genutzt.

(c) Warum sieht man die im Netzhautbild immer vorhandenen farbigen Ränder normalerweise nicht? Diese Frage wird im Abschnitt 11.3.2 noch einmal aufgegriffen.

6.5.3 Photorezeptor-Optik

Die visuellen Pigmente befinden sich in den dünnen Außengliedern der ➔ Stäbchen und Zapfen, Abb. 113. Trifft das Licht in der Richtung der Längsachse der Außenglieder ein, so durchläuft es die ganze Länge der Sinneszellen. Verläuft der Lichtstrahl schräg zur Längsachse, so kann er nacheinander mehrere Außenglieder durchdringen, Strahl (2) in Abb. 92a. Der schräg einfallende Lichtstrahl reizt auch die benachbarten Lichtsinneszellen. Tatsächlich treffen nur die durch die Pupillenmitte ins Auge eintretenden Strahlen annähernd senkrecht auf die Netzhaut, die Randstrahlen dagegen schräg. Das kann man sich mit Strahl (1) bzw. (2) in Abb. 94a klarmachen. Die Wirkung der zentralen Strahlen und der Randstrahlen ist tatsächlich verschieden, wie der folgende Versuch zeigt.

Man betrachte das feine Strichmuster der Abb. 92b durch ein kleines Loch in einem schwarzen Karton, den man nach Art der Abb. 82 dicht vor das Auge hält. Man sieht dann in der Mitte der unscharf abgebildeten künstlichen Pupille das Strichmuster

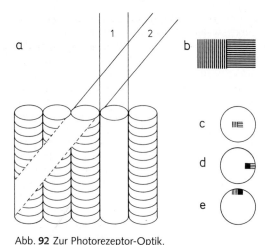

Abb. **92** Zur Photorezeptor-Optik.

wie in Abb. 92c. Verschiebt man das Loch so, daß das Muster an den linken oder rechten Rand der Öffnung kommt, so wird das senkrechte Gitter unscharf. Am oberen oder unteren Rand wird das waagerechte Gitter unscharf, Abb. 92d,e. Wegen des → Astigmatismus kann es sein, daß schon in der ersten Anordnung (b) das eine Gitter deutlicher erscheint als das andere. In diesem Fall drehe man die Abbildung so, daß die Striche schräg verlaufen, bis sie gleich hell bzw. dunkel erscheinen, und verschiebe dann die Blende in oder senkrecht zur Strichrichtung.

Erklärung: Im ersten Fall (c) wurde die Netzhaut mit dem Mittelstrahl gereizt, der auf die Netzhaut annähernd senkrecht einfällt, in den anderen Fällen (d,e) wurden Randstrahlen benutzt, die schräg einfallen. Es kommt nun auf die Orientierung der Gitter an. Wenn die schrägen Strahlen quer zur Strichrichtung verlaufen, dringt in der Netzhaut Licht von den hellen Streifen in die dunklen Bereiche, so daß auch diese hell er-

scheinen. Das Gitter kann nur scharf gesehen werden, wenn die Einfallsrichtung senkrecht oder parallel zur Gitterrichtung schräg verläuft.

Mittel- und Randstrahl, (1) und (2) in Abb. 94a, haben in einer Kamera dieselbe Wirkung, im Auge dagegen ist die Reizwirksamkeit des Randstrahls viel geringer. Dieses erstaunliche Faktum heißt nach den Entdeckern *Stiles-Crawford-Effekt erster Art* (SCE1). Den Entdeckern war im Jahr 1932 aufgefallen, daß die Pupillenverengung davon abhängt, durch welchen Teil der Pupillenfläche die Netzhaut gereizt wird. Wenn beide Strahlen gleich wirksam eingestellt werden, muß die Strahlungsleistung P des Randstrahls wesentlich größer sein als die des Mittelstrahls. Die relative Reizwirksamkeit $\eta = P_1/P_2$ ist in Abb. 94b über dem Abstand des Randstrahls vom Mittelstrahl in der Pupillenebene aufgetragen. Der SCE1 ist wichtig für die Beurteilung des → rezeptoradäquaten Reizes. Auch für die Erklärung der → Farbenstereopsis ist er notwendig.

Die naheliegende Vermutung, daß optische Eigenschaften der Augenmedien für den SCE1 verantwortlich sind, hat sich nicht bestätigt. Sie wurde folgendermaßen widerlegt: Man reizt eine VP abwechselnd mit Strahl 1 und 2, Abb. 94a, und vergrößert dabei die Strahlungsleistung des Strahls 2, bis die VP keinen Helligkeitsunterschied mehr erkennen kann. Der VL schaut gleichzeitig mit Hilfe eines Ophthalmoskops in das Auge der VP. Für ihn sieht der Lichtfleck, den Strahl 2 auf der Netzhaut erzeugt, heller aus. Hätten die Augenmedien vom Strahl 2 einen größeren Anteil absorbiert als von Strahl 1, müßte der Lichtfleck von 1 dem Versuchsleiter dunkler erscheinen.

Die geringere Reizwirksamkeit des Randstrahls muß also ihre Ursache in der Lichtsinneszelle haben. Die Erklärung ist folgende. Zapfenaußenglieder haben wegen ihres hohen Membrananteils eine größere Brechzahl als ihre

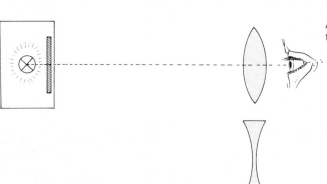

Abb. **93** Demonstration des Stiles-Crawford-Effektes erster Art.

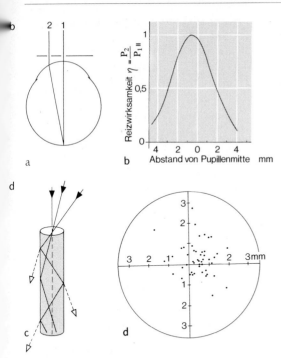

Abb. 94 Erklärung des Stiles-Crawford-Effektes erster Art. a) Mittel-(1) und Randstrahl (2), b) Verhältnis der Strahlungsleistung von (1) und (2) bei gleicher Helligkeit, c) Außenglied eines Zapfens als Lichtleiter, schematisch, d) Stiles-Crawford-Achsen in der Pupillenebene (nach Dunnewold [61]).

wäßrige Umgebung und funktionieren deshalb wie Lichtleiter, Abb. 94c. Der Anteil des im Zapfenaußenglied verbleibenden Lichtes ist um so größer, je kleiner der Winkel der Einfallsrichtung zur Längsachse des Außengliedes ist. Schräg einfallendes Licht geht beim Durchlaufen des Außengliedes in höherem Maß nach außen verloren. Darum hat es eine geringere Reizwirksamkeit. Die Erklärung wurde an einem vergrößerten Modell aus Kunststoffstäben mit Mikrowellen betätigt. Der SCE1 ist im dunkeladaptierten Auge viel kleiner, wurde aber auch für Stäbchen nachgewiesen (66).

Eine indirekte Bestätigung erfährt die Theorie durch Messungen der sogenannten *Stiles-Crawford-Achse*, d.h. des Durchstoßpunktes des Lichtstrahls mit der größten Reizwirksamkeit durch die Pupille. Wie die Abb. 94d zeigt, variiert diese Achse von Mensch zu Mensch erheblich. Daraus muß man schließen, daß die Richtung der Zapfenaußenglieder im Auge variiert. Nach Netzhautoperationen können mechanische Spannungen in der Netzhaut auftreten und die Orientierung der Außenglieder beeinflussen. Das wurde durch die Messung der Stiles-Crawford-Achse vor und nach Operationen bestätigt.

Man kann den SCE1 mit Hilfe einer roten Punktlichtquelle an sich selbst beobachten, Abb. 93. Der Versuch muß in einem abgedunkelten Raum durchgeführt werden, damit die Pupillen groß sind. Lichtquelle und Rotlichtfilter werden zur Vermeidung von Streulicht abgeschirmt. Man betrachtet die Punktlichtquelle durch eine Sammellinse, die für ein unscharfes Netzhautbild sorgt nach Art der blauen Strahlen in Abb. 91a. Man sieht dann ein rotes Scheibchen, dem auf einer Seite ein mehr oder weniger großes Stück fehlen kann. Es kann geschehen, daß von dem Scheibchen nur ein Halbmond oder noch weniger sichtbar ist. Mit dem rechten und linken Auge sieht man in der Regel nicht dasselbe. Die fehlende Stelle der Zerstreuungsfigur tritt auf der gegenüberliegenden Seite auf, wenn man eine Zerstreuungslinse benutzt und damit einen Strahlengang nach Art der roten Linien in Abb. 91a erzeugt (196).

Erklärung: Die hellste Stelle ist innerhalb des unscharfen Bildes der roten Punktlichtquelle dort zu erwarten, wo die Einfallsrichtung mit der Längsachse der Zapfen zusammenfällt. Wenn die Zapfenaußenglieder schräg stehen, liegt die hellste Stelle nicht in der Mitte der Zerstreuungsfigur. An dem Rand mit dem ungünstigsten Einfallswinkel erscheint das Scheibchen dunkel. Mit der jeweils anderen Linse ändern sich alle Einfallsrichtungen innerhalb der Zerstreuungsfigur und damit kehrt sich auch das unvollständige rote Scheibchen um.

Der *Stiles-Crawford-Effekt zweiter Art* (SCE2) bezeichnet die erstaunliche Tatsache, daß nicht nur die Reizwirksamkeit, sondern auch die Farbe, die der Randstrahl hervorruft, von der des Mittelstrahls abweicht. Grünes Licht erscheint im Randstrahl bläulicher als im Mittelstrahl, gelbliches rötlicher und blaues grünlicher. Im Grünbereich benötigt man eine Verschiebung von $\Delta\lambda = 9$ nm. Die Abhängigkeit der Farbe vom Einfallswinkel ist im Prinzip auch auf die Physik der Lichtleiter zurückzuführen.

6.6 Das Netzhautbild

6.6.1 Retinale Beleuchtungsstärke und Helligkeit

Eine Punktlichtquelle, ein Stern oder eine weit entfernte Laterne sehen um so dunkler aus, je weiter sie entfernt sind. Das liegt daran, daß sich die Strahlungsenergie kugelförmig ausbreitet und darum auf eine Fläche verteilt, die mit dem Quadrat des Abstandes (a) wächst. Die

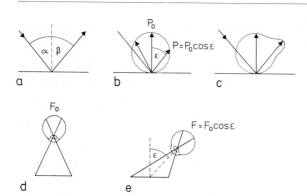

Abb. 95 Lichtreflexion an Objekten und retinale Beleuchtungsstärke.

Strahlungsleistung P, die durch die Pupille ins Auge gelangt und dort in einem Bildpunkt konzentriert ist, ist darum $P \sim 1/a^2$. Die Helligkeit größerer Flächen ändert sich dagegen mit dem Abstand nicht. Wie man den Abb. 71 oder 74 entnehmen kann, ist der Durchmesser der Netzhautbilder umgekehrt proportional dem Abstand und folglich ihre Flächengröße $F \sim 1/a^2$. Die Strahlungsleistung P und die Flächengröße F hängen somit in gleicher Weise vom Abstand ab, so daß bei wechselndem Abstand das Verhältnis Strahlungsleistung / Fläche gleich bleibt. Die physikalische Natur des Netzhautbildes sorgt somit für die *Helligkeitskonstanz ausgedehnter Objekte unabhängig von der Entfernung*.

Die Abb. 95 illustriert verschiedene Arten von Lichtreflexion an Gegenständen, (a) die Spiegelung, bei der der Einfallswinkel α gleich dem Reflexionswinkel β ist, (b) den Fall der diffusen Reflexion oder *Remission*, bei der das Licht unabhängig vom Einfallswinkel reflektiert wird und (c) einen Mischfall. Die Länge der Pfeile entsprechen der Strahlungsleistung P des abgestrahlten Lichtes. Diffuse Reflexion (b) folgt dem Lambertschen Kosinusgesetz $P = P_0 \times \cos \varepsilon$, was bedeutet, daß die Abstrahlung senkrecht zur Oberfläche maximal und parallel dazu null ist.

Schaut man senkrecht auf eine diffus reflektierende Fläche, Abb. 95d, so ist die Strahlungsleistung P, die ins Auge gelangt, maximal und die Flächengröße im Auge $F = F_0$ auch. Die Bildgröße F und die Strahlungsleistung P ändern sich beide mit dem cos ε, so daß auch hier die Lichtmenge pro Zapfen gleich bleibt. Die physikalische Natur des Netzhautbildes garantiert somit auch *Helligkeitskonstanz diffus reflektierender Oberflächen bei Betrachtung aus verschiedenen Richtungen*.

Andere Aspekte visueller Konstanz sind Leistungen des Nervensystems. Im Abschnitt 1.3.1 war schon darauf hingewiesen worden, daß bei der neuronalen Bildverarbeitung der Kontrast ausgenutzt wird, der von der Beleuchtungsstärke unabhängig ist. Die Helligkeits- und Farbkonstanz bei verschiedenen Beleuchtungsspektren wird im Abschnitt 8.8 behandelt.

Die verschiedenen Reflexionseigenschaften der Objekte geben bei der visuellen Wahrnehmung Aufschluß über Materialeigenschaften der Gegenstände. Wasseroberflächen spiegeln das Licht und können deshalb bei bestimmten Winkelkonstellationen blendend hell und bei anderen dunkel sein. Andere Gegenstände ändern die Helligkeit mit dem Betrachtungswinkel nicht (b) oder ein wenig (c). Diffus reflektierende Oberflächen (b) können sich in spiegelnde (a) oder in Mischformen (c) verwandeln, wenn sie naß werden.

Ein besonderer Reiz geht von Tautropfen und Eiskristallen aus, die funkeln. Der Mensch hat durch den Schliff von Edelsteinen gelernt, diese eigentümlichen optischen Effekte nachzuahmen. Das eingestrahlte Licht wird von diesen Objekten in so kleinen Raumwinkeln abgestrahlt, daß nur eines der Augen von dem Lichtreiz getroffen wird. Im anderen Auge wird der Tropfen oder der Brillant auch abgebildet, aber ohne den Lichtreflex. Durch → binokulare Bildauswertung wird das Objekt räumlich lokalisiert, nicht aber der Ursprung des hellen Lichtes, der nur einäugig zu sehen ist. Die monokulare und binokulare Information passen bei diesen Objekten nicht zusammen.

6.6.2 Zentralprojektion der Außenwelt ins Auge

6.6.2.1 Geometrische Raumtäuschungen

Jederman erinnert sich, gesehen zu haben, wie Sonnenstrahlen durch ein Wolkenfeld hindurchbrechen und in der Atmosphäre sichtbar werden.

Man sieht sie von der sichtbaren oder verdeckten Sonne aus senkrecht und rechts und links davon schräg zur Erde fallen. Wenn man sich umdreht, so daß man die Sonne im Rücken hat, kann man unter günstigen Umständen die Strahlen am Himmel bis zum Horizont fortgesetzt sehen. In diesem Falle laufen die Strahlen nicht weiter auseinander, wie man vielleicht erwartet. Man sieht vielmehr die geraden Strahlen bei sonnenabgewandter Blickrichtung am Horizont wieder aufeinander zulaufen, als ob die geraden Strahlen rechts und links vom Betrachter geknickt wären. Wie kommt es zu dieser Wahrnehmung? In Wirklichkeit ist der Winkel zwischen den Strahlen, die von der Sonne zur Erde gelangen, wegen des großen Abstands der Sonne so klein, daß die Strahlen nahezu parallel verlaufen. Die großen Winkel, die wir zwischen den Sonnenstrahlen sehen, sind eine Täuschung. Sie kommen erst im Auge zustande.

Man kennt die Täuschung auch von folgender Beobachtung: Man steht in der Mitte einer langen Eisenbahnstrecke auf den Geleisen und schaut zuerst in die eine und dann in die andere Richtung der Geleise. Obwohl die Geleise objektiv parallel zueinander sind, sieht man, daß sie auf beiden Seiten am Horizont zusammenlaufen. Wenn man nicht wüßte, daß sie parallel sind, müßte man auch hier vermuten, daß sich rechts und links vom Betrachter in den Geleisen ein Knick befände.

Die Erklärung ist aus den Gesetzmäßigkeiten der *Zentralprojektion der Außenwelt auf die Netzhaut* herzuleiten. Wie man in Abb. 71 und 74 sieht, liegen die Bildpunkte im Auge für alle Gegenstandspunkte auf Verbindungsgeraden, die durch die → Knotenpunkte verlaufen. Man denke sich zunächst den Augenhintergrund als flache Projektionsfläche. Nach den Regeln der Zentralprojektion werden dann gerade Strecken im Raum auf der Projektionsfläche als gerade Linien abgebildet. Parallele Konturen im Raum werden aber nur dann parallel abgebildet, wenn sie außerdem parallel zur Projektionsfläche verlaufen. Alle parallelen Konturen des Außenraumes mit anderen Richtungen laufen auf der Projektionsfläche in einem Fluchtpunkt zusammen. Wer sich das nicht vorstellen kann, denke daran, daß ein Gegenstand, der sich vom Betrachter entfernt, ein immer kleineres Netzhautbild entwirft. Steht man auf einer geraden Eisenbahnstrecke, so müssen die nahen Eisenbahnschwellen im Auge viel größer abgebildet sein als die fernen und darum werden die allerfernsten in einem Fluchtpunkt abgebildet. Durch die Krümmung des Augenhintergrundes werden die Verhältnisse komplizierter. Für den kleinen Bereich der → Sehgrube aber, auf den man alle Objekte des Außenraumes, die man genauer betrachten möchte, abbildet, ist die Unterstellung der ebenen Projektionsfläche angemessen.

Diese Gesetzmäßigkeiten der Zentralprojektion sind identisch mit denen der *Perspektive* in der Malerei. Netzhautbilder und Photographien sind von Natur aus perspektivische Abbildungen. Die Gesetzmäßigkeiten mußten für die Malerei mühsam entdeckt werden, weil erst im 17. Jahrhundert die geometrischen Eigenschaften des Netzhautbildes durch Johannes Kepler (1571–1630), Scheiner und andere aufgeklärt wurden.

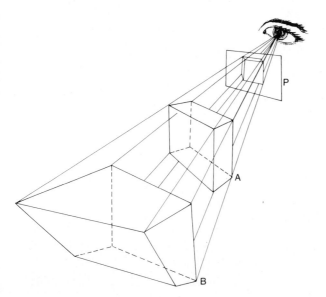

Abb. 96 Vieldeutigkeit des Netzhautbildes. Die Körper A und B sowie die auf eine Glasplatte P gezeichnete Figur führen zum selben Netzhautbild.

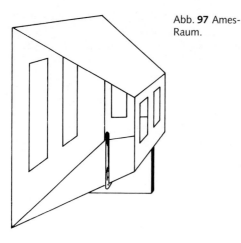

Abb. 97 Ames-Raum.

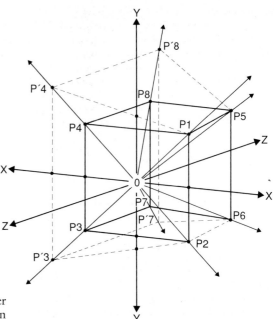

Abb. 98 Konstruktionsprinzip für Ames-Räume

6.6.2.2 Vieldeutigkeit des Netzhautbildes, Ames-Raum

Die Abbildung des Außenraumes auf der Netzhaut ist nicht eindeutig. In Abb. 71 würden zwei Nadeln doppelter Größe bei verdoppeltem Abstand zu genau demselben Netzhautbild führen. In Abb. 96 sollen die Körper A und B sowie die Zeichnung auf der Glasplatte P im Netzhautbild nicht zu unterscheiden sein. Das Bild im Auge ändert sich nicht, wenn einzelne Punkte auf den eingezeichneten Visierlinien verschoben werden. Es ist also möglich, verschiedene Körper zu konstruieren, die zur gleichen Projektion und damit auch zu demselben Netzhautbild führen. Bei monokularer Betrachtung kann man derartige Körper nur unterscheiden, wenn man den Kopf bewegt.

Ein eindrucksvolles Beispiel dafür liefert der verzerrte *Raum nach Ames*, Abb. 97a, der aus einem rechtwinkligen Raum durch Verschiebung aller markanten Punkte auf ihren Visierlinien zu konstruieren ist, Abb. 97b. Wenn dieser schiefe Raum einäugig vom Koordinatenursprung aus betrachtet wird, sieht er rechtwinkelig aus. Tatsächlich würde der würfelförmige Raum dasselbe Netzhautbild entwerfen. Warum sieht der verzerrte Ames-Raum so aus wie ein rechtwinkliger und ein rechtwinkliger Raum unter denselben Bedingungen nicht wie ein schiefwinkliger? Offensichtlich entscheidet sich das visuelle System für nur eine der unendlich vielen verschiedenen Möglichkeiten der mehrdeutigen Zentralprojektionen.

6.6.2.3 Herstellung eines Ames-Raumes

Zum Bau braucht man kräftigen Karton, ein scharfes Messer und Klebeband. Wenn die großen Kanten länger als 40 cm sein sollen, was empfehlenswert ist, sollte man den Raum aus Holz bauen. Weil der Fußboden schief ist, muß man eine Stütze wie in Abb. 97 vorsehen. Man benötigt ferner einen Holzstab zur Markierung des Ortes, an dem sich das Auge befinden soll. In den hinteren Ecken sollte man Vorkehrungen treffen, mit denen man zwei genau gleich große Puppen befestigen kann, so daß sie trotz des schiefen Bodens in den Ecken aufrecht stehen.

Die Berechnung des Ames-Raumes geht aus von dem würfelförmigen Raum mit den Ecken P1 bis P8, Abb. 98. Gesucht ist ein anderer Raum, der zum gleichen retinalen Bild führt. Das geöffnete Auge der VP soll sich im 0-Punkt des Koordinatensystems befinden. Von jedem Eckpunkt führt in der Zeichnung eine gerade Verbindung zum Auge. Alle Punkte auf den Geraden vom 0-Punkt in den Raum werden im Auge jeweils an derselben Stelle abgebildet. Der schiefe Raum kommt dadurch zustande, daß die Punkte P3, P4, P7 und P8 des würfelförmigen Raumes auf den zugehörigen Geraden zu den Orten P'3, P'4, P'7 und P'8 verschoben wurden. Rechnerisch lassen sich diese Punkte verschieben, indem

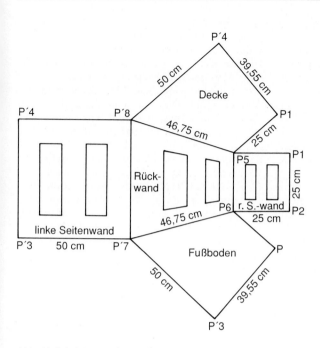

Abb. **99** Schnittmusterbogen für einen Ames-Raum

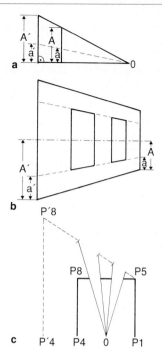

Abb. **100** Einzelheiten zur Konstruktion eines Ames-Raumes.

man ihre Koordinaten x, y und z mit dem gleichen Faktor a multipliziert, so daß aus P (xyz) der Punkt P' (ax, ay, az) wird. Die Wände des neuen Raumes lassen sich aus den Abständen zwischen den Eckpunkten konstruieren. Die Abstände berechnet man nach folgender Formel:

Abstand:

$$P1P2 = \sqrt{(x_2 - x_1)^2 + (y_2 - y_1)^2 + (z_2 - z_1)^2}$$

Die Punkte P' sind so zu wählen, daß die neuen Wände nicht gekrümmt sind, weil Räume mit gekrümmten Wänden nur mit sehr viel höherem Aufwand zu bauen sind. Für die meisten Experimente sind außerdem senkrechte Wände vorteilhaft. Ebene Wände erhält man, wenn man die Koordinaten aller vier Eckpunkte einer Wand mit jeweils dem gleichen Faktor multipliziert. In der Abb. **98** sind die Koordinaten der rechten Seitenwand mit dem Faktor 1, die der linken Seitenwand mit dem Faktor a = 1,625 multipliziert worden. Bei dem Schnittmusterbogen der Abb. **99** wurde der Faktor a = 2 verwendet.

Zur Berechnung der Fenster der vergrößerten linken Seitenwand und der Fußbodenbretter kann man sich der einfachen Beziehung bedienen, die Abb. **100a, b** zeigt: A/a = A'/a',

wobei A und a Maße des würfelförmigen Ausgangsraumes darstellen, A' und a' Maße des verzerrten Raumes. Für die Breite der Fenster empfiehlt sich eine graphische Konstruktion, wie sie in Abb. **100c** gezeigt ist.

6.6.2.4 Beobachtungen am Ames-Raum

Man schließe ein Auge und bringe das andere an die vorgeschriebene Beobachtungsstelle, d. h. an den Ursprung des Koordinatensystems, Abb. **98**, die man mit dem Ende des Stabes, Abb. **97**, markiert hat. Am Anfang sieht man den Raum tatsächlich verzerrt. Es dauert einige Sekunden, bis die Wände ihren endgültigen Ort einnehmen. Man glaubt zu sehen, wie sie sich bewegen, bis der Raum mehr und mehr rechtwinklig aussieht und so stabil bleibt. Selbst wenn sich das Auge nicht genau am richtigen Beobachtungsort befindet, kann man die Veränderung sehen. Dann wird allerdings die endgültige stabile Rechtwinkeligkeit der Wahrnehmung nicht erreicht. Während dieses Vorgangs und hinterher kann der Beobachter sein Auge bewegen, beispielsweise vom Boden zur Decke des verzerrten Raumes blicken, so daß sich das Netzhautbild im Auge bewegt. Man gebe dem Betrachter einen Stock in die Hand. Er bewegt ihn im schiefwinkligen Raum so, als ob dieser rechtwinklig wäre, und ist überrascht über seine Fehler.

Öffnet man das zweite Auge, so erscheint der Raum wieder schiefwinklig, weil nun die parallaktische Information des → binokularen Sehens zur Verfügung steht. Schließt man das zweite Auge wieder, so verstreicht eine Zeit von wenigen Sekunden, bis der Raum seine scheinbare rechtwinklige Form angenommen hat. Diese Zeit ist bei verschiedenen Menschen verschieden lang und wird bei Wiederholung des Versuchs kürzer.

Man kann durch ein Fenster des Ames-Raumes hinaus in den umgebenden Raum sehen, ohne daß der Ames-Raum schiefwinklig gesehen wird. Dann allerdings treten überraschende Größentäuschungen auf, weil man die Fenster unter der Vorstellung, daß sie zu einem rechtwinkligen Raum gehören, nicht in der wahren Entfernung vermutet. In einem Fenster, das sich weiter weg befindet, als man vermutet, erscheinen auch bekannte Gegenstände wie Gesichter oder Münzen verkleinert und in einem scheinbar näheren vergrößert. Die für die → Größenkonstanzleistung notwendige Information über die Entfernung ist eben falsch.

6.7 Größenkonstanzleistung

6.7.1 Größenkonstanz im Nahbereich

Zwei Menschen sehen sich gegenseitig an und vergrößern dabei den Abstand, den sie voneinander haben. Wenn der Beobachtungsabstand auf das Zehnfache angestiegen ist, ist die Größe der Netzhautbilder, die die beiden Personen voneinander haben, auf ein Zehntel geschrumpft. Das kann man sich an den Abb. 71 und 74 klarmachen. Trotzdem werden die beiden Menschen nicht als Zwerge, sondern in ihrer wahren Größe wahrgenommen. Netzhautbilder können allein die Größeninformation nicht liefern. Man kann aber die wahre Größe aus der Netzhautbild-Größe berechnen, wenn man den Abstand kennt. Diese Berechnung erfolgt im visuellen System unbewußt und funktioniert auch in Situationen, in denen man sich nicht auf Erfahrung oder das Wissen um die wahre Größe berufen kann. Man bezeichnet diesen Aspekt der Wahrnehmung als *Größenkonstanzleistung*. Die *Größe-Abstands-Erklärung* ist das wichtigste Prinzip zum Verstehen der Größenkonstanzleistung. Sie läßt aber die Frage offen, wie das visuelle System zur Abstandsinformation kommt. Zunächst sollen Experimente besprochen werden, die die Vorhersagen der Größe-Abstands-Erklärung erfüllen.

Wird man unter experimentellen Bedingungen über den wahren Beobachtungsabstand getäuscht, so nimmt man auch die Größe der gesehenen Objekte falsch wahr. Ein Beispiel war im Zusammenhang mit dem → Ames-Raum behandelt worden. Der folgende Fall von Größentäuschung gelingt mit sehr viel geringerem Aufwand. **Wenn man so wie in Abb. 101 über die Kante eines Tisches schaut, wird die Tischfläche unsichtbar und damit verliert man die Abstandsinformation für die Gegenstände, die darauf stehen. Man sieht sie dann in Größen, die ihren Netzhautbildern ohne Korrektur entsprechen. Die hintere Stange in der Abbildung erscheint nur halb so lang wie die vordere. Stellt man zwei Menschen auf den Tisch, so kann der zwei bis drei Meter entfernte wie ein Riese und der andere bei doppeltem Abstand genau halb so groß und damit zwergenhaft aussehen. Besonders eindrucksvoll ist die Beobachtung,**

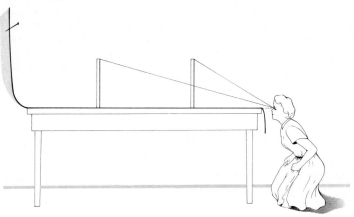

Abb. **101** Versuch zur Größenkonstanz.

6.7 Größenkonstanzleistung

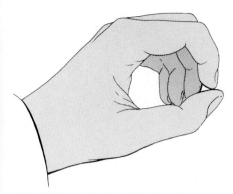

Abb. **102** Dreieckige künstliche Pupille.

wenn der eine auf der rechten und der andre auf der linken Seite des Tisches steht, so daß man den Eindruck gewinnt, das ungleiche Paar stünde nebeneinander. Es empfiehlt sich, den Tisch mit einer Papierbahn, z. B. Papiertischtuch, von der Breite des Tisches abzudecken und diese am Ende hochzuziehen und an der Wand zu befestigen. Dadurch wird auch im Hintergrund verdeckt, was der Entfernungswahrnehmung dienen könnte.

Die Regelung der wahrgenommenen Größe kann man mit ➔ Nachbildern studieren. Obwohl deren Ursache in der Netzhaut gleich bleibt, ändert sich die wahrgenommene Größe der Nachbilder mit dem Abstand der Fläche, auf die man gerade schaut, Abschnitt 8.6. Die Abstandsabhängigkeit der Nachbildgröße wird nach dem Entdecker *Emmertsches Gesetz* genannt. Im Lichte der Größenkonstanzleistung ist dieses folgerichtig. Bei großem Abstand ist mit einem kleinen und bei geringem mit einem großen Netzhautbild zu rechnen. Die Konstanzleistung korrigiert die wahrgenommene Größe im ersten Fall nach oben und im zweiten nach unten.

Wenn man sich bei geschlossenen Augen oder in einem dunklen Raum eine Fläche nur vorstellt, ändert sich die Größe des Nachbildes sogar mit dem gedachten Abstand. Man erzeuge für diese Beobachtung ein kräftiges Nachbild, indem man eine helle Lichtquelle anschaut und dann in völliger Dunkelheit den Abstand zu einer gedachten Wand variiert. Die in die Konstanzleistung einfließende Abstandsinformation kann also eine interne Größe sein. Die Größenänderung des Nachbildes kommt am deutlichsten heraus, wenn man mit der Hand eine Wand berührt und dabei den Kopf an diese annähert oder von ihr entfernt.

Die Größenkonstanzleistung hat Grenzen. Man betrachte seine Hand bei gestrecktem Arm und bewege sie dann langsam bis dicht vor das Gesicht. Man beobachtet dabei eine scheinbare Größenzunahme. Wiederholt man den Versuch einäugig, so ist die Größenzunahme noch deutlicher. Hält man bei einer nochmaligen Wiederholung dicht vor das geöffnete Auge noch eine künstliche Pupille, ein Stück schwarze Pappe mit einem kleinen Loch oder auch nur die Dreieckspupille nach Abb. 102, so ist die scheinbare Größenzunahme noch größer oder die Konstanzleistung noch unvollständiger.

Diese Beobachtungen zeigen, daß die Abstandsinformation, die nach der Größe/Abstands-Erklärung notwendig ist, etwas mit der ➔ Konvergenz und der ➔ Akkommodation zu tun hat. Der Konvergenzwinkel δ, d.h. der Winkel zwischen den Augenachsen, wächst bei Annäherung der Hand. Die Größenkonstanzleistung wird schlechter, wenn man ein Auge schließt, weil der eingestellte Konvergenzwinkel dann als Maß für die Entfernung unbrauchbar ist. In diesem Fall besteht keine Kontrolle darüber, ob die Augachsen abstandsgemäß eingestellt wurden. Die kleine künstliche Pupille vor dem nicht verdeckten Auge macht wegen der verbesserten ➔ Schärfentiefe die Akkommodation weitgehend überflüssig, so daß nun auch aus dem eingestellten Akkommodationszustand keine Entfernungsinformation mehr hergeleitet werden kann. Diese Beobachtungen zeigen, daß bei der aktiven Einstellung von Konvergenz und Akkommodation die Entfernungsinformation im Gehirn generiert wird.

v. Holst (98) studierte die Größenkonstanz mit der in Abb. 103a,b skizzierten Apparatur. Die VP betrachtet mit beiden Augen ein Dreieck, das hinter einem Schirm hervorragt und auf einer Schiene vor- und zurückgeschoben wer-

a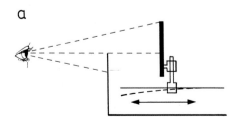

b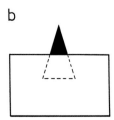

Abb. **103** Versuchsaufbau zur Größenkonstanz (nach v. Holst [98]).

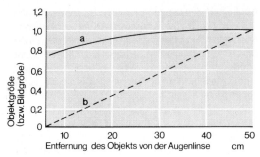

Abb. 104 Größenkonstanz. Um welchen Faktor muß das Dreieck (letzte Abb.) bei Annäherung verkleinert werden, damit es gleich groß erscheint? a: Gemessene Werte, b: Vorhersage für die falsche Annahme, daß das Netzhautbild allein die wahrgenommene Größe bestimmt (nach v. Holst [98]).

den kann. Bei vollkommener Größenkonstanzleistung müßte das Dreieck bei allen Abständen gleich groß gesehen werden. Diese Erwartung wird wie bei dem eben beschriebenen Versuch mit der Hand nur unvollständig erfüllt. Bei ganz geringen Abständen sieht das Dreieck etwas zu groß aus. Durch Verbiegen der Schiene, gestrichelt in Abb. 103a, kann man es bei Annäherung verkleinern, d. h. hinter dem Schirm versenken, so daß es bei allen Abständen gleich groß erscheint. Die Kurve (a) in Abb. 104 zeigt, wie sehr man das Dreieck verkleinern muß, damit es in der Wahrnehmung gleich groß bleibt. Die Kurve (b) zeigt, wie sehr man es verkleinern müßte, damit das Netzhautbild gleich groß bleibt.

In einer Variante dieses Versuchs wurde der Akkommodationsvorgang oder die Konvergenzbewegung ausgeschaltet, Abb. 105. Den VPn wurden zwei Dreiecke geboten, die sie schielend betrachteten, so daß sie in der Wahrnehmung zu einem fusionierten. Bewegten sich diese Dreiecke auseinander, so vergrößerte sich der Konvergenzwinkel δ bei gleichbleibendem Abstand. Im zweiten Experiment wurde der Konvergenzwinkel konstant gehalten und der Abstand zu den Dreiecken variiert. Im ersten Fall blieb der Akkommodationszustand gleich, im zweiten der Konvergenzwinkel. In beiden Experimenten wurde wieder festgestellt, wie weit man die Größe der Dreiecke ändern muß, damit sie gleich groß gesehen werden. Das Ergebnis kann man der Abb. 106 entnehmen. Die Kurve (a) zeigt die berechnete Größenzunahme bei Annäherung der Dreiecke und (b) die gemessene Größenkonstanz, d. h. die gleichbleibend wahrgenommene Größe, wie sie aus dem Kehrwert der Kurve (a) in Abb. 104 hervorgeht. An den mittleren Kurven (c) sieht man die Größenzunahme bei Fehlen der Konvergenz (Dreiecke) bzw. Akkommodation (Punkte). Der verdoppelte Abstand der Kurve (c) von (a) ist in (d) eingezeichnet. Die Konstanzleistung (b) kommt somit durch gleich große Beiträge aus dem Konvergenz- und Akkommodationsvorgang zustande.

Wer so gut schielen kann, daß er mit dem linken Auge bei gestreckten Armen den rechten Daumen und mit dem rechten Auge den linken Daumen ansehen kann, Abb. 107, kann diese Experimente qualitativ auch ohne die Geräte nachvollziehen. Hält man die Hände dicht nebeneinander, so sieht man zunächst beim Schielen → Doppelbilder. Man bewegt die Augen und Hände so, daß die mittleren Doppelbilder verschmelzen, so daß man nur noch drei Daumen sieht. Bewegt man bei gestreckten Armen die Hände auseinander, so wird bei gleichem Abstand der Konvergenzwinkel größer. Das mittlere Daumenbild, das sich scheinbar am Kreuzungspunkt der Visierlinien befindet, schrumpft infolge der konvergenz-abhängigen Größenkorrektur. Es lohnt sich, dieses Experiment einzuüben, weil die Größenänderung ein eindrucks-

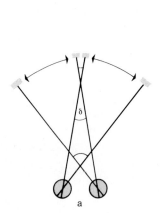

Abb. 105 Größenkonstanz in Abhängigkeit des Konvergenzwinkels (a) δ und der Akkommodation (b). Querstriche am Ende der Sehlinien entsprechen Dreiecken der zweifach eingesetzten Apparatur (nach v. Holst [98]).

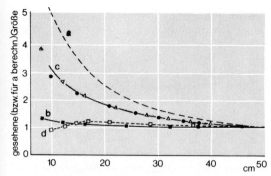

Abb. **106** Größenkonstanz. Größenzunahme des Dreiecks bei Annäherung nach Abb. **103**. Kurve a: Vorhersage hergeleitet von der Netzhautbildgröße, b: gemessene Werte im Versuch mit dem Dreieck nach Abb. **103** (a) und (b) sind Kehrwerte der Kurven (b) bzw (a) von Abb. **104**). Kurve (c) Größenzunahme bei gleichbleibender Akkommodation (Punkte, Versuch der Abb. **105**a) und bei unveränderter Konvergenz (Dreiecke, Versuch von Abb. **105**b) (nach v. Holst [98]).

volles Erlebnis ist. Schwieriger ist es, das Experiment der Abb. **105**b nachzuvollziehen, d. h. die **Größenänderung als Folge des Akkommodationszustandes zu studieren.**

Das Gehirn ist über den Akkommodationszustand der Augen und den Konvergenzwinkel durch neuronale Signale (→ Efferenzkopien) informiert, die gleichzeitig mit der motorischen Erregung (→ Efferenz) für die inneren und äußeren Augenmuskeln gebildet werden. Die Information für den Korrekturmechanismus stammt also nicht von Sinneszellen, die den Akkommodationszustand und den Konvergenzwinkel selbst messen. Sie wird nach dem → Reafferenzprinzip gewonnen. Das zeigen Versuche, bei denen die Erregungsübertragung zu den inneren Augenmuskeln durch Atropin blockiert wird. Der Akkommodationszustand kann sich in diesem Zustand nicht ändern. Der Versuch, auf einen nahen Gegenstand zu akkommodieren, genügt dann, um den Gegenstand in der Wahrnehmung schrumpfen zu lassen. Dieses Phänomen ist nur mit dem Reafferenzprinzip zu erklären.

6.7.2 Größenkonstanz bei größeren Entfernungen

Beim Blick in die Landschaft ist die Erklärung der Größenkonstanz schwieriger als im Nahbereich. Akkommodation und Konvergenz liefern keine Abstandsinformation mehr, weil sich die Einstellungen nur im Nahbereich ändern. Dasselbe gilt für die → Stereopsis. Bei unbefangener Betrachtung schätzt man oft die Abstände zwischen entfernten Häusern, Bäumen oder Bergen zu klein ein. Die Fehleinschätzungen hängen unter anderem von der sogenannten *Luftperspektive*, den optischen Übertragungseigenschaften der Atmosphäre, ab, die sich im scheinbaren Näherrücken von Bergen vor und nach einem Regen zeigt. Angesichts dieser Unsicherheiten ist es erstaunlich, wie gut die Größenkonstanz bei großen Abständen immer noch ist.

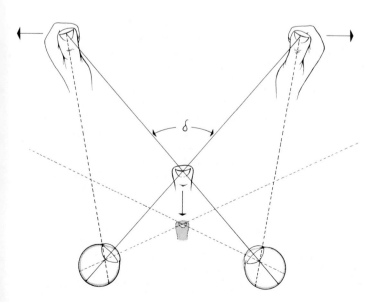

Abb. **107** Größenkonstanz. Wahrgenommene Daumengröße bei verändertem Konvergenzwinkel δ.

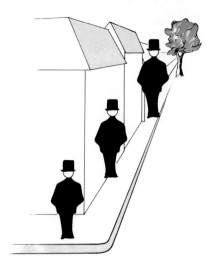

Abb. 108 Die drei Männchen sind gleich groß.

Gibson (74, 75) prüfte die Größenkonstanzleistung in offener Landschaft mit etwa manngroßen Stäben, die in verschiedenem Abstand von den VPn auf einer Flugzeuglandebahn in die Erde gesteckt worden waren. Die VPn wählten aus einer Sammlung von Stäben verschiedener Länge den jeweils gleich lang erscheinenden Stab aus. Es zeigte sich, daß die Stäbe noch bei einem Beobachtungsabstand von 700 m der Größe nach einigermaßen richtig beurteilt werden konnten. Dieses Ergebnis entspricht der Erfahrung aller Menschen.

Welche Eigentümlichkeiten des Netzhautbildes Aufschluß geben über die wahre Größe weit entfernter Objekte, ist nicht leicht zu ermitteln. Die Feinstruktur der Oberflächen, → parallaktische Verschiebungen von Objekten gegeneinander, der durch Streulicht bläuliche Dunst in der Atmosphäre und die Gesetzmäßigkeiten der → Perspektive bieten Information über die Entfernung. Schließlich kann man auch noch das Vorwissen über die wahre Größe und die Erfahrung mit den Objekten in die Überlegung einbeziehen. Es kommt auf die jeweilige Wahrnehmungsaufgabe an. Auf exakte Größen- und Entfernungswahrnehmung ist man vor allem in der näheren Umgebung angewiesen. Bei Objekten in der Landschaft beachtet man die Größen und Abstände weniger.

Man kann mit wenigen Strichen eine perspektivische Zeichnung entwerfen, wie die in Abb. 108, und zwei genau gleich große ausgeschnittene Figuren darauf herumschieben. Man erkennt, daß selbst die scheinbare Tiefe der perspektivischen Zeichnung genügt, um eine daraufgelegte Figur je nach Position größer oder kleiner erscheinen zu lassen.

Bei der Betrachtung des Sternenhimmels ist die Wahrnehmung von Entfernungen und Größen ganz unmöglich. Es kann geschehen, daß die helleren Sterne näher und die dunkleren weiter weg zu sein scheinen. Der Mond und auch die Sonne scheinen am Horizont erheblich größer zu sein, als wenn sie hoch am Himmel stehen. Die beste Erklärung geht davon aus, daß in Ermangelung äußerer Anhaltspunkte die Abstandsinformation von der internen Vorgabe eines flachen Himmelsgewölbes hergeleitet wird. Wegen der Unterstellung eines geringeren bzw. größeren Abstandes sorgt die Größenkonstanz nach dieser Hypothese bei dem hochstehenden Mond für eine verkleinernde Korrektur und bei dem dicht über dem Horizont stehenden für eine Vergrößerung. Nicht immer geht diese Erklärung ganz auf. Aber Maler stellen den Mond am Horizont immer zu groß dar.

Erfahrungsgemäß funktioniert die Größenkonstanzleistung am besten in der Horizontalebene. **Beim Blick von einem Turm nach unten, aus dem Flugzeug oder von einem Berg in ein tiefes Tal bleibt die Größenkonstanz unvollständig. Bäume, Häuser und Menschen sehen dann so klein wie Spielsachen aus. Man macht auch Fehler beim Blick nach oben, wenn man z. B. die Höhe eines Fernsehturmes abschätzen soll. Dachdecker an der Turmspitze sehen wie Zwerge aus.**

6.8 Wahrnehmungsraum und meßbarer Außenraum

Wenn man vor die beiden Augen je einen halben Tischtennisball montiert, sieht man nur noch Licht. Wegen der Streuung des Lichtes ist von der Außenwelt nichts mehr zu erkennen, und von der Struktur des Tischtennisballs sieht man auch nichts, weil sich die Halbkugel viel zu dicht vor dem Auge befindet. Das Licht aber hat einen zeitlich-räumlichen Charakter. Was man sieht, kann man als einen hellen Nebel beschreiben, den man, solange man hinsieht, im Außenraum wahrnimmt. Raum und Zeit ist, das zeigt die Beobachtung, aus der Wahrnehmung nicht zu eliminieren. In der Philosophiegeschichte taucht diese Erfahrung in Abwandlungen auf, nach denen Raum und Zeit als Eigenschaften der wahrgenommenen Welt aufgefaßt werden, als Medium der Welterfahrung oder als unverzichtbare Vorgaben des wahrnehmenden Subjekts.

In der Psychophysik spielt die Vorstellung, daß es einen naturgegebenen *Wahrnehmungsraum* geben könnte, eine große Rolle. Die

6.8 Wahrnehmungsraum und meßbarer Außenraum

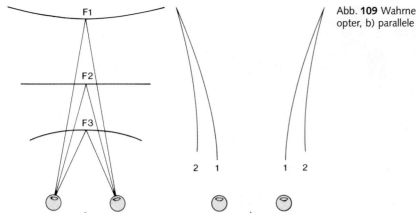

Abb. **109** Wahrnehmungsraum. a) Horopter, b) parallele Geraden.

Vorstellung sagt, daß bei allen räumlichen Wahrnehmungen außer den Reizen der Außenwelt noch interne Vorgaben für die räumliche Verarbeitung wirksam sind. Diese internen Vorgaben sollen erklären, warum man den schiefen ⇢ Ames-Raumes rechtwinkelig sieht, wie es zur Größenkonstanz, und überhaupt zu der Räumlichkeit aller Wahrnehmungen kommt. Der Wahrnehmungsraum ist soweit eine Vorstellung wie der ⇢ Farbraum, der zu Beschreibung und Erklärung der Farbphänomene nützlich ist, auch wenn ihm im Gehirn nichts Räumliches entspricht. Man kann den Wahrnehmungsraum als ein ⇢ inneres Umweltmodell ansehen, in der die räumlichen Beziehungen aller Wahrnehmungen codiert sind.

Hier soll ein nachvollziehbares Experiment zur Charakterisierung des Wahrnehmungsraumes beschrieben werden, die empirische Bestimmung des *Horopters*. Es handelt sich dabei um diejenige horizontale Linie im Außenraum quer zur Blickrichtung, die so aussieht, als ob sie gerade wäre. Der Horopter, der diese Bedingung erfüllt, ist, wie experimentell zu zeigen ist, erstaunlicherweise meistens gekrümmt, Abb. 109a. Es gibt auch andere Definitionen des Horopters, die im Abschnitt 10.4 behandelt werden.

Eine VP betrachtet mit beiden Augen eine Sichtmarke, z. B. einen auf dem Kopf stehenden Nagel, der sich etwa 80 cm vor ihren Augen auf dem Tisch befindet. Der VL stellt daneben eine zweite gleichartige Sichtmarke. Während die VP die erste Sichtmarke fixiert, verändert der VL den Abstand zwischen der zweiten Figur und der VP, bis diese den Eindruck hat, daß sich beide Figuren auf einer Geraden quer zur Blickrichtung befinden. Der Ort der zweiten Figur wird mit einem Stift markiert. Dann stellt man sie auf die andere Seite der ersten Sichtmarke und wiederholt das Experiment und dann noch mehrfach mit wachsendem Abstand der zweiten Figur von der fixierten. Die Markierungen auf dem Tisch zeigen dann, daß der Horopter zur VP hin gekrümmt ist. Bei einem Abstand von 4 m ist der Horopter gewöhnlich nach außen gekrümmt. Bei einem Abstand von etwa 2,5 m findet man dagegen einen nicht gekrümmten Horopter.

In einem anderen Experiment werden die Sichtmarken nach den Wünschen der VP in zwei parallelen Reihen angeordnet, die wie eine Allee von ihr weg zum Hintergrund verlaufen sollen, Abb. 109b. Auch in diesem Fall wählt die VP keine wirklichen Geraden. Je nachdem, ob sie mehr auf die Instruktion achtet, zwei parallele Reihen anzuordnen (1) oder mehr versucht, den Abstand der in der Allee gegenüberstehender Sichtmarken konstant einzustellen (2), kommt sie zu verschiedenen Kurven.

Die sogenannte *subjektive Krümmung* ist ein anderes Beispiel, an dem man Eigenschaften des Wahrnehmungsraumes studieren kann. Steht man beispielsweise vor einer Mauer, die sich nach links und rechts über eine größere Entfernung erstreckt, oder in einem langen Flur vor einer Wand, so erscheinen der obere und untere Rand konvex gekrümmt, obwohl er gerade ist. Eindrucksvoll kann man die subjektive Krümmung an einem Lineal beobachten, das man dicht vor den Augen quer zur Blickrichtung hält. Die beiden Kanten sieht man dann nicht parallel, sondern linsenförmig nach oben bzw. unten gewölbt.

Die subjektive Krümmung wurde von Architekten oft durch eine Gegenkrümmung, die Kurvatur, kompensiert. Der römische Baumeister Vitruv (190) schreibt, man solle bei Tempeln die Standfläche der Säulen leicht nach oben wölben, weil sie sonst wie eine Mulde aussähe. Beim Par-

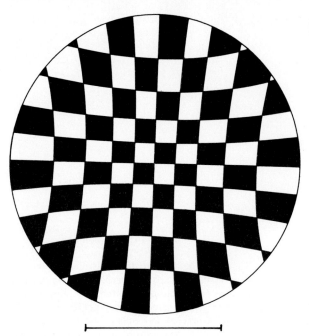

Abb. **110** Subjektive Krümmung (nach v. Helmholtz [90]).

thenon auf der Akropolis von Athen ist die Standfläche an der Vorderfront in der Mitte um 6 cm höher, an den Seiten um 11 cm. Eine einfache, in allen Fällen anwendbare Regel kann man aber nicht aufstellen. Die Kurvatur ist beim Parthenon z. B. oberhalb der Säulen am Fries nicht nach unten, sondern nach oben gerichtet, so als ob sie die subjektive Krümmung verstärken sollte, was aber dem subjektiven Eindruck des Betrachters nicht entspricht.

Viele überraschende Beobachtungen kann man an dem hyperbolisch gekrümmten Schachbrettmuster, Abb. 110, machen. Zunächst fällt auf, daß man nicht sicher sein kann, ob alle Konturen gekrümmt sind oder ob die mittleren gerade verlaufen. Das kann man nur durch Anlegen eines Lineals klären. Wenn man das getan hat, frage man sich bei einäugiger Betrachtung aus bequemem Abstand, ob die Fläche flach oder gewölbt erscheint. Schließlich betrachte man das Muster mit einem Auge aus einem Abstand, der so klein wie die horizontale Linie unter dem Muster ist. Man sieht dann das Muster nicht mehr scharf, sondern mit verschwommenen Rändern. Aus diesem geringen Abstand erscheinen die Konturen rechtwinkelig und gerade! Eigentümlicherweise nimmt der Eindruck der Krümmung ab, wenn man für längere Zeit einen Punkt in dem Muster anschaut. Dementsprechend ist auch im Nachbild die Krümmung kaum zu sehen.

Diese Sammlung von Beobachtungen zur räumlichen Wahrnehmung ist nicht auf eine einheitliche Weise zu erklären. Daß das gekrümmte Schachbrett sein Aussehen mit dem Beobachtungsabstand ändert, ist zum Teil mit Hilfe der geometrischen Optik zu erklären als Folge der Abbildung der Außenwelt auf den gekrümmten Augenhintergrund. Die Veränderlichkeit der Krümmung bei längerem Anstarren der Abbildung weist dagegen auf Anpassungsvorgänge im Nervensystem hin. Der gekrümmte Horopter ist vielleicht Ausdruck eines letzten räumlichen Verarbeitungskonzepts im visuellen System, kann aber auch als Verzerrungsproblem der optischen oder neuronalen Abbildung interpretiert werden. Für das Konzept des Wahrnehmungsraumes fehlt bislang ein experimenteller Forschungsansatz, der zu Ergebnissen führt, die nicht von den jeweiligen Versuchsbedingungen abhängen. Trotzdem wurde der Versuch einer allgemeinen mathematischen Beschreibung von F. K. Lüneburg (122) mit Riemannscher Geometrie versucht. Die experimentelle Verifikation, die ergeben könnte, daß der Wahrnehmungsraum im Greifbereich andere Eigenschaften besitzt als bei größerer Entfernung, ist nur ansatzweise gelungen.

6.9 Bild und Wirklichkeit

Man betrachte ein Bild, z. B. eine Photographie von einer Landschaft. Man kann gewöhnlich beobachten, wie das Gefühl für die Tiefe in dem Bild beim Betrachten mit der Zeit zunimmt, insbesondere, wenn man ein Auge schließt und Bewegungen des Bildes und des Kopfes vermeidet. Man kann die Tiefenwahrnehmung noch steigern, wenn man sich vorstellt, das Bild sei ein Fenster, durch das man in die Landschaft schaut.

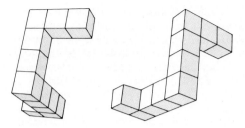

Abb. 111 Gleich oder verschieden? (nach Shepard u. Metzler [167]).

Beim Blick in eine Szenerie mit echter räumlicher Tiefe sieht man, wenn man sich bewegt, *parallaktische Verschiebungen*, die sich z. B. darin zeigen, daß Gegenstände bei Ortsveränderungen hinter anderen verschwinden und daß verdeckte Gegenstände zum Vorschein kommen. Bei Bildern gibt es keine parallaktischen Veränderungen, wie immer man sie auch ansieht. Das visuelle System ist von Natur aus zur Wahrnehmung der dreidimensionalen Umgebung geschaffen und nicht für Bilder. Das Ausbleiben parallaktischer Verschiebungen in Bildern entspricht nicht der Erwartung und stört die Erscheinung scheinbarer räumlicher Tiefe. Darum ist es für die Wahrnehmung von Tiefe in Bildern vorteilhaft, wenn man weder das Bild noch den Kopf bewegt.

Öffnet man bei der Betrachtung des Bildes nach einiger Zeit das zweite Auge, so erscheint die dargestellte Szenerie plötzlich wieder flacher. Die Netzhautbilder sind in den beiden Augen nicht gleich, Abschnitt 10.5. Die Unterschiede werden bei der Bildauswertung genutzt und verraten, daß das Bild flach ist. Zwischen der binokular vermittelten Flachheit der Bildoberfläche und der monokular wahrgenommenen Tiefe besteht ein Widerspruch, der die Tiefenwahrnehmung stört. Darum entwickelt sich der Eindruck von Tiefe in Bildern deutlicher beim monokularen Sehen.

Abbildungen der Außenwelt im Auge und in einer Kamera sind naturgemäß perspektivische Bilder, Abschnitt 6.6.2.1. Betrachtet man eine Photographie, so ist das Netzhautbild wiederum eine perspektivische Abbildung und unter geeigneten Umständen ununterscheidbar von demjenigen Netzhautbild, das beim Betrachten der dreidimensionalen Szenerie entstünde. Wenn die Netzhautbilder bei Betrachtung von Bild und Wirklichkeit gleich sind, sollte man in beiden Fällen dasselbe sehen. Die Bedingungen für diesen trivialen Fall sind kaum jemals erfüllt. Das Auge müßte sich vor dem Bild an genau dem Ort befinden, der dem Aufnahmeort der Kamera vor der dargestellten Szenerie entspricht. Befindet sich das Auge an einem anderen Ort, dann stimmt die Perspektive nicht. Erstaunlicherweise versteht man aber Bilder auch dann, wenn man sie von anderen Orten aus betrachtet, und man erkennt die räumliche Tiefe auch in Bildern, in denen die Gesetze der Perspektive nicht befolgt sind. Bild und Wirklichkeit erzeugen also normalerweise verschiedene Netzhautbilder. Trotzdem versteht man Bilder und nimmt in ihnen räumliche Tiefe wahr.

Am Erkennen von Bildern wird ein allgemeines Prinzip der Wahrnehmung deutlich. Man ist in der Lage, Gegenstände von verschiedenen Seiten zu erkennen. Sieht man ein Objekt von ungewohnter Seite, so dauert es eine kurze Zeit, bis man versteht, was man sieht. Man frage sich z. B., ob die beiden Körper der Abb. 111 gleich sind oder nicht. Das kann man erst nach kurzer Zeit entscheiden. Diese Zeit ist dem Winkel proportional, um den der eine im Vergleich zum anderen gedreht ist (167). Im visuellen System geht dem Erkennen offensichtlich ein zeitlicher Vorgang voraus, der seiner Funktion nach als eine geometrische Transformation zu beschreiben ist, die im Fall der Abb. 111 einer Drehung analog ist. Anschaulich kann man sich diese Operation so vorstellen, als würde der eine Gegenstand in der Vorstellung gedreht und gewendet, bis die Ansicht mit der des zweiten übereinstimmt. Soweit ist das nur die Beschreibung einer Aufgabe, die das visuelle System lösen muß und noch nicht die Lösung der Aufgabe.

Die Lösung dieser Aufgabe der visuellen Informationsverarbeitung könnte erklären, warum wir erkennen, was auf Bildern dargestellt ist. Auch beim Betrachten von Bildern muß die postulierte geometrische Transformation im visuellen System stattfinden. Anschaulich kann man sich das so vorstellen, als würde das Bild in der Vorstellung gedreht und gewendet, bis die Perspektive stimmt. Das kann man auch so auffassen, als würde der Beobachtungspunkt rechnerisch an die richtige Stelle verlegt, von wo aus die Perspektive stimmt. Auch dazu ist wie beim Erkennen von Gegenständen Zeit notwendig.

Läßt man dem visuellen System nicht ausreichend Zeit für diese postulierte Operation, so muß nach der skizzierten Hypothese die Bilderkennung gestört sein. Das ist in der Tat der Fall. Man braucht nur eine Photographie mit zwei Händen zu halten und so hin und her zu biegen, daß sie sich abwechselnd nach oben und unten wölbt. Man sieht dann Scheinbewegungen in dem Bild. Das ist besonders eindrucksvoll in Bildern mit Baumstämmen, Säulen und bei Gruppenphotos. Hierher gehört auch die Erscheinung, daß Porträts, die so gemalt oder photographiert sind, daß sie den Maler oder den Photoapparat anschauen, jeden Betrachter unabhängig von seinem Standort anzusehen scheinen. Auch diese Beobachtung wäre durch eine rechnerische Verlegung des Beobachtungsortes bei der Bildauswertung im visuellen System zu erklären. Man kann verhindern, daß diese zeitaufwendige Operation zum Abschluß kommt, indem man ein Porträt langsam hin und her dreht oder beim Betrachten langsam an einem Porträt vorbeigeht. Man sieht dann in dem Gesicht eine scheinbare Augenrollung.

Bilder müssen als Bilder, d.h. als Oberflächen, erkannt werden, damit sie wie andere Objekte verarbeitet werden können. Tatsächlich unternehmen Maler normalerweise keine Anstrengungen, die dazu führen könnten, daß der Betrachter die Oberfläche der Bilder nicht wahrnimmt. Aquarelle werden gerade auf sehr rauhes Papier gemalt, dessen Textur im fertigen Bild sichtbar bleibt. Die Oberfläche von Ölbildern ist selten glatt und häufig sogar glänzend. Außerdem werden Bilder oft in auffallender Weise gerahmt, was ihre Gegenständlichkeit hervorhebt. Wenn man die Oberfläche eines Bildes nicht erkennen kann, kommt es tatsächlich zu eigentümlichen Wahrnehmungen. Das visuelle System verarbeitet dann das bildlich Dargestellte so, als handle es sich um eine dreidimensionale Wirklichkeit. Die Folge sind Verzerrungen und Scheinbewegungen in den Bildern. Davon kann man sich leicht überzeugen.

Man betrachte eine Photographie durch eine sehr kleine ➔ künstliche Pupille dicht vor dem Auge, Abb. 82. Durch die künstliche Pupille soll erreicht werden, daß man nur einen Ausschnitt des Bildes sieht und möglichst nichts, was dem visuellen System verrät, daß es sich um ein Bild handelt. Der Rand soll verschwinden, und die Oberfläche darf sich nicht durch Glanz oder sichtbare Strukturen verraten. Was man sieht, ist erstaunlich. Der Bildausschnitt vermittelt den Eindruck, als schaue man in einen tiefen Raum hinein. Alles wirkt verzerrt, und die Verzerrung ändert sich, wenn man die Blickrichtung oder die Neigung des Bildes zur Sehrichtung ändert. Dabei treten im Bild Scheinbewegungen auf. Das Fehlen parallaktischer Verschiebungen, die bei Bewegung räumlicher Objekte auftreten müssen, wird als gegenläufige Bewegung interpretiert. Das Bild, dessen Bildhaftigkeit nicht erkennbar ist, wird vom visuellen System behandelt wie die dreidimensionale Wirklichkeit.

Die Wahrnehmung von Tiefe, perspektivischer Verzerrung und Scheinbewegungen in diesem Experiment erinnert jeden, der es kennt, an Wahrnehmungen mit dem ➔ Stereoskop. Die ➔ Stereopsis, die dort zum Vorschein kommt, ist aber eine Folge des binokularen Sehens. Wegen der Ähnlichkeit der Erscheinung kann man die hier besprochene Wahrnehmungsleistung als *monokulare Stereopsis* bezeichnen. Die binokulare Stereopsis unterscheidet sich von der monokularen nur durch die Art des Reizes. Das Ergebnis in der Wahrnehmung ist dasselbe.

Photographiert man die beiden Türme des Kölner Domes mit nach oben gerichteter Kamera, so erscheinen diese auf dem Bild so, als stünden sie schräge im Raum mit einander zugeneigten Spitzen. Das ist eine Folge der ➔ Zentralprojektion der Außenwelt in die Kamera, d.h. der ➔ Perspektive. Man sollte erwarten, daß die oben postulierte geometrische Operation bei der Betrachtung des Bildes dafür sorgt, daß der Beobachtungsort rechnerisch an die richtige Stelle, d.h. nach unten, verlegt wird, so daß die Perspektive stimmt und die Türme senkrecht zu stehen scheinen. Das ist merkwürdigerweise nicht der Fall, auch wenn man derartige Bilder lange einäugig und ohne Kopfbewegung betrachtet. Die Erklärung ist in dem Widerspruch zu suchen, der dann entsteht, wenn die Bildoberfläche mit ihrer räumlichen Orientierung erheblich von derjenigen Orientierung abweicht, bei der die Perspektive stimmen würde. Diese Erklärung kann man experimentell nachprüfen.

Man projiziere ein Bild über einen halbdurchlässigen Spiegel auf eine Projektionswand mit variablem Neigungswinkel, Abb. 112. Man betrachte das Bild durch den halbdurchlässigen Spiegel, d.h. aus derselben Richtung, aus der das Dia aufgenommen worden ist. Bei einäugiger Betrachtung der schräg stehenden Projektionsfläche richtet sich das wahrgenommene Bild scheinbar auf (gestrichelt in der Abbildung), so daß es aussieht, als durchdringe es die Projektionswand. Man sieht in diesem Fall gleichzeitig die schrägstehende Projektionswand und das Bild, dessen Orientierung durch die postulierte geometrische Operation im visuellen System korrigiert wurde.

Bei perspektivischen Deckengemälden in Kirchen und Schlössern kann man wegen des

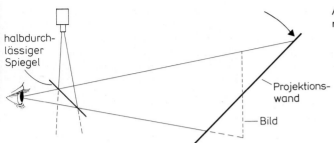

Abb. **112** Versuchsaufbau nach A. Söhnen, unveröffentlicht.

großen Abstands die Oberfläche nicht erkennen und auch durch das →binokulare Sehen nicht lokalisieren, weil die beiden Netzhautbilder bei großen Abständen praktisch gleich sind. Wenn dann noch die Ränder der Gemälde hinter vorspringenden Kapitellen verborgen sind, kann das visuelle System das Bild nicht als Fläche erkennen und es kommt zu räumlichen Täuschungen. Von dieser Möglichkeit machten die Architekten vieler Kirchen, Treppenhäuser und Säle Gebrauch, an deren Decken sie Gemälde anbrachten, die ein weiteres Stockwerk oder eine Kuppel vortäuschen. Wie beim Ames-Raum ist es notwendig, diese Gemälde von einem bestimmten Punkt aus zu betrachten, damit die perspektivischen Deckengemälde genauso erscheinen wie die Räume, die sie vortäuschen sollen.

Bewegt man sich unter den perspektivischen Deckengemälden umher, so nimmt man in dem Gemälde Scheinbewegungen wahr, von denen es dem Betrachter übel werden kann. Diese Scheinbewegungen treten auf, weil die parallaktischen Verschiebungen, die bei echter räumlicher Tiefe zu erwarten sind, ausbleiben. Die Raumtäuschung ist in der Regel beabsichtigt, die Scheinbewegungen und die Verzerrungen in den Bildern bei Betrachtung vom falschen Beobachtungspunkt aus sind dagegen lästig. Darum haben Künstler in Deckengemälden oft auf eine konsequente Perspektive verzichtet oder das Bild mit Wolken gefüllt, bei denen die Verzerrungen weniger auffallen als bei gemalter Architektur und anderen Figuren, oder sie haben dafür gesorgt, daß die Gemälde nur aus einer Richtung gesehen werden können. In barocken Schlössern findet man die perspektivischen Bilder am Ende langer Gänge und in Treppenhäusern, durch die eine bestimmte Blickrichtung vorgegeben ist, für die die Perspektive stimmt. Eine andere Möglichkeit zur Unterdrückung perspektivischer Verzerrungen und Scheinbewegungen bieten Kassettendecken, also Deckenbalken, die Gemälde einrahmen und für das visuelle System die Gemälde als solche, nämlich flache Oberflächen, erkennbar machen.

7 Netzhaut und Lichtempfindlichkeit

7.1 Netzhautstruktur und Sehleistung

Die Netzhaut bedeckt die Innenseite des Auges. Sie besteht aus Sinnes-, Nerven-, Pigment- und Gliazellen, Abb. 113. Der Aufbau der Netzhaut ist regional verschieden. Strukturelle Besonderheiten sind der ➤ blinde Fleck an der Austrittsstelle des Sehnervs und die *Fovea centralis oder Sehgrube*, Abb. 85 und 113. In der Mitte der Sehgrube, der *Foveola*, ist die Netzhaut einschichtig und besteht nur aus ➤ Zapfen, deren innere Teile gestreckt sind und radiär zu den Seiten verlaufen. Außerhalb des Foveabereiches ist die Netzhaut dreischichtig. Die Rezeptordichte und die damit zusammenhängende ➤ Sehschärfe ist in der Fovea am größten und nimmt mit dem Abstand von ihr ab.

Die regionalen Verschiedenheiten der Netzhaut machen sich im Normalfall des Sehens nicht bemerkbar. Die Umwelt erscheint uns keineswegs nur in der Mitte des Gesichtsfeldes deutlich und an den Rändern verschwommen. Die lokalen Unterschiede bemerkt man erst, wenn man bestimmte Sehleistungen an verschiedenen Stellen der Netzhaut prüft, wofür in diesem Kapitel viele Beispiele zu finden sind. Was man normalerweise mit den Augen wahrnimmt, ist nicht das Netzhautbild, Abschnitt 6.1.1, und auch nicht die Erregungsverteilung in ihrem neuronalen Netzwerk, weil sich dann die lokalen Beson-

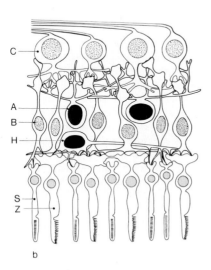

Abb. 113 a) Netzhaut im Bereich der Sehgrube (Fovea centralis). b) Rekonstruktion der Zellen und ihrer synaptischen Verknüpfung bei stärkerer Vergrößerung von einem extrafovealen Bereich der Netzhaut nach licht- und elektronenmikroskopischen Untersuchungen. Gliazellen nicht eingezeichnet. Lichteinfall von oben. – Beschreibung im einzelnen: Schicht (1) Pigmentepithel. Schicht (2) besteht aus Außengliedern der Zapfen (Z) und Stäbchen (S). Außenglieder der Zapfen sind in der Sehgrube mit 0,1 mm länger als in der übrigen Netzhaut. Schicht (3) besteht aus dem inneren Teil der Zapfen und Stäbchen, der in der Sehgrube schräg nach außen abgewinkelt ist. Die nachgeschalteten Nervenzellen befinden sich deshalb außerhalb der Sehgrube. In Schicht (4) befinden sich die Synapsen der Sehzellen mit den Bipolarzellen (B) und den Horizontalzellen (H). In der Schicht (5) liegen die Zellkerne der Bipolarzellen. In Schicht (6) sind Bipolarzellen mit den Amakrinzellen (A) und den retinalen Ganglienzellen (G) synaptisch verbunden. Schicht (7) enthält die Zellkerne der retinalen Ganglienzellen. Schicht (8) besteht aus den Nervenfasern (Axonen) dieser Zellen, die zum blinden Fleck und von dort durch den Sehnerv ins Gehirn ziehen. (a) nach Faller [67] b) nach Boycott u. Dowling [29]).

Abb. 114 Muster zur Beobachtung des höheren Auflösungsvermögens in der Sehgrube.

derheiten der Netzhautstruktur bemerkbar machen müßten. Für die Wahrnehmung der visuellen Umwelt ist die weiterführende Erregungsverarbeitung im Gehirn und das aktive Wahrnehmungsverhalten, Abschnitt 1.2.3, notwendig.

7.1.1 Fovea centralis

Scharf sehen kann man nur, was im Bereich der *Fovea centralis*, Abb. 113, abgebildet wird. **Hört man eine Lerche singen, so muß man oft lange den Himmel absuchen, bis man sie endlich gefunden, d. h. auf die Sehgrube abgebildet, hat, wo das → visuelle Auflösungsvermögen für das kleine Objekt ausreicht. Die Finger der eigenen Hand kann man nicht mehr zählen, wenn man die Blickrichtung um nur 20° oder 30° von ihr abwendet.** Die Größe der Sehgrube kann man mit 1° bis 2° annehmen, wobei man allerdings berücksichtigen muß, daß es auf das Kriterium für die Grenze ankommt. Dem Durchmesser der Sehgrube entspricht im Gesichtsfeld ungefähr die Breite des Daumens bei gestrecktem Arm, Abb. 74. Die zentrale Fläche, die Foveola, in der die Netzhaut praktisch einschichtig ist und in der es keine → Stäbchen und keine Blutgefäße gibt, überspannt 1,4°.

Mit einem Trick kann man das höhere Auflösungsvermögen der Sehgrube sichtbar machen. Man schaue in die Mitte der Abb. 114 und vergrößere den Betrachtungsabstand, bis man die Punkte dort, wo man hinschaut, gerade noch genau sieht. Das Umfeld des angeschauten Ortes erscheint dann als graue Fläche. Die Ausdehnung der deutlich sichtbaren Fläche entspricht der Foveola, was man nach dem bei Abb. 74 erläuterten Verfahren nachprüfen kann. Je nach den Beobachtungsbedingungen kann man noch andere Erscheinungen beobachten, die aber nicht leicht zu interpretieren sind: die foveale Zone ist aufgehellt, im Umfeld treten wolkenartig blasse, aber bunte Farben auf. Ähnliches kann man auch an Fernsehgeräten beobachten, wenn sie auf Rauschen eingestellt sind.

Man bezeichnet den zentralen Bereich der Netzhaut, in dem die Fovea liegt, als *gelben Fleck*, weil dort in den Nervenzellschichten, insbesondere am ansteigenden Rand der Sehgrube, ein Carotinoid mit einem Absorptionsmaximum im Wellenlängenbereich von 460 nm eingelagert ist. Die biologische Bedeutung des gelben Flecks ist nicht klar. Das gelbe Pigment erklärt das Phänomen des sogenannten **Maxwellschen Flecks. Man sieht ihn, nachdem man durch ein rotes Lichtfilter für einige Zeit auf eine helle Fläche geschaut** hat, am besten an dem bewölkten Himmel. Danach erkennt man dort mit bloßem Auge vorübergehend einen kleinen dunklen Fleck, der zwei bis drei Winkelgrad überspannt, was man mit der Daumenregel, Abb. **74**, leicht abschätzen kann. **Der Maxwellsche Fleck wandert wie ein → Nachbild mit den Augenbewegungen.**

Man führt den Maxwellschen Fleck auf die Filterwirkung des gelben Pigments zurück und stützt sich dabei auf Experimente mit → metameren Lichtreizen. Derartige Lichtreize führen zu gleichen Farbempfindungen, weil sie die → Zapfen in genau derselben Weise reizen. Das gelbe Pigment absorbiert aber je nach der physikalischen Zusammensetzung des Lichtreizes verschiedene Anteile. Darum kommt bei metameren Lichtreizen der Maxwellsche Fleck auch verschieden deutlich zum Vorschein.

Auch das Phänomen der Haidingerschen Büschel wird auf das gelbe Pigment zurückgeführt. Man sieht dieses Phänomen, wenn man durch ein Polarisationsfilter an den bewölkten Himmel schaut. Es besteht aus einer gelblichen Figur, die einer Sanduhr oder einem in der Mitte eingeschnürten Büschel ähnelt und von einem bläulichen Feld umgeben ist. Es ist auf den Bereich des gelben Flecks beschränkt. Die Haidingerschen Büschel verschwinden schnell. Sie kommen wieder zum Vorschein, wenn man das Polarisationsfilter dreht. Das Phänomen ist besonders gut zu sehen, wenn es mit monochromatischem Licht hervorgerufen wird, das vom Carotinoid des gelben Flecks am stärksten absorbiert wird. Man muß annehmen, daß die Moleküle des gelben Pigmentes radiärsymmetrisch um die Foveola angeordnet sind, so daß die beobachtete polarisierende Wirkung zustande kommt.

7.1.2 Das Gesichtsfeld und die Netzhaut

Dem Gesichtsfeld eines Auges, also dem Bereich der Außenwelt, den man auf einmal mit einem Auge erfassen kann, entspricht im Auge der mit Lichtsinneszellen besetzte Teil der Netzhaut. Die Grenzen des Gesichtsfeldes sind somit durch die Netzhaut festgelegt. Je nach Augenstellung kommen auch Nase und Augenbrauen als Begrenzung ins Spiel.

Mit einem Perimeter, Abb. **115**, kann man das Gesichtsfeld untersuchen. Das Auge befindet sich dann im Mittelpunkt des Perimeterbogens. Der Kopf ist durch eine Stützvorrichtung und das zu untersuchende Auge durch einen Fixierpunkt festgelegt. Das andere Auge ist abgedeckt. Der Perimeterbogen ist um die Achse A drehbar. An der Rückseite des Perimeterbogens ist der Winkel γ und an der Achse A der Drehwinkel abzulesen. Die Grenzen des Gesichtsfeldes kann man bestimmen, indem man eine Sichtmarke am Perimeterbogen von außen in das Gesichtsfeld hineinschiebt und feststellt, unter welchem Winkel sie wahrnehmbar wird. Das Ergebnis kann man dann in Polarkoordinaten einzeichnen, Abb. **116**. Die beiden kleinen runden Scheiben in der Nähe des Mittelpunktes markieren die → blinden Flecke der beiden Augen. Den Abstand von der Mitte der Foveola bezeichnet man als *Exzentrizität*. Man kann die Exzentrizität in Winkel- oder Längeneinheiten angeben.

Der Verlauf der Gesichtsfeldgrenze, den man perimetrisch bestimmt, hängt von der Art des Lichtreizes ab. Je heller die Sichtmarke und je größer der Kontrast, mit dem sie sich vom Hintergrund abhebt, desto größer ist das gemessene Gesichtsfeld. Bewegte Sichtmarken werden in größerer Entfernung vom Zentrum des Feldes bemerkt als ruhende. In der Horizontalebene überspannt das Gesichtsfeld beider Augen zusammen ungefähr 180°. Mit geeigneten Sichtmarken kann man auf 200° kommen. Durch die Augenbewegungen erweitert sich der visuelle Einzugsbereich auf beinahe drei viertel des horizontalen Umkreises, wenn man mit bewegten Sichtmarken arbeitet. Viele Tiere mit seitlichen Augenstellungen genießen eine Rundumsicht von 360°.

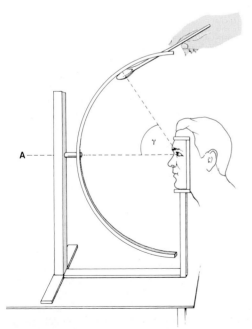

Abb. **115** Perimeter.

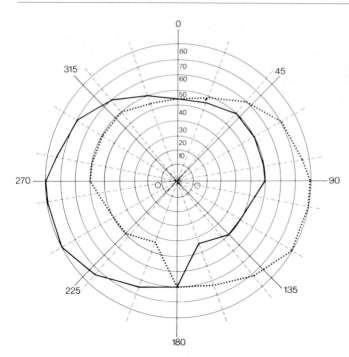

Abb. **116** Gesichtsfeld des rechten (gepunktet) und linken (durchgezogen) Auges nach perimetrischer Bestimmung, Abb. 115. Exzentrizität in Winkelgrad. Mittelpunkt entspricht der Mitte der Foveola beider Augen, Kreisscheibchen links und rechts der Mitte kennzeichnen Orte der blinden Flecke des linken bzw. rechten Auges.

Im äußeren Gesichtsfeldbereich kann es geschehen, daß man eine Sichtmarke sieht, ohne die Farbe erkennen zu können. Wenn man bunte Sichtmarken vom Rand her ins Gesichtsfeld hinein bewegt, erkennt man in der Regel zuerst die Farben Gelb und Blau und erst weiter innen auch Rot und Grün. Im Randbereich der Netzhaut sind Objekte vor allem dann sichtbar, wenn sie sich bewegen. Man kann das leicht studieren, wenn man einen entfernten Punkt fixiert und dabei versucht, seine eigene Hand zu sehen, die man zuerst neben das Ohr hält und dann langsam nach vorne bewegt. Man sieht die Finger, wenn sie in das Gesichtsfeld kommen, zunächst nur, solange sie sich bewegen. Macht man den Versuch mit einem anderen Menschen, so kann man zeigen, daß er am Rande des Gesichtsfeldes nur die Bewegung erkennt, nicht aber sieht, was sich bewegt.

7.1.3   Der blinde Fleck

Das Licht, das auf die Netzhaut fällt, muß eine Schicht aus Nervenzellen durchdringen, bevor es zu den Lichtsinneszellen gelangt, Abb. 113. Nervenfasern dieser vorgelagerten Zellschicht bilden den Sehnerv. An der Stelle, an der diese Fasern das Auge verlassen, führen sie durch die Schicht der Lichtsinneszellen, weshalb sich dort eine Lücke befindet, die sich als *blinder Fleck* bemerkbar machen kann. Sehen kann man den blinden Fleck nicht, weil man dort, wo keine Sinneszellen sind, nicht sehen und folglich auch nicht wahrnehmen kann, daß man nichts sieht. Die verbreitete Vorstellung, man bemerke den blinden Fleck deshalb nicht, weil er im Gesichtsfeld durch das jeweils andere Auge ausgefüllt würde, ist falsch. Der blinde Fleck müßte sich ja dann bemerkbar machen, wenn man ein Auge schließt.

Zum Nachweis des blinden Flecks schließe man das linke Auge und schaue auf den oberen Stern der Abb. 117, wobei man das Buch mit gestrecktem Arm vor sich hält. Nähert man die Figur langsam dem Auge, so verschwindet bei einem Abstand von etwa 30 cm der Halbmond. Bei etwa 20 cm taucht er wieder auf und die Sonne verschwindet im blinden Fleck. Diese Situation erklärt der Strahlengang in der unteren Hälfte von Abb. 117. Will man den blinden Fleck im linken Auge nachweisen, so drehe man die Abbildung um 180° und schließe bei der Betrachtung des dann oberen Sterns das rechte Auge.

Eine andere Methode zeigt die Abb. 118. Man stützt den Kopf auf und verdeckt dabei das linke Auge. Man richtet den Blick auf einen Fixierpunkt. Mit der anderen Hand kann man eine kleine Münze neben dem Fixierpunkt herumschieben. Etwa 9 cm neben und 1 cm unter dem Fixierpunkt wird sie unsichtbar. Weil der blinde Fleck im Auge neben der Sehgrube auf der Nasenseite gelegen ist, findet man den zugehörigen Gesichtsfeldausfall beim rechten Auge rechts außen und beim linken

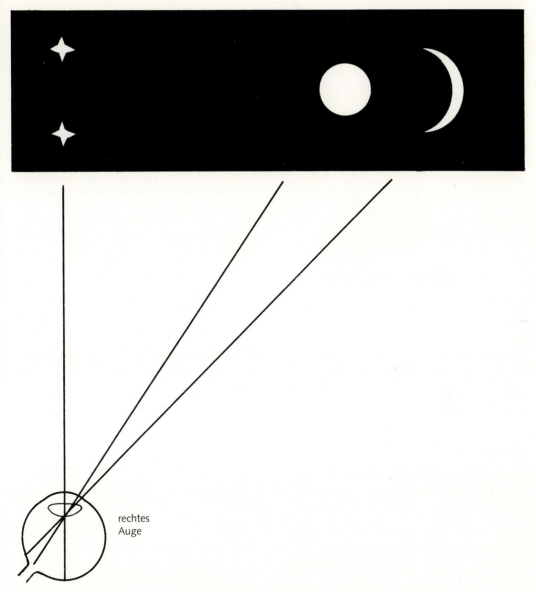

Abb. **117** Muster zum Nachweis des blinden Flecks (nach v. Campenhausen [44]). Anleitung im Text.

links außen. Schließlich kann man in dieser Haltung auch die Umrisse des blinden Flecks zeichnen, indem man die Bleistiftspitze immer dann, wenn sie gerade sichtbar wird, auf das Papier aufdrückt. Man findet dann eine erstaunlich große Gesichtsfeldlücke mit einem Umriß, wie er in der Abb. **118** angegeben ist.

Aus der Größe der Gesichtsfeldlücke kann man nach der bei Abb. **74** erläuterten Methode die Größe des blinden Flecks im Auge berechnen. Man sollte aber berücksichtigen, daß der blinde Fleck nicht scharf begrenzt ist. Die psychophysische Größenbestimmung führt deshalb nicht immer zu genau gleichen Resultaten. Bei starker Beleuchtung z.B. findet man eine geringere Größe. Der anatomisch bestimmte Mittelpunkt des blinden Flecks liegt 4,8 mm (16°) nasal und 0,47 mm (1,6°) oberhalb vom Zentrum der Sehgrube und mißt in der Höhe etwas mehr als 2 mm (7°), in der Breite etwas mehr als 1,5 mm (5°). Die Zipfel am oberen und unteren Ende sind die dicken Äste der ➤ Netzhautgefäße, Abb. **85**.

7 Netzhaut und Lichtempfindlichkeit

Abb. 118 Umriß des blinden Flecks.

Man kann den blinden Fleck auch ohne alle Hilfsmittel studieren, indem man einäugig an den Gegenständen, die man im blinden Fleck verschwinden lassen will, vorbeischaut. Man findet die Gesichtsfeldlücke, indem man den Blick auf einen bestimmten Punkt richtet und bei gestrecktem Arm eine Hand so nahe an die Visierlinie heranführt, daß man den Fixierpunkt beinahe verdeckt. Gerade neben dem kleinen Finger, also eine Handbreit neben der Visierlinie, befindet sich dann der blinde Fleck. Deutet man mit dem Finger in dieses Areal, dann wird die Fingerspitze unsichtbar und man kann die Gesichtsfeldlücke mit dem Finger umschreiben wie mit der Bleistiftspitze in Abb. 118. Mit einiger Übung kann man dann beliebige Gegenstände so ansehen, daß sie gerade auf dem blinden Fleck abgebildet werden und folglich aus der Wahrnehmung verschwinden. Der Entdecker des blinden Flecks, Edme Mariotte (1620–1684), soll die englische Hofgesellschaft unter Karl II. damit unterhalten haben, daß er zeigte, wie man seine Mitmenschen ohne Kopf sehen kann.

Bildet man im Halbdunkel eine Lichtquelle auf dem blinden Fleck ab, so wird diese natürlich unsichtbar, aber man sieht dann trotzdem einen hellen Schein, der auf das *Streulicht im Auge* zurückzuführen ist. Der blinde Fleck wirkt wegen der Myelinscheiden der Nervenfasern wie ein heller Reflektor im Auge. **Man kann dieses eindrucksvolle Phänomen einem größeren Kreis demonstrieren, in dem man auf die rechte Seite einer Tafel ein Kreuz zeichnet und auf die linke Hälfte viele Fixierpunkte wie in Abb. 119. Bei gegebenem Beobachtungsabstand sucht jeder bei verdecktem linken Auge mit dem rechten Auge denjenigen Fixierpunkt, bei dem das Kreuz verschwindet. Nun stellt man vor das Kreuz die Lichtquelle, z. B. eine Glühbirne, und fordert die Zuschauer auf, ihren jeweiligen Fixierpunkt anzuschauen. Die Lichtquelle wird unsichtbar, nicht aber das Streulicht, das sie im Auge erzeugt. Dieser Versuch muß in einem abgedunkelten Raum stattfinden, weil die Netzhaut sonst für die Wahrnehmung des schwachen Streulichts nicht empfindlich genug ist.**

Zu großen Debatten führt gewöhnlich die Beobachtung, die man mit der Abb. 119 machen kann. Man suche unter den Punkten auf der linken Seite mit dem rechten Auge denjenigen, bei dessen Betrachtung die Lücke in der Linie gerade auf den blinden Fleck fällt. **Wenn der notwendige geringe Beobachtungsabstand, ca 20 cm, als lästig empfunden wird, zeichne man die Figur etwas größer auf ein Blatt Papier.** Wenn man die Lücke nicht sieht, weil ihre Abbildung auf den blinden Fleck fällt, kann man natürlich auch die Unterbrechung der Linie nicht sehen und man gewinnt den Eindruck, das visuelle System ergänze die gesehene Figur. Daß das visuelle System irgend etwas hinzufügt, ist aber ein Trugschluß. Im Zusammenhang mit den sogenannten → Scheinkanten werden Phänomene besprochen, bei denen so etwas vorkommt. Beim blinden Fleck empfiehlt es sich aber, die einfachere Erklärung vorzuziehen, die sagt, daß man dort, wo man nichts sieht, auch nicht sehen kann, daß man nichts sieht.

7.2 Stäbchen und Zapfen

7.2.1 *Duplizitätstheorie*

Es gibt zwei Arten von Lichtsinneszellen in der Netzhaut, die *Stäbchen* und die *Zapfen*, Abb. 113. Die biologische Funktion dieser Rezeptorausstattung erklärte 1862 der Anatom Gu-

Abb. 119 Abbildung der Lücke auf dem blinden Fleck.

Abb. **120** Zum Nachweis des zentralen Skotoms (nach v. Campenhausen [44]).

stav Schwalbe (1844–1916) mit der *Duplizitätstheorie*, nach der das Sehen im Tageslicht mit den Zapfen, im beinahe Dunkeln mit den Stäbchen bewerkstelligt wird. Stäbchen- und Zapfenerregung werden über verschiedene Arten von ➙ Bipolarzellen zu den retinalen ➙ Ganglienzellen geleitet. Retinale Ganglienzellen, deren Fortsätze den Sehnerv bilden, leiten je nach Helligkeit Stäbchen- oder Zapfenerregung zum Gehirn. Die Umschaltung vom *Stäbchen- oder skotopischen Sehen* im Dunkeln zum *Zapfen- oder photopischen Sehen* im Hellen wird durch ➙ Amakrinzellen bewirkt, die durch ihre synaptischen Verbindungen dafür sorgen, daß die retinalen Ganglienzellen entweder Stäbchen- oder Zapfenerregung akzeptieren.

7.2.2 Stäbchensehen

Im photopischen Zustand kann man Farben unterscheiden, im skotopischen nicht. Im hellen Mondlicht ist man gerade noch photopisch und farbentüchtig. Wird es noch dunkler, wird man skotopisch und dann sind „alle Katzen grau". Die *totale Farbenblindheit* beim skotopischen Sehen beruht darauf, daß es nur eine Art von Stäbchen gibt. Diese registrieren nur das Mehr oder Weniger der absorbierten Lichtquanten und vermitteln dementsprechend auch nur die Information heller oder dunkler.

Das ➙ visuelle Auflösungsvermögen ist beim skotopischen Sehen schlechter als beim photopischen, aber die Lichtempfindlichkeit ist größer. Beides hat seine Ursache in der großen *Konvergenz* der Nervenbahnen für Stäbchenerregung zu den retinalen Ganglienzellen. Die Zahl der Stäbchen ist mit etwa 140 Millionen pro Auge viel größer als die der Zapfen mit etwa 8 Millionen. Somit speisen viel mehr Stäbchen ihre Erregung in die etwa 1 Million retinalen Ganglienzellen ein als Zapfen, was die Empfindlichkeit steigert, die Sehschärfe aber mindert. Auch das ➙ zeitliche Auflösungsvermögen ist im skotopischen Zustand geringer als im photopischen. Die Erregung eines Stäbchens überdauert kurze Lichtreize um viele hundert Millisekunden, während sie bei Zapfen nach spätestens 200 ms abgeklungen ist.

Zum Studium des skotopischen Sehens braucht man einen Raum, der sich verdunkeln läßt, und wenigstens eine viertel Stunde Zeit für die ➙ Dunkeladaptation. In heller Umgebung erreicht man dasselbe mit Hilfe einer speziellen Brille, Abb. 130. Die Umgebung sieht beim skotopischen Sehen in mancherlei Hinsicht verändert aus. Das erste, was man bemerkt, ist, daß man bei geringer Beleuchtung nur schlecht sehen kann. Der Hauptgrund dafür ist das *zentrale Skotom*, der zusätzliche blinde Fleck, der sich beim skotopischen Sehen im Foveabereich befindet, weil es dort keine Stäbchen gibt. Im Dunklen empfiehlt es sich deshalb, den Blick nicht auf den Weg, sondern daneben zu richten, damit der Weg im Auge nicht auf der dann blinden Sehgrube abgebildet wird, sondern auf benachbarten Netzhautbereichen. Das zentrale Skotom sieht man genausowenig wie den ➙ blinden Fleck. Daß es existiert, merkt man erst, wenn ein Gegenstand unsichtbar wird, der auf dem fovealen Netzhautbereich abgebildet wurde. Der Gesichtsfeldausfall hat die Größe der Sehgrube, was bedeutet, daß beim skotopischen Sehen der Daumen bei gestrecktem Arm verschwindet, wenn man seinen Blick auf ihn richtet, Abb. 74. Dementsprechend verschwindet bei einer Vorlage wie der von Abb. 120 immer gerade derjenige Punkt, den man gerade ansieht, während der andere, der dann im Auge neben der Sehgrube abgebildet wird, sichtbar wird. Das gelingt am besten, wenn man die Vorlage auf 9 × 20 cm vergrößert und mit gestrecktem Arm vor das Gesicht hält.

Beim Betrachten des Sternenhimmels kann sich das Zentrale Skotom dadurch bemerkbar machen, daß immer der Stern verschwindet, auf den man seinen Blick richtet, so daß er auf der Sehgrube abgebildet wird. Sehr helle Sterne bleiben dabei sichtbar, werden aber dunkler. Hierbei kann man

eine besonders interessante Beobachtung zur *binokularen Reizschwelle* machen. **Man suche einen mittelhellen Stern, der nicht ganz verschwindet, wenn man seinen Blick auf ihn richtet, sondern nur erheblich dunkler wird. Wenn man beim Anschauen dieses Sterns ein Auge abdeckt, wird er in der Regel ganz unsichtbar. Daraus folgt, daß die Erregungen der beiden Augen im Schwellenbereich additiv verrechnet werden. Das → Fechnersche Paradox zeigt, daß im Gegensatz dazu für die Helligkeitswahrnehmung der Mittelwert gebildet wird.**

Beim Übergang vom photopischen zum skotopischen Sehen ändert sich die spektrale Empfindlichkeit. Alle Gegenstände erscheinen unbunt, aber vormals rote Gegenstände auffallend dunkel und blaue mitunter leuchtend hell. Rote Rosen sehen dunkel, blauer Rittersporn hellgrau aus. Dies beruht darauf, daß beim skotopischen Sehen die → spektrale Empfindlichkeit bei $\lambda = 500\,\text{nm}$ am größten ist, im photopischen Bereich aber im Bereich von $\lambda = 550\,\text{nm}$, Abb. **134**. Die Verschiebung der spektralen Empfindlichkeit wird als Purkinje-Verschiebung oder *Purkinje-Phänomen* bezeichnet. **Das Purkinje-Phänomen kann mit roten und blauen Farbpapieren (44) demonstriert werden. Die Papiere müssen groß sein, damit man sie trotz des zentralen Skotoms sehen kann. Man muß für einige Minuten fast vollständige Dunkelheit herstellen können. Vormals helles Rot erscheint dann schwarz, und vormals dunkleres Blau wird zu hellem Grau.**

Steht ein Interferenzverlaufsfilter zur Verfügung, so kann man es auf einen Schreibprojektor legen, bei dem die übrige Fläche schwarz abgedeckt ist, so daß das Regenbogenspektrum auf der sonst dunklen Projektionswand erscheint. Man lege eine Nadel auf die hellste Stelle, die sich im gelbgrünen Bereich findet. Dann lege man so viele Graufolien auf das Filter, daß die Buntheit verschwindet. Jetzt erkennt man, daß die hellste Stelle um etwa 50 nm zum vormals blauen Ende gewandert ist. Man kann die Abdunkelung auch über einen Regler am Schreibprojektor besorgen. Dabei kann sich natürlich das Lichtspektrum der Lampe ändern. Die Verschiebung des Maximums im Spektrums wird dann aber, wenn überhaupt, in Richtung zum roten Ende des Spektrums stattfinden und somit der Purkinje-Verschiebung entgegengesetzt sein.

7.2.3 Rhodopsin

Das *Rhodopsin*, das auch *Sehpurpur* genannt wird, ist Bestandteil der Zellmembran der Stäbchenaußenglieder. Der Sehpurpur besteht aus dem Opsin, einem Protein, dessen vollständig aufgeklärtes Gen beim Menschen auf dem Chromosom 3 liegt, und dem mit dem Opsin verbundenen Retinal. Retinal ist das Aldehyd des Vitamin A. Das erklärt diejenigen Fälle von *Nachtblindheit*, die auf Vitamin A-Mangel beruhen, und, wie man schon im Altertum wußte, durch Genuß von roher Leber oder Gemüse, d. h. Vitamin A-reicher Kost, geheilt werden können. Viele Menschen haben, ohne es zu wissen, das Rhodopsin schon gesehen. **Photographiert man nämlich einen Menschen aus einer Entfernung von einigen Metern mit Blitzlicht, so kann es geschehen, daß die Pupille auf dem Film nicht schwarz, sondern rot erscheint. Die rote Farbe stammt vom Sehpurpur.**

Durch kombinierte psychophysische und biochemische Forschung gelang es beim Rhodopsin zum ersten Mal, die Voraussetzungen für Wahrnehmung in den physikalischen Eigenschaften eines Stoffes zu erkennen. Das Rhodopsin, das man aus der Netzhaut extrahieren kann, fiel schon im 19. Jahrhundert dadurch auf, daß es durch Licht gebleicht und im Dunkeln regeneriert wird. Wilhelm Kühne (1837–1900) zeigte, daß (a) extrahiertes Rhodopsin Licht des Spektralbereichs um $\lambda = 500\,\text{nm}$ am besten absorbiert und daß (b) dieses Licht auch den größten Effekt auf die Bleichung hat, daß ferner (c) die → Reizschwelle des dunkeladaptierten menschlichen Auges in diesem Spektralbereich am kleinsten ist. Mit der Fortentwicklung der Meßtechnik wurden die formalen Ähnlichkeiten der Quantenabsorption im Rhodopsin und der Empfindlichkeit beim skotopischen Sehen immer offensichtlicher. Einen Höhepunkt dieser Entwicklung zeigt die Abb. **121**, in der die durchgezogene Kurve die spektrale Absorption von extrahiertem Rhodopsin und die Meßpunkte → die spektrale Empfindlichkeit des menschlichen Auges beim skotopischen Sehen wiedergeben. Eine weitere Steigerung stellt die → Fundusreflektometrie dar, mit der man die Empfindlichkeit und die Konzentration des ungebleichten Sehpurpurs im Auge gleichzeitig messen kann. Rhodopsine kann man im Tierversuch genetisch manipulieren und die resultierende spektrale Empfindlichkeit verhaltensphysiologisch nachweisen (109).

Wichtig ist ein weiterführendes Experiment nach dem → Abgleichverfahren. Eine dunkeladaptierte VP betrachtet ein Reizfeld, Abb. **122**, dessen rechte und linke Hälfte monochromatisches Licht verschiedener Wellenlänge abstrahlt. Die VP kann in diesem Versuch die Strahlungsdichte in den Feldhälften so einzustellen, daß sie gleich aussehen. Im Tageslicht würde das nicht gelingen, weil beim photopischen Sehen immer die eine Hälfte des Reizfeldes grün und

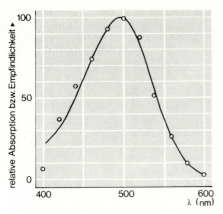

Abb. **121** Spektrale Absorptionskurve des Rhodopsins in Prozent des Maximalwertes (Ordinate) über der Wellenlänge (Abszisse). Meßpunkte: Spektrale Empfindlichkeit (1/Schwellenreiz) (nach Crescitelli u. Dartnall [53]).

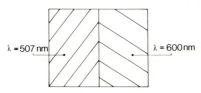

Abb. **122**

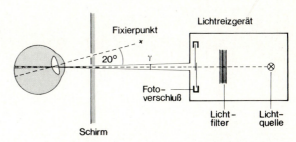

Abb. **123** Messung der absoluten Reizschwelle. Versuchsaufbau vereinfacht (nach Hecht u. Schlaer [87]).

die andere rot erscheinen würde. Der Versuch wird aber bei so geringen Intensitäten durchgeführt, daß das Sehen ausschließlich durch die empfindlichen Stäbchen bewerkstelligt wird und darum alles unbunt erscheint. Die VP sieht deshalb am Ende des Versuchs keinen Unterschied zwischen den beiden Feldhälften. Das Ergebnis läßt sich auch so formulieren: Zwei nach Wellenlänge und Energie verschiedene Reize erzeugen die gleiche Wahrnehmung.

Die Erklärung lautet: Alle Lichtquanten, die das Rhodopsin absorbiert, haben dieselbe Wirkung. Die Absorptionskurve, Abb. **121**, kommt dadurch zustande, daß die Absorptionswahrscheinlichkeit der Lichtquanten von der Wellenlänge der Strahlung abhängt. Die Folgen der Absorption sind wellenlängenunabhängig. Man bezeichnet diese Erkenntnis manchmal als *Univarianzprinzip*

7.2.4 Absolute Reizschwelle

In diesem Abschnitt werden die Überlegungen und der psychophysische Versuch beschrieben, der zu der Erkenntnis geführt hat, daß ein Lichtquant ausreicht, um ein Stäbchen in Erregung zu versetzen. Die Empfindlichkeit könnte nicht größer sein.

Zunächst soll das berühmte Experiment von S. Hecht, S. Schlaer und M. H. Pirenne (142) skizziert werden, Abb. **123**. In einem vollständig dunklen Raum befindet sich die Reizlichtquelle hinter einem Photoverschluß, dessen Öffnungszeit auf 1 ms eingestellt ist. Das Reizfeld überspannt, von der VP aus gesehen, einen Winkel von $\gamma = 10$ Winkelminuten. Wenn die VP einen gerade wahrnehmbaren roten Lichtpunkt fixiert, fällt der Lichtreiz auf eine bestimmte Stelle der Netzhaut neben der Sehgrube, d.h. auf ein Areal, in dem es Stäbchen gibt. Der Lichteinfall ins Auge wird durch eine ➤ künstliche Pupille begrenzt, damit Größenänderungen der Pupille den Lichtfluß ins Auge nicht ändern. Hinter der künstlichen Pupille ist das Auge dadurch festgelegt, daß die VP in ein vorher justiertes Beißbrett beißt. Als Reizlicht wird monochromatisches Licht mit der Wellenlänge $\lambda = 510$ nm verwendet, für das die Stäbchen besonders empfindlich sind. Mit Lichtfiltern wird die ins Auge tretende Lichtmenge Q variiert. Die ➤ Aufmerksamkeit der VP wird dadurch herbeigeführt, daß man sie selbst den Photoverschluß bedienen läßt. Die Lichtmenge des Lichtreizes aber ist ihr nicht bekannt. Diese wird vom VL in regelloser Folge variiert. Die VP teilt nach jedem Reiz mit, ob sie eine Lichtwahrnehmung hatte oder nicht.

Das Ergebnis dieses Versuches ist überraschend. Man kann keine feste Reizschwelle feststellen. Statt dessen findet man einen Übergangsbereich, unterhalb von dem der Reiz nie und oberhalb von dem der Reiz immer zu einer Wahrnehmung führt, Abb. **124**. Innerhalb von diesem Bereich führt der Reiz nur manchmal zur Wahrnehmungen und zwar um so häufiger, je größer er ist. Vergleichbares war schon für die Reizschwelle bei der Chemorezeption mitgeteilt worden, Abschnitt 3.2.4 und 3.3.3. Wie ist dieser Übergangsbereich zu erklären?

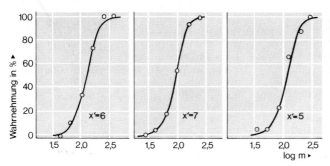

Abb. 124 Häufigkeit der Wahrnehmung bei sehr kleinen Lichtreizen in Prozent (Ordinate) in Abhängigkeit von der Energie kurzer Lichtreize (Abszisse) für drei VPn (nach Hecht u. Schlaer [87]).

Es muß gezeigt werden, warum die Häufigkeit, mit der der Reiz zum Sehen führt, in der nachgewiesenen Weise von der Reizgröße abhängt. Es könnte sein, daß die Empfindlichkeit des visuellen Systems fluktuiert. Kleine Reize wären dann nur mit einer bestimmten Wahrscheinlichkeit erfolgreich, große dagegen immer. Es könnte aber auch sein, daß die Reize in diesem Experiment so klein sind, daß sich bereits die unvermeidbare Quantenfluktuation der Lichtquelle bemerkbar macht. In Abb. 125 ist mit der schraffierten Fläche die Häufigkeit (rechte Ordinate) dargestellt, mit der eine Lichtquelle in vergleichbarer Anordnung x = 1, 2, 3, ... Lichtquanten/Reiz abgab. Wie man sieht, schwankt die Zahl der Lichtquanten zwischen 0 und 11. Es muß geprüft werden, ob bereits die Quantenfluktuation der Lichtquelle die Ursache dafür ist, daß die Lichtreize die Schwelle manchmal überschreiten und manchmal nicht.

Zur Klärung dieser Frage muß man abschätzen, wie viele Lichtquanten zum Überschreiten der Schwelle notwendig sind. Wir wählen für die Überlegung den Reiz, der in 60% der Fälle zu einer Lichtwahrnehmung führte. Die Lichtenergie, die bei jedem der kurzen Lichtreize auf die Hornhaut des Auges fiel, wurde gemessen. Sie lag bei drei VPn zwischen $3,5 \times 10^{-17}$ und $5,6 \times 10^{-17}$ Joule. Von dieser Lichtmenge wird etwa die Hälfte durch Reflexion und Absorption in den Augenmedien daran gehindert, bis zur Netzhaut durchzudringen. Auch die Lichtverluste in der Netzhaut lassen sich abschätzen. Ein Teil des Lichtes dringt in die Stäbchen ein, und wieder ein Teil davon wird vom Sehpurpur absorbiert. Nur etwa 10% des Lichtes, das auf die Hornhaut fällt, wird vom Rhodopsin absorbiert.

Die Zahl n der Lichtquanten pro Reiz kann man berechnen: n = (Energie des Reizes) / (Energie eines Lichtquants). Die Energie eines Lichtquants $Q = h \cdot v$ bestimmt man aus der Planckschen Konstante $h = 6,626 \cdot 10^{-34}$ Joule · s und der Frequenz v der elektromagnetischen Schwingungen, für die in anderen Teilen dieses Buches der Buchstabe „f" verwendet wird. Diese ergibt sich aus der Formal $c = v \times \lambda$, wobei die Lichtgeschwindigkeit $c = 3 \cdot 10^8$ m · s^{-1} und die Wellenlänge des Lichtes in dem betrachteten Versuch $\lambda = 5 \cdot 10^{-7}$ m ist. Die Berechnung zeigt, daß der Reiz, der in 60% der Versuche zu einer Lichtwahrnehmung führte, aus 5–14 absorbierten Lichtquanten besteht. Dieser Wert ist wegen der Unsicherheiten bei der Abschätzung der Verluste im Auge nur der Größenordnung nach sicher. Er zeigt aber bereits, daß sehr kleine Quantenzahlen zur Reizung ausreichen und damit auch das Quantenrauschen als Erklärung für die Ergebnisse im Schwellenbereich, Abb. 124, in Frage kommt.

Auf dem im Experiment gereizten Bereich der Netzhaut befinden sich 350–500 Stäbchen. Die wenigen Lichtquanten verteilen sich demnach auf so viele Stäbchen, daß nur sehr selten einmal ein Stäbchen zwei Lichtquanten absorbieren kann. Dieser Fall tritt jedenfalls in weniger als 60% der Experimente auf und kann deshalb nicht als Voraussetzung für die Lichtwahrnehmung angesehen werden. Daraus folgt, daß bereits ein Lichtquant ausreicht, um ein Stäbchen zu reizen, daß aber mehrere Stäbchen gereizt werden müssen, damit eine Lichtwahrnehmung auftritt.

Würde jedes erregte Stäbchen eine Lichtwahrnehmung zur Folge haben, so würde man die Fluktuation sehr schwacher Lichtquellen unmittelbar sehen können. Außerdem träten auch in völliger Dunkelheit häufiger Lichtwahrnehmungen auf infolge von natürlichen Fluktuationen des Membranpotentials der Stäbchen, die im Tierversuch bestimmt wurden. Die Abschätzung zeigt, daß die Erregung eines einzelnen Stäbchens noch keine Lichtwahrnehmung hervorruft. Das Reizereignis muß innerhalb einer kurzen Zeit (0,1 s) in mehreren nicht zu weit voneinander entfernten Stäbchen stattfinden. Daraus folgt auch, daß unseren Lichtempfindungen nicht die

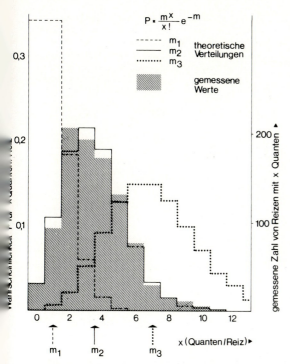

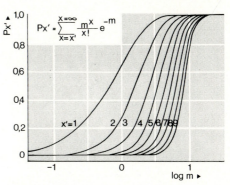

Abb. 126 Wahrscheinlichkeit (Ordinate), daß bei fluktuierenden Reizen mit der mittleren Quantenzahl m (Abszisse) die Reizschwellen x = 1, 2, 3, ... überschritten werden. Formel für die Aufsummierung der Poisson-Verteilungen oben.

Abb. 125 Schattierte Verteilung: Fluktuation der gemessenen Zahl von Lichtquanten in 963 kurzen Reizen. Abszisse: Zahl der Lichtquanten/Reiz, rechte Ordinate: Zahl der Reize mit x = 0, 1, 2,...Lichtquanten. Durchgezogene Kurve: Poisson-Verteilung (Formel oben) für die Wahrscheinlichkeit P für x Quanten/Reiz (linke Ordinate) bei dem Mittelwert m_2, die beiden anderen Kurven für einen kleineren und einen größeren Mittelwert (m_1) bzw. (m_3).

Erregung der Sinneszellen, sondern die von nachgeschalteten Nervenzellen zugrunde liegt.

Die Kurven der Abb. 126 sind nach der physikalischen Theorie der Quantenfluktuation der Lichtquelle berechnet. Für den der Berechnung zugrundeliegenden Gedankengang betrachte man noch einmal das Diagramm der Abb. 125. Die schraffierte Verteilung läßt sich als Poisson-Verteilung beschreiben, wie die durchgezogene Kurve zeigt, die mit der oben angegebenen Formel berechnet wurde. Die Verteilung zeigt, wie die Zahl der Quanten/Reiz um den Mittelwert m_2 streuen. Gepunktet und gestrichelt ist auch die Poisson-Verteilung für einen größeren und einen kleineren Mittelwert, m_3 und m_1, eingezeichnet. Bei der guten Übereinstimmung von empirischer und theoretischer Kurve kann man die Theorie mathematisch weiter entwickeln und fragen, wie die Wahrscheinlichkeit $P_{x'}$ dafür, daß bei dem fluktuierenden Lichtreiz (gegeben durch die Poisson-Verteilung) die Schwelle von x'-Lichtquanten überschritten wird, von dem Mittelwert m abhängt. Die Antwort dieser Frage zeigt die Abb. 126 in ihrer algebraischen Form oben und in graphischer unten. Je größer der Mittelwert m, desto größer die Wahrscheinlichkeit, daß die Schwelle x' = 1, 2, 3, ... Lichtquanten überschritten wird. Diese Wahrscheinlichkeiten folgen sigmoiden Kurven mit wachsender Steilheit. Aus der Übereinstimmung mit den empirischen Kurven der Abb. 124 kann man die dort eingetragenen Zahlen x' der beteiligten Lichtquanten herleiten.

Die physikalische Quantenfluktuation erklärt das Fehlen einer festen Schwelle und die Wahrnehmungen im Schwellenbereich so vollständig, daß eine zusätzliche physiologische Erklärung nicht notwendig ist.

7.2.5 Zapfensehen

Das photopische oder Zapfensehen im Tageslicht ist durch das größere zeitliche und räumliche → Auflösungsvermögen und durch die Farbtüchtigkeit ausgezeichnet. Diese beruht darauf, daß der Mensch *drei Arten von Zapfen* mit verschiedenen visuellen Pigmenten besitzt. Die Maxima der Lichtabsorption dieser Pigmente liegen in verschiedenen Spektralbereichen, Abb. 127. Auch die Zapfenpigmente sind → Rhodopsine. Ihre → Opsine unterscheiden sich in der Aminosäuresequenz. Physiologische Messungen der Absorptions- und Empfindlichkeitsspektren von Zapfen gelangen in Tierversuchen seit den 60er Jahren. Mehr zu den Zapfenpigmenten fin-

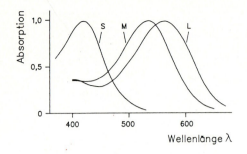

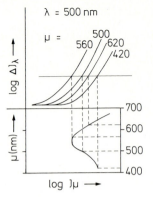

Abb. **127** Spektrale Absorption der drei Zapfenarten S, M und L. Daten nach Bowmaker und Dartnall (aus Wyszecki, G., W. S. Stiles: Color Science, 2nd ed. Wiley, New York 1982).

Abb. **129** Bestimmung der spektralen Empfindlichkeit retinaler Mechanismen mit der Zwei-Farben-Zuwachs-Schwellen-Methode

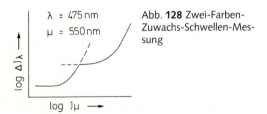

Abb. **128** Zwei-Farben-Zuwachs-Schwellen-Messung

det man im Abschnitt 8.5. Oft bezeichnet man die Zapfenarten nach ihrer spektralen Empfindlichkeit als Blau-, Grün und Rotzapfen. Neutraler ist die Bezeichnung *S-, M- und L-Zapfen*, was sich auf die spektralen Wellenlängebereiche (short, middle, long) bezieht, in denen ihre Absorption am größten ist. Durch das Zapfensystem erhält das visuelle System von jedem Lichtreiz drei verschiedene Meßwerte und damit Information über das Lichtspektrum. Das ist die physiologische Grundlage des → Farbensehens.

Die Zapfen haben in der Sehgrube lange dünne Außenglieder wie die Stäbchen. Dicker, kürzer und zapfen-, d.h. kegelförmig spitz, sind sie in den peripheren Netzhautbereichen. Erst in neuester Zeit lernte man, die drei Zapfenarten mit Hilfe histochemischer Methoden zu unterscheiden. Angaben der relativen Häufigkeiten sind für den Menschen noch unsicher. Sicher aber ist, daß die S-Zapfen weniger zahlreich sind und in der → Foveola ganz fehlen.

Lange bevor man die spektrale Empfindlichkeit der Zapfen mit physiologischen Messungen erfassen konnte, hatte die Psychophysik bereits exakte Daten über das Zapfensystem als Ganzes zur Verfügung gestellt, worüber im Zusammenhang mit der → trichromatischen Theorie des Farbensehens berichtet wird. Einen davon unabhängigen Zugang zur spektralen Empfindlichkeit einzelner Zapfenarten eröffnete die *Zwei-Farben-Zuwachs-Schwellen-Methode (two color threshold technique)* von W. S. Stiles (203), die wegen ihrer historischen Bedeutung kurz beschrieben werden soll.

Voraussetzung für das Verständnis ist der Abschnitt 1.3.1 über das Webersche Gesetz, insbesondere Abb. 7. In dem dort beschriebenen Experiment wurde die Schwellenreizgröße ΔI für einen blinkenden Lichtfleck bestimmt, der auf einen Untergrund der Reizgröße I projiziert wurde. I und ΔI waren blaugrün, um sicherzustellen, daß nur die Stäbchen reagieren, die in dem zugehörigen Spektralbereich empfindlicher sind als die Zapfen. Wenn man den blinkenden Reiz auf die Sehgrube fallen läßt, in der es keine Stäbchen gibt, bestimmt man mit dieser Methode Zapfenschwellen. Bei der Zwei-Farben-Schwellen-Methode variiert man die Wellenlänge λ von ΔI und auch die des Untergrundreizes μ von I.

Ein typisches Meßergebnis zeigt die Abb. **128**. I und ΔI sind hier monochromatische Reize mit den Wellenlängen $\lambda = 475$ nm und $\mu = 550$ nm. Die Ordinate gibt die Größe des gerade wahrgenommenen blinkenden Schwellenreizes ΔI an, die Abszisse die Größe des Untergrundreizes I. Bei extrem kleinem Untergrundreiz sind es die Grünzapfen, die auf den blaugrünen Schwellenreiz ΔI reagieren, weil diese in dem zugehörigen Spektralbereich besonders empfindlich sind. Ihre Schwelle steigt mit wachsendem I, zunächst langsam und dann nach der Funktion $\Delta I/I = c$, wie es nach dem Weberschen Gesetz zu erwarten ist. Mit der Zunahme des gelben Untergrundlichtes I werden die Grünzapfen schneller unempfindlich als die Blauzapfen, die davon weniger absorbieren. Darum erreicht man mit wachsendem I einen Zustand, in dem die Empfindlichkeit der Blauzapfen für ΔI größer geworden ist als der der Grünzapfen, so daß nun diese für die Registrierung des Schwellenreizes verantwortlich werden. Der linke Teil der Kurve zeigt im Idealfall die Schwelle der M-Zapfen an, der rechte Teil die von S-Zapfen.

Die Abb. **129** zeigt, wie man aus den Schwellenkurven die spektrale Empfindlichkeit der Zapfen herleiten kann. Im oberen Teil des Diagramms sind in dop-

7.3 Dunkeladaptation von Stäbchen und Zapfen

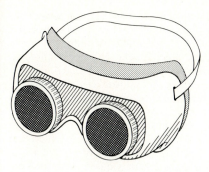

Abb. 130 Dunkeladaptationsbrille (nach v. Campenhausen [44]).

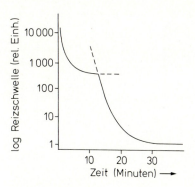

Abb. 131 Schwellenmessung bei der visuellen Dunkeladaptation.

pelt logarithmischer Auftragung einige Schwellenkurven wiedergegeben, die bei Untergrundreizen I mit verschiedenen Wellenlängen µ bestimmt wurden. Die horizontale Linie schneidet diese Kurven bei einem bestimmten Wert des blinkenden Reizes ΔI mit der Wellenlänge λ. Weil $\Delta I / I = c$, kann man annehmen, daß bei den Schwellenwerten mit gleichem ΔI auch die Reizwirksamkeit der verschiedenen I gleich ist. Die untere Kurve zeigt somit die Reizwirksamkeit des Untergrundlichtes I als Funktion der Wellenlänge und damit im Idealfall die spektrale Empfindlichkeit für die Zapfenart, durch die die Schwellenreaktion ausgelöst wurde.

Mit dieser Methode wurden in der Sehgrube zunächst drei verschiedene spektrale Empfindlichkeitskurven gemessen mit Maxima bei 440 nm, 540 nm und 580 nm, wie man es bei den drei Zapfenarten erwarten konnte, Abb. 127. Leider fand man aber auch, daß die Zapfen bei dieser Methode nicht ganz unabhängig voneinander reagieren. Mit verfeinerten Meßmethoden fand man bereits im kurzwelligen Spektralbereich drei verschiedenen Arten von Empfindlichkeitskurven und auch die beiden anderen Empfindlichkeitskurven ließen sich bei höheren Reizintensitäten aufspalten. In der Schwellenreaktion machen sich offensichtlich nicht nur die Erregungen einzelner Zapfenarten bemerkbar, sondern auch die erregenden und hemmenden Einflüsse der Nervenzellen. Konsequenterweise hat Stiles die nach Abb. 129 gewonnenen spektralen Empfindlichkeitskurven nicht den Zapfen zugeordnet, sondern sogenannten π-Mechanismen, deren physiologische Natur noch genauer zu bestimmen ist.

7.3 Dunkeladaptation von Stäbchen und Zapfen

Die Zeit, die das Auge zur *Dunkeladaptation* benötigt, ist besonders lang, wenn man sie mit Adaptationszeiten anderer Sinnesorgane vergleicht. **Man bemerkt dies, wenn man sich von einem hellen in einen dunklen Raum begibt, in dem man zunächst gar nichts sieht. Während der ersten 10 Minuten kann man dann beobachten, wie man empfindlicher wird, so daß man das schwache Licht, das durch Schlüssellöcher und Ritzen eindringt, immer deutlicher erkennt.** Dieser Vorgang der Dunkeladaptation ist für die Zapfen erst nach ungefähr 7 Minuten abgeschlossen, und dauert für die Stäbchen länger als eine halbe Stunde. Die Helladaptation verläuft viel schneller.

In heller Umgebung kann man mit Hilfe einer Brille, die nur sehr wenig Licht in das Auge hineinläßt, dunkeladaptieren, Abb. 130. Der Lichteinfall von der Seite ist bei dieser Brille abgedichtet. Den Lichtstrom ins Auge begrenzt man mit einem Stapel von Graufolien, die man anstelle der Brillengläser einsetzt. Nach einer halben Stunde ist man mit dieser Brille so lichtempfindlich, daß man einen rosa Dunst sieht, wenn die Sonne auf das Gesicht scheint, und ein rotes Licht, wenn man dazu noch den Mund öffnet. Die Ursache im ersten Fall ist Licht, daß unter der Haut hinter die Brille geleitet wird und im zweiten Fall durch den Mund von hinten ins Auge gelangt. Wenn es sich nicht vermeiden läßt, daß die Sonne aufs Gesicht scheint, muß man das Gesicht abdecken. Alle im Abschnitt 7.2.1 beschriebenen Phänomene des skotopischen Sehens kann man mit dieser Brille in heller Umgebung studieren.

Die Dunkeladaptation kann man mit Schwellenmessungen verfolgen, Abb. 131. Eine VP, die zum Zeitpunkt t = 0 vom Hellen ins Dunkle gebracht wird, regelt die Abstrahlung einer blinkenden Lichtquelle so, daß sie gerade sichtbar ist. Die Empfindlichkeitszunahme zeigt sich darin, daß die Reizschwelle auf weniger als 1/10 000 fällt. Der Anfangsteil der Kurve zeigt die Adaptation der Zapfen, deren Schwelle hier noch kleiner ist als die der Stäbchen. Nach einigen Minuten werden dann die Stäbchen empfindlicher. Mit dem Schwellenreiz registriert man im-

7 Netzhaut und Lichtempfindlichkeit

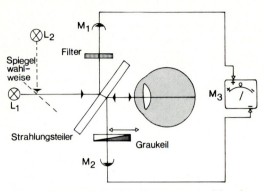

Abb. 132 Prinzip der Fundusreflektometrie am lebenden Auge. Licht der Lichtquelle L_1 wird am Strahlungsteiler teilweise zum Meßgerät M_1 gespiegelt, der andere Teil gelangt ins Auge. Das dort nicht absorbierte Licht wird reflektiert und am Strahlungsteiler teilweise zum Meßgerät M_2 gespiegelt. Mit Hilfe des Graukeils wird der Lichtfluß so variiert, daß die Ströme, die M_3 mit entgegengesetzter Polarität zugeleitet werden, gerade gleich sind. Nach Bleichung des Sehpurpurs mit Hilfe der Lichtquelle L_2, die über einen Spiegel eingeblendet werden kann, wird in der Netzhaut weniger Licht absorbiert, und das aus dem Auge reflektierte Licht nimmt zu. Nach Abgleich der Ströme in M_3 kann man aus der Stellung des Graukeils die Menge des gebleichten und ungebleichten Sehpurpurs berechnen (38).

mer die Reaktion des jeweils empfindlicheren Rezeptorsystems. Die horizontale gestrichelte Kurve ist die Fortsetzung der Zapfenkurve, die man in der stäbchenfreien Fovea centralis und mit Rotlicht, für das die Stäbchen unempfindlich sind, messen kann. Der zweite Teil der Kurve zeigt, daß die Stäbchen noch viel empfindlicher werden als die Zapfen. Weil die Adaptationsgeschwindigkeit bei Stäbchen und Zapfen verschieden ist, überkreuzen sich die Kurven, so daß die Schwellenkurve einen Knick aufweist, der oft nach dem Entdecker als Kohlrausch-Knick bezeichnet wird. Vor dem Kohlrausch-Knick ist das Auge farbentüchtig, dahinter farbenblind. Der Verlauf der Kurven ändert sich erheblich mit den Versuchsparametern. Bei den sehr seltenen → Stäbchenmonochromaten folgt die Schwelle bei der Dunkeladaption ohne Knick der Stäbchenkurve.

Ursprünglich war angenommen worden, daß die Empfindlichkeit abnimmt, wenn das Licht den Sehpurpur bleicht, weil dann weniger Sehpurpur zur Absorption von Lichtquanten zur Verfügung steht.

Mit der Methode der Fundusreflektometrie, Abb. 132, konnte Rushton die Konzentration des Sehpurpurs im Auge lebender Menschen messen und gleichzeitig die Reizschwelle der VPn

bestimmen. Er fand, daß der zeitliche Verlauf der Dunkeladaptation mit dem der Regeneration des Sehpurpurs im Dunkeln übereinstimmt, so daß es naheliegt, die Reizschwelle mit der Sehpurpurkonzentration in Verbindung zu bringen. Es zeigte sich aber auch, daß im dunkeladaptierten Zustand die Bleichung von nur wenigen Prozent des Sehpurpurs die Empfindlichkeit bereits um Größenordnungen ändert. Die Adaptation kann somit nicht durch die Abnahme ungebleichten und damit für die Absorption der Lichtquanten geeigneten Rhodopsins erklärt werden. Man muß die Erklärung für die Adaptation in Folgeprozessen der Lichtabsorption suchen.

Die Empfindlichkeit des Auges wird auch durch neuronale Prozesse gesteuert. Das zeigt sich darin, daß die Dunkeladaptation langsamer verläuft, wenn man vorher nur eine kleinere Netzhautfläche helladaptiert hat. Es kommt bei der Adaptation somit nicht nur auf biochemische Vorgänge in den Lichtsinneszellen an. Das zeigte Rushton mit einem genialen psychophysischen Experiment. Er befestigte auf dem Auge mittels einer Saugvorrichtung einen Apparat mit einem feinen Gitter, das durch eine Linse scharf auf der Netzhaut abgebildet wurde. Stäbchen und Zapfen unter den dunklen Streifen wurden dunkeladaptiert, unter den hellen helladaptiert. Anschließend wurde die Empfindlichkeit in den hell- und dunkeladaptierten Netzhautstreifen gemessen. Das gelang mit Hilfe polarisierten Reizlichtes und eines doppelbrechenden Kristalls, der ebenfalls in den Apparat eingebaut worden war. Durch Drehung der Polarisationsebene des Reizlichtes konnte das Gitterbild mit seinen $0,5°$ breiten Streifen um gerade $0,5°$ verschoben werden. So konnte man die Reizschwelle in den vorher belichteten und den dunklen Streifen testen. Sie hatte in beiden Fällen fast denselben Wert, woraus man folgern muß, daß nicht nur die belichteten, sondern auch benachbarte Netzhautbereiche ihre Empfindlichkeit durch neuronale Verbindungen ändern. Mit biochemischen Vorgängen innerhalb der Sinneszellen allein läßt sich das nicht erklären.

7.4 Spektrale Empfindlichkeit

7.4.1 Bestimmung der Empfindlichkeit

Nur ein kleiner Teil des elektromagnetischen Spektrums wird zum Sehen genutzt. Es handelt sich um den Bereich der Wellenlängen zwischen 400 nm und 750 nm, also um knapp eine Oktave. Die zugehörigen Frequenzen f kann man mit der Formel $f = c/\lambda$ berechnen, wobei die

7.4 Spektrale Empfindlichkeit

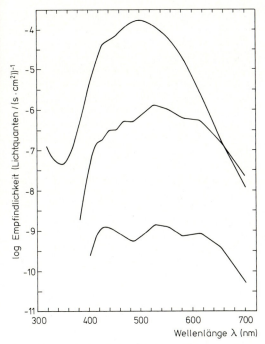

Abb. 133 Spektrale Empfindlichkeit gemessen mit der Zuwachsschwellen-Methode. Ordinate: log Empfindlichkeit, Abszisse: Wellenlänge der Lichtreize (nach K. Kirschfeld u. Lenz, Tübingen, unveröffentlicht).

Lichtgeschwindigkeit mit $c = 3 \times 10^{10}$ cm/s einzusetzen ist. Die Grenzen des sichtbaren Teils des Spektrums kann man nicht exakt angeben, weil die Empfindlichkeit des Auges an den Grenzen nicht abrupt aufhört, sondern stetig kleiner wird.

Die spektrale Empfindlichkeit beim skotopischen oder Stäbchensehen wird durch das Absorptionsspektrum des Rhodopsins begrenzt, Abschnitt 7.3.2. Komplizierter ist die Erklärung beim photopischen oder Zapfensehen, weil die spektrale Empfindlichkeit hier das Ergebnis der neuronalen Verarbeitung der Sinneserregung ist, die von drei Zapfenarten mit verschiedener spektraler Empfindlichkeit stammt.

Zur spektralen Empfindlichkeitskurve kann man auf verschiedenen Wegen gelangen. Abb. 133 zeigt das Ergebnis von *Schwellenmessungen*. Aufgetragen ist entlang der Abszisse die Wellenlänge von monochromatischen Reizen und entlang der Ordinate die Empfindlichkeit (1/Reizschwelle), letztere logarithmisch. Am einfachsten ist die obere Kurve zu verstehen.

Die Lichtreize fielen im dunkeladaptierten Auge auf ein Areal neben der Sehgrube. Die Lichtwahrnehmung wird dort bei den kleinsten wirksamen Reizen durch die Stäbchen vermittelt, weil diese empfindlicher sind als die Zapfen. Die mittlere Kurve stammt von Messungen, bei denen der Lichtreiz im dunkeladaptierten Auge auf die Sehgrube fiel, also auf ein Areal, in dem es nur Zapfen gibt. Drei Unterschiede zur Stäbchenkurve sind beachtenswert. Die Netzhaut ist in der Fovea viel weniger empfindlich, die Kurve hat im Gegensatz zur Stäbchenkurve kleine Buckel und das Maximum der Empfindlichkeit ist nach rechts, d.h., vom grünen in den gelben Teil des Spektrums verschoben. Die untere Kurve stammt von Messungen in der Sehgrube helladaptierter Augen. Hier wurde die Schwelle für zusätzliche Lichtreize auf hellem Untergrund bestimmt. Die Empfindlichkeit ist wegen des helladaptierenden Untergrundes noch geringer. Die Buckel oder Schultern kommen deutlicher zum Vorschein.

Die Stäbchenkurve hat ihr Maximum im Wellenlängenbereich um 500 nm, das Maximum der Zapfenkurven ist um etwa 50 nm zum langwelligen Ende des sichtbaren Spektralbereichs verschoben. Dieser Unterschied zwischen Stäbchen- und Zapfensehen zeigt sich im → Purkinje-Phänomen. In den Buckeln machen sich die Absorptionsspektren der drei Zapfenarten bemerkbar. Die Maxima liegen allerdings nicht genau bei den Wellenlängen der maximalen Absorption der Zapfenpigmente, Abb. 127. Darin zeigt sich, daß mit der Schwellenmethode bei den unteren Kurven nicht die Reizschwellen der Zapfen bestimmt werden, sondern Erregungsschwellen von nachgeschalteten Nervenzellen. Die spektrale Erregbarkeit dieser Nervenzellen hängen von hemmenden und erregenden Einflüssen der Zapfen und anderer Nervenzellen ab. Das kann sich auf die spektrale Empfindlichkeit auswirken, und es dürfte die Erklärung dafür sein, daß verschiedene Verfahren zur Messung der spektralen Empfindlichkeit nicht dieselben Ergebnisse liefern.

Andere Verfahren zur Bestimmung der spektralen Empfindlichkeit sollen kurz beschrieben werden. Unbefriedigend ist der *heterochromatische Helligkeitsabgleich* (HA), bei dem man nach Art der Abb. 122 einen Standard- und einen Vergleichsreiz nebeneinander an bietet. Beide Reize sollen monochromatisch sein. Die VP regelt dann die Strahlungsleistung Pv des Vergleichsreizes so ein, daß er ihr so hell erscheint wie der Standardreiz mit der Strahlungsleistung Ps. Helligkeitsgleichheit ist bei zwei verschieden bunten Lichtern natürlich nicht leicht abzuschätzen. Der Helligkeitsabgleich wird für andere Vergleichsreize wiederholt. Die Verhältniszahlen Ps/Pv zeigen an, wieviel größer oder kleiner die Vergleichsreize sein müssen, um gleich hell zu erscheinen. Größere Reize zeigen geringere Empfindlichkeit an. Man setzt gewöhnlich Ps = 1 für den monochromatischen Reiz, für den das Auge am empfindlichsten ist, und erhält Kurven relativer Empfindlichkeit.

Die Schwierigkeiten des heterochromatischen Helligkeitsvergleichs kann man mildern, indem man monochromatische Lichtreize vergleicht, die im Spektrum dicht beieinander liegen und sich darum farblich ähneln. Man beginnt mit einem Paar monochromatischer Reize an einem Ende des Spektrums, und arbeitet sich in kleinen Schritten bis zum anderen Ende durch. Man bestimmt auf diese Weise die Änderung der Empfindlichkeit als Funktion der Wellenlänge und gelangt durch Integration der erhaltenen Funktion zur Empfindlichkeitskurve (HAd$_\lambda$).

Wesentlich schneller kommt man mit der *heterochromatischen Flimmerphotometrie* (HFP) zum Ziel, bei der man den Standard- und Vergleichsreiz in rascher Folge abwechselnd bietet. Die VP variiert die Strahlungsleistung Pv des Vergleichsreizes mit dem Ziel, das → Flimmern zu minimieren. Bei dem eingestellten Wert unterstellt man, daß die Reizwirksamkeit von Ps und Pv hinsichtlich der Flimmerempfindung gleich sind, so daß wieder das Verhältnis Ps/Pv die relative Empfindlichkeit angibt.

Ein ganz anderes Kriterium verwendet man bei der *"Minimal-distinct-border"-Methode* (MDB), bei der man die zu vergleichenden monochromatischen Reize wie in Abb. 122 nebeneinander anbietet. Die VP variiert wieder Pv und beobachtet dabei die Grenze zwischen den Flächen. Diese wird bei einem bestimmten Verhältnis Ps/Pv schwer erkennbar. Dieses eingestellte Verhältnis kann man als Maß für die relative Empfindlichkeit verwenden. Zur Erklärung kann man sich vorstellen, daß die Nervenzellen, die zur Bestimmung der Helligkeit dienen, auch notwendig sind, um die Grenze zwischen den Feldern zu erkennen. Wenn die Strahlungsleistungen so eingestellt werden, daß Ps und Pv dieselbe Reizwirksamkeit für diesen Zelltyp haben, dann muß die Grenze zwischen den verschieden bunten Flächen schlechter zu sehen sein. Diese Erklärung ist durch elektrophysiologische Messungen an in der → magnozellulären Bahn bestätigt worden (106a).

7.4.2 Radiometrie und Photometrie

Radiometrisch geeichte Meßgeräte messen die elektromagnetische Energie in Joule (J) und Strahlungsleistung in Watt (W = J/s). Ein ideales Radiometer würde das gesamte Strahlungsleistungsspektrum P$_\lambda$ registrieren, was der Integration I = ∫P$_\lambda$ dλ entspricht. Bei wirklichen Radiometern ist der spektrale Meßbereich eingeschränkt.

Für die Photometrie, d. h. die Lichtmessung, braucht man Meßgeräte mit der Lichtempfindlichkeit des menschlichen Auges. Man hat deshalb als technischen Standard eine spektrale Empfindlichkeitsfunktion festgelegt, die den Namen *spektraler Hellempfindlichkeitsgrad* V$_\lambda$ trägt, Abb. 134. Meßgeräte, mit denen man das Licht für das photopische Sehen registriert, haben die Empfindlichkeit V$_\lambda$, Geräte für das skotopische Sehen haben die Empfindlichkeit V'$_\lambda$. Ein Meßgerät mit der Empfindlichkeit V$_\lambda$ registriert von der Strahlungsleistung P$_\lambda$ nur einen Teil, nämlich L = ∫P$_\lambda$V$_\lambda$dλ. Die V$_\lambda$-Funktion beruht im Prinzip auf Messungen, wie sie im letzten Abschnitt beschrieben wurden, ist aber in ihrer endgültig akzeptierten Form aus der → trichromatischen Theorie des Farbensehens hergeleitet worden. Ihre theoretische Begründung baut auf der nur näherungsweise korrekten Annahme auf, daß die Hellempfindung von der Summe der Einzelerregungen der Zapfen abhängt ohne jede Modifikation durch neuronale Wechselwirkungen.

Häufig verwendete Meßgrößen sind die *Leuchtdichte*, gemessen in Candela/m² (cd · m^{-2}) für die Abstrahlung des Lichtes von einer Oberfläche in einen Raumwinkel (cd = Lumen sr^{-1}). Die radiometrische Entsprechung heißt *Strahldichte*, gemessen in W sr^{-1} m^{-2}. Die wichtige photometrische Meßgröße *Beleuchtungsstärke* sagt, wieviel Licht auf eine Fläche einfällt. Sie wird in Lux (lx) gemessen, wobei lx = cd · sr · m^{-2} = lm · m^{-2}. Radiometrisch entspricht ihr die *Bestrahlungsstärke*, gemessen in W · m^{-2}.

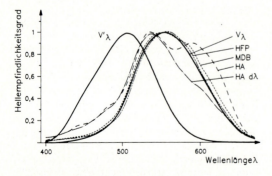

Abb. 134 Hellempfindlichkeitsgrad V$_\lambda$ und V'$_\lambda$ und spektrale Empfindlichkeitskurven, die mit verschiedenen Methoden bestimmt wurden. Daten (nach Boff u. Mitarb. [4]).

8 Farbensehen

8.1 Phänomenologie der Farben

Das Wort „Farbe" wird in der Umgangssprache meistens für Farbstoffe verwendet, z. B. in dem Wort „Farbenindustrie". Manchmal ist auch der → Farbreiz gemeint. In diesem Text ist das Wort „Farbe" den Empfindungen vorbehalten, Abb. **152**.

Für Farben gibt es Eigennamen wie für die Geschmacksempfindungen. Einige Farbwörter, wie „rot" und „blau" bezeichnen ausschließlich Farbeigenschaften. Die Wörter „schwarz", „grau" und „weiß" haben aber weiterreichende Bedeutungen. So bedeutet „weiß" auch „undurchsichtig". Milch wird mit Recht als weiß bezeichnet, der sogenannte Weißwein dagegen nicht. Noch reichhaltiger ist die Bedeutung der Wörter „silbern" und „golden", die soviel wie grau bzw. gelb mit Glanz bedeuten und außerdem nur für Metall verwendet werden. Bei Nichtmetallen, z. B. einem See im Mondschein oder der Farbe der Hahnenfußblüte, sagt man besser silbrig bzw. goldglänzend. Die Farbe des Lichtes bezeichnet man kaum jemals als braun oder grau. Diese Wörter werden für Eigenschaften von Gegenständen verwendet, wohingegen gelbes oder rotes Licht vorstellbar ist. Das Wort „blond" schließlich ist den Haaren vorbehalten. Diese Beispiele zeigen, daß die Bedeutungsfelder der Farbbezeichnungen ungleichartig sind (160, 199).

In der geschriebenen Literatur kommen Farbnamen praktisch ausschließlich als Metaphern, d. h. als Bedeutungsträger für etwas anderes, vor. Mitteilungen über Farben, die tatsächlich nur die Farbe meinen und keine weiterführende Bedeutung haben, sind sehr selten. **Man kann jedem, der das noch nicht bemerkt hat, nur empfehlen, einen beliebigen Text bewährter Literatur daraufhin durchzusehen, ob die Farbworte wirklich nur Farben beschreiben sollen und nicht vielmehr metaphorisch gemeint sind.**

Man kann die Farben nach ihrer Ähnlichkeit ordnen und gelangt so zu einem allgemeingültigen System der Farbempfindungen. Niemand wird widersprechen, wenn man z. B. „orange" der Ähnlichkeit nach zwischen „gelb" und „rot" anordnet. Physikalische Kenntnisse über → Farbreize sind dafür nicht notwendig. **Man lege bunte Papiere ihrer Ähnlichkeit nach in eine Reihe. Es empfiehlt sich, dafür zunächst nur gesättigte bunte Farben zu nehmen (44). Man entdeckt, daß sich die Reihe der Farben zu einem Kreis schließen läßt, den man als** *Farbenkreis* **bezeichnet. In der Abb. 135a ist er mit nur vier Farbbezeichnungen eingezeichnet. Man findet allerdings auch Farbpapiere, die nicht recht in den Kreis passen, weil sie zu hell, zu dunkel oder zu blaß sind. Will man auch diese noch dazu ordnen, so kann man nach dem Schema der Abb. 135a,b vorgehen und gelangt zu einem dreidimensionalen** *Farbenkörper*. Die unbunten Farben ordnet man in der Mitte an, die bunten

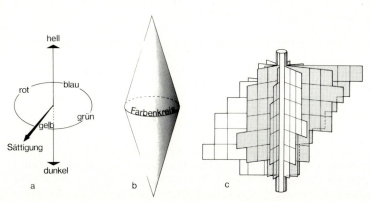

Abb. **135** Farbenkörper. a) Prinzip b) Ostwaldscher b) Munsellscher Farbenkörper.

außen, ferner die helleren nach oben und die dunkleren nach unten. In der Mitte befindet sich dann eine von Schwarz nach Weiß verlaufende unbunte Achse. Derartige Farbkörper können verschieden geformt sein. Entscheidend ist, daß die ähnlichen Farben einander benachbart sind.

Viele verschiedene Farbkörper sind seit dem 18. Jh. entwickelt worden. Berühmt sind die Farbkugeln des Malers Philipp Otto Runge in der Hamburger Kunsthalle und der Ostwaldsche Doppelkegel, Abb. **135b**. Der Munsellsche Farbkörper, Abb. **135c**, hat eine unregelmäßige Form, weil hier die Farben nicht nur nach ihrer Ähnlichkeit, sondern darüber hinaus auch in Abständen angeordnet sind, die ihrer empfindungsgemäßen Verschiedenheit entsprechen.

Will man alle Farben in einem dreidimensionalen System unterbringen, kann man jede Farbe durch drei Zahlen eindeutig kennzeichnen. Seit Helmholtz haben sich die Begriffe *Farbton, Helligkeit und Sättigung* zur Beschreibung der Farben eingebürgert. Der Farbton bezeichnet die Qualitäten des Farbenkreises, also Blau, Grün, Gelb usw. Die Helligkeit versteht sich von selbst. Die Sättigung kann man als Grad der Buntheit beschreiben. Man kann den drei Begriffen bestimmte physikalische Eigenschaften der Reize zuordnen. Der Farbton wird bestimmt durch die Wellenlänge des Lichtes, die Sättigung durch den Anteil von Weiß in einer Mischung, und die Helligkeit durch die Menge der absorbierten Lichtquanten. **Die Begriffe Farbton, Sättigung und Helligkeit kann man mit einer Farbscheibe nach Art der Abb. 136 veranschaulichen,** wenn man diese auf einem Kreisel oder Elektromotor schnell rotieren läßt, so daß im Innenbereich der Scheibe Weiß und Blau verschmelzen. Die blaue Farbe auf dem äußeren Ring zeigt dann den Farbton bei höherer, im Innenbereich bei geringerer Sättigung. Die Schraffur deutet an, daß eine Hälfte der Scheibe beschattet werden soll, so daß die Helligkeit dort geringer ist als auf der anderen Hälfte.

Von besonderem Interesse sind die *Spektralfarben*, d. h. die Farben des Spektrums, das jeder vom Regenbogen kennt. In der Abb. **141** kann man sehen, wie ein unbunter Sonnenstrahl durch ein Glasprisma spektral zerlegt wird. Hier wird die Reihenfolge der Farben durch eine physikalische Größe, die Wellenlänge, bestimmt. Diese Folge der Farben entspricht aber auch der empfindungsgemäßen Ordnung nach der Ähnlichkeit. Das violette und das rote Ende des Spektrums sind einander ähnlich, so daß man sich auch die Spektralfarben als geschlossenen Farbenkreis vorstellen kann. Auffallend ist der stufenlose Übergang der Farben. Überraschend war die

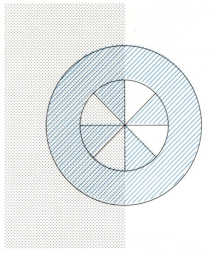

Abb. **136** Farbton, Sättigung und Helligkeit. Auf der schnell rotierenden Scheibe ist bei gleichem Farbton die Sättigung außen größer als innen und die Helligkeit auf der beschatteten Seite geringer als auf der anderen.

Entdeckung, daß die Farben, die mit wachsender Wellenlänge von gelb über orange zu rot übergehen, sich jenseits von $\lambda = 700$ nm wieder nach gelb verändern, so daß man Wellenlängenpaare, die sogenannten *Brindleyschen Isochrome* angeben kann, die gleiche Farbempfindungen hervorrufen, wie z. B. 688 nm und 711 nm, 674 nm und 786 nm, 641 nm und 887 nm.

Obwohl die Gesamtheit der Farben ein Kontinuum mit fließenden Übergängen ist, fallen die *Ur- oder Hauptfarben* durch ihre Eindeutigkeit auf. Die anderen Farben werden normalerweise als Zwischentöne eingestuft, wie Orange zwischen Gelb und Rot oder Violett zwischen Rot und Blau. Der Maler Philipp Otto Runge (160) glaubte, daß es drei Hauptfarben gäbe, Gelb, Rot und Blau. Diese Einteilung der Farben wurde von Goethe in seine Farbenlehre übernommen. Der Physiologe Ewald Hering führte eine Einteilung in vier Urfarben, Blau, Grün, Gelb und Rot, ein. Je zwei Urfarben, Rot und Grün sowie Gelb und Blau bilden ein Paar von Gegenfarben, die sich gegenseitig ausschließen. In der Tat ist ein rötliches Grün und ein bläuliches Gelb nicht vorstellbar.

Hering (95, 96) postulierte eine *polare Repräsentation der Farben im visuellen System* durch einen physiologischen Rot-Grün-Prozeß, einen Blau-Gelb-Prozeß und einen Schwarz-Weiß-Prozeß, wobei jeweils größere oder geringere Erregungsstärke die eine oder die andere

Farbe eines Paares codieren sollte. Für diesen Antagonismus gibt es physiologische Entsprechungen in Nervenzellen des visuellen Systems, die durch Lichtreize aus einem Teil des Spektrums erregt, durch Lichtreize anderer Spektralbereiche aber gehemmt werden, Abschnitt 10.2.

8.2 Farbreize, additive und subtraktive Farbenmischung, Körperfarben

Unter einem *Farbreiz* versteht man dasselbe wie unter einem *Lichtreiz*, nämlich elektromagnetische Strahlung, die, wie der Name sagt, geeignet ist, eine Lichtempfindung hervorzurufen, die bekanntlich immer einen bunten oder unbunten Farbcharakter hat. Die physikalische Beschreibung von Farbreizen ist die *spektrale Strahlungsleistungsverteilung* P_λ, Abb. 139a.

Man lege auf einen Schreibprojektor eine blaue und eine gelbe Folie, Abb. 137. **Schiebt man sie übereinander, so daß das Licht beide Filter passieren muß, entsteht grünes Licht. Lenkt man aber blaues Licht mit einem Spiegel zur gelben oder gelbes zur blauen Seite, so entsteht an der Projektionswand ein mehr oder weniger unbunter Fleck.** Je nachdem, welches Licht in der Mischung überwiegt, kann er auch etwas bläulich oder gelblich sein. Die Überlagerung der Filter führt aber immer zu einer ganz anderen Farbe als die Überlagerung der Strahlung.

Mit diesem Experiment wird der Unterschied zwischen der sogenannten *additiven und subtraktiven Farbenmischung* demonstriert. Additiv ist die Mischung in dem Versuch mit dem Spiegel, weil hier zum blauen Farbreiz ein gelber addiert wird oder umgekehrt. Andere Methoden der additiven Farbenmischung sind in der Abb. 138 dargestellt. Der subtraktive Fall mit den überlagerten Filtern ist folgendermaßen zu interpretieren. Von der ursprünglichen spektralen Strahlungsleistungsverteilung $P_{0\lambda}$ wird im gelben Filter mehr von der kurzwelligen und im blauen Filter mehr von der langwelligen Strahlung absorbiert. In jedem Filter wird somit etwas aus der ursprünglichen Strahlungsleistungsverteilung $P_{0\lambda}$ weggenommen. Das erklärt richtig, warum beim subtraktiven Verfahren ein anderes Lichtreizspektrum entsteht als beim additiven. Das Wort „subtraktiv" ist aber nicht glücklich, weil die Wirkung des Lichtfilters darin besteht, daß die Strahlung um einen Faktor verkleinert, also multiplikativ und nicht subtraktiv verändert wird. Auch das Wort „Mischung" ist hier irreführend. Trotzdem hat sich der Begriff subtraktive Farbmischung in der Farbenlehre gehalten. Erstaunlicherweise hat erst Helmholtz den prinzipiellen physikalischen Unterschied zwischen den additiven und den sogenannten subtraktiven Farbmischungen klargestellt. Die Abb. 139 illustriert die verwendeten Begriffe.

Die physikalischen Ursachen der *Körperfarben* sind kompliziert. Im einfachsten Fall kommen sie dadurch zustande, daß von der einfallenden Strahlung ein Teil in den Gegenständen absorbiert wird, so daß sich das Spektrum der reflektierten Strahlung von dem der einfallenden unterscheidet. So sind die Gegenstände rot, wenn die langwellige Strahlung reflektiert und die Strahlung mittlerer und kurzer Wellenlänge absorbiert wurde. Der *spektrale Remissionsgrad* β_λ beschreibt das Verhältnis der Abstrahlung zur Einstrahlung, Abb. 139c.

Von *Strukturfarben* spricht man, wenn die Farbe der Objekte nicht durch Absorption, sondern durch andere physikalische Ursachen, insbesondere durch Streuung oder Interferenz der elektromagnetischen Wellen, zu erklären sind. Die Bedeutung der Lichtstreuung kann man sich an der grünen Farbe des australischen sogenannten Blaufrosches (Hyla coerulea) klarmachen. Sein Name erinnert daran, daß er blau aussah, als man ihn zur wissenschaftlichen Erstbeschreibung aus dem konservierenden Alkohol zog. Blau war er, weil das einfallende Licht an Partikeln in der Haut gestreut wurde, sofern es nicht durch Absorption in der dunkelpigmentierten Unterhaut

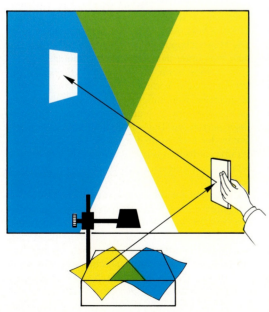

Abb. **137** Additive und subtraktive Farbmischung.

Abb. **138** Additive Farbmischung a) durch Projektion, b) Konfettieffekt: Aus großem Beobachtungsabstand sieht man die Mischfarbe. c) Mit einem Strahlungsteiler (Glas, Folie) betrachtet man zwei verschiedene farbige Papiere. d) Heterochromatisches Flimmerlicht. Alle Mischungsverhältnisse des blauen und gelben Farbreizes sind auf der schnell rotierenden Scheibe zu sehen.

verschwand. Was von dem Alkoholpräparat abgestrahlt wurde, war somit Streulicht, welches nach dem → Rayleighschen Gesetz überwiegend kurzwellig ist und darum blaugrün erscheint. Der lebende Blaufrosch aber hat in seiner Haut noch ein gelbes Pigment, das den kurzwelligen Teil des Streulichtes absorbiert, so daß nur Strahlung mittlerer Wellenlänge übrigbleibt, die grün aussieht. Dieses Pigment, ein Carotinoid, war seinerzeit durch den Alkohol herausgelöst worden, so daß aus dem grünen ein blaugrüner Frosch wurde. Dieses Beispiel zeigt die Verwobenheit verschiedener physikalischer Ursachen bei den Körperfarben.

Strukturfarben, die durch Interferenz entstehen, kann man an dünnen Schichten von Materialien verschiedener Brechzahl, z. B. an Ölfilmen auf dem Wasser, beobachten. Vogelfedern verdanken ihre Farben Pigmenten und/oder der Interferenz, was man daran erkennt, daß sich die Farben mit der Einfalls- und Abstrahlungsrichtung ändern. Hierher gehören die Farben, die bei Reflexion an dünnen Schichten auf vergüteten Linsen und an CD-Tonträgern auftreten. Bei Schmetterlingen kommt die Färbung oft durch eine Kombination von Pigmenten und Interferenz des Lichtes zustande. Außerdem tritt bei Schmetterlingen der additive Konfettieffekt, Abb. **138b, auf, weil bei vielen Arten jede Flügelschuppe nur jeweils eine Farbe hat. Das kann man unter dem Mikroskop erkennen.**

Was beim *Mischen von Malerfarben* geschieht, ist sehr kompliziert und kaum sicher vorherzusagen, weil außer dem Fall der subtraktiven Farbenmischung – jeder beigemengte Farbstoff absorbiert einen Teil – auch Streuung und Interferenz des Lichtes im Farbstoff oder seinem Bindemittel auftreten und das abgestrahlte Spektrum beeinflussen können. Das Mischen von Malerfarben erfordert viel Erfahrung, weil es keine einfachen Regeln für die angedeuteten physikalischen Vorgänge geben kann. Hersteller von Malerfarben veröffentlichen für ihre Kunden Mischregeln in der Form von Tabellen. Viele Maler haben ihre Rezepte geheimgehalten. Das brennende Blau des Sommerhimmels auf manchen impressionistischen Gemälden kommt durch die Beimengung der dunkelbraunen Malerfarbe „Gebrannte Siena" zu „Bergblau" zustande. Das ist überraschend und praktisch nicht vorhersagbar.

8.2 Farbreize, additive und subtraktive Farbenmischung, Körperfarben

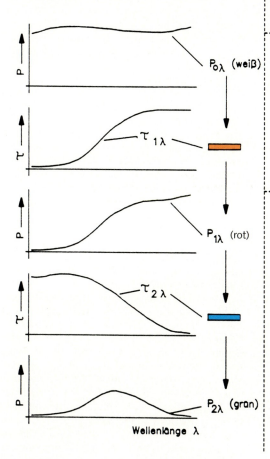

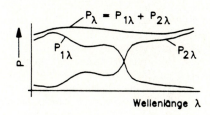

c Transmissionsgrad τ_λ
(Änderungsfunktion beim Durchtritt durch einen Filter)

$$\tau_\lambda = \frac{P_\lambda}{P_{o\lambda}}$$

Remissionsgrad β_λ
(Änderungsfunktion beim Auftreffen auf einen Körper)

$$\beta_\lambda = \frac{P_\lambda}{P_{o\lambda}}$$

d Beer'sches Gesetz

$$P_\lambda = P_{o\lambda} \cdot \tau_\lambda = P_{o\lambda} \cdot 10^{-\alpha_\lambda \cdot d}$$

α_λ = Absorptionskoeffizient
d = Filterdicke
$\alpha \cdot d = \log(\frac{1}{\tau})$
= optische Dichte

e Stapel gleicher Filter

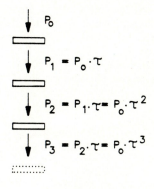

$P_1 = P_o \cdot \tau$

$P_2 = P_1 \cdot \tau = P_o \cdot \tau^2$

$P_3 = P_2 \cdot \tau = P_o \cdot \tau^3$

Abb. 139 Farbreiz. a) Zwei spektrale Strahlungsleistungsverteilungen $P_{1\lambda}$ und $P_{2\lambda}$ und das Ergebnis der additiven Farbenmischung P_λ. b) Subtraktive Farbenmischung, Strahlung $P_{o\lambda}$ durch dringt ein rötliches Lichtfilter mit dem spektralen Transmissionsgrad $\tau_{1\lambda}$, die übrigbleibende Verteilung $P_{1\lambda}$ durchdringt ein blaues Lichtfilter mit $\tau_{2\lambda}$, die übrig bleibende Strahlungsverteilung $P_{2\lambda}$ sieht grün aus. c) Definition des Transmissionsgrades τ_λ und des Remissionsgrades β_λ. d) Absorption in Lichtfiltern nach dem Beerschen Gesetz e) Berechnung der Strahlungsleistung nach Durchgang durch mehrere Filter.

Bei der additiven Farbmischung sind die Verhältnisse übersichtlicher, weil die Farbe, die man durch additive Mischung erzeugt, vorhersagbar ist, und der Ähnlichkeit nach zwischen den Farben der beiden Mischungskomponenten liegt. Dies ist ein Vorteil, der in der pointillistischen Malerei genutzt wird. Hier werden die Malerfarben nicht gemischt, sondern in feinen Punkten nebeneinander aufgetragen, so daß der Farbeindruck durch den Konfettieffekt, Abb. **138b**, zustande kommt. So jedenfalls will es die Theorie. Für Mosaike, die nur aus großem Abstand betrachtet werden, benötigt man nur wenige Farben, weil man alle Übergänge zwischen diesen Farben durch Kombination der Steinchen herstellen kann. Mosaikleger können es sich leisten, grell gefärbte Steinchen zu verwenden, wenn sie aus großem Abstand zu beobachten sind, so daß sie einzeln im Auge nicht mehr aufgelöst werden können. Wenige leuchtend rote Steinchen in einem Gesicht verleihen bei Betrachtung aus großem Abstand der ganzen Fläche einen fleischfarbenen Farbton. Bei geringem Betrachtungsabstand benötigt man für die Farbnuancen jeweils anders gefärbte Steinchen.

8.3 Die trichromatische Theorie des Farbensehens

8.3.1 Einführung

Der Mensch ist ein *Trichromat*, weil er in der Regel drei Zapfenarten (S, M und L) besitzt, Abschnitt 7.2.5. Man kann die Zahl der in jeder Zapfenart absorbierten Lichtquanten (n_S, n_M, n_L) in einem dreidimensionalen Diagramm, dem *Rezeptorraum*, auftragen, Abb. **140**. Jeder Punkt F im Rezeptorraum entspricht einer Kombination von Reizgrößen für die drei Zapfenarten und symbolisiert somit auch eine Farbe. Die Farben sind in dieser Darstellungsweise Vektoren und zu beschreiben durch die Gleichung

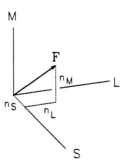

Abb. **140** Rezeptorraum. Aufgetragen werden die Zahlen n der Lichtquanten (oder ein anderes Strahlungsmaß), die von den drei Arten der Lichtrezeptoren (Zapfen) S, M und L absorbiert wurden. Die Vektorsumme definiert die Farbe F.

(15) $\quad n_S S + n_M M + n_L L = F$

Je größer die Menge absorbierter Lichtquanten, desto länger der Vektor F und desto heller die Farbe. In der Praxis registriert man nicht die Quantenzahlen n, sondern die Strahlungsenergie und rechnet dann die Zahl der Lichtquanten aus, wie das im Abschnitt 4.6.3 skizziert wurde. In der Gleichung (15) ist die *trichromatische Theorie des Farbensehens* bereits zusammengefaßt. Im folgenden soll sie begründet und in ihren Konsequenzen betrachtet werden.

Die *trichromatische Theorie* beruht auf psychophysischen Experimenten, und zwar auf Farbmischungsversuchen, wie sie von Isaac Newton (1643–1727) und im 19. Jahrhundert vor allem von Helmholtz und James C. Maxwell (1831–1879) durchgeführt wurden. Die Grundlage der Theorie ist die mathematische Beschreibung der Farbmischungsregeln, aus denen folgt, daß die Gleichung (15) gültig ist und daß demzufolge durch drei variable Reizgrößen (n_S, n_M und n_L in Gleichung [15]) alle Farben hervorgerufen werden können. Man bezeichnet diese Einsicht oft als *Trivarianz* des Farbensehens. Thomas Young (1773–1829), der 1803 noch nichts über Sinneszellen wissen konnte, postulierte zur Erklärung der Trivarianz drei Arten von „Partikeln" in der Netzhaut. Die spätere *Drei-Zapfen-Theorie* wird meist als *Young-Helmholtzsche-Theorie des Farbensehens* bezeichnet, und liefert die physiologische Erklärung für die Trivarianz. Die trichromatische Theorie ist ein besonders bedeutsames Forschungsergebnis und nach der Theorie des → Pythagoras zur Akustik die älteste mathematisch durchgeführte Theorie der Psychophysik. Darum und wegen des großen Umfangs psychophysischer Forschungen zum Farbensehen darf sie hier etwas mehr Raum beanspruchen.

Newton berichtete 1672 von Experimenten zur physikalischen Natur des Lichtes. Durch ein Loch im Fensterladen ließ er einen Sonnenstrahl in einen dunklen Raum einfallen und spaltete das Licht mit einem Glasprisma in seine monochromatischen Bestandteile auf, Abb. **141**. Hinter dem Prisma wurde auf einer Projektionswand das Spektrum sichtbar, das man vom Regenbogen kennt. Durch Löcher in der Projektionswand ließ er einzelne Komponenten des Spektrums hindurchtreten und vereinigte diese Strahlen mit einer Linse oder einem Prisma auf einer zweiten Projektionswand. Auf dieser Wand sah man dann einen Lichtfleck, der durch → additive Farbenmischung zustande kam.

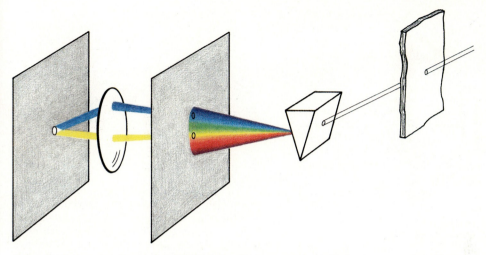

Abb. **141** Newtonsches Experiment (1672): Aufspaltung eines Lichtstrahls durch ein Prisma, Isolierung zweier monochromatischer Strahlen und deren additive Mischung mit Hilfe einer Linse.

Bei additiven Farbmischungen kann man Beobachtungen folgender Art machen: Rot + Gelb → Orange, Blau + Grün → Blaugrün und Rot + Blaugrün → Weiß, aber auch Gelb + Blau → Weiß. Wer glaubt, selbst andere Erfahrungen gemacht zu haben, erinnere sich an die Unterscheidung von additiver und subtraktiver Farbmischung und an die Probleme der Mischung von Malerfarben, Abschnitt 8.2. Besondere Aufmerksamkeit verdienen die beiden letztgenannten additiven Mischungen, weil sie zeigen, daß Farben, in unseren Beispielen Weiß, durch physikalisch verschiedene Reize hervorgerufen werden können. Es gibt offensichtlich mehr Farbreize als Farbempfindungen. Farbreize, die gleich aussehen, aber physikalisch verschieden sind, heißen *metamer*. Farbpaare, deren Mischung zu Unbunt führt, werden *Komplementärfarben* genannt.

Der Ansatz zur trichromatischen Theorie findet sich in Newtons Opticks (1704). Es geht darum, die Farben aller möglichen additiven Farbmischungen vorherzusagen. Newton trug dazu die Farben des Spektrums in eine *Farbtafel* ein und ordnete sie nach der *Schwerpunktregel* einander zu. Die Schwerpunktregel soll an einer Farbtafel so erläutert werden, wie sie von Helmholtz und Maxwell verwendet wurde, Abb. 142. Zu Beginn werden die Farben von drei Farbreizen an beliebiger Stelle auf der Farbtafel eingetragen, z.B. Blau (B), Grün (G) und Rot (R). So gelangt man zum *Farbendreieck*. Man stellt sich die Reizgrößen L der Farbreize wie Gewichte vor und berechnet den Schwerpunkt S für die Kombination der Gewichte. Die Größen L kann man

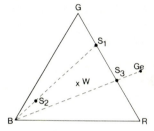

Abb. **142** Farbtafel zur Veranschaulichung der positiven und negativen Farbmischung. Eingetragen sind die Farben R, G, B, W, S_1, S_2 und S_3, aber nicht ihre Reizgrößen L.

photometrisch bestimmen und durch Lichtfilter verändern. Ist $L_R = 0$ und $L_G = L_B$, so liegt der Schwerpunkt genau in der Mitte zwischen B und G. Wird L_G größer, so rückt der Schwerpunkt näher zu G. Mischt man die Farbreize B, G und R mit gleichen Größen L, so liegt der Schwerpunkt in der Mitte (W) des Dreiecks und sieht mehr oder weniger unbunt, d.h. grau oder weiß, aus. Vergrößert man die drei Farbreize (Gewichte) um denselben Faktor, so bleibt der Schwerpunkt an derselben Stelle und die Farbe wird heller. Die *Farborte* auf der Tafel codieren die Helligkeit nicht.

Wenn nach diesem Verfahren Farborte für alle Farben (unter Vernachlässigung ihrer Helligkeit) auf der Farbtafel zu finden sind, dann gilt folgendes: Mit drei variablen Gewichten kann man den Schwerpunkt im Farbendreieck beliebig verschieben, also mit drei Variablen jede Farbe (unter Vernachlässigung ihrer Helligkeit) eindeutig bestimmen. Wenn das so ist, dann braucht das visuelle System auch nicht mehr als drei Variable, um alle Farben zu codieren. Das Helligkeitspro-

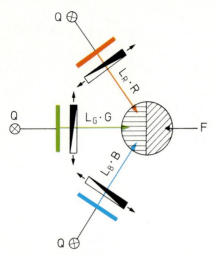

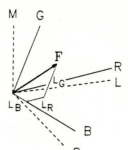

Abb. 144 Farbraum RGB mit der Farbe F. Gepunktet Rezeptorraum LMS von Abb. 140. (Buchstabe L steht hier für die Absorption des Zapfens, der im langwelligen Teil des Spektrums absorbiert).

Abb. 143 Farbabgleich mit Hilfe eines Farbenmischers. Eine beliebige Farbe F wird durch Variation der Reizgrößen L dreier Farbreize R, G und B nachgemischt. Die Farben werden in diesem Schema durch drei Lichtquellen Q und Farbfilter erzeugt. Die VP stellt L_R, L_G und L_B mit Hilfe beweglicher Graukeile so ein, daß die beiden Feldhälften ununterscheidbar gleich aussehen.

blem wird gleich verschwinden, wenn wir die Überlegung von der Farbtafel zum Farbraum fortführen.

Zunächst aber soll die Behauptung behandelt werden, daß tatsächlich alle Farben (unter Vernachlässigung ihrer Helligkeit) auf der Farbtafel unterzubringen sind und daß alle additiven Farbmischungen richtig vorhergesagt werden können. Dieser Frage ging Helmholtz mit einem Farbmischgerät nach, dessen Prinzip in Abb. **143** erläutert wird. In einem Beobachtungsfeld wird auf der rechten Seite eine beliebige Farbe F vorgegeben. Auf der anderen Feldhälfte wird die Farbe F aus drei Komponenten R, G und B nachgemischt. Diese drei Farbreize wurden von Helmholtz mit Hilfe eines Monochromators erzeugt. In dem Schema der Abb. **143** werden die Reize mit drei Lichtquellen und je einem Farbfilter erzeugt, und ihre Reizgrößen L werden durch Graukeile geregelt. Der Betrachter stellt die Größen L_B, L_G und L_R so ein, daß beide Feldhälften ununterscheidbar gleich aussehen. Man nennt dies Verfahren *Farbabgleich* (color match). Es zeigte sich, daß im Prinzip jede beliebige Farbe F durch Variation von L_B, L_G und L_R nachgemischt werden kann. Wer das hier noch nicht akzeptieren kann, sei schon jetzt auf die Erweiterung der Möglichkeiten durch die weiter unten

beschriebenen negativen Farbenmischungen hingewiesen.

Die Gesamtheit der mit dem Farbenmischer zu erzeugenden Farben kann vollständig, d.h. unter Berücksichtigung auch der Helligkeit, nur in einem dreidimensionalen Raum dargestellt werden, wie das für den Rezeptorraum, Abb. **140**, bereits gezeigt wurde. In Abb. **144** ist der Rezeptorraum gepunktet eingezeichnet und außerdem ein *Farbenraum* RGB. Die Lichtreize von R, G und B können im Rezeptorraum durch die Zahlen n der absorbierten Lichtquanten beschrieben werden. Das gilt auch für die Farbe F, die im Rezeptorraum durch n_S, n_M und n_L codiert wurde, im Farbenraum dagegen durch L, L_G und L_R,

(16) $\quad L_B B + L_G G + L_R R = F$

Daß der Farbenraum RGB schiefwinkelig ist, kommt dadurch zustande, daß der Rezeptorraum willkürlich rechtwinklig eingeführt wurde. Für die Gültigkeit der Vektorgleichungen (15) und (16) ist das ohne Bedeutung. Man kann die Gleichung (15) in die Gleichung (16) umrechnen. Das läuft auf eine Koordinatentransformation heraus. Diese Rechnung wird im Abschnitt 8.4 behandelt.

Farbenräume gewinnt man einfach dadurch, daß man die Ergebnisse von Farbabgleichsexperimenten in dreidimensionalen Diagrammen darstellt. Benutzt man anstelle der Farben für R, G und B im Farbenmischer drei andere Farben, K, L und M, so kann man dieselben Farben F auch im KLM-Farbenraum darstellen, Abb. **147**. Es gibt somit beliebig viele Farbenräume zur Darstellung derselben Farben, die alle ineinander umgerechnet werden können, aber nur einen Rezeptorraum. Der Rezeptorraum kann nur definiert werden, wenn man genaue Kenntnisse über die drei Zapfenarten besitzt und genau weiß, wieviel Strahlung sie absorbieren.

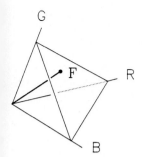

Abb. **145** Farbtafel als Schnittfläche des RGB-Farbraumes.

Für viele Anwendungen sind zweidimensionale Farbtafeln praktischer als dreidimensionale Farbenräume. Eine Farbtafel ist als Schnittfläche durch den Farbenraum aufzufassen, Abb. **145**. Für Vektoren, die in dieser Schnittebene enden, und damit für alle Farben der Farbtafel gilt

(17) $\quad l_B + l_G + l_R = 1 \quad$ mit

(18) $\quad l_B = \dfrac{L_B}{L_B + L_G + L_R}, \; l_G = \dfrac{L_G}{L_B + L_G + L_R},$

$l_R = \dfrac{L_R}{L_B + L_G + L_R}$

Die Mischlichter R, G und B der Gleichung (16) bezeichnet man oft als *Primärvalenzen*, l_B, l_G und l_R als *Farbwertanteile*. Zur Kennzeichnung des Farbortes auf der Farbtafel sind nur zwei Variable notwendig. Wenn zwei Farbwertanteile bekannt sind, kann man den dritten nach Gleichung (17) berechnen. Was man durch diese Vereinfachung verliert, ist die Information über die Länge der Farbvektoren und damit der Helligkeit der Farben.

Jetzt soll eine Schwierigkeit behandelt werden, die bisher ausgeklammert wurde. Durch Variation der Reizgrößen L kann man den Schwerpunkt nur innerhalb eines Dreiecks verschieben. Würde man statt R, G und B in Abb. **142** z. B. mit den Farben B, S_1 und R anfangen, so erhielte man das Dreieck BS_1R, bei dem G außerhalb liegt. Wenn die Wahl der Primärvalenzen beliebig ist, was bisher vorausgesetzt wurde, muß man den Schwerpunkt auch außerhalb der Farbendreiecke bestimmen können. Das gelingt mit der *negativen Farbenmischung*. Formal bedeutet das, daß in Gleichung (16) ein Glied auf der linken Seite des Gleichheitszeichens ein negatives Vorzeichen hat, und konkret bedeutet es, daß man dieses Mischlicht der Farbe F beimengt. Was dabei passiert, kann man sich mit der Farbe Gelb (Ge) in Abb. **142** klarmachen.

Mengt man B zu Ge, so verschiebt sich der Schwerpunkt auf der Verbindungsgeraden BGe und man kann das Verhältnis finden, bei dem die Mischfarbe gerade bei S_3 liegt. Die Mischfarbe S_3 aber kann man dann mit G und R nachmischen. Die Trichromatischen Gleichungen (15) und (16) gelten also allgemein.

Dieser Abschnitt kann folgendermaßen zusammengefaßt werden. Mit psychophysischen Farbabgleichsexperimenten wurde die Gültigkeit der Gleichungen (15) und (16) und damit die Trivarianz bewiesen. Das visuelle System codiert alle Farben mit drei Variablen. Diese Variablen sind nach der trichromatischen Theorie die Erregungsgrößen der drei Zapfenarten.

8.3.2 Experimentelle Bestätigung der trichromatischen Theorie mit der Farbscheibe

Die Gültigkeit der Theorie kann man mit einer Farbscheibe aus Buntpapieren, Abb. **146a**, testen (46). Die Buchstaben stehen für verschiedene bunte Mischfarben (→ Primärvalenzen), S für Schwarz. Wenn diese Scheibe schnell rotiert, verschmelzen die Farben zu additiven Mischfarben. Maxwell (126) drehte die Scheibe mit einer Handkurbel. Empfehlenswert ist ein Elektromotor (44). Man schiebt die verschiedenen bunten Papiere nach Abb. **146b** ineinander und steckt dann auf die Achse des Motors zuerst eine Papierscheibe mit Winkelskalen und dann die große Scheibe mit den Farben R, G und B und danach die kleine Scheibe mit den Farben K, L, M und S. Die Größe der einzelnen Farbsektoren kann man verstellen.

In der Terminologie des letzten Abschnitts sind die Winkelgrößen der Sektoren Farbwertanteile. Um auf die Gleichung (17) zu kommen, muß man die Sektorgrößen durch 360° dividieren. Die Gleichung (17) und der Farbraum RGB in Abb. **145** beschreiben dann die Farben, die man im Außenbereich der Scheibe erzeugen kann. Alle möglichen Farben der Farbscheibe liegen auf einer Ebene des RGB-Farbraumes. Für die innere Scheibe verwendet man andere Farbpapiere. Wenn sie in geeigneter Weise ausgesucht werden, bilden sie einen KLM-Farbraum, der in Abb. **147** zusammen mit dem RGB-Farbraum dargestellt ist. Die Farbe F kann auch im KLM-Farbraum definiert werden nach der Gleichung

(19) $\quad a_1 K + a_2 L + a_3 M = F$

Angestrebt wird ein Farbabgleich zwischen der inneren und der äußeren Scheibe bei schneller Rotation. Dieser Farbabgleich soll ohne

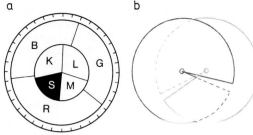

Abb. 146 Farbabgleich mit Hilfe der Farbscheibe.
a) Außen werden die Farben R, G und B mit variablen Sektorgrößen geboten, innen drei andere Farben K, L und M (Buchstabe L kennzeichnet hier eine Farbe, z. B. Rot). S bedeutet schwarz. b) Zur Herstellung der Farbscheibe

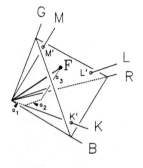

Abb. 147 Farbe F im RGB- und KLM-Farbraum.

jedes Meßgerät aufgrund von Berechnungen nach der trichromatischen Theorie möglich sein. Wenn das gelingt, kann die trichromatische Theorie in allgemeiner Form als bestätigt gelten.

Nachdem die Farben der äußeren Scheibe alle auf einer Ebene liegen, kann die Aufgabe nur gelöst werden, wenn auch die Farben der inneren Scheibe auf derselben Ebene liegen. Das wird erreicht, wenn man für die innere Scheibe hellere Farbpapiere auswählt, so daß ihre Vektoren die Dreiecksfläche in Abb. 147 durchstoßen. Man verkürzt sie dann, indem man die Farben mit Hilfe des schwarzen Sektors S abdunkelt.

Drei Farbabgleichseinstellungen muß man durchführen, um die Achsen des Farbraums KLM im Farbraum RGB festzulegen. Man betrachte zunächst die Gleichungen (20). Diese drei Gleichungen zeigen, welche Farbabgleiche nötig sind.

(20)
$$K' = (1-c_1)K + c_1 S = b_{11}B + b_{12}G + b_{13}R$$
$$L' = (1-c_2)L + c_2 S = b_{21}B + b_{22}G + b_{23}R$$
$$M' = (1-c_3)M + c_3 S = b_{31}B + b_{32}G + b_{33}R$$

In der ersten Gleichung wird innen nur die Farbe K und S geboten. Der Vektor K soll auf K' verkürzt werden, indem man den Farbanteil des schwarzen Sektors so einstellt, daß ein Farbabgleich mit den Farben R, G, B der äußeren Scheibe möglich wird. Es müssen also vier Sektorgrößen, die von S, von R, G und B so lange variiert werden, bis die Farben innen und außen bei schneller Rotation gleich aussehen. Die Sektorgrößen werden dann mit Hilfe der Gradeinteilung am äußeren Rand abgelesen und durch 360° dividiert, so daß man die Farbwertanteile c_1 und b_{11} bis b_{13} hat. Dann wird dasselbe für L' und M' gemacht.

Nun stellt man nach Gleichung (19) innen irgend eine Farbe ein, z. B. $a_1 = 0{,}2$ und $a_2 = 0{,}3$ und $a_3 = 0{,}5$. Die drei Schwarzanteile kann man zu einem Sektor zusammenziehen. Die Sektorgrößen der äußeren Scheibe kann man dann ausrechnen. Dazu muß man die Gleichungen (20) mit a_1 bzw. a_2 bzw. a_3 multiplizieren.

(21)
$$a_1(1-c_1)K + a_1 c_1 S = a_1 b_{11}B + a_1 b_{12}G + a_1 b_{13}R$$
$$a_2(1-c_2)L + a_2 c_2 S = a_2 b_{21}B + a_2 b_{22}G + a_2 b_{23}R$$
$$a_3(1-c_3)M + a_3 c_3 S = a_3 b_{31}B + a_3 b_{32}G + a_3 b_{33}R$$

Das kann man durch die folgende Schreibweise vereinfachen.

(22)
$$a_1 K' = e_{11}B + e_{12}G + e_{13}R$$
$$a_2 L' = e_{21}B + e_{22}G + e_{23}R$$
$$a_3 M' = e_{31}B + e_{32}G + e_{33}R$$

Die Gleichungen (22) sind jetzt in (19) einzusetzen, wobei K', L' und M' an die Stelle von K, L und M treten. Nach Umformung erhält man

(23)
$$(e_{11}+e_{21}+e_{31})B + (e_{12}+e_{22}+e_{32})G + (e_{13}+e_{23}+e_{33})R = F$$

und das ist die Gleichung (16) mit

(24)
$$L_B = e_{11} + e_{21} + e_{31}$$
$$L_G = e_{12} + e_{22} + e_{32}$$
$$L_R = e_{13} + e_{23} + e_{33}$$

Die Koeffizienten e_{11} bis e_{33} für die äußere Scheibe sind mit 360° zu multiplizieren, so daß man die Sektorgrößen für die äußere Scheibe erhält.

Wenn der dreifache Farbabgleich, der durch die Gleichungen (20) beschrieben ist, einmal erfolgreich durchgeführt wurde, sind für alle Einstellungen auf der inneren Scheibe (a_1, a_2, a_3)

die Einstellungen der äußeren Scheibe (L_B, L_G, L_R) rechnerisch zu finden. Daß dies so ist, ist ein Beweis für die Gültigkeit der Gleichungen (15), (16) und (19) und damit für die Trivarianz des Farbensehens, die die Grundlage der trichromatischen Theorie ist.

Man könnte beanstanden, daß der Farbabgleich mit der Farbscheibe nur innerhalb einer Schnittfläche des Farbenraums und damit in nur einem beschränkten Bereich durchzuführen ist. Man kann aber leicht nachprüfen, daß die Gleichungen auch in anderen Bereichen gültig sind, indem man die Beleuchtungsstärke heraufsetzt oder mindert. Das entspricht in Gleichungen (15), (16) und (19) einer Multiplikation aller Glieder mit demselben Faktor und im Farbenraum einer Verschiebung des Testbereiches nach außen bzw. innen. Der Farbabgleich sollte darunter nicht leiden.

Was man aber vermeiden sollte, ist eine Veränderung des Beleuchtungsspektrums. Ein Farbabgleich, der bei Tageslicht voll befriedigend war, kann bei künstlicher Beleuchtung zusammenbrechen. Die Farbreize, die von der Scheibe in das Auge gelangen, hängen von der ⇀ spektralen Remission $ß_\lambda$ der Farbpapiere *und* dem Beleuchtungsspektrum P_λ ab. Der Farbabgleich der Buntpapiere gilt nur für jeweils eine Beleuchtung.

Wenn man die Papiere selbst aussuchen möchte, so empfiehlt es sich, mit drei hochgesättigten ganz verschiedenfarbigen Papieren für die äußere Scheibe zu beginnen. Für die innere Scheibe wählt man hellere und weniger gesättigte Papiere. Ob dann die Papiere der inneren Scheibe tauglich sind, merkt man beim Farbabgleich nach den Gleichungen (20). Kommt hier kein Farbabgleich zustande, dann ist das Papier zu dunkel oder seine Farbe liegt außerhalb des Farbraumes RGB und könnte somit nur mit negativen Farbmischungen zum Abgleich gebracht werden.

8.3.3 Farbmetrik

Es ist oft notwendig, eine Farbe genau zu spezifizieren, z. B. dann, wenn ein Farbstoff hergestellt werden soll, der ganz bestimmten Ansprüchen genügen muß. Hersteller und Kunden können zur Verständigung eine Farbmustersammlung benutzen oder einen Farbatlas. In Deutschland sind die DIN-Farbkarten für solche Zwecke üblich, in den USA verschiedene Sammlungen, die auf das Munsell Book of Colors (1905) zurückgehen.

Farbmuster oder Farbatlanten können sich allerdings mit der Zeit ändern, weil kein Farbstoff vollständig lichtecht ist. Diesen Mangel behebt man, indem man die Farben nach der ⇀ trichromatischen Theorie als Punkte in einem ⇀ Farbenraum definiert und den Farbenraum physikalisch festlegt. Man gelangt so zum sogenannten *Normalbeobachter*, dem mathematischen Modell eines farbentüchtigen Menschen, nach dem man farbmetrische Meßgeräte bauen und mit dessen Hilfe man alle Farben mit drei Zahlen bezeichnen kann. Die Bestimmung der Farben mit diesen Kenngrößen bezeichnet man als Colorimetrie oder *Farbmetrik*. Durch die internationale Beleuchtungskommission (CIE = Commission International de l'Eclairage) wurden 1931 die Daten für den 2°- Normalbeobachter nach lichttechnischen Gesichtspunkten festgelegt.

Zuerst soll jetzt die Anwendung des Normalbeobachters für farbmetrische Zwecke beschrieben werden und dann erst die Methode, wie man zu seiner Festlegung kommt. An die Stelle der Absorptionsfunktionen der drei Zapfenarten, Abb. 127, treten beim Normalbeobachter die drei *Normspektralwertfunktionen* $\bar{x}_\lambda$, $\bar{y}_\lambda$ und $\bar{z}_\lambda$, Abb. 148a. Realisiert man den Normalbeobachter in einem Meßgerät, so kann man dieses mit drei Meßstellen ausrüsten, deren spektrale Empfindlichkeiten durch die Normspektralwertfunktionen gegeben sind. Man gewinnt mit einem derartigen Gerät von jedem Lichtreiz drei Meßwerte, X, Y und Z, durch die die zugehörige Farbe F bezeichnet wird. Das Meßgerät kann aber auch so konstruiert sein, daß es zuerst das ganze Spektrum P_λ des Lichtreizes registriert und danach die Werte von X, Y und Z in einem Rechner ermittelt. In beiden Fällen gilt

$$(25) \quad \begin{aligned} X &= \int P_\lambda \, \bar{x}_\lambda \, d\lambda \\ Y &= \int P_\lambda \, \bar{y}_\lambda \, d\lambda \\ Z &= \int P_\lambda \, \bar{z}_\lambda \, d\lambda \end{aligned}$$

Die Normspektralwertfunktionen wurden in der Absicht ausgewählt, die Farbmetrik technisch möglichst einfach zu machen. So wurde die Funktion $\bar{y}_\lambda$ mit dem spektralen ⇀ Hellempfindlichkeitsgrad V_λ gleichgesetzt. Dadurch gewinnt man bei der farbmetrischen Bestimmung eines Lichtreizes immer gleich ein technisches Maß für die Helligkeit. Außerdem wurde der Farbraum des Normalbeobachters mathematisch so transformiert, daß X, Y und Z immer positive Vorzeichen haben, wodurch sich ⇀ negative Farbmischungen erübrigen. In der CIE-Farbtafel, Abb. **148b**, sind die ⇀ Farbwertanteile x = X/(X+Y+Z) und y = Y/(X+Y+Z) aufgetragen. Der dritte z = Z/(X+Y+Z) läßt sich nach Art von Gleichung (17) berechnen: x+y+z = 1.

Jetzt soll erklärt werden, wie die drei Normspektralwertfunktionen $\bar{x}_\lambda$, $\bar{y}_\lambda$ und $\bar{z}_\lambda$ mit psychophysischen Messungen gewonnen wurden (153, 154, 201, 203). In einem Farbmischgerät der Art von Abb. **143** werden links drei monochromatische Lichtreize der Wellenlänge 460 nm, 530 nm und 650 nm als Mischfar-

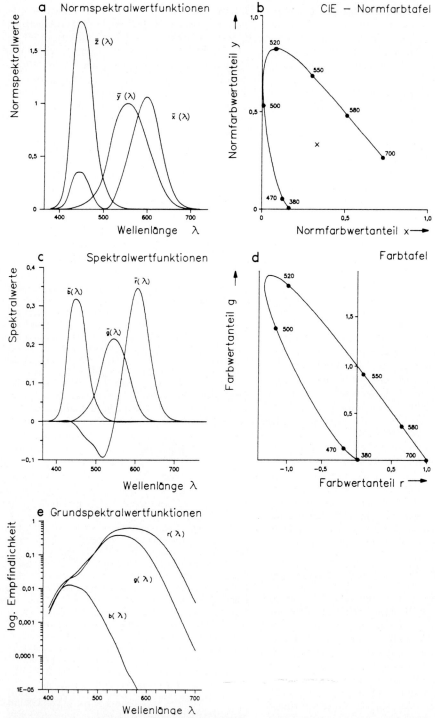

Abb. **148** a) Normspektralwertfunktionen und b) CIE-Normfarbtafel. c) Spektralwertfunktionen, die mit monochromatischen Primärvalenzen der Wellenlängen 460 nm, 530 nm und 650 nm gemessen wurden, und c) die zugehörige Farbtafel. d) Grundspektralwertfunktionen nach Daten von Smith und Pokorny (aus Wyszecki, G., W. S. Stiles: Color Science, 2nd ed. Wiley, New York 1982).

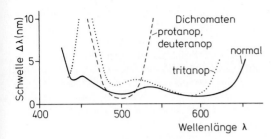

Abb. 149 Farbunterscheidungsschwelle $\Delta \lambda$ (Ordinate) über der Wellenlänge monochromatischer Lichtreize (Abszisse).

ben geboten. Auf der rechten Seite erscheinen nacheinander die monochromatischen Lichtreize des Spektrums, und zwar mit jeweils gleicher Strahlungsleistung. Durch Variation der Strahlungsleistungen der Komponenten auf der linken Seite wird ein → Farbabgleich hergestellt. Das Ergebnis dieser für alle Wellenlängen wiederholten Einstellung sind die drei *Spektralwertfunktionen* $\bar{b}_\lambda$, $\bar{g}_\lambda$ und $\bar{r}_\lambda$ der Abb. 148c. Sie zeigen an, wieviel man von jedem Mischlicht für den Farbabgleich mit den Spektralfarben braucht. Hier kommt man, wie man an dem negativen Kurvenabschnitt sieht, noch nicht ganz ohne negative → Farbenmischung aus.

Diese Spektralwertfunktionen enthalten alle Information, die man im Rahmen der trichromatischen Theorie über Spektralfarben gewinnen kann. Weil man die Theorie in der linearen Gleichung (15) zusammenfassen kann, geht man auch davon aus, daß jeder Farbreiz als Summe seiner monochromatischen Teile aufgefaßt werden darf. Mit der trichromatischen Bewertung der Spektralfarben durch die beschriebene Messung gewinnt man deshalb alles, was man braucht, um die trichromatische Bewertung jedes beliebigen zusammengesetzten Farbreizes rechnerisch zu bewerkstelligen.

Man kann auch ausrechnen, wie die Spektralwertfunktionen aussähen, wenn man sie mit drei anderen Primärvalenzen bestimmt hätte. Die Normspektralwertfunktionen der Abb. 148a und die zugehörige CIE-Farbtafel (b) wurden rechnerisch aus den gemessenen Spektralwertfunktionen gewonnen durch eine mathematische Transformation, die im Abschnitt 8.3.2 beschrieben wurde.

Es war schon im Abschnitt 8.3.1 gesagt worden, daß es beliebig viele verschiedene Farbräume, aber nur einen Rezeptorraum geben kann, der rechnerisch aus den Spektralwertfunktionen zu erhalten sein müßte. Es ist nicht damit zu rechnen, daß seine Spektralwertfunktionen mit den Absorptionsfunktionen der Zapfen zusammenfallen. In die Farbabgleichsmessungen, die zu den Spektralwertfunktionen führen, gehen viele Eigenschaften des visuellen Systems mit ein, wie z. B. die Filterung des Lichtes in der gelblichen Linse und die Bewertung der Zapfenerregung durch Nervenzellen, bei der auch die relative Häufigkeit der Zapfenarten eine Rolle spielen dürfte. Abb. 127 beschreibt dagegen nur die Absorption in einzelnen Zapfen. Was man durch eine mathematische Transformation aus den Spektralwertfunktionen gewinnen kann, sind „Grundspektralwertfunktionen", Abb. 148e, die als spektrale Empfindlichkeiten der Zapfenarten beim Sehen interpretiert werden können und deshalb auch, wie die Kurven der spektralen Empfindlichkeit des gesamten Auges, Abb. 133, logarithmisch aufgetragen wurden. Die Berechnung der abgebildeten Kurven baut auf Messungen an → Dichromaten auf, die nur zwei Zapfenarten besitzen, und darum vorhersagbar andere Meßergebnisse liefern.

8.4 Farbunterscheidungsvermögen

Der Mensch kann ungefähr 150 Spektralfarben unterscheiden. Das Unterscheidungsvermögen ist aber nicht in allen Spektralbereichen gleich gut. Man stellt dies fest, indem man in einem Reizfeld nach Abb. 143 auf beiden Seiten monochromatische Lichtreize gleicher Leuchtdichte bietet und den kleinsten Wellenlängenunterschied $\Delta\lambda$ einstellt, bei dem man gerade einen Unterschied zwischen den Feldhälften erkennen kann. Abb. 149 zeigt die kleinsten wahrnehmbaren Werte von $\Delta\lambda$ über der Wellenlänge, bei denen sie bestimmt wurden. Man sieht, daß die Unterscheidungsfähigkeit in zwei Bereichen bis auf $\Delta\lambda = 1$ nm heruntergeht.

Die Unterscheidungsfähigkeit sollte in den Spektralbereichen zwischen den Maxima der Zapfenabsorptionskurven, Abb. 127, am besten sein. In diesen Bereichen ist der Verlauf der Absorptionskurven am steilsten. Darum sollte sich dort die Wirksamkeit einer Wellenlängenänderung auf die betroffenen Zapfen am stärksten auswirken. Die Minima der Kurve in Abb. 149 liegen allerdings nicht genau da, wo man sie erwarten würde, und das kleine Minimum im Blaubereich macht bei dieser Überlegung Schwierigkeiten. Daß der Erklärungsversuch trotzdem nicht ganz falsch sein kann, zeigen Messungen an → Dichromaten, die erwartungsgemäß nur einen Bereich optimaler Unterscheidungsfähigkeit besitzen, gestrichelt in Abb. 149. Bei den breiten überlappenden Absorptionsfunktionen, wie sie ohne Ausnahme bei allen Lichtsinneszellen gefunden werden, sind dem spektralen Auflösungsvermögen Grenzen gesetzt. Modellrechnungen zeigten, daß das Auflösungsvermögen für Farben nicht besser würde, wenn der Mensch mehr als drei Zapfenarten mit derartigen Absorptionsfunktionen besäße (16).

Die Zahl unterscheidbarer Farben geht in die Hunderttausende, wenn man sich nicht auf die Spektralfarben beschränkt, sondern auch Farben geringerer → Sättigung und verschiedener → Helligkeit einbezieht. Daß das so sein muß, kann man sich am Rezeptorraum, Abb. 140, klarmachen. Man unterstelle, daß man mit jeder Zapfenart eine bestimmte Zahl N von Erregungsstufen unterscheiden kann. N liegt nach dem Experiment mit der →Massonschen Scheibe in der Größenordnung von N = 100. Bei zwei Zapfenarten gibt es N^2- und bei drei N^3-Kombinationen und damit eine Million unterscheidbarer Farben. Bei dieser Abschätzung ist aber zu berücksichtigen, daß nicht alle Kombinationen auftreten können. Ein Blick auf die überlappenden Absorptionskurven der Zapfen, Abb. 127, zeigt, daß es z. B. keinen Reiz geben kann, der die M-Zapfen maximal, die L-Zapfen dagegen nur gering reizt. Trotz dieser Einschränkung zeigt die Überlegung, daß die Menge unterscheidbarer Farben mit der Zahl von Zapfenarten überproportional ansteigen muß.

Zur Berechnung der Farbunterscheidungsfähigkeit führte Helmholtz 1891 folgende Überlegung ein. Man faßt die Farben als Punkte im →Farbenraum auf und unterstellt, daß ein bestimmter kritischer Abstand zwischen den Punkten zur Unterscheidung der zugehörigen Farben notwendig ist. Damit wird eine Theorie der Farbunterscheidung für alle Farben begründet. Der Abstand zwischen zwei Farborten F_1 und F_2 läßt sich im Euklidischen Raum nach dem Satz des Pythagoras berechnen:

$$\Delta F = ((x_1 - x_2)^2 + (y_1 - y_2)^2 + (z_1 - z_2)^2)^{1/2}$$

Das ist der einfachste Fall eines *Linienelementes*. Weil die Unterscheidungsschwelle mit hoher Genauigkeit bestimmt werden kann, bestand lange Zeit die Hoffnung, durch geeignete Formulierung eines Abstandsmaßes und damit eines Riemannschen Raumes für den Farbraum allgemeine Gesetzmäßigkeiten zu finden, die es erlauben würden, die Farbunterscheidungsfähigkeit und auch den Verlauf der Rezeptorempfindlichkeitskurven indirekt, aber quantitativ zu bestimmen (165, 203). Das Ziel einer allgemeinen, alle beteiligten Prozesse einschließenden Theorie wurde für das Farbensehen der Bienen (137, 128), nicht aber für den Menschen erreicht. Beim Farbensehen des Goldfisches gelang es, die Widersprüchlichkeiten zwischen Farbunterscheidungsleistungen einerseits und Rezeptorempfindlichkeitskurven andererseits durch Hemmungsvorgänge zwischen den Nervenzellen des visuellen Systems quantitativ zu erklären. Die Theorie führte beim Goldfisch zum Postulat einer vierten Zapfenart für den ultravioletten Strahlungsbereich, die dann mit anderen Methoden nachgewiesen wurde (137).

8.5 Farbenblindheit

Nur die sehr seltenen *Stäbchen-Monochromaten* leiden unter *totaler Farbenblindheit*. Sie heißen Monochromaten, weil sie nur eine Art von Lichtsinneszelle, die Stäbchen, und keine funktionstüchtigen Zapfen besitzen. Sie sehen alles grau in grau wie dunkeladaptierte Trichromaten, Abschnitt 7.3, und haben wie diese ein →zentrales Skotom. Wegen der hohen Lichtempfindlichkeit der Stäbchen tragen sie in der Regel eine dunkle Brille. Es gibt auch Monochromaten mit normalem →Auflösungsvermögen, die man nach ihrer →spektralen Empfindlichkeit als Zapfenmonochromaten einordnen kann. Angaben über die Häufigkeit von Monochromaten reichen von 1 bis 25 pro 1 Million.

Was man in der Umgangssprache als farbenblind bezeichnet, sollte man besser *beschränkt farbentüchtig* nennen. Die betroffenen Personen können nämlich durchaus Farben erkennen und wissen oft gar nicht, daß ihr Farbensinn gestört ist. Die sogenannten Farbenblinden fallen manchmal dadurch auf, daß sie Farben verwechseln. Ein Zoologieprofessor z. B. verwechselte die Farben bunter Tafelkreide, was in einer Vorlesung über vergleichende Anatomie, in der jede Farbe ihre Bedeutung hat, zu erheblicher Verwirrung führte. Die Kopien bunter Bilder durch farbenblinde Künstler sehen für diese farblich gleich aus, unterscheiden sich aber erheblich für normal farbentüchtige Beobachter (164).

Die Verwechselung von Farben ist das Prinzip des Tests auf Störungen des Farbensinns durch *pseudoisochromatische* (= fälschlich gleichfarbig) *Tafeln* (100). Die Tafeln zeigen bunte Punkte, die verschiedene Muster ergeben, je nachdem, welche Punkte dem Probanden gleich erscheinen. In einem anderen Verfahren (68) werden Farbproben nach ihrer Ähnlichkeit in eine Reihe gelegt, wobei die Reihenfolgen für die Art der Farbfehlsichtigkeit charakteristisch sind. In der ärztlichen Praxis ist das *Anomaloskop* am wichtigsten. Es handelt sich um Farbmischungsgeräte nach dem Prinzip der Abb. 143. Ein monochromatisches Licht ($\lambda = 584$ nm) wird in der Regel mit zwei anderen ($\lambda = 535$ nm und $\lambda = 670$) nachgemischt, wobei der Proband nur die Leuchtdichte der Mischlichter verändert. Aus dem Verhältnis der eingestellten Leuchtdichten L_{535} / L_{670} kann man auf die Art der Störung schließen. Klinische Messungen zum Farbensehen sind wichtig, weil die Farbentüchtigkeit durch Krankheiten und als Nebenwirkung medikamentöser Behandlung beeinträchtigt sein kann.

Man erkennt und klassifiziert die sogenannten Farbenblinden nach den Farbreizen, die sie nicht unterscheiden können. Nach diesem Kriterium muß man im Prinzip auch die →Trichromaten, d.h. die normal farbentüchtigen Menschen, dazurechnen, weil sie die →metameren Farbreize nicht unterscheiden können. Die „Farbenblindheit der Trichromaten" zeigt sich darin, daß man durch Farbfilter hindurch Dinge erkennen kann, die einem sonst entgehen. Davon macht man bei den sogenannten falschfarbigen Luftbildaufnahmen aus Flugzeugen und Satelliten Gebrauch.

Die häufigsten Störungen des Farbensehens sind *Farbanomalien*. Die Anomalen sind Trichromaten, aber ihr → Farbunterscheidungsvermögen ist in jeweils charakteristischen Spektralbereichen schlechter als bei voll farbentüchtigen Menschen. Die Anomalien werden in *Prot-, Deuter- und Tritanomalie* eingeteilt, je nach der Zapfenart L, M oder S, deren Pigment verändert zu sein scheint, wovon gleich noch die Rede sein wird.

Leichter zu erklären sind die *Dichromasien*, bei denen eine Zapfenart fehlt. Dichromaten können im → Farbabgleichsexperiment alle Farben aus zwei Komponenten ermischen. Sie erfüllen damit eine zwingende Folgerung der → trichromatischen Theorie. Die Menge der Farben, die sie unterscheiden können, ist erheblich geringer, siehe Abschnitt 8.4. Dichromaten sehen im Gegensatz zu den Trichromaten eine *Unbuntstelle im Spektrum*. Ein Lichtreiz, der unbunte Farben erzeugt, muß alle Rezeptoren etwa gleich stark reizen. Wenn nur zwei Zapfen vorhanden sind, kann auch ein monochromatischer Reiz mit einer Wellenlänge zwischen den Absorptionsmaxima beide Zapfen gleich stark reizen und zur Unbuntempfindung führen.

Als *Protanope* bezeichnet man Dichromaten, denen das Pigment für den langwelligen Bereich des sichtbaren Spektrums fehlt. Dementsprechend ist ihre Empfindlichkeit und ihr Farbunterscheidungsvermögen im Rotbereich geringer als bei normal farbentüchtigen Menschen. Protanope Menschen haben Schwierigkeiten beim Erkennen der Bremslichter von Kraftfahrzeugen. Einem Protanopen kann es passieren, daß er zu einer Beerdigung statt eines schwarzen einen roten Schlips anzieht. Die Unbuntstelle im Spektrum liegt bei $\lambda = 495$ nm. Den *Deuteranopen* fehlt das Pigment, dessen Absorption im mittleren Bereich des Sehspektrums am größten ist. Sie können rote und grüne Farben nur mit Mühe unterscheiden und haben deshalb wenig Erfolg beim Sammeln von Walderdbeeren. Ihnen erscheint ein monochromatischer Lichtreiz mit $\lambda = 495$ nm unbunt. Den seltenen *Tritanopen* fehlt das Pigment für kurzwelliges Licht. Ihnen erscheint monochromatisches Licht von $\lambda = 575$ nm unbunt. Protanopie und Deuteranopie faßt man manchmal unter der Bezeichnung *Rot-Grün-Blindheit* zusammen.

Die Gene für das visuelle Rot- und das Grünpigment sind rezessiv und befinden sich auf den X-Chromosomen, von denen die Frau zwei, der Mann aber nur eines besitzt. Darum macht sich der Ausfall bei Männern immer bemerkbar, bei Frauen nur, wenn sie homozygot sind, d.h. den Mangel von beiden Eltern geerbt haben. In Mitteleuropa findet man unter 100 Männern in der Regel je einen Protanopen und einen Deuteranopen, einen Protanomalen und fünf Deuteranomale, also insgesamt ungefähr acht Farbsinngestörte. Bei der gegebenen Wahrscheinlichkeit von $p = 0,08$ dafür, daß sich auf einem X-Chromosom ein gestörtes Rot- oder Grün-Gen befindet, könnte man die Häufigkeit für homozygote Frauen bei $p^2 = 0,0064$ oder 0,64 Prozent vermuten. Man findet aber nur 0,4 Prozent farbensinngestörte Frauen, weil die Doppelkonduktorinnen, bei denen außer einem Rot- auch noch ein Grün-Gen fehlt oder verändert ist, voll farbentüchtig sind (102).

Für die Rot-Grün-Anomalien konnte gezeigt werden, daß sie durch Abwandlung der Gene für das visuelle Rot- bzw. Grün-Pigment verursacht werden (135). Das Rot-Gen ist normalerweise einfach vorhanden und befindet sich im X-Chromosom vor dem Grün-Gen, das mehrfach vorhanden sein kann. Die Veränderung der Gene kommt wahrscheinlich zustande, wenn zwischen diesen sehr ähnlichen Genen durch Crossing-over in der Meiose Teile ausgetauscht werden. So kann es zu Mischgenen kommen. Auch die Dichromasien können dadurch verursacht sein, daß durch Crossing-over der erste Genabschnitt, der der Genregulation dient, z.B. vom Rot-Gen stammt, der folgende Abschnitt aber vom Grün-Gen. In diesem Fall würde in den Zapfen, die eigentlich Rot-Zapfen werden sollten, das visuelle Grün-Pigment produziert (135).

Störungen des Farbensinns werden bei Naturvölkern mit Häufigkeiten von 2–3%, bei Völkern, die in technisch weiterentwickelter Umgebung leben, aber mit 8% und mehr gefunden. Das könnte bedeuten, daß die eingeschränkte Farbentüchtigkeit, die in zivilisierter Umgebung kaum auffällt, unter ursprünglichen Lebensbedingungen einem großen Selektionsdruck ausgesetzt war und sich erst bei nachlassendem Selektionsdruck vermehren konnte (145). Offen ist dabei die Frage, worin bei den Naturvölkern der größere Selektionsvorteil für Farbentüchtigkeit bestehen könnte. Es ist dabei an die → Farbkonstanzleistung zu denken, die von der Funktionstüchtigkeit der Zapfen abhängt, Abschnitt 8.8.1. Leider ist auch unbekannt, wie häufig die Mutationen und vielleicht auch Rückmutationen auftreten und ob die mutierten Gene Nebenwirkungen entfalten, die für die Verbreitung vielleicht noch wichtiger sind als das gestörte Farbensehen. Für Verwirrung sorgte die Entdeckung, daß genetisch bedingte Verschiedenheiten der Farbentüchtigkeit bei Neuweltaffen innerhalb der Population stark variieren. Die interessante Hypothese des nachlassenden Selektionsdruckes als Ursache für die Häufigkeit der Farbsinnnstörungen kann deshalb z.Z. nicht abschließend beurteilt werden.

Abb. 151

8.6 Farbige Nachbilder

Zu den reizvollsten Wahrnehmungsphänomenen gehören die farbigen Nachbilder. **Man schaue einen Fixierpunkt in einem der bunten Felder der** Abb. 150a **einige Sekunden lang an und danach den Punkt des weißen Feldes. Dort entwickelt sich innerhalb von ein bis zwei Sekunden das Nachbild in der → Gegenfarbe.** Die Nachbilder verblassen im Lauf von wenigen Sekunden. Besonders eigentümlich ist das Nachbild der Vorlage mit den farbigen Scheiben, weil hier im Nachbild die Zwischenräume der farbigen Scheiben bunt werden.

Man schaue in der Abb. 150b für einige Sekunden die Nase des Mannes an. Man wird beobachten, wie sich um seinen Kopf ein Heiligenschein entwickelt. Es handelt sich um das Nachbild des Kopfes, das wegen der unvermeidlichen Augenbewegungen des Betrachters etwas größer ist als das Netzhautbild des Kopfes. Auch richtige Prediger können auf diese Weise zu einem Heiligenschein kommen, wenn sie dunkelhaarig sind.

Man kann mit Nachbildern die Augenbewegungen unmittelbar beobachten. Man fixiere im Hermann-Hering-Gitter, (Abb. 169a), den Punkt in der Mitte und nach einigen Sekunden den hellen Punkt im schwarzen Feld. Man sieht dann das Nachbild und das Muster gleichzeitig. Auch wenn man bemüht ist, mithilfe des Fixierpunktes alle Augenbewegungen zu unterdrücken, sieht man, wie sich das Nachbild gegenüber dem Muster langsam bewegt. Weil die Ursache des Nachbildes im Auge fixiert ist, zeigt die Relativbewegung die unwillkürliche und unvermeidbare langsame Augenbewegung an, die man Drift nennt. Auch beim Lesen kann man seine Augenbewegungen mit Nachbildern studieren. Man schaue so lang auf einen Fixierpunkt unterhalb einer kleinen hellen Lichtquelle, bis sich ein Nachbild entwickelt. Man sieht es oberhalb der Buchstaben, auf die man gerade seinen Blick richtet. Beim Lesen wandert es nicht mit gleichbleibender Geschwindigkeit an den Zeilen entlang, sondern mit drei bis vier Sprüngen pro Zeile. Man nennt diese ruckartigen Augenbewegungen Flicks oder sakkadische Augenbewegungen.

Nachbildfarben kann man mit Farben von Farbreizen vermischen. Das Ergebnis entspricht den Erwartungen von additiven Farbmischungen. Schaut man z. B. bei der Abb. 150 mit einem grünen Nachbild auf die blaue Fläche, wird die Farbe dort blaugrün, schaut man mit einem gelben Nachbild auf die rote Fläche, so wird diese orange. Ein grünes Nachbild auf rotem Untergrund läßt das Rot verblassen. Ein farbiges Nachbild auf gleichfarbigem Untergrund erhöht dort die Sättigung.

Die bis jetzt besprochene Art bezeichnet man als *negative Nachbilder*, weil Kontraste und Farben wie auf einem photographischen Negativ umgekehrt erscheinen. Unter geeigneten Umständen sieht man auch *positive Nachbilder*, in denen die Farben und Kontraste denen des Reizes gleichen. Die positiven Nachbilder verschwinden

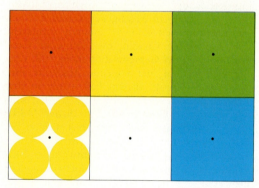

a

b

Abb. 150 Vorlage zur Erzeugung von Nachbildern.

schneller. Was man im Kino sieht, sind positive Nachbilder, die die Dunkelpausen zwischen den kurzen Bildern überdauern.

Viele Eigentümlichkeiten von Nachbildern kann man studieren, wenn man einen weißen oder grauen Karton mit einem Fixierpunkt vor eine helle Glühbirne hält, diesen dann für einen Augenblick zur Seite zieht, so daß man auf die Lichtquelle schauen kann, und dann wieder ruhig vor die Lampe hält. Wenn man nun den Fixierpunkt ansieht, entwickelt sich in der Regel zuerst ein positives Nachbild, dem dann nach einigen Sekunden ein negatives folgt. Es kann sein, daß das positive Nachbild so scharf ist, daß man noch Einzelheiten darin erkennen kann, die man beim Anschauen der Glühbirne nicht bemerkt hat. Auch das negative Nachbild kann sehr hell sein und in vollständiger Dunkelheit sichtbar bleiben. Es durchläuft in der Regel mehrere Stadien, bevor es verschwindet. Farbe und Größe können sich dramatisch ändern. Die Einzelheiten des ursprünglichen Reizbildes werden dabei immer undeutlicher.

Hat sich um den Fixierpunkt ein Nachbild entwickelt, so vergrößere und verkleinere man vorsichtig den Abstand zum Karton. Man erkennt, daß das Nachbild seine Größe ändert. Es erscheint klein, wenn man auf eine nahe, und groß wenn man auf eine weiter entfernte Fläche schaut. Das ist als Folge der → Größenkonstanzleistung zu erklären.

Die Nachbilder zeigen die Fortdauer der Erregung im Auge an. Diese Erregungen sind an den beim Fixieren gereizten Netzhautort gebunden. Darum werden die Nachbilder bei Augenbewegungen mitbewegt und führen sprunghafte → Scheinbewegungen aus. Wenn sie in der Sehgrube erzeugt wurden, sieht man sie immer da, wo man gerade hinsieht. Schwache Nachbilder können bei Augenbewegungen verschwinden. Darum ist bei Beobachtungen ein Fixierpunkt empfehlenswert. Nachbilder dürften die natürliche Erklärung vieler Geistererscheinungen, fliegender Untertassen und schwebender Kugelblitze sein.

Nachbilder sind nicht einfach zu untersuchen, weil sie wie die → stabilisierten Netzhautbilder in der Wahrnehmung schnell verblassen. Daß die physiologische Ursache nach dem Verschwinden der Erscheinung fortbesteht, kann man in der Regel leicht nachweisen mit Hilfe eines kurzen Lichtänderungsreizes, z. B. durch einen Blick auf eine hellere oder dunklere Fläche. Auch durch kurzes Blinken mit den Augenlidern kann man verblaßte Nachbilder leicht wieder zum Vorschein bringen. Intensive Nachbilder kann man auf diese Weise stundenlang am Leben erhalten. Auf hellem Hintergrund erscheinen sie in der Regel negativ, auf dunklerem positiv.

Mit dieser Eigentümlichkeit der Nachbilder gelang es, die Nachbilderregung bei → Hirnstrommessungen nachzuweisen (33). Mit dem Nachbild von einem horizontalen Strichgitter schauten die VPn auf eine Fläche mit Fixierpunkt, auf der sich ein gleichartiges Strichgitter von oben nach unten bewegte, so daß sein Netzhautbild periodisch mit dem Nachbildgitter zusammenfiel. Es wurden periodische Potentialänderungen registriert, die je nachdem, ob die VPn gerade ein positives oder negatives Nachbild hatten, die Koinzidenz des Reizmusters mit den Strichen oder den Zwischenräumen des Nachbildgitters anzeigten.

Man kann bei den Nachbildern schnell und langsam abklingende Vorgänge unterscheiden. **Man lasse die Scheibe der Abb. 151 auf einem Elektromotor gerade so schnell rotieren, daß die Sektoren des äußeren Ringes in der Wahrnehmung zu einem Ring verschmelzen, die inneren aber noch flimmern, daß also die Reizfrequenz beim äußersten Ring oberhalb, bei den anderen aber noch unterhalb der → Flimmerfusionsfrequenz liegt. Dann erzeuge man durch Fixieren des Mittelpunktes ein Nachbild. Dieses besteht aus konzentrischen Ringen, die für kurze Zeit verschieden hell und auch ein wenig bunt gefärbt erscheinen, dann aber gleich werden. Gleich ist bei allen Ringen der Scheibe die mittlere Leuchtdichte, verschieden sind die Reizfrequenzen. Das Nachbild wird somit am Anfang von frequenzabhängigen physiologischen Vorgängen mitbestimmt und hängt am Ende nur von der mittleren Leuchtdichte des Reizes ab.**

Mit Scheiben dieser Art kann man noch eine weiterführende Beobachtung machen. Man lasse die Scheibe so schnell rotieren, daß die Reizfrequenz aller Ringe über der Flimmerfusionsfrequenz liegt, was bedeutet, daß alle Ringe vollständig gleich und grau aussehen. Nun erzeuge man wieder ein Nachbild. Dieses wird in der Regel im ersten Moment seines Erscheinens noch verschiedene Ringe aufweisen, was erstaunlich ist, weil auf der Scheibe alle Ringe gleich aussahen. Dieser Versuch zeigt, daß beim Betrachten der rotierenden Scheibe im visuellen System frequenzabhängige Vorgänge stattfinden, die sich erst im Nachbild dadurch bemerkbar machen, daß sie verschieden schnell abklingen.

Die Lebenszeit der Nachbilder weist auf die Bleichung und Resynthese der visuellen Pigmente als physiologischen Ursprung hin, die wie die Messungen zur → Dunkeladaptation zeigten, sehr lange dauert. In einem kritischen Experiment (17) wurde auf der Netzhaut ein Nachbild und in einem ringförmigen Bereich darum ein → stabilisiertes Netzhautbild erzeugt. Die VP konnte die retinale Beleuchtungsstärke im Bereich des stabilisierten Netzhautbildes so regeln, daß sie die gleiche Helligkeit erzeugte wie das Nachbild. Obwohl das Nachbild nach kurzer Zeit nicht mehr zu sehen war, entsprach die wahrgenommene Helligkeit in seinem Bereich über 40 Minuten hinweg einer erhöhten Beleuchtungsstärke, wie die Einstellungen des Vergleichsreizes durch die VP zeigten. Das Abklingen der so gemessenen subjektiven Helligkeit hatte den gleichen Verlauf wie die Kurve für die ⇾ Dunkeladaptation mit dem „Kohlrausch-Knick", Abb. 131.

Solange noch Erregung von den Zapfen ausgeht, können die Nachbilder bunt und wechselhaft sein, woran voraussichtlich hemmende und erregende Nervenverbindungen beteiligt sind. ⇾ Metamere Lichtreize erzeugen selbstverständlich gleiche Nachbilder. Nach der Phase der Wechselhaftigkeit bleibt nur noch die Nachwirkung der photochemischen Prozesse der Stäbchen und somit nur noch ein skotopisches Nachbild übrig. Am langsamsten klingt die Erregung der Stäbchen ab.

Für den photochemischen Ursprung der späten Nachbilder spricht, daß sie nur von der zu Anfang absorbierten Lichtmenge abhängen. Unterscheidet sich die Leuchtdichte zweier kurzer nebeneinander gebotener Lichtreize nur so wenig, daß man den Unterschied im Reiz nicht erkennen kann, so kann er sich trotzdem in den Nachbildern bemerkbar machen. Eine bestimmte Lichtmenge, die innerhalb von zwei Sekunden auf die Netzhaut fällt, erzeugt dasselbe Nachbild, wie wenn sie innerhalb von 0,02 Sekunden eingestrahlt wird. (32).

Trotz der retinalen Ursache sind Nachbilder im ganzen visuellen System wirksam. Darum sieht man ein Nachbild, das man in einem Auge erzeugt, wenn man dieses schließt, scheinbar auch mit dem anderen Auge. Es kann dann etwas anders aussehen. Die Erklärung ist folgende: von der Netzhaut des geschlossenen Auges fließt Erregung zum Gehirn, die sich mit der des anderen Auges fusioniert. Man kann den Ursprung des Nachbildes im belichteten Auge nachweisen, indem man mit dem Finger vorsichtig, aber fest auf dieses Auge drückt und abwartet, bis es druckblind geworden ist, wodurch sein Erregungsfluß zum Gehirn unterbunden wird. Dann verschwindet das Nachbild, kommt aber wieder, wenn man den Finger vom Auge nimmt.

8.7 Farbiger Simultankontrast

Im Jahr 1777 machte Goethe bei einer Wanderung durch den winterlichen Harz im Schein der untergehenden Sonne eine Beobachtung, die er folgendermaßen beschrieb: „Waren den Tag über, bei dem gelblichen Ton des Schnees, schon leise violette Schatten bemerklich gewesen, so mußte man sie nun für hochblau ansprechen, als ein gesteigertes Gelb von den beleuchteten Teilen widerschien. Als aber die Sonne sich endlich ihrem Niedergang näherte und ... die ganze mich umgebende Welt mit der schönsten Purpurfarbe überzog, da verwandelte sich die Schattenfarbe in ein Grün, das nach seiner Klarheit einem Meergrün, nach seiner Schönheit einem Smaragdgrün verglichen werden könnte" (76). Goethe erkannte, daß die Farbe der Schatten durch gleichzeitig gesehene Farbe der Umgebung des Schattens hervorgerufen wird. Darum heißt dieser Fall von Farbinduktion *simultaner Farbkontrast*.

Farbige Schatten kann man bei vielen Gelegenheiten sehen. Man beleuchte ein weißes Blatt Papier schräg von einer Seite mit einer Glühbirne oder Kerze und lasse von der anderen Seite Tages- oder Mondlicht durch ein Fenster darauf fallen. Dann halte man einen Bleistift im Abstand von ungefähr 10 cm so über das Papier, daß je ein Schatten vom Tages- oder Mondlicht und von dem gelblichen Lampen- oder Kerzenlicht darauf fällt. Der erste erscheint gelb, der zweite violett. Schaltet man die Lampe aus, so erscheint der verbleibende Schatten unbunt. – Einem großen Kreis kann man den Farbkontrast eindrucksvoll demonstrieren, indem man mit einem Projektor durch beliebige Farbfilter Licht an die Wand wirft. Hält man die Hand in den Strahlengang, so sieht man den Schatten in der induzierten ⇾ Gegenfarbe. Dieser Versuch mißlingt, wenn er in einem dunklen Raum durchgeführt wird, in dem nur die farbige Fläche und der Schatten zu sehen sind. Die Farbe hängt offensichtlich nicht nur von dem lokalen Reiz und seiner unmittelbaren Umgebung ab. Die Erregungen von Lichtreizen aus dem gesamten Gesichtsfeld gehen in die Erzeugung der Farbwahrnehmungen mit ein.

Unabhängig von Goethe entdeckte der Leiter der Färbe-Abteilung in der Gobelin-Manufaktur in Paris, Michel Eugene Chevreul (1786 bis 1889), den farbigen Simultankontrast. Er erklärte damit, warum gefärbte Wolle im Gewebe nicht immer den gewünschten farblichen Effekt bringt. So erscheint beispielsweise eine gelbe Fläche in einem hellen Umfeld braun, ein Grau in grüner Umgebung rosa. Es lohnt sich, derartige Beobachtungen selbst zu machen. **Man stanze mit einem Bürolocher aus beliebigen bunten Papieren runde Scheibchen aus und lege diese auf verschiedene bunte Papiere. Besonders eindrucksvoll ist der Farbkontrast zu sehen an grauen Scheibchen auf farbigem Untergrund. Der Effekt der Farbinduktion** verstärkt sich, wenn man die Scheibchen nicht anstarrt, sondern seinen Blick darüber wandern läßt. Der simultane Farbkontrast kommt je nach den Beobachtungsbedingungen verschieden deutlich zum Vorschein. Günstig sind unscharfe Ränder zwischen den verschiedenfarbigen Flächen. Diese kann man erzeugen, indem man diffus durchsichtiges Papier über die Farbpapiere legt, oder indem man beim Betrachten einer größeren farbigen Fläche einen kleinen Fetzen weißes Papier mit einer Pinzette so dicht vor ein Auge hält, daß man ihn nur noch unscharf sehen kann. Er erscheint dann deutlich gefärbt.

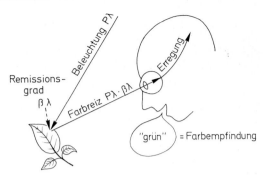

Abb. 152

→ Streulicht im Auge kann man als Ursache für den simultanen Farbkontrast ausschließen, weil nicht die Farbe des Reizlichts, sondern die Gegenfarbe auftritt. Die Farbinduktion ist vielmehr auf → laterale Hemmung zwischen benachbarten Nervenzellen des visuellen Systems zurückzuführen. Dabei ist anzunehmen, daß jeweils gleichartige Erregungsbahnen einander stärker hemmen als verschiedene. So soll z. B. Nervenerregung, die zu Rotempfindungen führt, in der Nachbarschaft Roterregungen stärker hemmen als andere. Wenn in einem von Rot umschlossenen grauen Feld die neuronale Roterregung unterdrückt wird, führen die verbleibenden Erregungen zur Blaugrün-Empfindung. In diesem Sinn ist wohl auch das Kontrastphänomen im Nachbild von Abb. 150a mit den runden Scheiben zu interpretieren.

Der simultane Farbkontrast wird häufig in der bildenden Kunst eingesetzt. Manche Maler, wie z. B. Josef Albers, legen ihre Gemälde so an, daß die Kontraste Farben induzieren. Andere verlassen sich nicht auf die induzierten Farben und malen die Schatten gleich farbig. Rubens z. B. malte die nackten Menschen in rosa Fleischfarbe mit blaugrünen Schatten auf der Haut.

8.8 Farbkonstanz

8.8.1 Beleuchtungsabhängigkeit der Farbreize und die Farbkonstanzleistung

Manchmal gerät man in Schwierigkeiten, wenn man nachts auf einem beleuchteten Parkplatz ein Auto sucht, das man im Tageslicht dort abgestellt hat. Die Farbe des Fahrzeugs kann drastisch verändert sein. Die Ursache kann man sich mit der Abb. 152 klarmachen. Der Farbreiz ist das Produkt der spektralen Strahlungsleistungsverteilung P_λ der Beleuchtung und des spektralen Remissionsgrades β_λ. Er ändert sich darum mit der Art des Beleuchtungsspektrums. In der Lichttechnik muß die Farbechtheit manchmal hinter anderen Entwicklungszielen zurücktreten wie z. B. der Minimierung des Stromverbrauchs oder der Lichtstreuung im Nebel. Letztere ist nach dem → Rayleighschen Gesetz bei der langwelligen Strahlung gelber Nebellampen geringer als im unbunten Licht, das auch kurzwellige stark streuende Strahlung enthält. So kann es dazu kommen, daß bei der Parkplatzbeleuchtung alle Farben verändert erscheinen.

Wenn man in alten Zeiten ein Kleid kaufte, prüfte man die Farbe des Stoffes nicht nur im Lampenlicht, sondern auch unter natürlichem Himmelslicht, weil die Unterschiede erheblich sein konnten. Handelte es sich um ein Kleid, das abends, d. h. bei künstlicher Beleuchtung, getragen werden sollte, so wählte man eine „Abendfarbe" aus. Heute sind durch die Empfehlungen der Internationalen Beleuchtungskommission die Lampen und die Farbstoffe so verbessert worden, daß das Problem an Bedeutung verloren hat. Die Abhängigkeit der Farbe eines Farbstoffes von der Beleuchtungsart und die Tauglichkeit einer Lampe zur Hervorbringung der Körperfarben kann meßtechnisch bestimmt werden und nach dem sogenannten Metamerie- bzw. Color Rendering Index (203) bei der Herstellung optimiert werden. Vollständig läßt sich dieses Problem allerdings nicht lösen. Die Farben der Farbstoffe verändern sich bei Änderungen des Beleuchtungsspektrums nicht gleichartig. Zwei gleich erscheinende Farbstoffe können verschiedene spektrale → Remissionsgrade β_λ haben. Gleich erscheinen sie dann bei einer Beleuchtung, aber nicht notwendigerweise auch bei anderen.

Änderungen der Beleuchtung treten auch unter natürlichen Bedingungen auf. Abb. 153a zeigt zwei natürliche Strahlungsleistungsverteilungen, von denen Pm_λ der Einstrahlung unter einem nordischen blauen Himmel zur Mittagszeit entspricht, Pa_λ der Einstrahlung bei Abendrot. Man sollte danach erwarten, daß

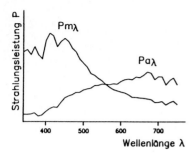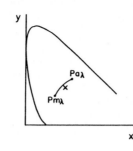

Abb. **153** a) Strahlungsleistungsspektrum des Himmelslichtes zur Mittags- (Pm$_\lambda$) und Abendzeit (Pa$_\lambda$) und b) die zugehörigen Farborte in der CIE-Normfarbtafel.

Schnee oder weißes Papier im Mittagslicht blau und im Abendlich rotorange aussehen muß, was der Erfahrung allerdings nicht entspricht. Wertet man viele Strahlungsverteilungen des variablen Himmelslichtes ➔ farbmetrisch aus, so kann man die zugehörigen Farben in die CIE-Farbtafel, die in der Abb. **148b** eingeführt wurde, eintragen. Das zeigt die Abb. **153b**, in der eine Mittelwertskurve für die Farborte von 622 Messungen eingezeichnet ist, die zu verschiedenen Tageszeiten und an verschiedenen Orten durchgeführt wurden.

Die wichtigste Ursache für die Veränderlichkeit des Himmelslichtes ist die Rayleigh-Streuung der Sonnenstrahlung in der Atmosphäre nach dem *Rayleighschen Gesetz*. Danach bleibt von der Sonnenstrahlung Io nach Durchqerung der Atmosphäre I = Io × e^{-ax} übrig, wobei x die Weglänge der Strahlung in der Atmosphäre und a ~ λ^{-4} ein Koeffizient ist. Weil kurzwellige Strahlung erheblich stärker gestreut wird als langwellige, ändert sich die Strahlungsleistungsverteilung P$_\lambda$ der Sonnenstrahlung in der Atmosphäre. Das blaue Licht des unbewölkten Himmels ist Streulicht. Bei der hochstehenden mittäglichen Sonne ist der Weg x der Strahlung durch die Atmosphäre kürzer und der Streuungsverlust kurzwelliger Strahlung geringer als am Abend, wenn die tangential einfallenden Sonnenstrahlen einen längeren Weg durch die Atmosphäre hinter sich haben. Darum ist die Abendsonne rot. Zusätzlich zu diesen tagesperiodischen Veränderungen wird die Sonnenstrahlung noch von anderen Eigenschaften der Atmosphäre beeinflußt, die vom Wetter und dem geographischen Ort abhängen (92, 203)

Trotz der Veränderlichkeit von natürlichen und künstlichen Beleuchtungen sehen wir die Gegenstände unserer Umgebung in der Regel gleich. Der Schnee oder das Papier sehen, wenn man von Extremfällen der Beleuchtung absieht, immer weiß aus. Diese Unabhängigkeit von der Beleuchtung bezeichnet man als *Farbkonstanzleistung*. Weil man im Prinzip alle Wahrnehmungen unter dem Begriff der Konstanzleistung betrachten kann, sei hervorgehoben, daß in diesem Abschnitt nur der Fall der *Farbkonstanz bei veränderlichen Beleuchtungsspektren* behandelt wird.

Dieses Konstanzproblem bewältigt der Photograph durch Farbfilter sowie durch Wahl von Filmmaterial mit geeigneter spektraler Empfindlichkeit. Auch im visuellen System sind zur Lösung des Problems verschiedene Wege vorgesehen. Eine gemeinsame Voraussetzung für alle Teillösungen ist das Vorhandensein von Zapfen unterschiedlicher spektraler Empfindlichkeit.

Ein Monochromat, d. h. ein Lebewesen mit nur einer Art von Lichtrezeptoren, wäre angesichts der Schwankungen der Beleuchtung in Schwierigkeiten, wenn er Gegenstände erkennen und unterscheiden sollte. Er ist ➔ total farbenblind, so daß sich für ihn ein Gegenstand von seinem Hintergrund nur durch seine Helligkeit abheben kann. Die Helligkeit kann er aber nicht zuverlässig registrieren, weil der Lichtreiz vom Beleuchtungsspektrum abhängt, welches sich mit der Tageszeit und Wetterlage ändert. Mittags überwiegt kurzwellige, abends langwellige Strahlung, Abb. **153a**. Eine unreife Erdbeere könnte für ihn wegen der Änderung des Spektrums im Mittagslicht heller aussehen als eine reife, im Abendlicht aber dunkler. Es ist auch eine Beleuchtung denkbar, bei der die reifen und die unreifen Erdbeeren für ihn gleich hell erscheinen. Mit seinen Augen kann der Monochromat den Helligkeitsunterschied nicht zuverlässig erkennen.

Bei einem Trichromaten oder allgemeiner, einem Lebewesen mit mehr als einer Art von Lichtsinneszellen, kann sich das visuelle System den veränderlichen Beleuchtungsverhältnissen anpassen. Wenn z. B. die kurzwellige Strahlung im Beleuchtungsspektrum überwiegt, kann die Empfindlichkeit der die für kurzwellige Strahlung empfindlichen S-Zapfen und der nachgeschalteten Nervenzellen herabgesetzt werden. Das Übergewicht der kurzwelligen Strahlung würde sich dann nicht auswirken. Der Trichromat ist den Beleuchtungsschwankungen somit nicht hilflos ausgeliefert. Er kann seine spektrale Empfindlichkeit durch einen physiologischen Regelungsprozeß den Erfordernissen anpassen, so daß auch bei verschiedenen Beleuchtungsspektren die Wahrnehmung konstant bleibt. Was er dann wahrnähme entspräche weniger dem veränderlichen Farbreiz $P_\lambda \times \beta_\lambda$ als dem Remissionsgrad β_λ, d. h. einer Eigenschaft der Objekte, die von der Beleuchtung unabhängig ist.

Experimentell kann man diese Überlegung prüfen, indem man die Sehleistungen von Mono- und Trichromaten bei wechselnder Beleuchtung vergleicht. Ein normal farbentüchtiger Mensch ist ein Trichromat, im dunkeladaptierten Zustand aber ein ➔ Stäbchenmonochromat. Mit Hilfe der Dunkeladaptationsbrille, Abb. 130, kann man aus einem Trichromaten einen Monochromaten machen. Im Experiment erhalten die VPn die Aufgabe, bei verschiedenen Beleuchtungen 30 verschiedene Buntpapiere ihrer Ähnlichkeit nach in eine Reihe zu ordnen. Der total farbenblinde Stäbchenmonochromat sieht die Farbpapiere alle unbunt, so daß er sie nur der Helligkeit nach ordnen kann. Der farbentüchtige Trichromat legte die Papiere zu einem Farbenkreis. Das Ergebnis zeigt Abb. 154. Die Versuche wurden nacheinander im Licht blauer und gelber Leuchtstoffröhren durchgeführt. Die Reihenfolge im Blaulicht ist auf der Abszisse, bei Gelblicht auf der Ordinate aufgetragen. Wäre es dieselbe Reihenfolge, so müßten die Punkte aller Farbpapiere auf der Diagonalen liegen. Das ist der Fall beim Trichromaten (gefüllte Punkte) aber nicht beim Monochromaten (leere Punkte). Die relative Helligkeit der Papiere und damit ihre Reihenfolge ändert sich somit für den Monochromaten beim Wechsel der Beleuchtung. Seine Wahrnehmung ist nicht konstant, wohl aber die des Trichromaten.

Wenn man die Abstrahlung von den Buntpapieren radiometrisch mißt, kann man berechnen, wieviel Licht beim Anschauen jedes Papiers in den Stäbchen absorbiert wird. Die relative Erregungsstärke der Stäbchen läßt sich auf diesem Weg auch theoretisch bestimmen. Man findet, daß beim Monochromaten die empirische Reihenfolge mit der berechneten übereinstimmt. Durch Einsetzen der Daten von natürlichen spektralen Strahlungsleistungsverteilungen, Abb. 153a, in die Rechnung kann man dann zeigen, daß der Monochromat auch unter natürlichen Beleuchtungsbedingungen in Schwierigkeiten geraten muß. Er wäre nicht in der Lage, Buntpapiere, die er sich im Mittagslicht angesehen hat, abends wieder zu erkennen. Die Rechnung mit den Buntpapieren unter natürlicher Beleuchtung beweist, daß sich ein Monochromat auf diesem Planeten nicht auf seine Augen verlassen kann.

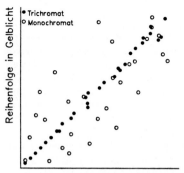

Abb. **154** Reihung von Farbpapieren bei gelber (Ordinate) und blauer (Abszisse) Beleuchtung durch einen künstlichen Monochromaten (leere Punkte) und einen Trichromaten (gefüllte Punkte) nach der Ähnlichkeit. Reihenfolge beim Trichromaten unabhängig vom Beleuchtungsspektrum, nicht aber beim Monochromaten. Daten nach Tausch und v. Campenhausen, unveröffentlicht.

Dieser Versuch zeigt, (a) daß die natürlichen Schwankungen des Beleuchtungsspektrums so groß sind, daß das Sehen ohne Konstanzleistung eine unzuverlässige Art von Wahrnehmung ist und (b) daß dieses Problem durch das Zapfensystem gelöst wird. Die biologische Funktion des Zapfensystems erschöpft sich somit keineswegs in der Farbentüchtigkeit. Wegen der Veränderlichkeit der natürlichen Beleuchtung auf unserem Planeten sind verschiedene Zapfenarten notwendig, weil zuverlässiges Sehen ohne Zapfen und damit ohne Konstanzleistung bei variierenden natürlichen Beleuchtungsspektren nicht möglich wäre.

8.8.2 Beobachtungen und Theorien zur Farbkonstanzleistung

Das visuelle System reagiert auf Veränderungen des Beleuchtungsspektrums mit der *Farbumstimmung*, d. h. mit einer Änderung der spektralen Empfindlichkeit. Die Farbumstimmung ist ein Fall von ➔ Adaptation, der als *chromatische Adaptation* bezeichnet wird. Die Farbumstimmung unterstützt die Farbkonstanz. **Wenn man aus dem Licht bläulicher Leuchtstoffröhren in einen Raum mit gelblicher Beleuchtung geht, so merkt man im ersten Augenblick an allen Gegenständen einen gelblichen Farbstich, der aber wegen der Farbumstimmung schnell verschwindet.** Die Veränderung der Farbempfindlichkeit durch chromatische Adaptation macht sich auch in den ⇾ farbigen Nachbildern bemerkbar.

Man kann die Farbumstimmung beobachten, wenn man im hellen Sonnenlicht die Augen schließt. Es wird dann nicht schwarz vor den Augen, sondern rot, weil die Augenlider wie rote Farbfilter wirken. Die Farbumstimmung macht sich darin bemerkbar, daß der rote Farbeindruck im Laufe einer halben Minute verblaßt. Öffnet man dann die Augen, so erscheint die Umwelt so, als sei sie in grünes Licht getaucht. Der grüne Farbeindruck verschwindet innerhalb von Sekunden. Man kann die Farbumstimmung mit der Brille der Abb. 130 beobachten, indem man beliebige Farbfilter einsetzt und damit gegen den hellen Himmel schaut. Die anfangs deutlichen Farben verblassen und können ganz aus der Wahrnehmung verschwinden.

Die einfachste Erklärung sagt, daß die Empfindlichkeit der Zapfen durch die chromatische Adaptation unterschiedlich verändert wird. Die Gleichung (15), Abschnitt 8.3 müßte man demnach durch drei Empfindlichkeits-Koeffizienten k_S, k_M und k_L erweitern zu:

(26) $\quad n_S k_S S + n_M k_M M + n_L k_L L = F.$

Diese Erklärung der Farbumstimmung, der sogenannte v. Kriessche Koeffizientensatz, weist in die richtige Richtung, erklärt die Farbkonstanz aber nicht vollständig. Nachbilder können, wie gesagt, auch in völliger Dunkelheit sichtbar sein, was mit einer Veränderung der Koeffizienten nicht erklärt werden kann. Der ⇾ farbige Simultankontrast und der eigentümliche Kontrasteffekt im Nachbild der gelben Scheiben von Abb. 150a zeigen, daß auch Nervenzellen an der chromatischen Adaptation beteiligt sein müssen, weil der Effekt nicht auf den Bereich der adaptierten Zapfen beschränkt ist.

Zur Erklärung der Farbumstimmung hat Hering die Vorstellung der ⇾ polaren Repräsentation der Farben im visuellen System entwickelt. Holst hat in diesem Prinzip den biologischen Grund für den ⇾ Farbenkreis gesehen. Nach seiner Überlegung muß das visuelle System Lichtreize registrieren und an dieselben Lichtreize adaptieren, d.h. unempfindlich für sie werden. Das System soll aber möglichst empfindlich sein, darf also nicht durch Adaptation immer unempfindlicher werden. Das wird durch ein informationsverarbeitendes Netzwerk erreicht, in dem die Signale der einzelnen Spektralbereiche zu Paaren von Gegenfarben verschaltet werden. Im Farbenkreis liegen die Gegenfarben einander gegenüber. In der Mitte befindet sich der Neutralpunkt für die Farbe Unbunt (weiß). Ein farbneutraler Reiz würde zu einem Gleichgewicht in allen Paaren führen. Überwiegt die Strahlungsleistung in einem Spektralbereich, z. B. im Abendlicht am roten Ende des Spektrums, so würde der Adaptationsprozeß den Gleichgewichtspunkt zur Gegenfarbe Blaugrün verschieben. Genau das beobachtet man, wenn man durch ein Farbfilter schaut. Ist es ein Rotfilter, so sieht man zunächst an allen Gegenständen die rote Farbe, die dann mit der Farbumstimmung verblaßt. Nimmt man den Filter weg, so erscheint wegen der Verschiebung des Neutralpunktes alles, was vorher unbunt war, grünlich. Die Anpassung muß langsam verlaufen, damit die resultierende Empfindlichkeit nicht durch die Farbe einzelner kurz angeschauter Gegenstände bestimmt wird, sondern durch die Gesamtheit der Lichtreize in den vergangenen Sekunden bis Minuten. Dieses Regelprinzip beruht darauf, daß es einen Neutralpunkt und damit die Farbe Weiß gibt.

Quantitative Theorien zur Farbkonstanz setzen voraus, daß man genau gemessene Daten zum Effekt der chromatischen Adaptation besitzt. Man gewinnt sie, indem man einen Teilbereich der Netzhaut an einen Farbreiz A adaptiert, einen anderen im selben oder dem anderen Auge an einen anderen B. Dann belichtet man diese Bereiche mit je einem weiteren Reiz C bzw. D und untersucht den Unterschied der Farbempfindung durch ⇾ Farbabgleichsexperimente, d. h., man verändert C oder D, bis sie gleich erscheinen. Bei diesem Verfahren unterstellt man, daß die Farben, die man vergleicht, unabhängig voneinander sind. Bei ⇾ eigenmetrischen Verfahren überlagert man einen Adaptationsreiz A mit einem Zusatzreiz B und variiert diesen, bis die resultierende Farbe nach Ansicht der VP ein bestimmtes Aussehen hat, z. B. unbunt erscheint. In beiden Fällen gewinnt man Information über die durch chromatische Adaptation geänderte Farbempfindlichkeit. Man kann die Veränderung der Farben als Verschiebung im ⇾ Farben- oder Rezeptorraum oder in einem ⇾ Farbkörper interpretieren und versuchen, die mathematische Struktur des Raumes zu ermitteln, wie es schon im Zusammenhang mit dem ⇾ Linienelement erwähnt wurde. Obwohl die so gewonnenen Meßdaten sehr exakt sind, sind sie doch in hohem Maß auch von Einzelheiten der Versuchdurchführung abhängig. Tatsächlich spielen bei der Farbkonstanzleistung unter natürlichen Bedingungen nicht nur lokale Adaptationsprozesse eine Rolle. Der Farbkonstanzleistung liegen, wie noch zu zeigen ist, kompliziertere physiologische Organisationsprinzipien zu Grunde.

Man betrachte die Falten an einem Vorhang oder Kleid. Wie ist es möglich, daß man Farbe und Helligkeit des Stoffes von den Schatten in den Falten unterscheiden kann? Man erkennt die Farbe und Musterung des Stoffes in der Regel mühelos. Die lokalen beleuchtungsabhängigen Helligkeitsunterschiede sieht man aber auch, wenn man darauf

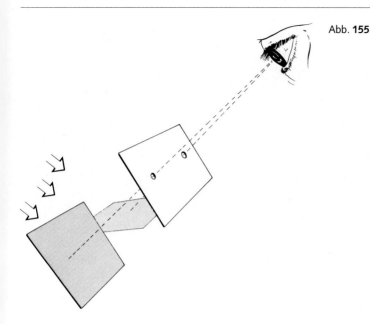

Abb. 155

achtet. Man darf sich also die Helligkeits- und Farbkonstanzleistung nicht so vorstellen, als würden die Beleuchtungsabhängigkeiten so weit wie möglich ausgelöscht. Das wäre auch nicht sinnvoll. Wir müssen in der Lage sein, festzustellen, ob sich ein Gegenstand im Schatten oder im Licht befindet, ob es hell oder weniger hell ist.

Bei der Behandlung dieser Probleme muß man außer den globalen Beleuchtungsverhältnissen auch die lokalen Variationen der Beleuchtung berücksichtigen. Die Helligkeits- und Farbkonstanz, wie sie bis hierher behandelt wurde, berücksichtigt nur einen Teilaspekt des Problems der *Objektkonstanz bei variabler Beleuchtung*, die jetzt besprochen werden soll. Der naive Beobachter bringt als Erklärung gewöhnlich die Erfahrung ins Spiel, die uns helfen soll, die wahre Natur der Gegenstände zu erkennen. Mit diesem Hinweis sollte man aber nicht die Erkenntnis verschütten, daß auch die Objektkonstanz bei variabler Beleuchtung auf physiologischen Organisationsprinzipien beruht, die man erforschen kann, und jedenfalls nicht unter Berufung auf das weitergehende Prinzip der Erfahrung ausschließen sollte.

Man betrachte ein weißes und ein graues Stück Karton am Fenster oder einer anderen Lichtquelle. Man kann die Kartons drehen und wenden, wie man will. Immer bleibt der graue Karton grau und der weiße weiß. Das gilt selbst dann, wenn der graue Karton mehr Licht abstrahlt als der weiße. Davon kann man sich leicht überzeugen, indem man die beiden Kartons durch Lochblenden in einem dritten Karton anschaut, Abb. 155. **Man sieht jetzt nur noch Ausschnitte der weißen und der grauen Fläche im Umfeld der Kartons mit den Löchern. Wenn der dunklere Karton dem Licht zu-, der hellere vom Licht abgewendet ist, kann man durch die Löcher erkennen, welcher Karton mehr Licht abstrahlt, und das kann durchaus der graue, also der eigentlich dunklere, sein.**

Helligkeit und Farbe sind offensichtlich Bewertungen, die das visuelle System nach Berücksichtigung der visuellen Umwelt einer Oberfläche zuordnet. Im Normalfall des Sehens liefert dieser Vorgang Objektinformation, so als ob der → spektrale Remissionsgrad $β_λ$ und nicht das Produkt $P_λ × β_λ$ registriert würde. Wenn aber die Gegenstände nur noch ausschnittsweise durch die Löcher in dem Karton zu sehen sind, kann das visuelle System die Bewertung nicht mehr korrekt durchführen. Gesucht ist jetzt eine Idee, nach der man ein künstliches Auge mit derselben Leistung bauen und das Funktionsprinzip des natürlichen verstehen kann.

Zunächst sei daran erinnert, daß die visuelle Umwelt normalerweise mit Gegenständen angefüllt ist, deren Formen zu erkennen sind. Wichtig für die Formwahrnehmung sind die Grenzen zwischen den Oberflächen der Objekte. Bereits im Abschnitt 1.3.1. war gezeigt worden, daß das visuelle System für die Wahrnehmung von → Kontrasten und damit für Unterschiede zwischen benachbarten Flächen spezialisiert ist. Nachzutragen ist jetzt, daß die Kontrastgrenzen um so mehr auffallen, je steiler der Gradient von Helligkeit und Farbe im Grenzbereich ist. Der Helligkeitsgradient an der Grenze zwischen dem

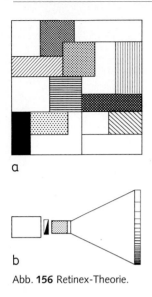
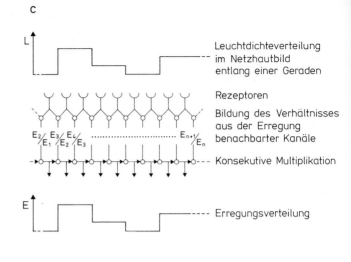

Abb. **156** Retinex-Theorie.

weißen Papier und den schwarzen Buchstaben ist steil und kann durch ⇸ laterale Hemmung im visuellen System noch nachgeschärft werden. Flach sind in der Regel die Gradienten, die durch die Zufälligkeiten der Beleuchtung zustande kommen, wie z. B. die Abnahme der Helligkeit in einem Zimmer mit dem Abstand vom Fenster, die Körperschatten an einer gekrümmten Oberfläche und in den meisten Fällen auch die Schlagschatten der einseitig beleuchteten Gegenstände. Diese allmählichen Übergänge von Farben und Helligkeiten ändern sich mit den Zufälligkeiten der Beleuchtung und enthalten in der Regel keine wichtige Information über die Objekte.

Hering demonstrierte mit einem einfachen Versuch, daß die Steilheit der Helligkeitsgradienten im Bereich der Kontrastgrenzen entscheidet, ob ein Helligkeitsunterschied in einer Fläche den Zufälligkeiten der Beleuchtung oder den objektiven Eigenschaften der Oberfläche zugerechnet wird. **Man hänge einen Wattebausch an einem feinen Faden so auf, daß er einen Schatten auf ein helles Blatt Papier wirft. Wenn man diesen Schatten auf dem Papier mit einem Bleistift einrahmt, sieht er aus wie ein dunkler Fleck, also eine Eigenschaft des Papiers. Verschiebt man das Papier, so daß der Schatten nicht mehr mit der Umrahmung zusammenfällt, so wirkt er wie ein Schatten, also ein Beleuchtungseffekt.**

Man irrt sich leicht, wenn Beleuchtungseffekte scharf begrenzt sind. So kann ein heller Lichtstrahl auf einem Anzug den Verdacht eines Schmutzflecks hervorrufen, ein scharf begrenzter Lichtfleck auf dem Waldboden eine besondere Bodenfärbung vortäuschen oder ein scharf begrenzter Schlagschatten als eine dunkle Färbung auf einer Oberfläche aufgefaßt werden. Daß harte Kontrastgrenzen zu anderen Effekten führen als weiche Übergänge war schon beim ⇸ farbigen Simultankonrast erwähnt worden und spielt beim ⇸ Rand- und Flächenkontrast eine bedeutende Rolle.

8.8.3 Retinex-Theorie

Edwin Land (1909–1991), der Erfinder der Polaroid-Land-Kamera, hat zu diesen Beobachtungen die *Retinex-Theorie* für die Farbkonstanz entwickelt, die sich durch psychophysische Messungen quantitativ testen läßt. Der Name „Retinex" ist eine Verbindung aus „Retina" und „Kortex". Sie soll zunächst für den untergeordneten Fall der Helligkeitskonstanz beschrieben werden. Eine Tafel, Abb. **156a**, wird mit verschieden dunklen Graupapieren beklebt und mit einem Projektor beleuchtet. An der Stelle des Dias wird ein Graukeil eingesetzt, so daß die Tafel auf der einen Seite viel heller beleuchtet ist als auf der anderen, Abb. **156b**. Mit einem Meßgerät wird die Abstrahlung der einzelnen Papiere gemessen und die Beleuchtung so eingestellt, daß ein bestimmtes helles Papier auf der dunklen Seite gerade so viel abstrahlt wie ein bestimmtes dunkles auf der hellen Seite. Obwohl von diesen Papieren gleiche Lichtreize zum Auge gelangen, sieht weiterhin das dunklere Papier dunkler und das hellere heller aus. Dieses erstaunliche Phänomen soll erklärt werden.

Der Kern der Theorie wird mit Abb. **156c** erläutert. Es wird angenommen, daß das visuelle System die Leuchtdichte des Netzhautbildes an dicht benachbarten Orten registriert und das Verhältnis der Erregungsstärken bildet: $d_1 = E_2/E_1$, $d_2 = E_3/E_2$, $d_3 = E_4/E_3$ usw. An den Feldgrenzen springt d jeweils auf einen höheren oder tieferen Wert, innerhalb der Felder ist $d = 1$. Im zweiten Schritt werden die Erregungsgrößen in Richtung der Pfeile geleitet und an den Kreisen miteinander multipliziert. Die Zwischenprodukte entsprechen dann, wie die unterste Zeile zeigt, wieder der Leuchtdichteverteilung der obersten Zeile. Es soll aber ein entscheidender, hier nicht sichtbarer Unterschied zur Leuchtdichteverteilung bestehen. Kleine Unterschiede zwischen den Reizen an benachbarten Rezeptoren sollen nicht registriert werden. Somit gehen nur Leuchtdichtesprünge in die Rechnung ein, nicht aber die flachen Gradienten, die durch die Beleuchtung, in unserem Beispiel durch den Graukeil, verursacht werden. Damit wäre die erste Beobachtung vorläufig erklärt.

Wichtig an dem Modell der Abb. **156c** ist die laterale konsekutive multiplikative Verknüpfung. Ihr Ergebnis ist unabhängig von der Reihenfolge, mit der die benachbarten Kanäle zu dieser Operation verknüpft werden. Die Retinex-Theorie in ihrer vollständigen Form unterstellt je einen Verrechnungsprozeß für den kurzwelligen, den mittleren und den langwelligen Teil des Spektrums. Die Farbbewertung erfolgt dann erst, nachdem die Helligkeitsverteilung für jedes dieser Systeme nach der Retinex-Theorie getrennt berechnet worden ist.

Für die Experimente zur Farbkonstanz wurde die Tafel der Abb. **156a** mit Farbpapieren beklebt. Derartige Vorlagen werden meistens nach dem Maler Piet Mondrian genannt. Beleuchtet wurde der Mondrian mit drei Projektoren, die Licht des kurzwelligen, des mittleren und des langwelligen Teils des Spektrums darauf projizierten. Man konnte die Anteile dieser drei Strahlungsquellen so variieren, daß die Abstrahlung von einem der Papiere, z.B. einem weißen, eine bestimmte → spektrale Strahlungsverteilung $P_\lambda \beta_\lambda$ annahm. Danach wurde die Beleuchtung so verstellt, daß ein anderes Papier, z.B. ein zuvor grünes, gerade dieses $P_\lambda \beta_\lambda$ abstrahlte. Derartige Veränderungen der Beleuchtung sind für den Betrachter erstaunlicherweise nicht wahrnehmbar. Das weiße Papier bleibt weiß, das grüne grün, obwohl das vormals grüne bei der zweiten Beleuchtung hätte weiß aussehen müssen. Auch hier reagiert der Betrachter mit seiner Farbwahrnehmung nicht auf einen bestimmten spektralen Farbreiz $P_\lambda \beta_\lambda$, sondern auf ein bestimmtes Farbpapier, das allein durch β_λ gekennzeichnet ist, und in weiten Grenzen unabhängig davon, welcher Farbreiz von ihm ausgeht.

Diese Farbkonstanzleistung wird nach der Retinex-Theorie folgendermaßen erklärt. Das visuelle System findet bei der oben beschriebenen lateralen Erregungsverrechnung die hellste Stelle in jedem der drei Systeme, dem für den kurzwelligen, den mittleren und den langwelligen Teil des Spektrums. Das Verhältnis dieser drei Erregungsgrößen zueinander legt die Farbe Unbunt fest. Alle anderen Farben sind durch bestimmte Abweichungen von der Kombination für Unbunt definiert. Zur beobachteten Farbkonstanz kommt es dann automatisch. Wird die Reizgröße in einem Spektralbereich willkürlich heraufgesetzt, was man erreicht, indem man z.B. aus dem Rotprojektor ein Graufilter herausnimmt, so wird sich die Abstrahlung von allen Feldern des Mondrian im langwelligen Bereich um denselben Faktor vergrößern. Gleichzeitig steigt auch der Rotanteil in der Erregungskombination für Unbunt um denselben Faktor und damit der Bewertungsmaßstab für den ganzen Mondrian.

Die Retinex-Theorie ist eine synthetische Theorie für das Farbensehen, d.h. sie vereinigt ganz verschiedene Prinzipien. Sie ist auch zur Erklärung des → simultanen Farbkontrastes und des → Craik-Cornsweet-Phänomens (113) geeignet. Interessant ist sie durch die genialen Mondrian-Experimente mit ihren unerwarteten Ergebnissen. Wie Nervenzellen die Aufgaben lösen, ist nicht klar. Daß außer der Retina auch der Kortex am Retinex beteiligt ist, zeigte sich in einem → dichoptischen Experiment an einem → Splitbrain-Menschen (114). Die Autoren legen Wert darauf, daß die Bewertung der Farben und somit die Gesamtheit der vielen Rechenschritte im visuellen System am Mondrian sehr schnell erfolgt. Die Farben sollen schon im Blitzlicht von 0,1 Sekunde Dauer erkennbar sein. Nach dieser Vorgabe kann man die Retinex-Phänomene nicht mit Adaptationsvorgängen in Zusammenhang bringen.

Bei Rhesusaffen, deren Farbtüchtigkeit mit der des Menschen übereinstimmt, fand Zeki (205) in dem Areal V4 der visuellen Großhirnrinde, (Abb. **176e**) Nervenzellen, die die Farbpapiere farbkonstant bewerteten wie der menschliche Betrachter. Die Nervenimpulsfolgen dieser farbspezifischen Zellen, hervorgerufen z.B. durch ein grünes Papier inmitten des Mondrians, waren dieselben, auch wenn die Beleuchtung so geändert wurde, daß das grüne Papier ein ganz anderes Reizspektrum $P_\lambda \beta_\lambda$ abstrahlte. Andere

Farbpapiere blieben dagegen reizunwirksam, auch wenn sie dieselben Reize abstrahlten wie vorher das grüne Papier. Die V4-Zellen reagieren somit nicht spezifisch auf einen Farbreiz, sondern auf ein Farbpapier und zwar unabhängig von dessen spektraler Abstrahlung. Die Erregung der Zapfen und der Nervenzellen im Großhirnareal V1 reagieren dagegen reizspezifisch.

8.9 Systemtheorie des Farbensehens

Der Zusammenhang zwischen Farbreizen und Farbempfindungen kann zur Zeit nicht lückenlos erklärt werden. In neuerer Zeit wurde wiederholt versucht, das Gestrüpp der Beziehungen zwischen Reizen und Farbphänomenen durch möglichst einfache kybernetische Flußdiagramme zu beschreiben, in der Hoffnung, eine theoretische Funktionsbeschreibung zu finden, die für möglichst viele Phänomene zutrifft. Bei diesem Vorgehen kommt es zunächst darauf an, die Zusammenhänge widerspruchsfrei zu ordnen. Danach wird gefragt, wie der beschriebene Funktionszusammenhang im visuellen System physiologisch realisiert ist.

Ein Flußdiagramm für die Vorgänge des Farbensehens ist in Abb. 157 wiedergegeben. Der Eingang des Systems entspricht der ➤ trichromatischen Theorie: Drei Arten von Zapfen mit verschiedener spektraler Empfindlichkeit setzen die elektromagnetischen Reize in Erregungen um. Die Erregung wird zu Schaltstationen geleitet. Die Erregungsgröße wird dabei gewichtet, d. h. mit bestimmten Faktoren multipliziert. In den Verrechnungsinstanzen werden die Eingangsgrößen addiert oder voneinander subtrahiert. Je nachdem, ob das Verrechnungsergebnis positiv oder negativ ist, soll die Empfindung Grün oder Rot, Gelb oder Blau oder im Falle des Gleichgewichts Unbunt sein. Das Ergebnis der Verrechnung ist der Farbenkreis.

Das Schema der Abb. 157 unterscheidet sich von anderen systemtheoretischen Erklärungsversuchen dadurch, daß eine Kombination der Erregungen der Rot- und Blauzapfen vorgesehen ist, wodurch die Ähnlichkeit der Enden des visuellen Spektrums in der Wahrnehmung erklärt werden kann. Die Gesamtheit der Überlegungen, die in das Flußdiagramm eingegangen sind, muß der Leser in der bei der Abbildung angegebenen Originalarbeit nachlesen. Hier soll der kurze Hinweis genügen, daß mit diesem Schema eine Theorie für die Entstehung der unbunten Farben vorgestellt wird. Das Flußdiagramm ordnet die Reize den Farbempfindungen zu, gibt eine Erklärung für die Gegenfarben, für das Farbunterschei-

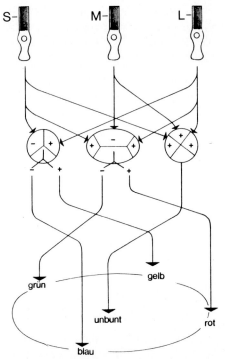

Abb. 157 Systemtheorie des Farbensehens. Flußdiagramm nach Hassenstein (84).

dungsvermögen und die Farbumstimmung sowie für alle Farbenblindheiten. Das Schema entspricht somit der Forderung, daß es einerseits einfach ist und andererseits eine große Zahl von Phänomenen des Farbensehens erklärt.

9 Psychophysik neuronaler Prozesse im visuellen System

9.1 Laterale Hemmung

9.1.1 Randkontrastverstärkung: Machsche Streifen

Im Jahre 1865 entdeckte der Physiker, Psychologe und Philosoph Ernst Mach (1838 bis 1916) die nach ihm benannten *Machschen Streifen oder Bänder*. **Eine Demonstrationsmethode soll mit der Abb. 158 beschrieben werden. Eine Pappscheibe mit dem schwarz-weißen Muster wird auf einen Elektromotor montiert und in schnelle Rotation versetzt. Die Scheibe erscheint dann innen schwarz, außen weiß und hat in einem ringförmigen Bezirk dazwischen einen kontinuierlichen Übergang von Schwarz nach Weiß, dessen photometrischer Verlauf im oberen Diagramm aufgezeigt ist. Abweichend von der Erwartung sieht man auf der schnell rotierenden Scheibe an der inneren Kante der Übergangszone einen dunklen und an der äußeren Kante einen hellen Ring, d.h. eine Helligkeitsverteilung nach Art des unteren Diagramms. Diese Ringe werden nicht durch die Bewegung der Sternfigur verursacht. Sie sind auch auf Photographien der rotierenden Scheibe zu sehen. Die Machschen Streifen erscheinen um so schmaler, je steiler der Leuchtdichtegradient und je größer der → Kontrast, d.h. der Unterschied zwischen dem dunklen und dem hellen Bereich, auf der Scheibe ist.**

Die Erklärung der Machschen Streifen beruht auf dem Prinzip der *lateralen Hemmung oder Inhibition* im Nervensystem, das man sich an dem Denkmodell zwischen den Diagrammen in Abb. 158 klarmachen kann. Hier wird angenommen, daß die Erregung eines jeden neuronalen Kanals im visuellen System durch die Erregung des Nachbarkanals verkleinert wird, z.B. durch Subtraktion von 25% der Erregung eines Kanals von der des jeweils benachbarten. Das Ergebnis ist eine Vergrößerung der Erregung im Kanal (e), der von der linken Seite weniger gehemmt wird als seine rechten Nachbarn und eine Verkleinerung der Erregung des Kanals (c), der bei gleicher Reizgröße wie seine linken Nachbarn von der rechten Seite her stärker gehemmt wird. Auf diese Weise gelangt man zu der Erregungsverteilung des unteren Diagramms. Mit der rückwirkungsfreien subtraktiven Verrechnung, die in diesem Denkmodell unterstellt wurde, lassen sich die Meßdaten nur näherungsweise vorhersagen. Eine Übersicht über verschiedene mathematische Modelle zur Erklärung der Machschen Bänder findet man in 73, 147.

Die gegenseitige laterale Hemmung hat eine endliche Reichweite im visuellen System. **Das erkennt man daran, daß die Machschen Streifen undeutlich werden, wenn man sie aus zu großem oder zu geringem Abstand betrachtet.** Mit dem Abstand ändert sich die Größe des Scheibenbildes

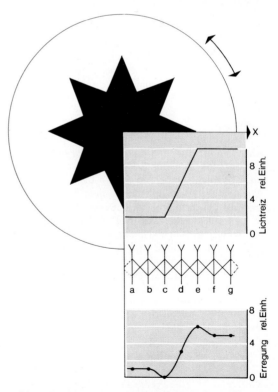

Abb. 158 Machsche Streifen, Demonstration und Erklärung.

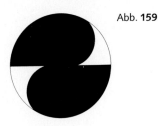

Abb. 159

im Auge. Bei dem vorgegebenen hemmenden Nervennetzwerk kann nur eine Größe des Netzhautbildes und damit ein Beobachtungsabstand optimal sein.

Machsche Streifen sieht man, wenn man einmal gelernt hat, auf sie zu achten bei vielen Gelegenheiten. Man muß nur die Hand über ein helles Blatt Papier halten und den Abstand zum Papier so variieren, daß am Rande des Schattens die Aufhellung und Verdunkelung sichtbar wird. Das gelingt, wenn der Schatten nicht scharf begrenzt ist, wie es unter ausgedehnten Lichtquellen wie dem Himmel oder unter langen Leuchtstoffröhren der Fall ist.

Es ist manchmal nicht einfach, Machbänder von objektiven Leuchtdichteunterschieden zu unterscheiden. Bei physikalischen Linienspektren kann eine Linie wie eine Doppellinie aussehen und bei astronomischen Messungen einen rotierenden Doppelstern vortäuschen (23). Bei der Ausmessung des Erdschattens auf dem Mond durch Fernrohre führten Machbänder zu überhöhten Werten, weil man das dunkle Machband am Rande dem Schatten selbst zurechnete. Der Astronom H. Seeliger klärte diese Täuschung 1899 mit der Scheibe der Abb. 159 auf. **Wenn sie schnell rotiert, entspricht der schwarze innere Teil dem Kernschatten und die nach außen heller werdende Zone dem Randbereich des Schattens mit dem Übergang zu hell. In diesem Bereich kann ein dunkles Machband entstehen, dem zu Folge die zentrale schwarze Scheibe größer erscheint.**

Beim Übergang eines farbigen Feldes in ein schwarzes treten keine neuen Farben auf, sondern lediglich hellere bzw. dunklere Machbänder. Das kann man studieren, wenn man die hellen und dunklen Areale der Scheibe in Abb. 158 **mit verschiedenen Farben bunt macht. Machbänder sind in Fällen dieser Art nur dann zu sehen, wenn die Leuchtdichte der benachbarten, verschieden bunten Felder ungleich ist.**

Man kann ein Mach-Band mit dem → Abgleichsverfahren ausmessen, indem man einen variablen Lichtreiz auf gleiche Helligkeit einstellt. Geeignet ist eine Versuchsanordnung, bei der man das Mach-Band mit einem Auge und das Vergleichslicht mit dem anderen Auge betrachtet.

Das helle Mach-Band weicht, wie man dabei festgestellt hat, weiter von der Erwartung ab als das dunkle. Das kann man darauf zurückführen, daß die Erregung, in der die Hellempfindung verschlüsselt ist, nicht dem Reiz proportional ist, sondern dem Logarithmus des Reizes oder einer ähnlichen Funktion, wie sie im Zusammenhang mit dem → Fechnerschen Gesetz behandelt wurden. Im Bereich der hellen Machschen Streifen ist die Empfindlichkeit für darauf projizierte Lichtreize etwas verkleinert, was nach dem → Weberschen Gesetz zu erwarten ist.

Die Machschen Bänder sind auch im → stabilisierten Netzhautbild nachgewiesen worden und können somit nicht durch retinale Bildverschiebungen bei Augenbewegungen verursacht sein. Sie sind nur von der retinalen Leuchtdichteverteilung abhängig und machen sich nur als Unterschiede der Helligkeit bemerkbar. Im → skotopischen Bereich sind sie schwerer zu beobachten, aber auch vorhanden.

Bisher wurde die Wirkung der lateralen Inhibition an der Helligkeitstäuschung der Mach-Bänder gezeigt. Der biologische Vorteil besteht unter anderem in der Verbesserung des Randkontrastes bei der Wahrnehmung von Konturen. Bei mangelhafter → Akkommodation werden z. B. die Buchstaben dieses Textes im Auge unscharf, d. h. mit flachen Helligkeitsgradienten an ihren Rändern, abgebildet. Durch laterale Hemmung werden diese Gradienten durch die dunklen und hellen Mach-Bänder steiler, was einer Scharfstellung des Bildes entspricht.

Die Bedeutung der lateralen Hemmung reicht über den einsehbaren Vorteil der Verbesserung des Randkontrastes hinaus. Hemmung und Erregung sind Grundprinzipien des Nervensystems. Warum im Nervensystem die gegenseitige Hemmung von Nervenzellen eine so große Rolle spielt, ist unter den allgemeineren Gesichtspunkten der Stabilität und der Unterdrückung von Rauschvorgängen zu sehen und sicher nicht durch eine einzelne Wahrnehmungsleistung vollständig zu erklären.

9.1.2 Verstärkung des Flächenkontrastes

In der Abb. 160 sieht man objektiv gleiche graue Scheibchen auf verschiedenem Untergrund. Sie erscheinen auf schwarzem Untergrund heller als auf weißem. Das ist am besten zu sehen, wenn man die Scheibchen nicht einzeln fixiert, sondern mit dem Blick über die Anordnung wandert. Die Helligkeit der eingeschlossenen grauen Fläche hängt offensichtlich von der Leuchtdichte der Umgebung ab. Weil dieser Einfluß nicht auf die Randbereiche

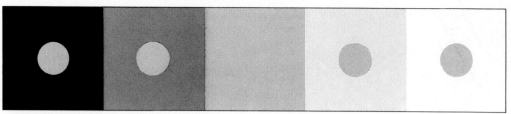

Abb. **160** Flächenkontrastverstärkung.

beschränkt ist, spricht man von *Flächenkontrastverstärkung*.

Die Flächenkontrastverstärkung kann man leicht demonstrieren. Man projiziere einen dunklen Fleck auf eine Projektionswand. Man braucht dazu nur eine Münze auf einen Schreibprojektor zu legen oder ein Pfennigstück auf ein Diaglas zu kleben und dieses Diapositiv in einen Projektor zu stecken. Man sieht, wie zu erwarten, eine schwarze runde Fläche auf der Projektionswand. Betrachtet man die dunkle Scheibe durch eine Röhre aus schwarzem Karton, die das helle Umfeld ausblendet, oder durch die Fingerpupille nach Abb. 102, so sieht sie viel heller aus. Die vormals schwarze Scheibe ist dann grau. Mit diesem einfachen Versuch ist gezeigt, daß die Scheibe erst durch die helle Umgebung schwarz wird.

Auch dieses Phänomen ist auf ➤ laterale Hemmung zurückzuführen. Die Flächenkontrastverstärkung beobachtet man, wenn scharfe Kontrastgrenzen vorliegen, während Randkontrastverstärkung (Mach-Bänder) in Helligkeitsgradienten auftritt. Davon kann man sich mit folgendem Versuch überzeugen. Man stanze in eine weiße Karteikarte ein rundes Loch. Auf eine zweite Karteikarte zeichne man mit Bleistift einen Fixierpunkt. Mit jeder Hand halte man eine der Karten und betrachte durch das Loch der einen den Fixierpunkt auf der anderen Karte einäugig, Abb. 161. Wenn man die beiden Karten zum Licht hin- oder vom Licht abwendet, erscheinen sie heller oder dunkler. Die Helligkeit der Fläche, die man durch das Loch sieht, erscheint hell, wenn die obere Karte dunkler ist, und schlägt plötzlich nach dunkel um, wenn ihre Umgebung ein wenig heller wird. Weil dabei die ganze Fläche innerhalb des Loches einheitlich hell bzw. dunkel erscheint, handelt es sich um einen Fall von Flächenkontrastverstärkung. Randkontrast-Phänomene erkennt man in derselben Anordnung, wenn man mit dem Auge so dicht an das Loch heran geht, daß man dieses nur noch unscharf erkennen kann. Man sieht nun deutlich dunkle und helle ringförmige Machbänder in der unscharf erscheinenden Randzone des Loches.

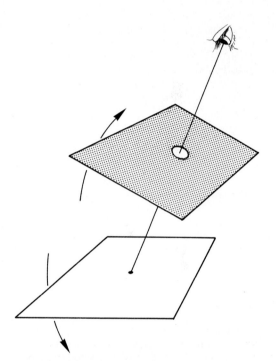

Abb. **161** Beobachtungsmethode für den Rand- und Flächenkontrast.

Auch die Flächenkontrastverstärkung kann man nach dem ➤ Abgleichverfahren messen, Abb. 162a. Die VP betrachtet mit einem Auge über eine optische Reizeinrichtung ein Testfeld T mit einer bestimmten Leuchtdichte L_T, das von einem ringförmigen Umfeld U mit Leuchtdichte L_U umgeben ist. Die VP sieht den Fixierpunkt mit beiden Augen, das rechts und links davon erscheinende Test- und Vergleichsfeld aber nur mit jeweils einem Auge. Die Größe dieser Reizfelder ist in Winkelminuten angegeben. Die VP regelt die Leuchtdichte L_V des Vergleichsfeldes, das sie mit dem anderen Auge sieht, so ein, daß dieses genau so hell erscheint wie das Testfeld T. In dem Diagramm, Abb. **162b**, gibt

9 Psychophysik neuronaler Prozesse im visuellen System

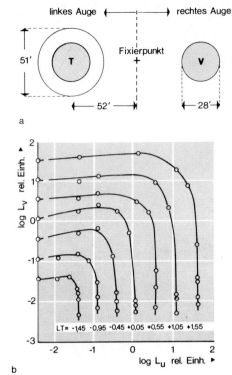

Abb. 162 Messung der Flächenkontrastverstärkung mit dem Abgleichverfahren (87a).

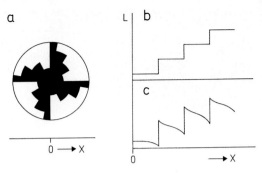

Abb. 163 Chevreuls Stufenphänomen.

jede Kurve die Ergebnisse von Messungen bei einer bestimmten Testfeldleuchtdichte L_T wieder, deren Größe in logarithmischen relativen Einheiten im Diagramm angegeben ist. Auf der Abszisse ist die von dem Versuchsleiter variierte Leuchtdichte L_U des Umfeldes aufgetragen. Wenn die Leuchtdichte des Umfeldes die des Testfeldes überschreitet, wird das Testfeld viel dunkler gesehen. Interessanterweise wird es aber mit wachsender Umfeldleuchtdiche auch ein wenig heller, was mit dem subtraktiven rückwirkungsfreien lateralen Hemmungsmodell der Abb. 158 allein nicht zu erklären ist.

Der simultane → Farbkontrast ist ein Flächenkontrastphänomen. Er unterscheidet sich vom Randkontrast darin, daß neue Farben auftreten können, was man bei Mach-Bändern nicht beobachtet. **Ein Zwischending von Rand- und Flächenkontrast-Verstärkung kann man mit Hilfe der Scheibe der Abb. 163a beobachten. Wenn sie auf einem Elektromotor schnell rotiert, entstehen konzentrische Ringe, deren Leuchtdichte von innen nach außen stufenförmig zunimmt, Abb. 163b. Was man tatsächlich sieht, entspricht bei geeignetem** Beobachtungsabstand aber mehr der Helligkeitsfolge von Abb. 163c.

Noch merkwürdiger ist der Craik-Cornsweet-Effekt (51), den man mit den Scheiben der Abb. 164 studieren kann. Bei schnellem Umlauf der linken Scheibe (a) sieht man einen breiten helleren Ring um eine zentrale dunklere Scheibe, wie man es aufgrund der darunter gezeichneten Leuchtdichteverteilung erwarten sollte. Erstaunlicherweise aber sieht die schnell rotierende Scheibe (b) genauso aus, obwohl die Abstrahlung innerhalb und außerhalb der ringförmigen Unstetigkeitsstelle gleich ist. Für das Phänomen, das selbstverständlich auch auf einer Photographie der rotierenden Scheibe zu sehen ist, ist der abrupte Leuchtdichtesprung notwendig. Sanfte Übergänge, wie sie bei der rechten Scheibe (c) in Erscheinung treten, bleiben unsichtbar. Der kleine schwarze Vorsprung auf der rechten Scheibe führt wegen der scharfen Kante zu einem gut sichtbaren dunklen Ring.

Dieses Phänomen zeigt die große Bedeutung der Kontrastgrenzen für die Helligkeitswahrnehmung. Bei der mittleren Scheibe (b) sollte man den Beobachtungsabstand zur rotierenden Scheibe variieren, um die für das neuronale Netzwerk geeignete Netzhautbildgröße zu finden. Wenn man dann den inneren Teil der Scheibe einheitlich heller sieht als den äußeren, halte man einen Karton mit zwei Löchern nach Art der Abb. 155 vor die Scheibe, die die ringförmige Übergangszone verdeckt und durch ein Loch einen Ausschnitt des äußeren und durch das andere einen des inneren Bereichs einsehbar macht. Unter diesen Bedingungen erscheint die Helligkeit der Scheibe innen und außen gleich. Der Craik-Cornsweet-Effekt ist schwerlich allein durch Hemmungsvorgänge zwischen benachbarten Nervenzellen zu erklären. Man hat den Eindruck, als werde die von der Kante eingeschlossene Fläche mit einer kontrastabhängigen Helligkeit aufgefüllt. Das Phänomen legt eine Erklä-

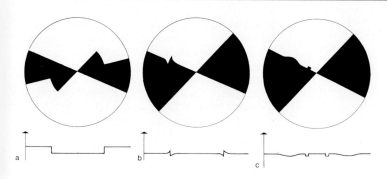

Abb. **164** Craik-Cornsweet-Phänomen.

rung nach Art der konsekutiven Multiplikation in der ⇀ Retinex-Theorie nahe (113).

Besonderes Interesse verdient die *Ehrensteinsche Täuschung*, die in Abb. 165 in einigen Abwandlungen zu sehen ist. An den freigelassenen Orten, an denen sich die Linien, wenn sie nicht unterbrochen wären, schneiden müßten, entstehen deutlich begrenzte hellere und bei umgekehrtem Kontrast dunklere Flächen. Rechts unten erkennt man sogar innerhalb der kreisförmigen Hellzone eine nochmals hellere quadratische. Weil in diesen Fällen Helligkeitseffekte durch Enden von Linien hervorgerufen werden, hat man Terminatoren, d. h. spezielle Nervenzellen oder Verbände von Nervenzellen, postuliert, die auf Linienenden reagieren.

Auch in diesem Fall kann man die veränderten Helligkeiten mit dem ⇀ Abgleichverfahren bestimmen oder durch Vergrößerung oder Verkleinerung der Leuchtdichte im Reizmuster, so daß der Effekt verschwindet. Die Scheibchen auf hellem Grund sehen so hell aus, als strahlten sie etwa 2,5mal so viel Licht ab, die auf dunklem Grund so, als strahlten sie ungefähr halb so viel Licht ab wie ihre Umgebung. Merkwürdigerweise zeigten Messungen mit der ⇀ Zuwachs-Schwellen-Methode, daß die Lichtempfindlichkeit im Bereich der induzierten Hell- bzw. Dunkelempfindung unverändert ist. Auch die Ehrensteinsche Täuschung ist im ⇀ skotopischen Sehen nachweisbar. Daß die Aufhellung bzw. Verdunkelung erst im Gehirn induziert wird, zeigte sich in ⇀ dichoptischen Experimenten. Jedem Auge wurde nur ein Teil des Musters geboten, der allein das Phänomen nicht oder nur schwach hervorbrachte. Die erst im Gehirn vervollständigten Muster zeigten dann den Effekt beinahe so intensiv, wie wenn jedes Auge das vollständige Muster gesehen hätte (176). Die ⇀ Scheinkanten um die Scheibchen werden im Abschnitt 11.2.3 behandelt.

Abb. **165** Ehrensteinsche Täuschung (65).

9.2 Neurophysiologische Forschungsergebnisse

Alle Sinnes- und Nervenzellen sind mit jeweils anderen Zellen durch ⇀ Synapsen verbunden. Darum sind die Erregungsvorgänge der Zellen nicht unabhängig voneinander. Unter dem *rezeptiven Feld* einer Zelle des visuellen Systems versteht man das Flächenstück der Netzhaut, in dem ein Lichtreiz die Erregung der Nervenzelle beeinflußt. Zur Untersuchung der rezeptiven Felder muß eine Mikroelektrode in das lebende Nervengewebe der Netzhaut oder des Gehirns eingeführt werden, die die elektrische Aktivität von einzelnen Nervenzellen abzuleiten erlaubt. Die Kenntnisse über rezeptive Felder wurden durch Tierversuche gewonnen und teilweise auch für den Menschen bestätigt durch Ableitungen in isolierten menschlichen Netzhäuten sowie durch Messungen bei Hirnoperationen. Die physiologische Literatur über rezeptive Felder ist nahezu unübersehbar. Systematische Darstellungen findet man in Lehrbüchern der Physiologie des Menschen.

Die *Horizontalzellen*, Abb. 113, sorgen dafür, daß bereits die *Bipolaren* rezeptive Felder mit *konzentrischer antagonistischer Struktur* besitzen. Das bedeutet, daß ein Lichtreiz in der Mitte

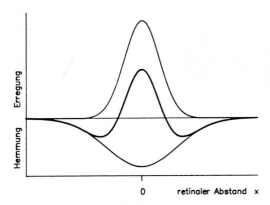

Abb. 166 Schema zur Organisation des rezeptiven Feldes. Die mittlere Kurve ist die Summe aus Hemmung und Erregung.

des Feldes Erregungsvermehrung (On-Bipolare) oder -unterdrückung (Off-Bipolare) bewirkt, im Randbereich aber den jeweils entgegengesetzten Effekt hat. Wie man sich die hemmenden und erregenden Einflüsse innerhalb von einem rezeptiven Feld im einfachsten Fall vorzustellen hat, zeigt die Abb. 166, in der entlang dem Querschnitt die Erregung nach oben und die Hemmung nach unten aufgetragen ist. Die mittlere Kurve stellt die Summe dieser Einflüsse dar.

Sehr genau untersucht sind die rezeptiven Felder der *retinalen Ganglienzellen*, deren Axone den Sehnerv bilden. An ihrer funktionellen Struktur sind alle Arten retinaler Nervenzellen beteiligt. In der ⇀ Foveola gibt es bei Rhesusaffen vier retinale Ganglienzellen pro Zapfen. Das Verhältnis wird zum Rand der Netzhaut kleiner, wo zwei Ganglienzellen je Zapfen gezählt wurden (192). Die rezeptiven Felder benachbarter retinaler Ganglienzellen überlappen einander, was bedeutet, daß ein Reiz an einem Punkt der Netzhaut zur Erregung vieler Ganglienzellen führt. Die Ganglienzellen reagieren je nach ihren synaptischen Verbindungen zu anderen Zellen auf verschiedene räumliche und zeitliche Eigenschaften des Netzhautbildes. Es findet somit eine Aufteilung der visuellen Information auf verschiedene ⇀ parallele Bahnen statt.

Typen von rezeptiven Feldern sind in Abb. 167b schematisch dargestellt, wobei die Buchstaben S, L und M auf die ⇀ Zapfenarten verweisen, mit denen die zugehörigen Nervenzellen verbunden sind. Die Abkürzung „Lu" bedeutet, daß Einfluß von allen Zapfenarten vorliegt. Plus- und Minuszeichen zeigen an, ob der Einfluß erregungsfördernd oder -hemmend ist. Die

P-Zellen sind Ganglienzellen, die nach dem „parvozellulären" Zielgebiet ihrer Axone im Corpus geniculatum laterale im Stammhirn benannt sind, Abb. 167a und 13. Die *M-Zellen* heißen nach dem „magnozellulären" Zielgebiet desselben Kerngebietes. Es gibt auch Benennungen nach anderen Kriterien. Diese rezeptiven Felder überspannen im Bereich der ⇀ Sehgrube einige Winkelminuten und wachsen aber mit zunehmender ⇀ Exzentrizität bis zu einigen Winkelgraden an. Im ganzen Bereich sind die rezeptiven Felder der M-Zellen doppelt so groß wie die der P-Zellen. M-Zellen reagieren phasisch, d. h., sie zeigen nur Reizänderungen an. P-Zellen reagieren tonisch, d. h., sie registrieren auch Dauerreize. P-Zellen haben ein feineres ⇀ räumliches, M-Zellen ein höheres ⇀ zeitliches Auflösungsvermögen. Besonders wichtig ist der Unterschied, mit dem die Erregungen der verschiedenen Zapfenarten verarbeitet werden: in den P-Zellen sind Erregungen verschiedener Zapfenarten antagonistisch verschaltet. M-Zellen werden durch Erregung derselben Zapfenarten erregt und gehemmt. Die P- und M-Zellen unterscheiden sich auch in ihrem morphologischen Aufbau und in der Art, wie Erregung und Hemmung innerhalb ihrer rezeptiven Felder verrechnet werden.

Warum es On- und Off-center-Zellen in der Netzhaut gibt, läßt sich nicht abschließend beurteilen. Ein möglicher Vorteil besteht darin, daß die Information, die durch Hemmung bei der einen Verarbeitungsweise verlorengeht, bei der anderen erhalten bleibt. Nach einer Deutung von Richard Jung (1911–1986) ist in der Erregung von On- und Off-center-Zellen die Nachricht „hell" bzw. „dunkel" verschlüsselt (106). Das visuelle System registriert demnach die Information über die Leuchtdichteverteilung im Sehfeld innerhalb von jedem der bisher behandelten Bahnen mit zwei Systemen, dem *B-System der On-center-Zellen* (B nach "brightness" = Helligkeit) und dem *D-System der Off-center-Zellen* (D nach "darkness" = Dunkelheit).

Die Erregungsverteilung im Areal V1 der visuellen Hirnrinde, Abb. 167d, ist eine ⇀ retinotope Abbildung des Netzhautbildes. Erregung an einem Punkt der Netzhaut führt zur Erregung von Nervenzellen in einem Areal von etwa 1 mm^2 mit einer Tiefe von etwa 2 mm (hypercolumn). Eine derartige Elementareinheit (modul) besteht aus zwei Hälften, die ihre Eingangserregung von je einem Auge erhalten. Die Hirnrinde ist in Schichten geordnet, von denen die Schicht IV die meisten Erregungseingänge hat und Zellen mit konzentrischen rezeptiven Feldern enthält. Darüber und darunter findet

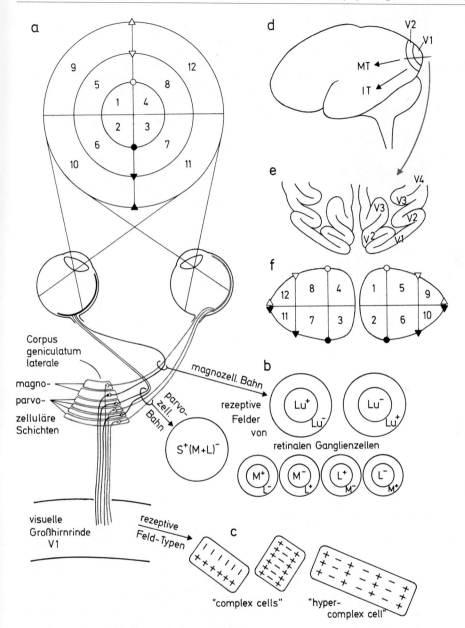

Abb. 167 Neurophysiologie des visuellen Systems.

man binokular erregbare Nervenzellen mit einfachen und komplizierteren rezeptiven Feldern (simple, complex cells) in (c), die durch Verknüpfung von Zellen mit konzentrischen rezeptiven Feldern zu erklären sind. Zellen mit gleicher Orientierung der rezeptiven Felder sind in Säulen übereinander geordnet. In den Schichten II und III findet man in jeder Elementareinheit Zellen, die selektiv auf Kanten bestimmter Richtung im Netzhautbild und auf deren Bewegung reagieren, und in inselartigen Bereichen (blobs) befinden sich dort farbcodierende Neurone. Das ganze Areal V1 besteht aus hunderten, möglicherweise aus mehr als 1000 gleichartig organisierten Elementareinheiten.

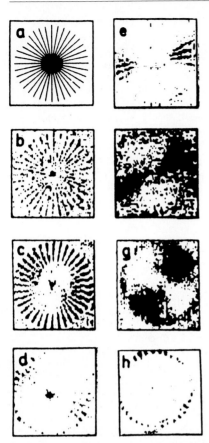

Abb. 168 Repräsentation visueller Information durch verschiedene Zellen des visuellen Systems. Das Bild (a) wurde relativ zum rezeptiven Feld bewegt. Jeder Nervenimpuls wurde als Punkt an der entsprechenden Stelle registriert (b), Off-center- und (c) On-center-Zelle des Corpus geniculatum laterale, (d, e) simple, (f, g) complex, (h) hypercomplex cell (nach Nothdurft, Göttingen).

Einen anschaulichen Eindruck über die verschiedenen Eigenschaften von Zellen des visuellen Systems vermitteln die Bilder der Abb. 168. Vor dem Auge einer narkotisierten Katze wurde das Bild der oberen Reihe mit einer computergesteuerten Vorrichtung bewegt. Gleichzeitig wurde die Erregung von jeweils einer der angegebenen Zellarten registriert. Bei jedem Nervenimpuls wurde ein Punkt an der entsprechenden Stelle des Bildes gedruckt, so daß man erkennen kann, worauf die Zelle reagiert und worauf nicht (54). Diese Abbildung illustriert das Prinzip der ➤ parallelen Verarbeitung, der Aufteilung der visuellen Information auf verschiedene Nervenzellen.

Aus den Schichten II und III leiten Nervenfasern Erregung zum benachbarten Areal V2, in dem Zellen mit komplizierteren (hypercomplex) rezeptiven Feldern auftreten, die nicht nur auf Kanten und Linien, sondern auch auf deren Enden reagieren. In den jeweils nachgeschalteten Großhirnarealen werden die rezeptiven Felder immer größer und selektiver in ihrem Antwortverhalten. In Richtung zum unteren Schläfenlappen (IT nach inferotemporalem Kortex), Abb. 167d, sind die Nervenzellen spezialisiert zur Unterscheidung von Farben (V4, siehe Abschnitt 8.8.3) und Formen. Bei Affen wurden dort Zellen gefunden, die selektiv auf Hände und Gesichter ansprechen. In der Richtung zum mittleren Schläfenlappen (MT nach mediotemporalem Kortex) findet man Zellen, die für räumliche Anordnungen spezialisiert sind. Es gibt somit im Gehirn eine Spezialisierung für das „Was" und das „Wo" der visuellen Wahrnehmung. Mit der ➤ Radioxenon-Methode wurden im frontalen Großhirn Areale nachgewiesen, in denen die Erregung bei höheren Leistungen, z.B. beim Unterscheiden von Ellipsen und Kreisen, ansteigt und bei der Erinnerung an visuelle Eindrücke.

Abschließend sei noch kurz auf die geometrischen Transformationen der ➤ retinotopen Abbildungen auf die Großhirnareale hingewiesen. In Abb. 167 sind die Projektionen des visuellen Feldes (a) auf das Areal V1 (f) der rechten und linken Großhirnhälfte schematisch wiedergegeben, wie sie aussähen, wenn der Kortex nicht gefaltet (e), sondern flach wäre. Die geometrische Verzerrung mit der relativen Vergrößerung der Sehgrube ist eine notwendige Folge der relativ größeren Zahl retinaler Ganglienzellen in diesem Bereich.

In anderen Arealen treten andere Transformationen auf, deren Interpretation als *funktionelle Felder* zur Lösung bestimmter Aufgaben z.Z. nur spekulativ möglich ist. Es könnte z.B. sein, daß Nervenzellen, die bestimmte Eigenschaften des Netzhautbildes registrieren, im Großhirn so zusammengeordnet sind, daß ihre neuronalen Verbindungen kurz und damit die Verarbeitungszeit klein wird. Wenn man seine Augen bewegt, verschieben sich die Netzhautbilder im Auge. Für diesen Fall wären Zellen wünschenswert, die feststellen, ob das verschobene Netzhautbild gleichgeblieben ist. Das könnten Areale leisten, in denen die Orientierung aller Konturen ohne Rücksicht auf ihren Ort im visuellen Feld zusammengefaßt werden. In ihnen würde sich nichts ändern, wenn die Netzhautbilder nur verschoben, aber nicht geändert werden. Damit könnten sie die gewünschte Information liefern. Interpretationskonzepte dieser Art beruhen auf der Vorstellung, daß die Areale der Großhirnrinde Teilaufgaben der parallelen Verarbeitung erfüllen.

9.3 Perzeptive Felder

Man sollte meinen, daß sich die räumliche Organisation von Erregung und Hemmung innerhalb der konzentrischen antagonistischen rezeptiven Felder, Abb. 167b,c, auch in der Wahrnehmung bemerkbar macht. Das ist in der Tat der Fall. **Man betrachte das Hermann-Hering-Gitter, Abb. 169a,b. Man sieht an den Kreuzungen der weißen Streifen dunkle und bei den schwarzen Streifen helle Flecken, insbesondere wenn man den Blick über das Muster wandern läßt. Nur in dem Kreuzungspunkt, den man gerade anschaut oder fixiert, tritt das Phänomen nicht auf, was gleich noch erklärt werden soll.**

Die Interpretation des Phänomens zeigt die Abb. 169c-h, in der konzentrische antagonistische Felder über dem Gittermuster eingezeichnet sind. Man sieht, daß in der Position c, d, e der Reiz für das Feldzentrum gleichbleibt, während die gereizte Fläche des Umfeldes kleiner wird. Bei dem schwarzen Gitter auf weißem Grund wird die gereizte Fläche des Umfeldes von f über g bis h größer. Wenn eine Zunahme der Erregung bei On-center-Zellen „heller" und bei Off-center-Zellen „dunkler" bedeutet, muß das helle Kreuzungszentrum in c dunkler und das dunkle in f heller erscheinen als die zugehörigen Gitterstreifen zwischen den Kreuzungen.

Obwohl man die Helligkeitstäuschung als Folge konzentrischer rezeptiver Felder erklären kann, sollte man von *perzeptiven Feldern* (175) sprechen, weil zwischen perzeptiven und rezeptiven Feldern grundsätzliche Unterschiede bestehen. Rezeptive Felder studiert man mit elektrophysiologischer Methode an einzelnen Zellen. Bei psychophysischen Experimenten untersucht man dagegen Wahrnehmungsleistungen, an deren Zustandekommen schon allein wegen der Überlappung der rezeptiven Felder, aber auch wegen der nachgeschalteten Neurone unübersehbar viele Zellen beteiligt sind. Das macht sich bei genauerer Beobachtung in der Abhängigkeit des Phänomens von der Orientierung der Linien, ihrer Länge und dem Kreuzungswinkel bemerkbar.

Wenn den perzeptiven Feldern neuronale Strukturen zugrunde liegen, dann sollte das Phänomen nicht auftreten, wenn die Streifenbreite im Hermann-Hering-Gitter wesentlich größer oder kleiner wäre. **Man variiere den Beobachtungsabstand und damit die Netzhautbildgröße des Gitters. Man findet einen optimalen Abstand für die Helligkeitstäuschung, der allerdings für die Mitte und die Peripherie des visuellen Feldes verschieden ist. Bei größerem Beobachtungsabstand, wenn die Streifenbreite vom Auge aus betrachtet einen Winkel von nur noch 5 bis 10 Winkelminuten überspannt (→ Daumenregel!), sieht man die Aufhellung oder Verdunkelung besser an den Kreuzungen, die man fixiert, bei geringeren Abständen besser an den Kreuzungen, an denen man vorbeischaut. Die perzeptiven Felder sind demnach wie die rezeptiven in der Fovea kleiner als in peripheren Bereichen der Netzhaut.**

Die Größe der perzeptiven Feldzentren kann man über die optimale Streifenbreite bestimmen, die Größe der Umfelder über die Länge von Querbalken, Abb. 170, indem man feststellt, bei welcher Verkürzung der Effekt kleiner wird. Diese Bestimmungen sind für verschiedene Exzentrizitäten durchgeführt worden und zeigten, daß die Größen der perzeptiven Felder mit denen der rezeptiven Felder retinaler Ganglienzellen im Prinzip übereinstimmen. Nervenzellen mit konzentrisch antagonistischen rezeptiven Feldern reagierten bei kurzzeitiger Reizung mit der Anordnung der Abb. 169c mit etwa halb so vielen Nervenimpulsen wie bei Reizung mit der Anordnung (e). Das ist ein besonders eindrucksvolles Beispiel für die Möglichkeiten psychophysischer Korrelation.

Die Helligkeitstäuschung des Hermann-Hering-Gitters wird in der Netzhaut induziert. Bietet man nämlich jedem Auge nur einen Teil des Musters, so daß das ganze erst nach der binokularen Fusion im Gehirn vollständig ist, ist der Effekt nur noch schwach vorhanden. Das Ergebnis ist also dem des entsprechenden → dichoptischen Experimentes bei der → Ehrensteinschen Täuschung entgegengesetzt.

Eine reizvolle Variante des Hermann-Hering-Gitters kann man mit schwarzen, weißen und grauen Papieren herstellen. Man klebe verschieden helle Streifen auf schwarzem oder weißem Untergrund so übereinander, daß es überkreuzte und überkreuzende Streifen gibt. Man findet Kombinationen, bei denen die Täuschung noch stärker herauskommt als bei dem schwarz-weißen Gitter (175). Die solchermaßen erzeugte Kontrastüberhöhung kann man sich mit einer Überschlagsrechnung verständlich machen, wenn man die Reizgrößen (Reiz × Fläche) für das Umfeld und das Feldzentrum zusammenzieht und das Verhältnis bildet. Je größer die Verhältniszahl, desto größer der Effekt. Wenn man für schwarz, grau und weiß die Größen 0; 0,5 und 1 einsetzt, kommt man zu qualitativ richtigen Vorhersagen.

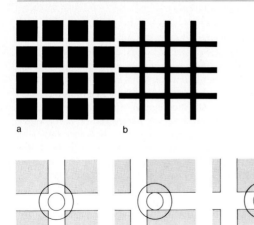

Abb. 169 a) Hermann-Hering-Gitter. b) Erklärung der scheinbaren Aufhellungen bzw. Verdunkelungen an den Kreuzungen.

Für genauere Untersuchungen der perzeptiven Felder wurden von vielen Forschern Schwellenmessungen mit sehr kleinen blinkenden Lichtpunkten auf der Netzhaut durchgeführt. Bei derartigen Messungen ist es nötig, die Augenbewegungen nach Möglichkeit zu unterbinden. Das erreicht man mit einem Fixierpunkt für die Augen und einem Beißbrett zur Ruhigstellung des Kopfes der VP. Besonderes Interesse verdienen Versuche, bei denen die Reizschwelle innerhalb eines Adaptationsfeldes in Form eines runden Lichtflecks auf der Netzhaut bestimmt wurde, Abb. 171a,b. Das Ergebnis, die sogenannte Westheimer-Funktion (197), zeigt c in schematischer Form. Die gefundene Reizschwelle ist auf der Ordinate logarithmisch aufgetragen. Die Abszisse zeigt die Größe des Adaptationsfeldes. Die Westheimer-Funktion besteht aus drei Abschnitten. Der Anstieg der Schwelle bis zum Gipfel zeigt die Aufsummierung im wachsenden Reizareal, wodurch die Wirkung auf die Empfindlichkeit und damit auf die Reizschwelle wächst. Der Abfall hinter dem Gipfel zeigt, daß bei weiter wachsendem Adaptationsfeld die Empfindlichkeit wieder zunimmt. Dies ist auf die neuronale Hemmung zurückzuführen, die der Adaptationsreiz im Umfeld erzeugt. Bei weiterer Vergrößerung des Adaptationsfeldes ändert sich die Reizschwelle in der Regel nicht mehr.

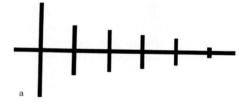

Abb. 170 Zur Größenbestimmung perzeptiver Felder.

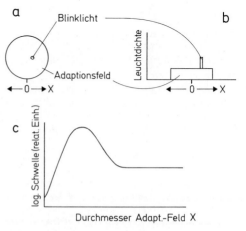

Abb. 171 Westheimer-Methode zur Untersuchung perzeptiver Felder.

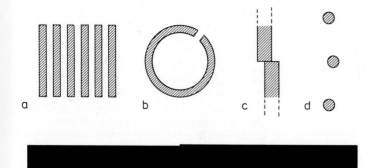

Abb. 172 a) Strichgitter und b) Landolt-Ring zur Sehschärfebestimmung. Nonius-Sehschärfe c) und d) kann mit e) geprüft werden: Aus welchem Abstand ist die kleine Stufe am oberen Rand noch erkennbar?

Der Gipfel der Westheimer-Funktion markiert die Grenze des perzeptiven Feldzentrums, das Ende des Abfalls die Grenze des Umfeldes. Auf der Basis dieser Interpretation kann man die Größe des perzeptiven Feldes an verschiedenen Stellen der Netzhaut bestimmen. Man findet Übereinstimmungen mit den elektrophysiologischen und neuroanatomischen Daten über rezeptive Felder. Im dunkeladaptierten Auge sind die perzeptiven Feldzentren größer und der Abfall hinter dem Gipfel geringer, was in Übereinstimmung mit elektrophysiologischen Erkenntnissen auf die Abnahme der Hemmung zurückzuführen ist (17).

9.4 Räumliches visuelles Auflösungsvermögen

9.4.1 Bestimmung der Sehschärfe

Die Grenzen des *visuellen Auflösungsvermögens* erfährt man, wenn man die Einzelheiten eines Gegenstandes nicht getrennt wahrnehmen kann, wenn man z. B. versucht, das Schriftbild dieses Textes aus zu großem Abstand zu lesen. Ein Teilaspekt des visuellen Auflösungsvermögens ist das *optische Auflösungsvermögen*, d. h. die Fähigkeit der Augen, ein scharfes Netzhautbild zu liefern. Letztlich aber hängt das visuelle Auflösungsvermögen von den Leistungen der Sinnes- und Nervenzellen des visuellen Systems ab.

Zur Prüfung des Auflösungsvermögens wurden verschiedene Sehschärfetests entwickelt, z. B. Tafeln mit Buchstaben in verschiedener Größe. Wenn man mit bloßem Auge bestimmte Buchstaben nicht erkennen kann, wohl aber mit geeigneten Brillengläsern, weiß man, daß das Auflösungsvermögen durch einen optischen Abbildungsfehler der Augen beschränkt ist. Von den optischen Eigenschaften der hilfreichen Brillengläser kann man auf Art und Ausmaß der Abbildungsfehler schließen.

Als Maß für das Auflösungsvermögen nimmt man für praktische Zwecke oft den kleinsten Sehwinkel γ, Abb. 72, d. h. den Winkel, unter dem zwei Punkte oder Konturen gerade noch getrennt wahrgenommen werden können. Dieser Grenzwinkel des Auflösungsvermögens beträgt ungefähr eine Winkelminute bei Normalsichtigen. Der Kehrwert des Grenzwinkels wird mit dem Namen Visus (Winkelminuten $^{-1}$) oft als Maß verwendet. Bei Strichgittern und beim Landolt-Ring, Abb. 172 a,b ist der Grenzwinkel etwa halb so groß. Beim Landolt-Ring muß die VP im Test angeben, wo sich die Öffnung befindet.

Der Winkelabstand zwischen den Zapfen und zwischen den retinalen Ganglienzellen in der Sehgrube ist in derselben Größenordnung, d. h. im Bereich von einer Winkelminute. Die retinale Zelldichte nimmt wie das Auflösungsvermögen mit wachsender ➝ Exzentrizität ab. Das Auflösungsvermögen beim ➝ skotopisches Sehen ist wegen des ➝ zentralen Skotoms nur außerhalb des Bereichs der Sehgrube zu bestimmen. Es ist viel geringer als das des Zapfensystems.

Das Ergebnis von Sehschärfetests hängt von der Form und der Orientierung der Testmuster ab. **Man betrachte das Gitter der Abb. 173 aus einem Abstand, bei dem man die Striche gerade noch unterscheiden kann. Dann neige man den Kopf zur Seite oder man lasse jemanden das Buch so halten, daß die vertikalen Linien um 45° zur Seite gekippt sind. Die Gitterstäbe sind dann unsichtbar, man sieht eine graue Fläche. Die Orientierungsabhängigkeit des Auflösungsvermögens kann durch ➝ Astigmatismus hervorgerufen sein, hat aber eine weitere Ursache in der neuronalen Bildauswertung. Strichgitter, die man binokular gerade noch auflösen kann, verschwimmen manchmal, wenn man ein**

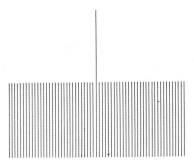

Abb. 173 Das Fourier-Spektrum der einzelnen Linie enthält Komponenten mit größerer räumlicher Wellenlänge als das Strichgitter. Darum ist die Linie erkennbar aus einem Beobachtungsabstand, bei dem das Gitter wie eine graue Fläche erscheint.

Auge schließt. Wenn es sich ausschließen läßt, daß dies an Unterschieden zwischen den beiden Augen liegt, kann man auf diesem Wege die Überlegenheit des visuellen Auflösungsvermögens beim binokularen Sehen in Erfahrung bringen. Bei großem → Kontrast und hoher Beleuchtungsstärke ist das Auflösungsvermögen besser. Auch die Farbe ist von Bedeutung. Wenn die spektrale Zusammensetzung des Lichtes so gewählt wird, daß vor allem die weniger zahlreichen → S-Zapfen gereizt werden, ist das Auflösungsvermögen schlechter, als wenn die anderen Zapfen am Sehprozeß beteiligt sind.

Die *Nonius-Sehschärfe*, d.h. die Fähigkeit, die seitliche Versetzung von zwei Linien zu erkennen, Abb. 172c, ist wesentlich besser, als man auf Grund der Netzhautstruktur erwarten sollte (hyperacuity). **An der schwarzen Kante der Abb. 172e ist eine kleine Stufe eingezeichnet. Man messe ihre Höhe (h) und stelle fest, aus welchem Abstand (x) man sie gerade noch erkennen kann. Aus dem tan γ = h/x kann man den Grenzwinkel mit etwa γ = 10 Winkelsekunden bestimmen. Zu ähnlicher Genauigkeit gelangt man, wenn man den Abstand bestimmt, aus dem noch erkennbar ist, daß die Punkte, Abb. 172d, nicht genau auf einer Geraden liegen.** Unter optimalen Bedingungen findet man den Grenzwinkel der Nonius-Sehschärfe bei $\gamma = 5$ Winkelsekunden. Bei der → Steropsis geht das Auflösungsvermögen für Querdisparitäten bis zu $\gamma = 2$ Winkelsekunden. Verschiebungen von Kanten oder Punkten um so kleine Beträge können nur einen sehr geringen Einfluß auf die Zapfenerregung haben, weil der Durchmesser fovealer Zapfen mit etwa 1 Winkelminute viel größer ist. Viele Zapfen und viele nachgeschaltete Nervenzellen müssen an der Auswertung beteiligt sein, um den Ort der Kanten oder Punkte mit so hoher Präzision zu bestimmen.

Wenn man Grenzwinkel der Nonius-Sehschärfe, die bei verschiedenen Exzentrizitäten gemessen wurden, umrechnet in Abstände im Großhirnareal V1, so findet man für alle gemessenen Grenzwinkel Abstände von 0,05 mm. Diese Abstände sind klein im Vergleich zu einer kortikalen Verarbeitungseinheit (hypercolumn). Für die maßgebliche Beteiligung von V1 an der Auflösungsleistung spricht, daß man die Nonius-Sehschärfe durch zusätzliche Konturen stören kann. Man kann die Kante mit der Stufe durch ein Auge und die störende Kante durch das andere ansehen. Die hohe Nonius-Sehschärfe tritt nur auf, wenn Nonius- und Störreiz nicht in dieselbe kortikale Verarbeitungseinheit fallen (197, 117)

9.4.2 Räumliche Kontrastübertragungsfunktion

Das räumliche Auflösungsvermögen hängt, wie der letzte Abschnitt zeigte, von vielen Eigenschaften der Musterreize und des visuellen Systems ab. Wünschenswert ist eine über allen Einzelheiten stehende Theorie, mit der man vorhersagen kann, welche Muster man erkennen kann und welche nicht. Voraussetzung für eine derartige Theorie ist eine allgemeine Beschreibung der Musterreize. Eine Beschreibung, die allen möglichen Mustern gerecht wird, kann mit Hilfe des Fourier-Theorems erstellt werden, das schon im Abschnitt 4.2.2 zur Beschreibung des Hörreizes eingeführt wurde.

Das Prinzip der Zerlegung eines Musterreizes in seine Fourier-Komponenten soll an einem besonders einfachen Beispiel erläutert werden, Abb. 174. Das Streifenmuster, von dem in (a) ein Ausschnitt gezeigt ist, ist eine zweidimensionale Leuchtdichteverteilung. In (b) ist die Leuchtdichte aufgezeichnet, die man entlang der gestrichelten Geraden l quer durch das Muster messen kann. Die resultierende periodische Rechteckfunktion f(x) kann man nach dem Fourier-Theorem (c) in eine Summe von Sinusfunktionen transformieren (d). In (e) ist das erste Glied der Reihe (a/2) graphisch dargestellt, in (f) die Summe der beiden ersten Glieder ((a/2) + sin x), in (g) die Summe der ersten drei Glieder, in (h) die Summe der ersten vier Glieder usw. Man sieht, daß die Summe der Fourier-Komponenten der Ausgangsfunktion f(x) um so ähnlicher wird, je mehr Komponenten man berücksichtigt. In Abb. 174 wurde die Fourier-Transformation nur für die eindimensionale Funktion f(x) entlang der Geraden l durchgeführt. Man kann aber die Fourier-Transformation in jeder beliebigen Richtung

9.4 Räumliches visuelles Auflösungsvermögen

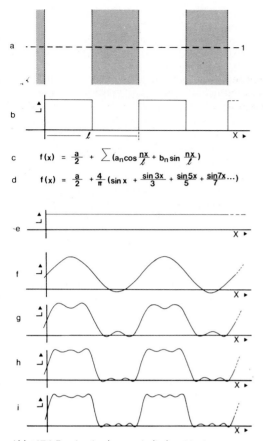

Abb. 174 Fourier-Analyse periodischer Muster.

über das Muster durchführen und die fouriertransformierte Form des ganzen Musters gewinnen.

Jedes Bild läßt sich somit als Summe von Fourier-Komponenten, d.h. sinusförmigen Leuchtdichteverteilungen verschiedener Frequenz, Amplitude und Phase auffassen. Die Frequenzen der Fourier-Komponenten beziehen sich auf die räumliche Leuchtdichteverteilung und selbstverständlich nicht auf die Frequenz der Lichtwellen. Sie sind in der Zahl der Sinuswellen pro Grad Sehwinkel anzugeben. Für die Theorie der Bildübertragung und damit auch des Auflösungsvermögens ist die fouriertransformierte Form sinnvoll und wichtig, weil man die Übertragungseigenschaften für jede Fourier-Komponente einzeln untersuchen und dann rechnerisch vorhersagen kann, wie das ganze Bild übertragen wird. Die Grenzen für die Anwendbarkeit des Verfahrens werden am Ende dieses Abschnitts diskutiert.

Die Abb. 174 lehrt, daß die sprunghaften Übergänge zwischen den hellen und dunklen Gitterbalken durch die höheren Fourier-Komponenten bedingt sind. Fehlen diese in einem Muster, so sind die Grenzen zwischen den hellen und dunklen Musteranteilen fließend wie in (f). Das bedeutet: Eine Strichzeichnung enthält hochfrequente Bildinformation, ein getöntes Bild mit sanften Übergängen von hell nach dunkel und unscharfen Konturen niederfrequente. Ein scharf eingestelltes Bild bei einer Diaprojektion enthält höhere Fourier-Komponenten als ein unscharfes. Die Optik des Projektors kann man als eine Einrichtung auffassen, die die niederen Frequenzen überträgt und die höheren je nach Einstellung mehr oder weniger unterdrückt. In derselben Weise kann man das ganze visuelle System als Filter für Fourier-Komponenten der Musterreize auffassen. Das visuelle Auflösungsvermögen ist dann als die Fähigkeit des visuellen Systems zu beschreiben, die Fourier-Komponenten des Musterreizes in die Wahrnehmung zu übertragen. Diese Beschreibung wird sowohl den optischen wie den neuronalen Aspekten des Auflösungsvermögens gerecht.

Die Fourier-Betrachtung erklärt die überraschende Beobachtung, daß auch in extrem unscharf gesehenen Mustern feinste Linien noch erkennbar sind. **So sieht man beim Tauchen im Schwimmbad trotz Abwesenheit der höheren Bildfrequenzen im unscharfen Netzhautbild die Ritzen zwischen den Kacheln.** Tatsächlich enthalten einzelne Linien im Gegensatz zu Gittern auch tiefe Frequenzen. Ein kurzer akustischer Reiz kann als zeitliche, der Querschnitt einer Linie als örtliche Impulsfunktion beschrieben werden. Die Fourier-Analyse von Impulsfunktionen führt zu einem Spektrum, in dem auch die tiefen Frequenzen enthalten sind, Abb. 46d. **Diesen Sachverhalt kann man mit der Abb. 173 nachprüfen. Man vergrößere den Beobachtungsabstand, bis man die Gitterstäbe nicht mehr erkennen kann, weil ihre räumlichen Frequenzen im Netzhautbild zu hoch geworden sind. Die einzelne Linie ist dann zwar unscharf, aber noch mühelos zu sehen.**

Die allgemeine *Kontrast-Übertragungsfunktion* des visuellen Systems für räumliche Fourier-Komponenten ist in Abb. 175 graphisch dargestellt. Bevor sie interpretiert wird, soll beschrieben werden, wie sie gemessen wurde. Die Musterreize wurden mit elektronischen Mitteln auf einem Oszillographenschirm hergestellt. Sie bestanden aus Gittermustern mit sinusförmig wechselnder Leuchtdichte. Die Übertragung derartiger Musterreize in die Wahrnehmung kann man studieren, indem man den → Kontrast so weit

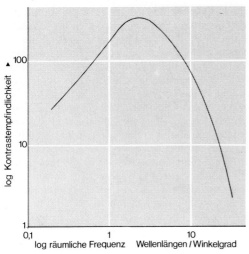

Abb. 175 Räumliche Kontrastübertragungsfunktion (37).

verkleinert, daß das Sinusgitter beinahe verschwindet. Man bestimmt also die Kontrastschwelle für die Wahrnehmung. Der Kehrwert davon, die Kontrastempfindlichkeit, ist in dem Diagramm gegen die räumliche Frequenz in doppeltlogarithmischer Auftragung dargestellt. Man kann an der Kontrastübertragungsfunktion ablesen, wie groß der Kontrast von sinusförmigen Leuchtdichteverteilungen verschiedener Frequenzen sein muß, um wahrnehmbar zu sein. Das visuelle System ist für die Übertragung räumlicher Frequenzen offensichtlich ein Bandpaß, d. h., es gibt ein Frequenzoptimum. Bei größeren und kleineren Frequenzen muß der Kontrast größer sein, damit er noch erkennbar ist.

Den Verlauf der Kontrastübertragungsfunktion kann man physiologisch folgendermaßen interpretieren. Die hochfrequenten Fourier-Komponenten werden bereits durch den optischen Apparat der Augen unterdrückt. Aber auch für das Raster der Sinnes- und Nervenzellen gibt es eine Obergrenze, die bei unscharfen Netzhautbildern unterschritten wird. Bei niederfrequenten räumlichen Fourier-Komponenten liegen die Maxima und die Minima auf der Netzhaut so weit voneinander entfernt, daß sie sich bei der begrenzten Reichweite der lateralen Koppelung von Nervenzellen des visuellen Systems in der Erregung nicht bemerkbar machen können.

So wie die Kontrastübertragungsfunktion für das gesamte visuelle System bestimmt wurde, kann man es im elektrophysiologischen Experiment auch für einzelne Nervenzellen aus-

messen. Man registriert in diesem Fall die Nervenimpulsfrequenz, während vor dem Auge des narkotisierten Versuchstiers ein Sinusgitter vorbeiwandert und variiert die Leuchtdichteamplitude bei verschiedenen Frequenzen. Die Nervenzellen des visuellen Systems stellten sich dabei als Bandpässe mit schmalerem Übertragungsbereich heraus, und ihre Maxima liegen bei verschiedenen Frequenzen. Der psychophysisch gemessenen Kontrastübertragungsfunktion, Abb. 175, liegen somit schmalere Bandpässe der einzelnen Nervenzellen zugrunde.

Den Beitrag der verschiedenen Einzelzell-Bandpässe des visuellen Systems kann man durch selektive ➤ Adaptation verändern. Starrt man ein Gittermuster für längere Zeit an, so sinkt die Kontrastempfindlichkeit für die zugehörige räumliche Frequenz selektiv. Die Gesamtkurve, Abb. 175, bekommt dann bei der Adaptationsfrequenz eine Delle nach unten. **Unmittelbar kann man den Empfindlichkeitsverlust für die Adaptationsfrequenz mit der Abb. 176 in Erfahrung bringen. Man schaue für eine halbe Minute auf die schwarze Linie zwischen den beiden linken Mustern, so daß das visuelle System oberhalb und unterhalb vom Fixierpunkt sich am Gitter mit verschiedener räumlicher Frequenz adaptiert. Man kann dabei den Blick auf der Linie hin und her wandern lassen. Richtet man danach den Blick auf die Linie zwischen den beiden gleichen Mustern auf der rechten Seite, so sehen diese nicht mehr gleich aus. Das obere Gitter erscheint gröber, das untere feiner. Beim oberen sind durch die Adaptation die neuronalen Kanäle für höhere räumliche Frequenzen unempfindlicher geworden, beim unteren die für tiefere.**

Man schließe ein Auge und halte einen Finger im Abstand von etwa 30 cm vor das Gesicht. Man sieht entweder den weit entfernten Hintergrund oder den Finger scharf, weil das Auge nur für einen Abstand akkommodieren kann. Nähere und fernere Objekte werden unscharf, d. h. ohne die oberen räumlichen Frequenzen abgebildet. Dasselbe kann man bei Photographien wegen der begrenzten ➤ **Schärfentiefe der Kamera beobachten.** Interessanterweise malen schlichte Maler auch so. Sie stellen den Vordergrund scharf und den Hintergrund verschwommen dar oder umgekehrt. Bei großen Meistern ist das in der Regel anders. Sie bevorzugen denselben Frequenzbereich für den Vorder- und Hintergrund in ihren Bildern, so als ob sie die ganze Bildinformation in einem engen Frequenzband unterbringen wollten. Manche Maler spielen auch die verschiedenen Frequenzbereiche gegeneinander aus, indem sie scharfe Kanten mit großen Flächen (Feininger)

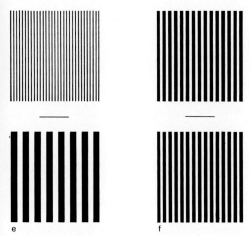

Abb. **176** Man betrachte 30 s lang die Linie zwischen den linken Strichgittern und dann die zwischen den rechten. Diese sehen dann nicht mehr gleich aus.

oder flachen Gradienten (Vasarely) kombinieren und den mittleren Frequenzbereich auslassen.

Bei der Anwendung des Fourier-Theorems auf das Auflösungsvermögen wurde bisher stillschweigend vorausgesetzt, daß das visuelle System hinsichtlich der Kontrastübertragung ein lineares System ist. Das ist aber aufgrund des → Weberschen und → Fechnerschen Gesetzes nicht zu erwarten. Weder die Stärke der Sinneserregung noch die Empfindungsintensitäten wachsen proportional mit der Reizgröße. Darum kann Erregung von Musterreizen nicht exakt als Summe der Erregungen ihrer Fourier-Komponenten aufgefaßt werden. Wenn allerdings die Kontraste der Musterreize klein sind, ist der Unterschied zwischen der linearen und logarithmischen Reiz-Reaktions-Beziehung so gering, daß er nicht ins Gewicht fällt. Die Theorie des Auflösungsvermögens ist deshalb anwendbar, sofern große Leuchtdichteunterschiede im Musterreiz vermieden werden.

9.5 Zeitliches visuelles Auflösungsvermögen

9.5.1 Flimmerfusion

Wenn man im Dunkeln eine glimmende Zigarette schnell in einer Kreisbahn bewegt, so sieht man statt eines bewegten Lichtpunktes eine leuchtende Spur. Diese kommt erst im visuellen System zustande, sie zeigt an, daß die Erregung die Reizzeit überdauert. Das zeitliche Auflösungsvermögen ist offensichtlich begrenzt und das besonders im dunkeladaptierten Zustand.

Aber auch im Hellen wirkt sich die Langsamkeit des visuellen Systems aus. Man nimmt das Licht von Leuchtstoffröhren und vielen Ziffernanzeigen als kontinuierliches Leuchten wahr, obwohl die Lichtreize periodisch moduliert sind.

Das zeitliche Auflösungsvermögen studiert man mit periodisch unterbrochenen Lichtreizen, wie man sie z. B. mit einer Sektorscheibe, Abb. **178a**, oder dem Propeller eines Ventilators vor einer Lichtquelle herstellen kann. Lichtquellen, die Lichtimpulsfolgen mit einstellbarer Frequenz abgeben, bezeichnet man als *Stroboskope*. Mit elektronischen Mitteln oder mit einem rotierenden und einem festen Polarisationsfilter vor einer Lichtquelle kann man auch sinusförmig modulierte Lichtreize erzeugen.

Was man im *Flimmerlicht*, d. h. im zeitlich modulierten Licht, beobachten kann, ist nach der Reizfrequenz in drei Bereiche einzuteilen. (1) Bei geringer Frequenz sieht man das Licht periodisch aufleuchten. Die unangenehmen Helligkeitsänderungen werden von den Besuchern mancher Diskotheken geschätzt. (2) Bei höheren Frequenzen verschmelzen die einzelnen Lichtereignisse, aber es bleibt eine zeitliche und räumliche Unruhe in der Erscheinung der Lichtquelle. Auf einer mit Flimmerlicht beleuchteten weißen Wand kann man manchmal wolkige Gebilde in schneller Bewegung, manchmal in verschiedener Farbe, den → *Flimmerfarben*, sehen. Manchmal erscheinen auch bienenwabenartige Gittermuster im Gesichtsfeld. Das Flimmerlicht kann einen eigentümlichen Zustand der Benommenheit hervorrufen, der bis zur Ohnmacht führen kann. (3) Bei nochmals vergrößerter Reizfrequenz verschwinden die Flimmerempfindungen, und man nimmt ein kontinuierliches Licht wahr. Der Übergang vom Flimmern zur Gleichlichtempfindung tritt bei wachsender Frequenz abrupt ein. Es sieht so aus, als ob die zunächst unruhige Lichtquelle plötzlich stabil werde wie eine gefrierende Flüssigkeit. Die Reizfrequenz, bei der das Flimmern aufhört, bezeichnet man als *Flimmerfusionsfrequenz*. Diese wurde, weil sie sehr genau bestimmbar ist, bei vielen psychophysischen Untersuchungen als Meßgröße verwendet.

Oberhalb der Flimmerfusionsfrequenz hängt die Helligkeit nur noch von dem zeitlichen Mittelwert des Lichtflusses ab. Dieser Tatbestand, der auch Talbotsches Gesetz genannt wird, war einstmals von großer Bedeutung für die Lichtmeßtechnik. Man kann z. B. den → Remissionsgrad von Graupapieren feststellen durch Helligkeitsabgleich mit schnell rotierenden schwarzweißen Scheiben. Geeignet sind Scheiben vom Typ der Abb. **146b**, bei denen die relative Größe der Sektoren kontinuierlich verstellbar ist, oder die Scheibe der Abb. 9, die einen von außen nach innen linear kleiner werdenden Remissionsgrad besitzt. Wenn man die Remission der schwarzen und weißen Flächen auf der Scheibe kennt, gelangt man zu photometrisch eindeutigen Ergebnissen. Auch wenn objektive Daten über das verwendete Schwarz und Weiß nicht zur Verfügung stehen, kann man noch immer die Größenverhältnisse verschiedener Grauwerte quantitativ bestimmen.

Bei Beleuchtung rotierender Sektorscheiben durch künstliche mit Wechselstrom betriebene Lichtquellen treten oft *stroboskopische Effekte* auf. Wenn die Flimmerlichtfrequenz mit der Frequenz der örtlichen Hell-Dunkel-Wechsel auf der rotierenden Scheibe identisch ist, kann diese so aussehen, als stünde sie still, weil sie periodisch immer in der gleichen Stellung beleuchtet wird. Ist die Flimmerfrequenz etwas größer, so dreht sich die Scheibe scheinbar rückwärts, ist sie kleiner, scheinbar langsam vorwärts. Einen analogen Effekt kennt man von Filmvorführungen, in denen man oft beobachtet, daß sich Räder scheinbar rückwärts drehen, was durch ein ungünstiges Verhältnis der Umlauffrequenz der Räder und der Bildfrequenz des Filmes zustande kommt. Stroboskopische Effekte können zu komplizierten Figuren auf rotierenden Scheiben führen, die beim Experimentieren unter künstlicher Beleuchtung lästig werden und die oben beschriebene Bestimmung des Grauwertes unmöglich machen können. Man kann sie aber auch nutzen, um festzustellen, ob das Licht mit einer Frequenz oberhalb der Flimmerfusionsfrequenz moduliert ist. Die Umlauffrequenz von Plattenspielern kann man mit sogenannten stroboskopischen Scheiben vom Typ der Abb. 178b einregeln, weil man davon ausgehen kann, daß die Wechselfrequenz des elektrischen Stromes und darum auch des Flimmerns von Lampen konstant ist. Man stellt dann diejenige Umlauffrequenz ein, bei der der Ring mit der passenden Teilung stillzustehen scheint, während die benachbarten Ringe so aussehen, als drehten sie sich langsam in entgegengesetzten Richtungen.

Die Flimmerfusionsfrequenz hat keinen festen Wert. Sie ist bei helladaptierten Augen größer als bei dunkeladaptierten. Das paßt zu den Latenz- und Anstiegszeiten der Rezeptorpotentiale, die bei Zapfen kleiner sind als bei Stäbchen. Die Flimmerfusion steigt logarithmisch mit dem → Kontrast und dem Mittelwert der Lichtreizamplitude. Wenn alte Filme mit nur 18 Bildern pro Sekunde mit modernen lichtstärkeren Geräten vorgeführt werden, wird die zeitliche Bildfusion nicht erreicht, so daß man die Bildfolge flimmernd und die Bewegungen ruckartig wahrnimmt. Daß sich die spektrale Zusammensetzung des Flimmerlichtes auf die Flimmerfusionsfrequenz auswirkt, war schon im Zusammenhang mit der → heterochromatischen Flimmerphoto-

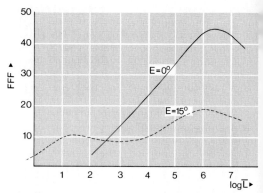

Abb. 177 Flimmerfusionsfrequenz in Abhängigkeit von der mittleren Beleuchtungsstärke, gemessen mit einer pulsierenden Lichtquelle, die einen Sehwinkel von $\gamma = 2°$ überspannt, bei fovealem Sehen (Exzentrizität $E = 0°$) und bei $E = 15°$ (86).

metrie mitgeteilt worden. Kleine pulsierende Lichtquellen haben eine geringere Verschmelzungsfrequenz als großflächige. Außerdem hängt die Flimmerfusionsfrequenz von dem gereizten Netzhautareal ab, wie der Vergleich der beiden Kurven in Abb. 177 deutlich macht. Die durchgezogene Kurve wurde bei Reizung der stäbchenfreien Fovea centralis gemessen, die gestrichelte bei Reizung eines weiter außen gelegenen Netzhautbezirks.

Man kann alle diese Einflüsse auf die Flimmerfusionsfrequenz mit Sektorscheiben vom Typ der Abb. 178a beobachten, wenn man sie auf einem Elektromotor mit variabler Umlauffrequenz laufen läßt. Hat man die Flimmerfusionsfrequenz bei zugezogenen Vorhängen eingestellt, so sieht man im hellen Tageslicht wieder, daß sich die Scheibe dreht.

9.5.2 Zeitliche Kontrastübertragungsfunktion

Die zeitliche Kontrastübertragungsfunktion, Abb. 179, bestimmt man, indem man bei jeder Reizfrequenz des sinusförmig modulierten Lichtreizes den kleinsten → Kontrast bestimmt, bei dem man das Flimmern des Lichtes gerade noch wahrnehmen kann. Auf der Ordinate ist wie bei der räumlichen Übertragungsfunktion, Abb. 175, der Kehrwert des Schwellenkontrastes, die Kontrast- oder Modulationsempfindlichkeit, logarithmisch aufgetragen. Die drei Kurven werden bei verschiedenen mittleren Beleuchtungsstärken gemessen. Die Übertragungsfunktion weist das visuelle System in technischer Terminologie als Tiefpaß aus, d. h. als ein Filter, das nur

9.5 Zeitliches visuelles Auflösungsvermögen

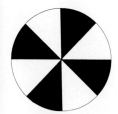

Abb. **178 a**) Sektorscheibe

Abb. **178 b**) stroboskopische Scheibe.

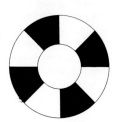

Abb. **178 c**) Scheibe zur Demonstration des Brücke-Bartley-Effektes.

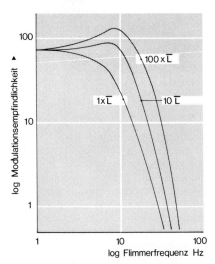

Abb. **179** Zeitliche Kontrastübertragungsfunktion (nach de Lange [115]). $\bar{L}$ = Mittelwert der Leuchtdichtemodulation (Abb. 6).

tiefe Frequenzen überträgt, nicht aber höhere. Die Übertragungsfunktion wurde mit periodisch unterbrochenen Lichtreizen aufgenommen. Die Flimmerfusionsfrequenz wird, wie kaum anders zu erwarten, durch die ➤ Fourier-Komponente mit der tiefsten Frequenz, d.h. durch die erste ➤ Harmonische, bestimmt. Verwendet man anstelle der rechteckigen Reizfunktion einen sinusförmig modulierten Lichtreiz gleicher Frequenz, so erhält man beinahe dieselbe Übertragungsfunktion. Die höheren Fourier-Komponenten machen sich bei dieser Messung kaum bemerkbar.

Die Kontrastübertragungsfunktion hat ein Maximum. Das bedeutet, daß die Reizwirksamkeit von Flimmerlicht in einem Frequenzbereich gesteigert ist. Das zeigt sich im *Brücke-Bartley-Effekt*, **den man mit der auf einen Elektromotor montierten Scheibe, Abb. 178c, eindrucksvoll demonstrieren kann. Bei Umlauffrequenzen kurz unter der Flimmerfusionsfrequenz erscheint der Außenbereich der Scheibe besonders hell, manchmal sogar heller als der Innenbereich, obwohl außen im zeitlichen Mittel nur halb so viel abgestrahlt wird wie innen.** Elektrophysiologisch hat sich diese Frequenzabhängigkeit bereits in der Netzhaut an den retinalen Ganglienzellen nachweisen lassen. Man kann die zeitliche Kontrastübertragungsfunktion auch bei einzelnen Nervenzellen des visuellen Systems messen. Wie bei der räumlichen Kontrastübertragungsfunktion findet man, daß die Frequenzbereiche einzelner Zellen schmaler sind. Die ➤ M-Zellen sind für den oberen, die ➤ P-Zellen für den unteren Frequenzbereich der Gesamtfunktion zuständig.

Für die Flimmerfusion kann man die naheliegende Hypothese aufstellen, daß sie in der Wahrnehmung auftritt, wenn die Erregung an einem bestimmten Ort im visuellen Systems nicht mehr moduliert ist. Aber auch wenn man das Licht gleichbleibend wahrnimmt, können im Auge noch periodische Erregungsänderungen stattfinden. So kann das ➤ Elektroretinogramm im Flimmerlicht noch oberhalb der wahrgenommenen Flimmerfusionsfrequenz zeitlich moduliert sein. In dieselbe Richtung weist die Beobachtung an ➤ Nachbildern der schnell rotierenden Scheiben des Typs der Abb. 151, die vorübergehend verschieden erscheinen, auch wenn alle Ringe der schnell rotierenden Scheiben gleich aussehen. Auf der Suche nach Nervenzellen, deren Erregungsmodulation gerade bei der Fusionsfrequenz in der Wahrnehmung verschwindet, ist bereits Sherrington (168) mit einem ➤ dichoptischen Experiment bis in das ➤ Großhirnareal V1, Abb. 167d, vorgestoßen. **Der Versuch ist mit der Scheibe der** Abb. **180, bei der die hellen Sektoren**

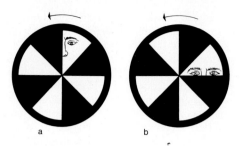

Abb. 180 Reizung der beiden Augen: a) nacheinander und b) gleichzeitig.

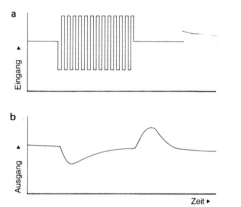

Abb. 181 a) Eingangsmodulation (600 Hz) und b) berechnete Reaktion eines Modells des visuellen Systems (119).

ausgeschnitten sind, nachzuvollziehen. Man bestimmt die Flimmerfusionsfrequenz, indem man durch die Sektorscheibe auf eine Lichtquelle schaut. In der Anordnung (a) werden die Augen abwechselnd, in (b) gleichzeitig gereizt. Wenn die Erregung im Großhirnareal V1, dem Ort der binokularen Erregungsfusion, noch moduliert ist, treten in der Anordnung (a) die Erregungen von den beiden Augen abwechselnd, in (b) gleichzeitig auf. Tatsächlich findet man bei gleichzeitiger Reizung eine etwas höhere Fusionsfrequenz. Nervenzellen, die die Forderung der Hypothese erfüllen und darum der Flimmerwahrnehmung möglicherweise unmittelbar zugrunde liegen, sind noch nicht gefunden worden.

Man hat den Vorgang der Flimmerfusion mit verschiedenen technischen und mathematischen Modellen simuliert, die dieselbe zeitliche Kontrastübertragungsfunktion haben wie der Mensch. Mit einem Modell, das als Kette von Tiefpässen beschrieben werden kann, ließ sich voraussagen, daß sich das Einschalten und Abschalten von Modulation mit Frequenzen weit über der Flimmerfusionsfrequenz, Abb. 181a, in der Wahrnehmung bemerkbar machen muß, was tatsächlich der Fall ist. Die Abbildung (b) zeigt die vorübergehende Erniedrigung bzw. Erhöhung der berechneten Hellempfindung, die dem Wahrnehmungserlebnis entspricht. Es hängt von der Phasenlage der Modulation am Anfang und Ende des Modulationsreizes ab, ob es zu einer Aufhellung oder Verdunkelung kommt.

9.6 Musterinduzierte Flimmerfarben (MiFf)

Als *Flimmerfarben* kann man die bunten Lichterscheinungen bezeichnen, die man manchmal im Flimmerlicht beobachtet. **Wenn man vor eine helle Glühbirne einen Ventilator so aufstellt, daß seine Flügel die Lichtquelle periodisch verdecken, so kann diese unter günstigen Umständen bei höheren Frequenzen verschiedene gesättigte bunte Farben annehmen. Auch auf den Scheiben der Abb. 151 und 178a sieht man bei Rotation unterhalb der → Flimmerfusionsfrequenz manchmal bunte Farben.** Diese Farberscheinungen zeigen, daß das visuelle System bei unnatürlichen Flimmerreizen durcheinandergerät, so daß bunte Farben auftreten, obwohl sich die spektrale Zusammensetzung des Lichtreizes nicht geändert hat.

Musterinduzierte Flimmerfarben (MiFf) sind ein Spezialfall dieser Erscheinung, der mit Hilfe der Scheibe, Abb. 182, beschrieben werden soll. Der Engländer Charles Benham brachte sie in den neunziger Jahren des letzten Jahrhunderts als Spielzeug unter den Namen "artificial spectrum top" auf den Markt. Wenn sich diese Scheibe dreht, verschmelzen die umlaufenden Teilkreise zu Ringen, die sich in Helligkeit und Farbe unterscheiden. **Kleine Scheiben kann man mit Hilfe des Verfahrens nach Abb. 183a oder mit einem Kreisel (b) drehen. Mit Hilfe eines Schreibprojektors (c) kann man MiFf projizieren, wenn man die hellen Felder durch durchsichtige ersetzt. Scheiben, auf denen der Reiz pro Umdrehung mehrfach auftritt, wie bei Abb. 182b, zeigen das Phänomen bereits bei der langsamen Rotation eines Plattenspielers.**

**Zum genaueren Studium der MiFf montiere man eine Scheibe vom Typ der Abb. 182a mit einem Durchmesser von etwa 30 cm auf einen regelbaren Elektromotor (44). Bei Umlauffrequenzen zwischen 2 und 10 Hz verschmelzen bei Drehung im Gegenuhrzeigersinn die äußeren Sektorstreifen zu rötlichen Ringen, die nächst inneren zu grünlichen, die nächsten zu blaßblauen und die innersten zu dunkelvioletten. Wenn die Scheibe im Uhrzeigersinn gedreht wird, kehrt sich die Reihenfolge der

9.6 Musterinduzierte Flimmerfarben (MiFf)

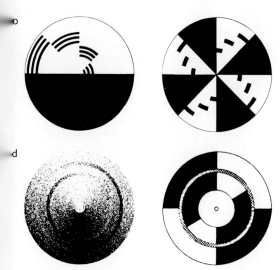

Abb. **182** a) Benhamsche Scheibe. b) Scheibe zur Erzeugung musterinduzierter Flimmerfarben auf einem Plattenspieler. c) Scheibe zur Erzeugung sinusförmiger zeitlicher Leuchtdichtemodulation. d) Scheibe mit grauem Ring.

Farben um. Man muß die Beobachtungsbedingungen, z. B. Beleuchtung, Umlauffrequenz und Beobachtungsabstand, variieren, bis man die MiFf optimal wahrnimmt. Die objektive Leuchtdichte aller Ringe auf der rotierenden Scheibe ist im zeitlichen Mittel gleich. Das erkennt man daran, daß alle Ringe gleich hell und grau aussehen, wenn man die Scheibe so schnell dreht, daß die → Flimmerfusionsfrequenz überschritten wird. Bei langsameren Umlaufgeschwindigkeiten aber sind die Unterschiede zwischen den Ringen nicht zu übersehen.

MiFf werden offensichtlich nicht durch → Farbreize hervorgerufen, die die drei Zapfenarten verschiedenen stark reizen, sondern durch Folgen von Lichtreizen gleicher spektraler Zusammensetzung. Die Musterbewegung ist nicht notwendig. MiFf treten nämlich auch auf, wenn man bei einem stationären Gittermuster, z. B. auf einem Bildschirm, die benachbarten Streifen in geeigneter Weise hell und dunkel schaltet. Das Phänomen wird somit im einfachsten Fall nur durch periodische Hell-Dunkel-Reize an benachbarten Stellen verursacht, weshalb man die Farben als *musterinduzierte Flimmerfarben* (MiFf) bezeichnet.

Die bunten Farben der Ringe sind nicht sehr gesättigt. Manche Menschen behaupten, die Farben nicht zu sehen, geben allerdings zu, daß die Ringe verschieden hell sind. Wenn man diesen VPn aufträgt, die jeweils gleichfarbigen Farbkärtchen in einem → Farbatlas herauszusuchen, entscheiden sie sich aber niemals für die Farbkärtchen der Graureihe, sondern immer für bunt getönte. Farbenblinde nehmen das Farbphänomen wahr, benennen die Farben aber anders als Farbentüchtige und wählen auch andere Farbkärtchen. Auf einer Photographie der rotierenden Scheibe sieht man nur gleiche graue Ringe. Auf einem Schwarzweiß-Videoschirm kann man dagegen die MiFf auf der rotierenden Scheibe erkennen. In der Zeit vor Einführung des Farbfernsehens wurden die bunten MiFf als Überraschungseffekt in Reklamesendungen genutzt.

Bei Drehung der Scheibe Abb. **184a** in der angegebenen Richtung fusionieren die umlaufenden äußeren Bögen zu einem dunkelvioletten und die inneren zu einem helleren rötlichen Ring. Im Auge erhalten die Zapfen unter den

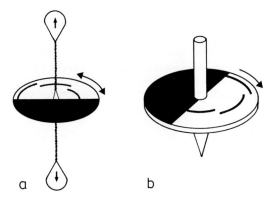 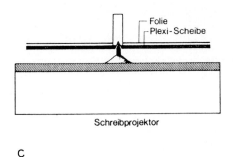

Abb. **183** Demonstration musterinduzierter Flimmerfarbe mit a) einem Scheibchen, das man durch periodisches Ziehen an dem Bindfaden in Rotation versetzt, b) auf einem Kreisel, c) durch Projektion über einen Schreibprojektor.

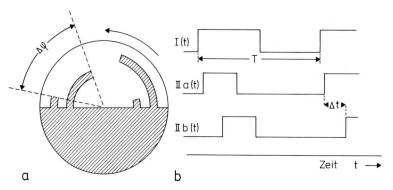

Abb. **184** a) Scheibe zur Aufklärung der Reize für musterinduzierte Flimmerfarben. b) Zeitlicher Verlauf der Hell-Dunkel-Reize zwischen den schwarzen Bögen I (t) und in der Bahn des äußeren IIa (t) und inneren IIb (t) Bogens. T: Periodenlänge, ΔΦ:Phasenwinkel, Δt= Verzögerungszeit.

schwarzen Musteranteilen weniger Licht als unter weißen, und bei Rotation werden sie periodisch gereizt. Den zeitlichen Verlauf der Lichtreize zeigt Abb. 184b. Netzhautbereiche unter dem Scheibenbild, die nicht in der Kreisbahn der umlaufenden Bögen liegen, erhalten den periodischen Reiz I(t), die unter den Ringen liegenden die Reize IIa(t) bzw. IIb(t). Die Lichtreize IIa,b(t) sind in ihrem zeitlichen Verlauf gleich, hinken aber mit einer Zeitverzögerung Δt hintereinander her.

Da dies der einzige Unterschied zwischen Reizen der beiden Ringe ist, muß man folgern, daß er (a) für die Entstehung der MiFf notwendig ist und daß (b) im visuellen System *neuronale Querverbindungen* existieren, durch die die zeitlichen Beziehungen zwischen Erregungen an benachbarten Orten festgestellt werden. An der Farbwahrnehmung sind selbstverständlich viele Nervenzellen beteiligt. Ohne die postulierten lateralen Verbindungen kann es aber keine MiFf geben, weil nur durch sie die Information über die zeitlichen Beziehungen vermittelt werden können.

Allein rufen die Reize I(t), IIa(t) und IIb(t) keine MiFf hervor. Das kann man mit Scheiben beweisen, bei denen man die entsprechenden Musteranteile wegläßt. Es kommt bei diesem Farbphänomen somit entscheidend auf die zeitlichen Beziehungen zwischen periodischen Erregungen an benachbarten Netzhautorten an. Diese Erkenntnis ist in dem Schema der Abb. 185 festgehalten. An den Orten A und B finden in diesem Modell Interaktionen statt, die je nach den zeitlichen Beziehungen zu violetten bzw. rötlichen MiFf führen sollen.

Der absolute Betrag der zeitlichen Verzögerung Δt ändert sich mit der Umlauffrequenz der Scheibe. Weil man die MiFf aber nicht nur bei einer Frequenz sehen kann, empfiehlt es sich, statt der zeitlichen Verhältnisse die frequenzunab-

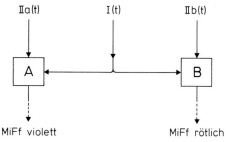

Abb. **185** Verarbeitungsschema der Reize I (t), IIa (t) und IIb (t) bei zu musterinduzierten Flimmerfarben (MiFf).

hängigen *Phasenbeziehungen* anzugeben, d. h. statt Δt besser Δφ, das man nach der Formel

(26) $\Delta\varphi° : 360° = \Delta t : T$

berechnen kann. Kennt man die Umlauffrequenz F = 1/T und den Winkel Δφ, so kann man Δt berechnen. Mit diesen Kenntnissen kann man verhältnismäßig leicht die kürzeste Zeitdifferenz Δt feststellen, die noch zu verschiedenen Flimmerfarben führt.

Man stelle eine Scheibe vom Typ der Abb. 184a, aber mit kleinerem Phasenwinkel Δφ her. Diese lasse man auf einem Elektromotor so schnell laufen, daß der Unterschied der beiden Ringe nach Farbe und Helligkeit gerade verschwindet. Dann bestimme man die Umlauffrequenz. Wenn der Versuch bei heller Beleuchtung durchgeführt wurde, findet man nach Formel (26) wirksame Zeitverzögerungen von Δt 100 μs (27, 42). Diese Zeiten sind viel kürzer als die → Nervenaktions- und → Synapsenpotentiale, die oberhalb von 1 ms liegen. Eine ähnliche Leistung war schon im Zusammenhang mit dem → binauralen Hören beschrieben worden.

9.6 Musterinduzierte Flimmerfarben (MiFf)

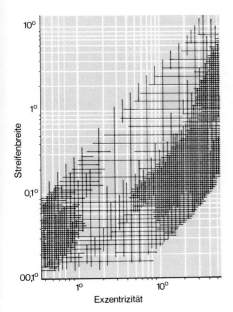

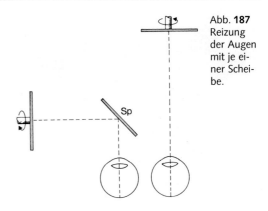

Abb. 187 Reizung der Augen mit je einer Scheibe.

Abb. 186 Sättigung einer rötlichen musterinduzierten Flimmerfarbe, nach dem Urteil einer VP wiedergegeben durch die Dichte der Schraffur bei Reizung mit Scheiben verschiedener Streifenbreite der umlaufenden Bögen (Ordinate) und bei verschiedenen Exzentrizitäten (Abszisse), beides logarithmisch.

Die Reichweite der Querverbindungen, die das Farbphänomen im visuellen System verursachen, kann man folgendermaßen untersuchen. Man gehe an eine rotierende Benhamsche Scheibe näher heran, so daß die Bilder der Ringe im Auge immer breiter werden. Man findet dann einen Abstand, bei dem die Farben nur noch an den Kanten der Ringe zu sehen sind. Dies geschieht bei der kritischen Streifenbreite im Netzhautbild, bei der die laterale Koppelung gerade nicht mehr ausreicht, um die Ringe in ihrer ganzen Breite gleichmäßig zu verfärben.

Eine konsequente Untersuchung nach dieser Methode führte zu den Ergebnissen der Abb. 186 Auf der Ordinate ist die Breite der Streifen im Netzhautbild logarithmisch aufgetragen, auf der Abszisse die → Exzentrizität. Die größten im Diagramm berücksichtigten Streifenbreiten sind die, bei denen die Ringe gerade noch einheitlich getönt sind. Die obere Grenze der Schraffur ist darum ein indirektes Maß für die Reichweite der lateralen Interaktion, die offensichtlich mit der Exzentrizität zunimmt. Die Dichte der Schraffur in dem Diagramm gibt die Sättigung der Farbe nach dem Urteil der VP wieder. Die Streifen müssen, wie das Diagramm lehrt, im Bereich der Sehgrube schmal und im peripheren Teil der Netzhaut mehr als zehnmal so breit sein, wenn die Farben deutlich, d.h. gesättigt, in Erscheinung treten sollen. Auffallend ist, daß in einem ringförmigen Bereich um die Fovea centralis keine gesättigten musterinduzierten Flimmerfarben zu erzeugen sind. Das hängt vielleicht damit zusammen, daß in diesem Netzhautbereich die Dichte der Stäbchen und auch das Verhältnis der Anzahl von Stäbchen zu Zapfen pro Flächeneinheit besonders groß ist.

Bevor die Ursache der musterinduzierten Flimmerfarben genauer analysiert werden kann, muß geklärt werden, in welchem Teil des visuellen Systems der angenommene Interaktionsvorgang stattfindet. Ein Blick auf Abb. 13 und **167a** lehrt, daß die Netzhaut, das Stammhirn (→ Corpus geniculatum laterale) sowie das Großhirn (Areal V1) dafür in Frage kommen. Das Gehirn hinter den Orten der binokularen Erregungsvereinigung wurde als Ort der lateralen Interaktion mit dem folgenden Experiment ausgeschlossen. Eine VP betrachtet mit dem einen Auge eine Benhamsche Scheibe und mit dem anderen über einen Spiegel eine zweite, die genau gleich schnell rotiert, Abb. 187. Die beiden Scheibenbilder werden in der Wahrnehmung fusioniert, d.h. die VP sieht nur eine rotierende Scheibe. Die MiFf, die dann wahrgenommen werden, sind ganz unabhängig davon, ob die Reizungen der beiden Augen gleichzeitig oder zeitlich versetzt erfolgen. Die Farben bleiben sogar dieselben, wenn sich die Scheibenbilder in den beiden Augen in entgegengesetzter Richtung drehen. Damit ist gezeigt, daß der Erregungsverlauf hinter dem Ort der binokularen Fusion keine Bedeutung für die Entstehung der MiFf hat. Die laterale Interaktion, die das Farbphänomen erzeugt, muß an einem Ort vor der binokularen Fusion, d.h. vor V1, stattfinden.

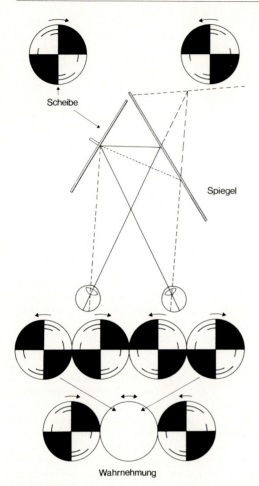

Abb. 188 Dichoptische Reizung der beiden Augen durch Bild und Spiegelbild derselben Scheibe. In jedem Auge entstehen zwei Scheibenbilder, das schielend betrachtete und darum auf der Sehgrube abgebildete Bild bzw. Spiegelbild und auf der nasalen Seite das jeweils andere Spiegelbild bzw. Bild. Die beiden in der Sehgrube abgebildeten Scheiben werden trotz entgegengesetzter Drehrichtung und entgegengesetzten Kontrastes mühelos fusioniert und zeigen dieselben musterinduzierten Flimmerfarben wie die gesehenen Scheiben rechts und links davon, die durch Netzhautbilder in nur jeweils einem Auge hervorgerufen werden. Bildumkehr im Auge wurde in dieser Abbildung nicht berücksichtigt.

Ohne großen Aufwand kann man sich von diesem Tatbestand überzeugen, indem man schielend mit einem Auge eine rotierende Scheibe und mit dem anderen ihr Spiegelbild betrachtet, Abb. 188. In jedem Auge entstehen zwei Netzhautbilder mit entgegengesetzter Drehrichtung. Die jeweils in der Sehgrube abgebildeten werden in der Wahrnehmung trotz entgegengesetzter Drehrichtung fusioniert und zeigen dieselben MiFf wie die beiden anderen, denen nur jeweils ein Netzhautbild zugrunde liegt (39).

Auch das → Corpus geniculatum laterale kann man mit einem einfachen Experiment als den Ort der MiFf-Erzeugung ausschließen. Man betrachte einäugig eine Kante von einem Ring auf der rotierenden Scheibe aus geringem Abstand. Wandert man mit dem Blick an der Kante entlang, so daß diese zuerst horizontal und dann vertikal durch die Fovea centralis verläuft, so bemerkt man keinerlei Änderung der MiFf. Verläuft die Kante vertikal durch die Fovea, so wird, wie Abb. 13 zeigt, die Erregung der Reizprogramme I(t) und II(t) rechts und links von der Kante zu verschiedenen Hirnhälften geleitet. Bei horizontalem Verlauf erhält jede Hirnhälfte Erregungen von beiden Reizprogrammen. Fände die Interaktion zwischen den Erregungen von I(t) und II(t) im Corpus geniculatum laterale statt, so wäre sie bei vertikalem Verlauf der Kante nicht möglich. Weil aber die Richtung der Kante ohne jeden Einfluß auf die Farbe ist, kann man Interaktionen im Gehirn zwischen den Augen und dem Ort der binokularen Erregungsvereinigung als Ursache für die MiFf ausschließen.

MiFf werden somit durch laterale phasenempfindliche Interaktion in der Netzhaut induziert. Auf der Suche nach weiteren Bedingungen für die Erzeugung von MiFf wurden ihre Reize in → Fourier-Komponenten zerlegt. Scheiben, die das Auge mit nur einer Fourier-Komponente reizen, bei der also die Reize I(t), IIa(t) und IIb(t) aus sinusförmigen Modulationen der Leuchtdichte bestehen, kann man mit einem rechnergesteuerten Drucker herstellen, Abb. 182c. Es zeigte sich, daß die erste Harmonische ausreicht, um die violetten und die rötlichen MiFf, wenn auch etwas ungesättigter, herzustellen. Zur Erzeugung grüner MiFf sind allerdings auch höhere Fourier-Komponenten notwendig. Von entscheidender Bedeutung ist das Verhältnis der Leuchtdichten der sinusförmigen Reize. Die beiden Ringe der Scheibe in Abb. 187 ändern ihre MiFf dramatisch, wenn sie so eingestellt werden, daß sie nicht dunkler, sondern heller sind als ihre Umgebung. Das *Leuchtdichteverhältnis* ist somit ein weiterer wichtiger Reizparameter für die Erzeugung von MiFf (188).

Daß die Amplitude der periodischen Erregung für die Entstehung der MiFf wichtig ist, ist zu erwarten. Ohne Modulationsamplitude gibt es keine Phasenbeziehung. An den Schaltstellen A und B in Abb. 185 können deshalb phasenabhängige Interaktionen nur stattfinden, wenn die Erregungen, die durch I(t) und IIa(t) bzw. IIb(t) erzeugt werden, moduliert sind.

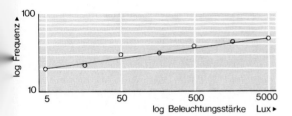

Abb. **189** Höchste Umdrehungsfrequenz (Ordinate), bei der die beiden Ringe einer Scheibe vom Typ der Abb. **184a** gerade noch zu unterscheiden sind, bei verschiedenen Beleuchtungsstärken, beides logarithmisch aufgetragen (42).

Wenn das eine Erregungssignal das andere z. B. durch neuronale Hemmung verkleinert, muß das Ergebnis davon abhängen, ob das Maximum der Hemmung immer mit dem Maximum oder dem Minimum des anderen Erregungssignals zusammenfällt. Schon ohne Kenntnis über den Interaktionsprozeß kann man sagen, daß die Abhängigkeit von der Phase wahrscheinlicher ist als eine mögliche Unabhängigkeit. Nach der zeitlichen Kontrastübertragungsfunktion, Abb. **179**, kann man außerdem vorhersagen, daß die Modulationsamplitude mit wachsender Frequenz steil abfällt. Damit ist erklärt, warum die Ringe auf der Scheibe bei hohen Umlauffrequenzen alle gleich und grau aussehen. Die Erregungsamplituden sind dann an den Schaltstellen A und B der Abb. **185** so klein, daß sich die Phasenlage der Erregungen nicht mehr auswirken kann. Helle Beleuchtung und großer ⇾ Kontrast bewirkt eine Vergrößerung der Reiz- und der Erregungsamplitude und lassen die MiFf deutlicher hervortreten.

Man kann die beiden Parameter Reizfrequenz und Eingangsamplitude gegeneinander ausspielen. Man lasse eine Scheibe vom Typ der Abb. 184a bei schwacher Beleuchtung so schnell rotieren, daß die Ringe gerade gleich erscheinen, d. h., daß die MiFf verschwinden. Wenn das daran liegt, daß die Erregungsamplitude am Ort der Interaktion zu klein geworden ist, müßten die MiFf wieder auftreten, wenn man die Beleuchtung der Scheibe ein wenig verstärkt und dadurch die Erregungsamplitude vergrößert. Vergrößert man dann wieder die Frequenz, so verschwinden die MiFf wieder, um bei nochmaliger Vergrößerung der Beleuchtungsstärke wieder aufzutauchen, usw. Wenn man so fortfährt, kommt man zu den Wertepaaren von Frequenz und Beleuchtungsstärke der Abb. **189**. Aus dem flachen Verlauf der gemessenen Funktion, kann man entnehmen, daß eine kleine Änderung der Frequenz durch eine große Änderung der Beleuchtungsstärke kompensiert wird. Tatsächlich kann man den Verlauf der Geraden näherungsweise vorhersagen, wenn man der Rechnung das Webersche Gesetz für die Wirkung der Leuchtdichte und die zeitliche Kontrastübertragungsfunktion, Abb. **179**, zugrunde legt (42). Damit ist die Bedeutung der Reizparameter Amplitude und Frequenz charakterisiert.

Die Erklärungsmöglichkeiten für den neuronalen Vorgang, der die MiFf hervorbringt, kann man in zwei Gruppen einteilen. Die *Ein-Schritt-Hypothesen* gründen auf der Annahme, daß die phasenempfindliche Interaktion zwischen Nervenzellen stattfindet, die ihrerseits mit verschiedenen Zapfen verbunden sind. So könnte z. B. Erregung von L-Zapfen gehemmt werden durch Erregung von M-Zapfen. Die Folge von einem zapfenspezifischen Interaktionsprozeß dieser Art wäre bereits eine Veränderung der farbcodierenden Erregung und im Prinzip ausreichend zur Erklärung der MiFf. Für diesen Typ von Erklärung spricht (206a), daß zapfenspezifische Hemmungen innerhalb von ⇾ rezeptiven Feldern ⇾ retinaler Ganglienzellen, Abb. **167b**, nachgewiesen wurden.

Gegen die Ein-Schritt-Hypothesen spricht die alte Erfahrung, daß die Ringe auf der rotierenden Benhamschen Scheibe, Abb. **182a**, auch im monochromatischen Licht beliebiger Wellenlänge immer verschieden aussehen, daß also MiFf durch alle Zapfen angeregt werden können. Bei einer Beleuchtung mit extrem langwelligem und darum tiefrotem Licht kann es sogar geschehen, daß nur L-Zapfen gereizt werden. An der Verschiedenheit der Ringe unter dieser Bedingung erkennt man aber, daß eine phasenempfindliche laterale Interaktion trotzdem stattfindet. Diese kann nicht durch wechselseitige Hemmung verschiedener Zapfenerregungen erzeugt sein.

Die Gesamtheit der an sich nahe liegenden Ein-Schritt-Hypothesen wurden mit der Methode der "silent substitution" (66a) widerlegt. In einer besonderen Versuchseinrichtung wurde dafür gesorgt, daß anstelle der schwarzen Musteranteile der Scheibe monochromatisches Licht von der Scheibe ausgeht. Wenn man die Wellenlänge und den Lichtfluß dieses monochromatischen Reizes in geeigneter Weise variiert, kann man erreichen, daß die Zapfenart, die für dieses Licht besonders empfindlich ist, in der dunklen Phase des periodischen Flimmerreizes genau so viele Lichtquanten absorbiert wie in der hellen. Für diese Zapfenart sieht dann die ganze Scheibe gleich aus. Die anderen Zapfenarten dagegen absorbieren in der Dunkelphase des Reizes weniger Lichtquanten als in der hellen, weil sie für das gewählte monochromatische Licht weniger emp-

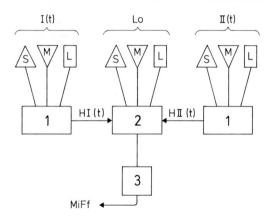
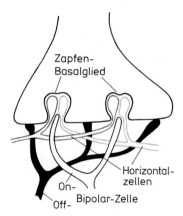

Abb. 190 Schema zur Zwei-Schritt-Hypothese für die Entstehung der musterinduzierten Flimmerfarben. L_0 entspricht dem gleichbleibenden Reiz der Scheibe nach Abb. 182d.

Abb. 191 Synaptische Nervenendigungen einer On-Bipolarzelle und zweier Horizontalzellen, H1 und H2, in einer Einbuchtung (Invagination) von Stäbchen und Zapfen.

findlich sind. Durch systematische Variation von Wellenlänge und Leuchtdichte des monochromatischen Reizes kann man die Erregungsmodulation für jeden Zapfen einzeln kompensieren. Nach den Ein-Schritt-Hypothesen müßte sich der Wegfall von Modulation bei einzelnen Zapfenarten auswirken. Das ist aber nicht der Fall. Das Ergebnis der Versuche läßt sich vielmehr dahin zusammenfassen, daß das Erregungsverhältnis der drei Zapfenarten für die musterinduzierten Flimmerfarben ohne Bedeutung ist. Wichtig ist nur, daß die periodische Modulation der Reize auf die Erregungen der Nervenzellen übertragen wird. Unwichtig ist, durch welche Zapfenart dies geschieht (48). Damit kann die Gruppe Ein-Schritt-Hypothesen verworfen werden.

Die *Mehrschritthypothesen* werden in dem Schema der Abb. 190 zusammengefaßt. Erregung von allen Zapfenarten konvergieren im Verarbeitungsschritt (1) auf einen Typ von Folgezelle, dessen periodische Modulation folglich nicht mehr zapfenspezifisch ist. Die Erregung dieses Zelltyps H(t) soll über Nervenfasern in den retinalen Nachbargebieten in einem Verarbeitungsschritt (2) eine Wirkung entfalten, die dann nach weiteren Schritten (3) zu den MiFf führt. Auch die Modulationsamplitude von H(t) kann man durch "silent substitution" manipulieren und zeigen, daß die MiFf erwartungsgemäß verschwinden, wenn die Modulationsamplitude von H(t) zu klein ist (48). Eine wichtige Stütze erfährt die Zwei-Schritt-Hypothese von der Neuroanatomie. Die → Horizontalzellen der menschlichen Netzhaut sind mit allen Zapfenarten verknüpft (30), verbinden Zapfen in benachbarten Netzhautgebieten über Entfernungen, die mit der Exzentrizität zunehmen, was zu den Ergebnissen der Abb. 186 paßt, und sie sind in der Lage, im geforderten Frequenzbereich die Erregung zu übertragen, wie elektrophysiologische Messungen zeigten.

Für die Überlegungen zum zweiten Verarbeitungsschritt sind Beobachtungen an der Scheibe, Abb. 182d, wichtig. Diese Scheibe strahlt die Reize I(t) und II(t) rechts und links von einem dunklen Ring ab. Im Schema der Abb. 190 bedeutet das, daß die Zapfen auf der rechten und linken Seite mit den Reizen I(t) bzw. II(t) gereizt werden, die Zapfen in der Mitte aber mit dem gleichbleibenden Lichtreiz L_0. Man erkennt auf der rotierenden Scheibe, daß sich der Ring rötlich verfärbt, obwohl der zugehörige Reiz L_0 nicht moduliert ist. Die Modulation stammt von den Erregungen HI(t) und HII(t), die von den Seiten in den Ringbezirk hineingeleitet werden. Es treten in diesem Fall nur rote MiFf auf und auch nur dann, wenn der Ring auf der Scheibe dunkel ist. Helle Ringe verfärben sich nicht.

Dieser Befund legt den Schluß nahe, daß die phasenempfindliche laterale Interaktion dort stattfindet, wo sich die Synapsen der Horizontalzellen, der Zapfen bzw. Stäbchen und der → Bipolarzellen befinden, Abb. 191. Die sogenannten On-Bipolaren formen mit den Enden je zweier Horizontalzellen sogenannte Triaden in Invaginationen der Basalglieder von Stäbchen und Zapfen. Die sogenannten Off-Bipolaren invaginieren nicht. Sie bilden mit den Basalteilen der Rezeptorzellen anders geformte Synapsen. Im Dunklen

9.6 Musterinduzierte Flimmerfarben (MiFf)

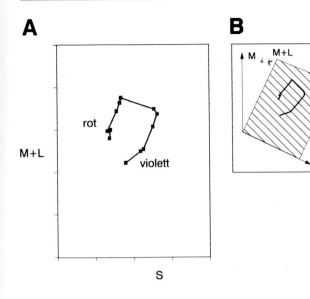

Abb. **192** a) Ebene der musterinduzierten Flimmerfarben im Rezeptorraum, b) in Frontalansicht mit Meßdaten (164a).

ist das → Rezeptorpotential der Zapfen und Stäbchen klein und der Fluß des Transmitterstoffs in die → Synapse zwischen der Rezeptorzelle und der Bipolare groß. Im Hellen ist das Potenial groß und der Transmitterfluß klein. Wenn die Horizontalzellen die synaptische Erregungsübertragung beeinflussen, so sollte man erwarten, daß (a) die Phasenlage zwischen den Erregungen HI(t) und HII(t) eine Rolle spielt und daß (b) die Synapse im Dunklen, d.h. im Zustand größeren Transmitterflusses, stärker auf das Signal der Horizontalzellen reagiert als im Hellen. Diese Überlegung ist als eine Hypothese zur Erklärung dafür anzusehen, daß die MiFf in dem gleichbleibenden Ring der Abb. **182d** nur auftreten, wenn dieser dunkel ist. Die große Bedeutung des Leuchtdichtemittelwertes als Reizparameter für die MiFf paßt auch zu der Hypothese.

Bisher wurden nur die Bedingungen für das Auftreten von MiFf behandelt. Jetzt soll die Art ihrer Buntheit in die Überlegungen mit einbezogen werden. Dazu müssen die MiFf zunächst mit der → Abgleichmethode nach dem Prinzip der Abb. **143** bestimmt werden. Die MiFf wurden mit dem Farbenmischer nachgemischt. Die → farbmetrischen Daten wurden dann in den → Rezeptorraum transformiert. Erstaunlicherweise fand man die Farborte von MiFf, die mit verschiedenen Scheiben erzeugt wurden, im Rezeptorraum alle im Bereich von nur einer Ebene, Abb. **192b**. Wenn bei Scheiben vom Typ der Abb. **184a** der Phasenwinkel systematisch vergrößert oder verkleinert wird, so wandern die zugehörigen Farborte in einem Kreis, wie man es in einer Aufsicht auf die Ebene in (b) erkennen kann. Es gibt auch MiFf, die die VPn als grünlich bezeichnen. Auch diese haben ihre exakt bestimmten Farborte auf beinahe derselben Ebene (164a).

Orte innerhalb einer Ebene kann man mit zwei Variablen eindeutig beschreiben. In der Ebene der Abb. **192b** ist eine der Variablen die Erregungsstärke der S-Zapfens, die andere die der M- und L-Zapfen mit nahezu gleichen Anteilen. Eine retinale Ganglienzelle, die durch S-Zapfen erregt und durch M- und L-Zapfen gehemmt wird, kommt bei Primaten vor, Abb. **167b**. Wenn dieser Zelltyp stärker erregt ist, bedeutet es normalerweise, daß der Farbreiz mehr kurzwellige und weniger langwellige Strahlung enthält. Schwächere Erregung bedeutet das Gegenteil. Vom Standpunkt der → Empfindungsspezifität aus betrachtet, heißt das, daß die S/(M+L)-Zelle die Farben Blau und Gelb codiert.

Wenn alle retinalen Ganglienzellen auf den Reiz der MiFf reagieren würden, dann müßte man die Farborte der nachgemischten MiFf überall im Rezeptorraum erwarten. Das Ergebnis der Abb. **192** legt aber den Schluß nahe, daß nur die S/(M+L)-Zellen (blue-on-retinal-ganglion-cells) durch den Reiz der MiFf beeinflußt werden. Die anderen retinalen Ganglienzellen kommen jeweils als On- und Off-center-Zellen vor. Die S/(M+L)-Zellen gibt es anscheinend nur als On-Zellen und ihre → rezeptiven Felder sind nicht in Zentrum und Umfeld gegliedert (206a). Warum nur diese Zellen durch den MiFf-Reiz beeinflußt werden sollen, ist z.Z. noch nicht klar.

Die psychophysische Untersuchung der MiFf erstreckte sich auf drei Verarbeitungsschritte, (a) die Konvergenz der Zapfenerregungen auf die Horizontalzellen, (b) die phasenempfindliche Interaktion der Horizontalzellerregungen und ihre Wirkung auf die synaptische Erregungsübertragung von den Zapfen auf die On-Bipolarzellen und (c) die Weiterleitung der MiFf-Erregung durch die S/(M+L)-Ganglienzellen. Nachzutragen wäre, daß MiFf auch beim ➤ skotopischen Sehen auftreten und von ➤ Stäbchenmonochromaten, d. h. ➤ total farbenblinden Menschen, wahrgenommen werden können. Sie sind aber in diesen beiden Fällen nicht bunt, sondern achromatisch, d. h., die Ringe auf den rotierenden Scheiben unterscheiden sich nur in ihrer Helligkeit. Dichromaten sehen auch bunte MiFf und erkennen auf der rotierenden Scheibe Farben, die sie im Farbatlas nicht finden können. Dieser Befund weist darauf hin, daß bei den ➤ Dichromaten nach Ausfall einer Zapfenart die Kompetenz zur Hervorbringung von Farbempfindungen im Nervensystem nicht so weit reduziert ist wie die Möglichkeit der Farbunterscheidung durch die Zapfen.

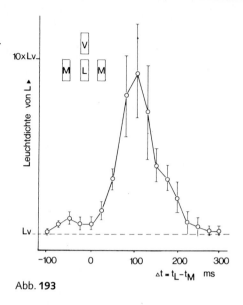

Abb. 193

9.7 Visuelle Maskierung

Wie beim Hören kann auch beim Sehen die Wahrnehmung von einem Reiz durch einen zweiten Reiz unterdrückt werden, was man als *visuelle Maskierung* bezeichnet. Der maskierende Reiz kann wie beim Hören dem maskierten vorauslaufen, gleichzeitig mit ihm sein und, was zunächst überrascht, dem maskierten zeitlich folgen. In dem zuletzt genannten Fall unterdrückt der spätere Reiz die Erregung, die der vorauslaufende Reiz in Gang gesetzt hat, bevor sie eine Wahrnehmung erzeugen kann. **Man schneide in ein Stück Karton ein Fenster und überklebe die eine Hälfte mit roter und die andere mit grüner durchsichtiger Folie. Einen Schreibprojektor decke man mit einem dunklen Karton ab, in dem sich ein Loch befindet. Nun bewege man den Karton mit dem Fenster schnell über das Loch, so daß an der Wand kurz hintereinander ein grüner und ein roter Lichtfleck sichtbar wird. Davor und danach soll das Loch bedeckt sein. Man findet leicht eine Geschwindigkeit, bei der man nur die zweite Farbe erkennen kann.**

Die Wirkung des maskierenden Reizes erstreckt sich auch auf benachbarte Netzhautbereiche. So wird unter geeigneten Versuchsbedingungen ein kurzer Lichtreiz viel dunkler erscheinen, wenn 100 ms später rechts und links davon je ein zweiter kurzer maskierender Lichtreiz geboten wird. Diese Erscheinung wird als *Metakontrast* bezeichnet. Die erstaunliche Verkleinerung der Reizwirksamkeit durch Metakontrast wurde mit folgender Methode gemessen. Maskierter und maskierender Reiz wurden einem Auge geboten und ein Helligkeitsvergleichsreiz V dem anderen Auge, und zwar an einem Netzhautort, der so gewählt war, daß der maskierte und der Vergleichsreiz in der Wahrnehmung übereinander erschienen, wie es das Einschaltbild in Abb. 193 zeigt. Man sieht an der Kurve, daß es für den Metakontrast wie bei der ➤ akustischen Maskierung einen optimalen zeitlichen Abstand gibt.

Die Wahrnehmung von einem monokularen Reiz kann durch einen zweiten Reiz in demselben (1) und auch durch einen Reiz im anderen (2) Auge maskiert werden. Im zweiten Fall kann der physiologische Maskierungsvorgang erst hinter dem Ort der binokularen Erregungsvereinigung im Gehirn stattfinden. Die Reizbedingungen für monoptische (1) und die dichoptische (2) Maskierung sind nicht genau gleich. Daraus folgt, daß sowohl Nervenzellschichten vor wie hinter dem Ort der binokularen Erregungsfunktion an der Maskierung beteiligt sind.

10 Sehen mit zwei Augen

10.1 Monokulares und binokulares Sehen

Die Augen des Menschen sind nach vorn gerichtet, so daß man fast alles, was man sieht, binokular, d. h. mit beiden Augen zugleich, sieht. Ein Nachteil dieser Augenstellung ist ein *toter Winkel* hinter dem Kopf. Tiere mit seitlich stehenden Augen können den ganzen Umkreis zugleich überblicken. **Daß der tote Winkel auch für den Menschen von Nachteil ist, erkennt man daran, daß man mit einem verbundenen Auge auf der blinden Seite häufiger mit der Hand und der Schulter gegen Hindernisse stößt als auf der anderen Seite.**

Der Vorteil der frontalen Augenstellung sollte aber nach der Evolutionstheorie bedeutender sein als der Nachteil. Folgende Vorteile des binokularen Sehens sind erkennbar. (1) Beim binokularen Sehen steht der Konvergenzwinkel zwischen den Augenachsen zur Bestimmung der Entfernung naher Gegenstände zur Verfügung, Abschnitt 6.7.1 und 11.3.2. (2) Die perspektivischen Unterschiede zwischen den Netzhautbildern, die unvermeidlich sind, weil sich die beiden Augen nicht am gleichen Ort befinden, werden zur → Stereopsis verwendet. (3) Die absolute Schwelle für Lichtreize ist beim binokularen Sehen etwas kleiner, Abschnitt 7.2.2, was schwerlich von großer Bedeutung sein dürfte. Wichtiger ist vielleicht, daß (4) das visuelle Auflösungsvermögen beim binokularen Sehen etwas besser ist, Abschnitt 9.4.1. Die letzten beiden Effekte sind darauf zurückzuführen, daß die Wahrscheinlichkeit für die Entdeckung eines Signals im Hintergrundrauschen größer ist, wenn das Signal in zwei Augen registriert werden kann.

Die Probleme des binokularen Sehens erfährt man, wenn man einen entfernten Gegenstand anschaut und dabei den vor das Gesicht gehaltenen Finger doppelt sieht. Fixiert man die Fingerspitze, so erscheint der Hintergrund doppelt. *Doppelbilder* sind ein unvermeidbares Problem des binokularen Sehens, Abb. **194**. Man stellt beim Sehen die Augen unwillkürlich so ein, daß der jeweilige Fixierpunkt in beiden Augen auf der Sehgrube abgebildet und einfach gesehen wird. Nähere und weiter entfernte Objekte werden dann in den beiden Augen auf nicht korrespondierenden Netzhautstellen abgebildet und aus diesem Grunde doppelt gesehen. Offen bleibt dabei, warum man normalerweise durch Doppelbilder nicht gestört wird. Man bemerkt sie nur, wenn man seine → Aufmerksamkeit auf sie lenkt. **Schließt man bei der Beobachtung abwechselnd das rechte und linke Auge, so sieht man den Finger hin und her springen. Fixiert man dabei die Fingerspitze, so erkennt man die → Scheinbewegungen am Hintergrund.** Diese einfachen Beobachtungen sind mit einer Theorie korrespondierender Netzhautstellen in den beiden Augen allein nicht zu erklären.

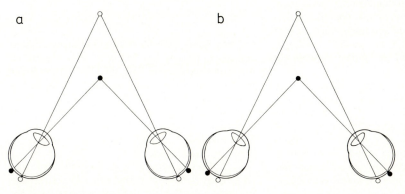

Abb. **194** a) Beim Fixieren des fernen Punktes wird dieser in beiden Augen auf der Sehgrube abgebildet, die Abbildung des nahen Punktes fällt auf weiter außen liegende, nicht korrespondierende Netzhautorte und erzeugt Doppelbilder. b) Fixieren des näheren Punktes, der fernere wird auf weiter innen liegende, nicht korrespondierende Netzhautorte abgebildet.

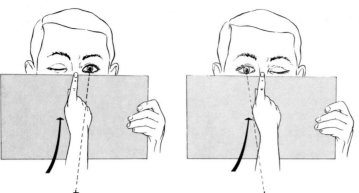

Abb. 195 Nachweis des Zyklopenauges.

10.2 Zyklopenauge, Haupt- und Nebenauge

Zyklopen, die einäugigen Riesen der griechischen Sage, existieren nur in der Phantasie. So auch *das zyklopische Auge des Menschen*. Trotzdem ist es nützlich, weil man es seit Hering (1878) zur Beschreibung einer bestimmten Leistung der visuellen Informationsverarbeitung heranziehen kann. Die Gegenstände erscheinen beim binokularen Sehen nicht so, wie man sie mit dem rechten oder dem linken Auge sieht, sondern so, wie man sie mit einem zyklopischen Auge sehen würde, wenn sich dieses im Bereich der Nasenwurzel befände. Das zyklopische Auge ist eine theoretische Bezugsgröße für die visuellen Erregungsverarbeitung.

Wenn man mit dem Finger auf einen Gegenstand deutet, bringt man ihn auf die Verbindungslinie zwischen Nasenwurzel und Zielobjekt, d. h. vor das Zyklopenauge und nicht vor das rechte oder das linke Auge. Das lehrt der Zeigeversuch, Abb. 33.

Man fixiere einäugig einen entfernten Punkt, Abb. 195, **und bewege dann schnell die durch einen Schirm verdeckte Hand so nach oben, daß der Finger vor den Fixierpunkt kommt und diesen verdeckt. Diese Handbewegung muß schnell und ohne Korrektur ausgeführt werden. Der Finger erscheint dann nicht vor dem offenen, sondern vor dem zyklopische Auge.**

Das zyklopische Auge bestimmt die wahrgenommene Richtung zu einem Objekt. Das zeigt folgende Beobachtung. **Man betrachtet einen Fixierpunkt (+) auf einer Fensterscheibe mit beiden Augen,** Abb. **196. In beiden Augen wird zusammen mit dem Fixierpunkt jeweils ein Ausschnitt des Hintergrundes abgebildet. Schließt man das rechte Auge, so sehe man z. B. hinter dem Fixierpunkt eine Kirche, schließt man das linke, so sehe man einen Baum. Binokular sieht man in diesem**

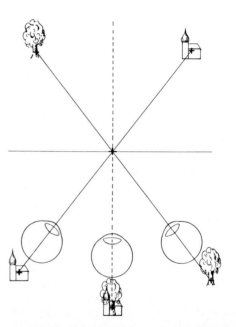

Abb. 196 Zyklopenauge und die Richtung des Sehens (nach Hering [95]).

Fall den Baum und die Kirche, und zwar beide in derselben Richtung, der Richtung vom zyklopischen Auge zum Fixierpunkt. Diese objektiv falsche Richtung ist ein Kompromiß der Erregungsverarbeitung. Weil man monokular den jeweiligen Hintergrund in einer anderen Richtung wahrnimmt, tritt beim Schließen und Öffnen eines der Augen die schon oben erwähnte sprunghafte ➤ Scheinbewegung zur Seite auf.

Eindrucksvoll ist auch folgende Beobachtung. **Man halte eine Karteikarte mit gestrecktem Arm so vor das Gesicht, daß man auf die senkrechte vordere Kante sieht. Tatsächlich ist das rechte und** linke Auge dann jeweils schräg von vorn auf die rechte bzw. linke Seite des Blattes gerichtet. Die beiden Ansichten werden im visuellen System auf die Blickrichtung des zyklopischen Auges transformiert. Die vordere Kante sieht aus wie ein Schiffsbug oder die Schneide eines Beils, insbesondere, wenn man den Beobachtungsabstand langsam verkleinert. Wenn man auf die Mitte der Karteikarte jederseits einen Punkt einzeichnet und bei dem Versuch statt der Kante diese Punkte ansieht, ist das Ergebnis der Verarbeitung ganz anders. Man sieht zwei Karteikarten, die sich in einer X-förmigen Kreuzung scheinbar gegenseitig durchdringen. Wenn das nicht gleich gelingt, zeichne man den Fixierpunkt beiderseits an den oberen Rand, so daß man die obere Kante sehen kann, die man in Form zweier sich kreuzender Linien wahrnimmt. Auch bei dieser Beobachtung werden die beiden Netzhautbilder so verrechnet, als befände sich das Objekt vor dem zyklopischen Auge.

Bei der zyklopischen Erregungsverarbeitung kann eines der Augen, das *Hauptauge*, über das andere, das *Nebenauge*, dominieren. Man schneide in die Mitte eines Papiers (DIN A4) ein fingerdickes Loch und halte dann dieses Blatt mit gestreckten Armen quer vor das Gesicht, so daß man durch das Loch einen fernen Gegenstand anschauen kann. Dann schließe man abwechselnd das rechte und linke Auge. Erst jetzt merkt man, daß man nur mit einem, dem Hauptauge, den Gegenstand gesehen hat, während das Nebenauge auf das Papier gerichtet war. Wenn man durch ein Schlüsselloch sieht, tut man es in der Regel mit dem Hauptauge. Das Nebenauge muß nicht geschlossen sein. Es leistet aber keinen Beitrag, wenn man nicht ausdrücklich darauf achtet, wie man es z. B. beim Zeichnen am monokularen Mikroskop tut. Es ist nicht letztlich klar, wodurch sich das Haupt- vom Nebenauge unterscheidet und ob der Unterschied bei allen Menschen gleich groß ist. Interessant ist eine Beobachtung an besonderen Paaren von → Julesz-Mustern (103), bei denen eines eine symmetrische Figur zeigt, die bereits monokular erkennbar ist. Wenn man dieses Muster bei → dichoptischer Betrachtung dem Hauptauge bietet, erkennt man die Figur zusätzlich zu derjenigen Figur, die erst durch die → stereoskopische Tiefe hervorgerufen wird. Bietet man es dem Nebenauge an, so wird es in der Wahrnehmung unterdrückt.

Wenn sich vor einem Auge ein Sichthindernis befindet, z. B. die Hand, so merkt man das oft gar nicht. Wenn man aber darauf achtet, dann erkennt man, daß die Hand durchsichtig zu sein scheint. Lediglich ihre Konturen sind unverändert. Auch die Nase sieht abgesehen von ihrer äußeren Kontur durchsichtig aus, wenn man so weit zur Seite schaut, daß sie für ein Auge im Wege ist. In der Terminologie des Abschnitts 9.3.2 heißt das: Nur der hochfrequente Musteranteil des einäugigen Sichthindernisses wird wahrgenommen, der niederfrequente Anteil wird unterdrückt.

10.3 Dichoptische Reizung

Abb. 203 zeigt ein Spiegelstereoskop, eine Vorrichtung, die es möglich macht, die beiden Augen auf verschiedene Bildvorlagen zu richten und somit dichoptisch zu reizen. Bei den meisten käuflichen *Stereoskopen* wird die Funktion der Spiegel durch Prismen oder Linsen mit Prismenwirkung erfüllt. Häufig werden auch *Rot-Grün-Brillen* oder allgemeiner: Brillen mit verschiedenfarbigen Folien vor den beiden Augen verwendet. Eine Graphik aus roten Linien wird nur mit dem Auge hinter der grünen Folie gesehen. Eine darüber gezeichnete zweite Graphik mit grünen Linien nur mit dem Auge hinter der roten Folie, Abb. 206. Wenn man verschiedene Farbfolien besitzt, kann man meistens auch passende Farbstifte zur Herstellung derartiger Figuren finden. Man darf beim Zeichnen nur nicht zu fest aufdrücken, damit der Kontrast der Linien klein bleibt, sonst sind sie durch beide Folien zu sehen.

Die meisten Menschen können ihre Augen ohne alle Hilfsmittel einfach durch *Schielen* dichoptisch reizen. Schielen ist Übungssache, gelingt aber nicht allen Menschen gleich gut. **Hier soll eine kurze Anleitung gegeben werden. Man betrachte einen Punkt auf einem weißen Papier und dann die Spitze eines Bleistifts, die man dicht über das Papier hält. Wenn man die Spitze langsam vom Papier abhebt, sieht man zwei Punkte, die um so weiter auseinander wandern, je größer der Abstand zwischen Bleistiftspitze (Fixierpunkt) und Papier wird. Diese Doppelbilder kann man mit Abb. 194 erklären. Hat man auf das Papier zwei Punkte gezeichnet, so sieht man bei abgehobenem Fixierpunkt vier Punkte. Die meisten Menschen können das auch ohne die Bleistiftspitze durch freies Schielen erreichen. Mit ein wenig Übung gelingt es, den Blick so zu richten, daß zwei der vier Punkte verschmelzen. Man sieht dann nur noch drei Punkte. Das entspricht dem Versuch der Abb. 107, bei dem zwei der retinalen Daumenbilder verschmolzen sind. Das rechte und linke Punktbild kann man zum Verschwinden bringen, indem man das äußere Gesichtsfeld mit den beiden Händen abdeckt. Mit oder ohne Fixierhilfe gelingt es, die Abb. 14, 15, 199, 200, 201, 206, 209 und 212 dichoptisch zu betrachten, indem man das rechte Auge auf die linke Vorlage richtet und das linke auf die rechte. Wenn man** sich im Schielen geübt hat, kann man viele amüsante Beobachtungen machen. Man kann sich bei langweiligen Sitzungen damit unterhalten, schielend die Gesichter zweier Menschen in der Wahrnehmung miteinander verschmelzen zu lassen und dabei übrigens auch den → visuellen Wettstreit zu beobachten.

Schielend kann man den eindrucksvollen Tapeteneffekt hervorrufen. Man schaue senkrecht auf ein kariertes Papier und halte eine Bleistiftspitze als Fixierpunkt darüber. Die beiden Augen sind dann wie in Abb. 196 auf denselben Fixierpunkt (+), aber auf verschiedene Ausschnitte des Hintergrundes gerichtet. Bei dem karierten Papier sehen die verschiedenen Ausschnitte aber gleich aus und können darum mühelos fusioniert werden. Wenn das geschieht, sieht man das Gitter über dem Papier schweben, und zwar ungefähr in der Ebene des Fixierpunkts. Der zur binokularen Fusion einzustellende Konvergenzwinkel δ vermittelt Information über den Abstand, Abschnitt 6.7.1. Je größer der Konvergenzwinkel δ, desto näher rückt das Gitter zum Betrachter und desto höher scheint es über dem Papier zu schweben. Bei Kopfbewegungen erkennt man Scheinbewegungen des Gitters, die darauf zurückzuführen sind, daß das Gitter nicht in seinem wahren Abstand gesehen wird. Darum treten bei Kopfbewegungen die erwarteten → parallaktischen Verschiebungen nicht auf. Bei regelmäßigen Streifen- und Punktmustern, z. B. an der Decke vieler Autos, stellt sich der Tapeteneffekt auch ohne Fixierhilfe ein, weil Fusion bei verschiedenen Konvergenzwinkeln möglich ist.

Eine *Prismenbrille*, Abb. 197a, kann man zur dichoptischen Reizung benutzen. Die Prismen sollten drehbar angeordnet sein, was auch für die Versuche der Abb. 244 zweckmäßig ist. Man kann Prismenbrillen verhältnismäßig leicht aus Pappe und glasklarem Kunststoff herstellen. Man säge ein keilförmiges Stück von einem Block ab und reibe es auf feinem, flach liegendem Schmirgelpapier und dann auf Sandleinwand, die man in Bastelgeschäften kaufen kann. Dann poliere man die glatten, aber noch trüben Flächen mit einem weichen Tuch, mit dem man Poliermasse, die man in Kunstoff- und Gummiläden erhält, aufträgt. Die Prismen werden dann glasklar und können auf das Pappgestell geklebt werden.

Noch einfacher ist die Herstellung einer Prismenbrille aus dem Material einer Fresnel-Linse. Man kann Folien mit Fresnel-Linsen auf dem Spielzeug-, Schreibwaren- oder Autozubehörmarkt kaufen. Der Linseneffekt kommt durch die eingestanzte Rillenstruktur zustande. Ein quadratischer randständiger Ausschnitt aus einer Linse oder Fresnel-Linse kann näherungsweise als Prisma angesehen werden. Man stecke zwei Ausschnitte in das Brillengestell aus Pappe und man hat eine Prismenbrille, Abb. 197b.

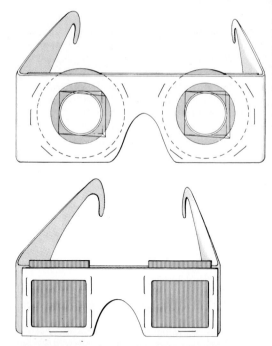

Abb. 197 a) Zur Herstellung einer Prismenbrille aus Pappe und Plexiglas, b) mit Teilen einer Fresnel-Linse.

10.4 Binokulare Fusion

Unter *binokularer Fusion* versteht man den Vorgang, der zur Verschmelzung der Beiträge des rechten und linken Auges führt. Die Fusion tritt ein, wenn beide Netzhautbilder vollständig gleich sind und auf korrespondierende Netzhautorte fallen. Fusion ist auch bei verschiedenen Netzhautbildern möglich, wie sie wegen der verschiedenen Blickrichtungen der Augen normalerweise vorliegen. **Wenn man zwei mit dem Zirkel gezeichnete Kreise verschiedener Größe → dichoptisch betrachtet, findet man, daß Fusion bis zu einem Größenunterschied von 10 % zwischen den Kreisen und damit auch ihren Netzhautbildern mühelos möglich ist.** Bei Brillen mit unterschiedlichen Gläsern kann die Größe der Netzhautbilder ungleich sein, ohne daß die Fusion gestört ist. Auch in dem Experiment der Abb. 188 sind die Netzhautbilder der Scheibe und des Spiegelbildes ungleich und werden trotzdem fusioniert.

Wenn man einen Punkt der Außenwelt fixiert, wird dieser in beiden Augen in der Mitte

10.4 Binokulare Fusion

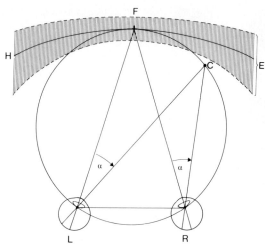

Abb. **198** Vieth-Müller-Kreis mit Fixierpunkt F und einem weiteren Punkt C, der in beiden Augen um denselben Winkel α verschoben abgebildet wird. Empirischer Horopter H mit dem Tiefenbereich E, innerhalb dessen keine Doppelbilder hervorgerufen werden.

der Sehgrube abgebildet und einfach gesehen. Bei festgehaltener Blickrichtung kann man im Außenraum zusätzliche Sichtmarken so anordnen, daß sie wie der Fixierpunkt einfach wahrgenommen werden. Man findet diese Raumpunkte in der horizontalen Ebene auf dem Horopter (H), Abb. **198**. Man beachte, daß der Horopter hier als der geometrische Ort für einfach gesehene Raumpunkte definiert ist und nicht für die subjektive Gerade quer zur Blickrichtung wie in Abb. **109a**. Die gemessenen Horopter haben je nach den Versuchskriterien etwas verschiedene Verläufe. Gemeinsam ist ihnen, daß sie von der theoretischen Vorhersage des ebenfalls eingezeichneten *Vieth-Müller-Kreises* abweichen. Dieser beruht auf der naheliegenden Annahme, daß Punkte in Richtungen, die für beide Augen um den gleichen Winkel α von den Sehachsen abweichen, auf korrespondierenden Netzhautorten abgebildet und darum einfach gesehen werden. Der subjektive Raum folgt aber aus neuronalen und/oder augenoptischen Gründen dieser Erwartung nicht, was sich vor allem am Rande des Gesichtsfeldes bemerkbar macht.

Zu jedem Punkt auf der Netzhaut eines Auges korrespondiert im anderen Auge offensichtlich nicht ein Punkt, sondern ein Flächenstück, das als „Panums Fusionsareal" bezeichnet wird. Innerhalb dieses Areals kann man tatsächlich den Reizpunkt in einem Auge verschieben, ohne daß Doppelbilder auftreten. Dabei ändert sich in der Wahrnehmung allerdings der Eindruck → stereoskopischer Tiefe, aber die Fusion bleibt erhalten. Der Horopter (H) für das Einfachsehen befindet sich somit innerhalb eines Tiefenbereichs (E), in welchem Reizpunkte keine Doppelbilder erzeugen.

Das Konzept des Fusionsareals ist nicht in allen Fällen als Erklärung hinreichend. Unter den Bedingungen des → stabilisierten Netzhautbildes gelang es, ein Punktmuster, das in beiden Augen abgebildet war, im einem um einen Abstand zu verschieben, der 20mal größer war als das Panumsche Fusionsareal, ohne daß die Fusion gestört wurde (71a). Die VPn hatten dabei den Eindruck, daß die bei deckungsgleicher Position fusionierten Netzhautbilder während der Verschiebung zunächst aneinander hängenblieben, bis sie schließlich bei einer relativen Verschiebung von ungefähr 2° auseinanderrissen und in Doppelbilder zerfielen. In anderen Experimenten konnte die Fusion von Linien oder Punkten durch zusätzliche Strukturen innerhalb des Panumschen Fusionsareals gestört werden. Das kann man in dem Versuch zum „Panumschen Grenzfall der Stereopsis", Abb. **209**, an den „Geisternadeln" erkennen. Weitere Probleme mit dem Fusionsareal werden im Abschnitt 10.5 diskutiert.

Das Einfachsehen ist nur eines der Ergebnisse der binokularen Fusion. Andere Folgen der Fusion kann man an der Abb. **199** studieren. Man muß die Vorlagen mit einer der im Abschnitt 10.3 beschriebenen Methoden → dichoptisch betrachten. **Wenn man die Figuren (a) und (b) in je einem Auge so abbildet, daß die Fixierpunkte (+) in der Wahrnehmung zusammenfallen, so nimmt man die Anordnung (c) wahr. Die schwarze Fläche der Kreisscheiben erscheint genauso dunkel wie die Quadrate, obwohl die Kreisscheibe durch Fusion zweier schwarzer Flächen, die der beiden Quadrate durch Fusion jeweils einer schwarzen Fläche mit einem weißen Untergrund zustande gekommen ist. Die Helligkeit der quadratischen und runden Flächen entspricht also weder der Summe noch dem Mittelwert der Helligkeit beim monokularen Sehen. Bei genauer Betrachtung erkennt man einen matten, graphitartigen Glanz bei den Quadraten, eine Erscheinung, die man als binokularen Glanz bezeichnet hat.**

Fusioniert man dagegen die schwarze Kreisscheibe (d) mit dem Ring (e), so sieht man eine graue Fläche, die von einem schwarzen Ring eingeschlossen ist (f). Diese Beobachtungen zeigen, daß das Ergebnis der Fusion von den Kanten der Muster, dem hochfrequenten Bildanteil, Abschnitt 9.4.2, abhängt, und zwar in der Weise, daß die Kanten der

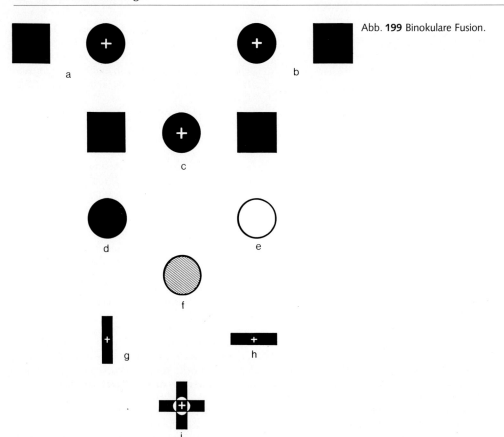

Abb. **199** Binokulare Fusion.

monokularen Wahrnehmung fusionieren und dabei die Helligkeiten ihrer Umgebung mit einbringen.

Ganz deutlich wird dies bei der Fusion der Figuren (g) und (h), die zu dem Eindruck (i) führen. Ist der Untergrund (g) und (h) verschieden bunt, so sind die hellen Zonen in der jeweiligen Umgebung des Balkens gefärbt. Jede Kante bringt in diesem Fall die Farbe ihrer Umgebung in die fusionierte Wahrnehmung ein. – Erinnert sei in diesem Zusammenhang an Fechners Paradox, Abschnitt 1.4.3. – Nicht fusionierbar sind die entgegengesetzten Kontraste der Abb. 200. Bei dem mißlingenden Versuch, die hellen und dunklen Linien zu fusionieren, kann man den binokularen Glanz besonders gut sehen.

Fusion ist möglich, wenn ein Auge im Vergleich zum anderen kurz- oder weitsichtig ist, so daß ohne Brillenkorrektur das eine Netzhautbild unscharf und das andere scharf ist. Experimentell kann man diese Leistung studieren, wenn man über eines von zwei zu fusionierenden Mustern ein diffuses Transparentpapier legt. Man filtert auf diese Weise aus dem überdeckten Muster den hochfrequenten Bildanteil (im Sinne des Abschnitts 9.4.2) heraus.

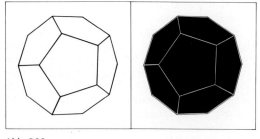

Abb. 200

Das scharfe und das unscharfe Bild kann man mühelos fusionieren.

Gesättigte Farben lassen sich bei dichoptischer Betrachtung nicht fusionieren. Zwei schwarze Quadrate nach Art der Abb. 201 auf verschiedenen kräftig gefärbten Buntpapieren fusionieren bei → dichoptischer Betrachtung mühelos, nicht aber ihre Umgebung. In der Umgebung der fusionierten Quadrate kommt es zum → Wettstreit der Farben. Bei ungesättigten Farben kann es aber auch zur

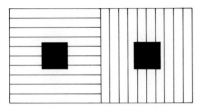

Abb. 201 Visueller Wettstreit, die Quadrate sind fusionierbar, die Streifen oder zwei Farben treten abwechselnd in Erscheinung.

Fusion kommen. Das kann man ohne Hilfsmittel studieren, indem man ein Auge für etwa eine halbe Minute verdeckt hat. Danach sieht man eine weiße Fläche mit diesem Auge in einem warmen, mit dem anderen in einem kalten Farbton und mit beiden zusammen in einer Mischfarbe.

10.5 Stereopsis

Die Möglichkeiten räumlicher Wahrnehmung werden durch das binokularen Sehen erweitert. Wenn man vorübergehend ein Auge schließt, fällt allerdings das Fehlen der binokularen Verarbeitungsvorgänge nicht sofort auf. Es gibt aber Situationen, in denen monokulares und binokulares Sehen zu ganz verschiedenen Wahrnehmungen führt. Ein Beispiel lieferte der Ames-Raum, Abschnitt 6.2.2. Andere Fälle werden in diesem Abschnitt beschrieben.

Die *binokulare Stereopsis* soll mit Hilfe der Abb. 202 erklärt werden. Die beiden in einem Brett steckenden Stäbe (a) werden von der Seite her betrachtet (b). In den beiden Netzhautbildern (m) und (n) haben die Stäbe verschiedene Abstände voneinander. Der Abstandsunterschied wird *Querdisparität* genannt und ist die Ursache für die Stereopsis. Das bewies Charles Wheatstone 1838 mit Hilfe eines Stereoskops, Abb. 203. Mit diesem Gerät kann man den beiden Augen zwei Bilder bieten, die sich wie die Netzhautbilder in Abb. 202b nur durch die Querdisparität unterscheiden. Die VP nimmt dann die Striche in stereoskopischer Tiefe wahr.

Die mit dem Stereoskop oder auf andere Weise, Abschnitt 10.3, hervorgerufene *stereoskopische Scheintiefe* ist eine Wahrnehmung besonderer Art. Zwei Photographien eines Gegenstandes, die mit verschiedenen Blickrichtungen aufgenommen wurden, so als ob sie das Netzhautbild des rechten und linken Auges wiedergeben sollten, haben bei stereoskopischer Betrachtung einen eigentümlich verfremdeten Reiz, der nicht mit der Wahrnehmung wahrer Tiefe verwechselt werden

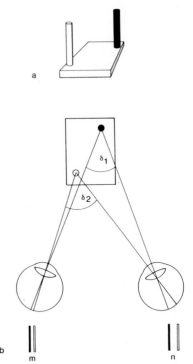

Abb. 202 Zur Herleitung der Querdisparität.

kann. Man erkennt gleichzeitig die Flachheit der Bilder und die scheinbare stereoskopische Tiefe. Bei leichten Kopfbewegungen sieht man scheinbare Verschiebungen in den Bildern, die den → parallaktischen Bewegungen entgegengesetzt sind, welche bei wahrer Tiefe zu erwarten wären. Die Tiefe wirkt verzerrt, wenn die optischen Bedingungen bei der Aufnahme oder der Einstellung des Stereoskops nicht exakt der natürlichen Blickrichtung der Augen entsprechen.

Gleichartige räumliche Wahrnehmungen mit Scheintiefe, Scheinbewegung und Verzerrung, sind auch von der → monokularen Stereopsis bekannt. Stereopsis ist somit eine besondere Art von Wahrnehmung, die auch monokular hervorgerufen werden kann.

Eine immer funktionierende und eindrucksvolle Demonstration der binokularen Stereopsis liefert der *Drei-Stäbe-Test*. Man benötigt kaum mehr als etwas Pappe und Faden, woraus man eine Vorrichtung nach Abb. 204 herstellt (44). Von vorn soll man drei parallele Fäden oder Stäbe sehen, deren Enden durch einen Rahmen verdeckt sind b und c. Bild (a) zeigt, daß sich der mittlere Stab oder Faden etwas weiter hinten befinden soll. Zum Selbstversuch braucht die Vorrichtung nicht

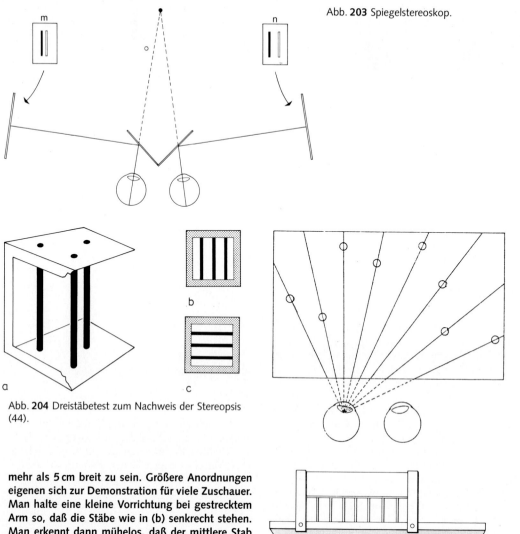

Abb. 203 Spiegelstereoskop.

Abb. 204 Dreistäbetest zum Nachweis der Stereopsis (44).

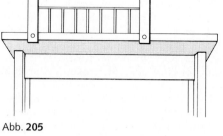

Abb. 205

mehr als 5 cm breit zu sein. Größere Anordnungen eigenen sich zur Demonstration für viele Zuschauer. Man halte eine kleine Vorrichtung bei gestrecktem Arm so, daß die Stäbe wie in (b) senkrecht stehen. Man erkennt dann mühelos, daß der mittlere Stab weiter hinten angeordnet ist. Bei horizontalen Stäben (c) sieht die Anordnung dagegen so aus, als befänden sich die Stäbe in einer Ebene. Dreht man die Anordnung langsam von der horizontalen in die vertikale Lage, so sieht man, wie der mittlere Stab seine scheinbare Position zwischen den seitlichen verläßt und zurückweicht. Das ist eine Folge der Querdisparität, die sich bei horizontaler Orientierung nicht auswirken kann, weil die horizontale Verschiebung der Stäbe oder Fäden nicht sichtbar ist, zumal die Enden verdeckt sind. Wenn man das Gerät ein wenig bewegt, so daß parallaktische Verschiebungen auftreten, erkennt man auch bei horizontalen Stäben die Tiefe, wenn auch nicht so deutlich wie bei vertikalen. Einäugig, d. h. ohne Querdisparitätsinformation, ist die Tiefenposition nur an den parallaktischen Verschiebungen zu erkennen.

Noch eindrucksvoller ist folgende Version des Versuchs. Man zeichne auf ein Blatt Papier im Format Din A3 ein Strahlenbündel, dessen Spitze 5 cm außerhalb des Blattes liegt, Abb. 205a. Die Winkel zwischen den Linien sollen gleich sein. Man lege das Blatt auf einen Tisch und stelle an eine beliebige Stelle auf jede Linie einen Stab (große Nägel, Kerzen oder ähnliches). Man verdecke die

10.5 Stereopsis

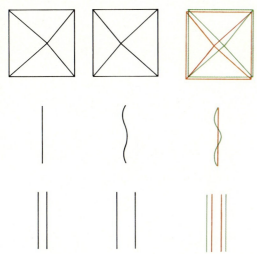

Abb. 206 Stereopsis. Die schwarzweißen Bildpaare sind durch Schielen oder mit Hilfe eines Stereoskops binokular zu fusionieren, die farbigen Muster mit einer Rot-Grün-Brille.

oberen Enden der Stäbe durch eine Sichtblende und betrachte die Anordnung einäugig von einer Position ein wenig unterhalb der Spitze des Strahlenbündels, so daß man die unteren Enden gerade nicht mehr sehen kann. Was man dann wahrnimmt, ist überraschend: Die Stäbe scheinen in einer geraden Reihe zu stehen (b). Öffnet man das zweite Auge, so springen sie an ihre wahre Position. Letzteres ist verständlich, denn erst bei binokularer Beobachtung steht die Querdisparität zur Tiefenwahrnehmung zur Verfügung. Warum aber das visuelle System beim Fehlen der Tiefeninformation aus der Gesamtheit aller möglichen Positionen der Stäbe gerade die Anordnung einer frontoparallelen geraden Reihe auswählt, wäre wie die entsprechende Beobachtung beim → Ames-Raum gesondert zu erklären.

Man betrachte in Abb. 206a, obere Zeile, schielend mit dem linken Auge den Kreuzungspunkt in der rechten und mit dem rechten den entsprechenden Punkt in der linken Figur. Die beiden Bilder verschmelzen zur Ansicht einer vierkantigen Pyramide, in die man von der Basis her hineinschaut. Wenn man den Kopf ein wenig bewegt, sieht man zusätzlich zur Scheintiefe auch noch die Scheinbewegungen. Verzerrungen treten auf, wenn man schräg auf das Blatt sieht. Wer diese Beobachtung schielend zustande bringt, sollte mit selbst gezeichneten Figuren fortfahren. Alle Unterschiede zwischen den Bildern führen zur Stereopsis.

Wenn eine → Rot-Grün-Brille zur Verfügung steht, zeichne man die beiden Figuren mit Rot- und Grünstift nach Art des rechten Bildes übereinander. Wenn man dann dafür sorgt, daß die linke Zeichnung im linken Auge und die rechte im rechten abgebildet wird, scheint die Pyramide vom Papier nach oben zu ragen und man glaubt, auf ihre Spitze zu sehen. Das Ergebnis der Fusion der Teilbilder der mittleren Zeile ist eine Linie, die sinusförmig in die Tiefe, also über und unter die Papierebene gebogen ist. Je größer die Amplitude der Sinuslinie, desto größer ist die Querdisparität und folglich die stereoskopische Scheintiefe. Mit dieser Anordnung kann man die bedeutende Beobachtung machen, daß die größte erreichbare stereoskopische Tiefe der Wellenlänge der Sinuskurve proportional ist, was weiter unten noch einmal aufgegriffen wird (188a). Schließlich kann man sich mit der Anordnung in der unteren Zeile davon überzeugen, daß die Fusion keine notwendige Voraussetzung für die Stereopsis ist. Vergrößert man nämlich den Abstand der Striche auf der einen Seite so weit, daß die Fusion nicht mehr möglich ist, sieht man die beiden Linien immer noch in stereoskopischer Tiefe. Der in Abb. 198 schraffiert eingezeichnete Fusionsbereich vor und hinter dem Horopter kann somit in beiden Richtungen erweitert werden um einen Tiefenbereich für die sogenannte Patent-Stereopsis, die durch stereoskopische Tiefe bei fehlender binokularer Fusion gekennzeichnet ist.

Die Umkehr der stereoskopischen Tiefe kann man folgendermaßen demonstrieren. Man fixiere durch eine Fensterscheibe, die sich etwa 30 cm vor den Augen befinden soll, einen weit entfernten Gegenstand F_1, Abb. 207. Man schließe oder verdecke das linke Auge, ohne mit dem Fixieren aufzuhören. Mit einem Fettstift bringe man auf der Fensterscheibe vor F_1 den Punkt (n) an. Den Punkt (m) plaziert man in derselben Weise vor das rechte Auge. Mit demselben Stift zeichne man dann die Figuren der Abb. 207b so, daß die Kreuzungspunkte auf die Punkte (m) und (n) fallen. Wenn man nun den Punkt F_1 aus derselben Richtung binokular ansieht, geht der Blick des linken Auges durch (m) und der des rechten durch (n) und man kann die beiden Bilder fusionieren. Die Spitze der Pyramide ragt dann dem Betrachter entgegen. Bringt man eine Bleistiftspitze als Fixiermarke an die Position F_2, so wird es mit ein wenig Geduld gelingen, die Teilbilder wieder zu fusionieren. Jetzt ist die Spitze vom Betrachter weg gerichtet.

Man kann die stereoskopische Scheintiefe selbstverständlich auch durch Austauschen des rechten und linken Bildes umkehren. Dieser Effekt bleibt aber bei Photographien bekannter Szenerien gewöhnlich aus. Ein Gesicht mit stereokopischer

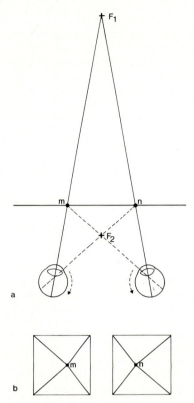
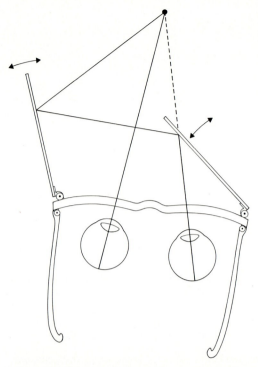

Abb. 207 Versuch an einer Fensterscheibe zur Tiefenumkehr bei gekreuzter und ungekreuzter Stereopsis.

Abb. 208 Brille mit zwei schwenkbaren Spiegeln zum pseudoskopischen Sehen.

Scheintiefe kehrt sich in der Regel nicht zur Hohlform um, bei der die Nase, statt nach vorn herauszuragen, wie eine Vertiefung aussieht. Man bezeichnet diesen Konfliktfall zwischen Stereopsis und den anderen Prozessen des räumlichen Sehens als pseudoskopisches Sehen. Man kann pseudoskopische Studien mit einer Spiegelbrille nach Abb. 208 treiben. Die Spiegel müssen schwenkbar sein und der Entfernung entsprechend so eingestellt werden, daß keine → Doppelbilder entstehen. Wenn man dann den Kopf ruhig hält, erkennt man den Raum insgesamt richtig, aber voller kleiner Fehler. So kann ein Blumentopf vor dem Fenster so aussehen, als stünde er dahinter. In diesem Teil des Gesichtsfeldes hat sich dann die Stereopsis beim räumlichen Sehen durchgesetzt.

Die große Empfindlichkeit des visuellen Systems für Querdisparitäten kann man benutzen, um bei Bildern, z. B. bei Geldscheinen, Fälschungen zu entdecken. Das fragliche Bild muß dem einen, das Vergleichsbild dem anderen Auge geboten werden. Kleinste Unterschiede im Druck machen sich dann durch stereoskopische Tiefe der Bildpunkte bemerkbar. Man erkennt das, wenn man einige Buchstaben mit einer nicht zu guten Schreibmaschine zweimal genau gleich schreibt und dann die beiden Drucke dichoptisch betrachtet. Die Buchstaben scheinen wegen winziger seitlicher Verschiebungen in verschiedenen Abständen über und unter der Papierebene zu schweben.

Der Versuch zum Panumschen Grenzfall der Stereopsis (139) hat seit 1858 bei allen Überlegungen zur Stereopsis eine Rolle gespielt. Zwei Stecknadeln werden hintereinander im Abstand von 10 mm in einen Bleistift gesteckt und so ausgerichtet, daß sie genau parallel stehen, Abb. 209a. Mit einem Reißnagel wird am Ende des Bleistifts eine Karteikarte befestigt, die den Bleistift und die Hand, die ihn hält, verdeckt. Die VP betrachtet binokular die hinter der Karteikarte herausragenden Nadeln. Zuerst halte man den Bleistift schräg zur Blickrichtung und drehe ihn dann langsam so, daß er schließlich in Richtung auf die Nasenwurzel des Beobachters gerichtet ist. Die Positionen, die die Nadeln dabei vor den Augen durchlaufen, sind in der ersten Spalte von (b) in Ansicht von oben darge-

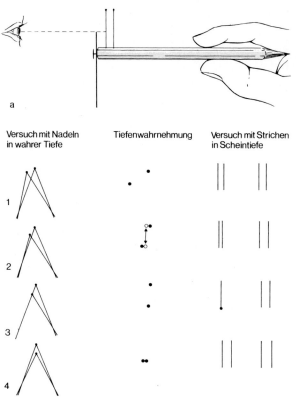

Abb. 209 Panumscher Versuch (139).

stellt. Von den Augen sind nur die ⇀ Knotenpunkte, zu denen die optischen Abbildungslinien verlaufen, eingezeichnet. Die Punkte in der zweiten Spalte zeigen in derselben Ansicht etwas vergrößert, was man wahrnimmt. Die dritte Spalte zeigt die Anordnung der Nadeln in den Netzhautbildern.

Beobachtungen: In Stellung (1) erscheinen die Nadeln in stereoskopischer Tiefe. Schließt man ein Auge, so verschwindet die Tiefe und man sieht zwei Nadeln mit gleichem Abstand nebeneinander. Bei (2) tritt eine dritte, etwas undeutlichere Nadel in Erscheinung, die sich neben der gerade fixierten Nadel zu befinden scheint. Diese „Geisternadel" ändert ihren Ort, wenn man den Fixierpunkt von der einen auf die andere Nadel verlegt. In jeweils einem Auge sind hier die beiden Nadelbilder sehr dicht benachbart. Das Ergebnis demonstriert den am Anfang des Abschnitts 10.3 geschilderten Fall, nach dem die Fusion durch dicht benachbarte zusätzliche Konturen gestört werden kann. Stellung (3) zeigt den Panumschen Grenzfall: im einen Auge verdeckt die vordere Nadel die hintere, so daß das Netzhautbild im einen Auge aus nur noch einer Nadel besteht. Die Fusion ist nicht gestört, und die Nadeln erscheinen in stereoskopischer Tiefe. Offensichtlich wird das einzelne Nadelbild im einen Auge allen beiden des anderen zugeordnet. Was man in der Stellung (4) sieht, weicht von der wirklichen Anordnung ab: obwohl die Nadeln genau hintereinander stehen, sieht man sie dicht benachbart nebeneinander, was einer möglichen Interpretation der beiden identischen Netzhautbilder entspricht. Dieses Ergebnis wird noch einmal im Zusammenhang mit Abb. 214 angesprochen.

Die Ergebnisse der bisher beschriebenen Versuche zeigten alle, daß die Querdisparität der Schlüssel zur Stereopsis ist. Offen blieb aber bis jetzt die Frage, auf welche Weise die Querdisparität im visuellen System ermittelt wird. Augenbewegungen spielen keine entscheidende Rolle, weil Stereopsis schon bei extrem kurzen Beleuchtungen zustande kommt. Wie aber wird das *Korrespondenzproblem*, d.h. die Zuordnung der Netzhautbildpunkte beider Augen, gelöst? Findet im Gehirn zuerst eine Verarbeitung der Bilder nach Formen und Bewegung statt, oder ist die Auswertung der Querdisparitäten ein Prozeß, bei dem die beiden Netzhautbilder ohne Rücksicht auf die inhaltlichen Zusammenhänge Punkt für Punkt verglichen werden? Letzteres ist nicht un-

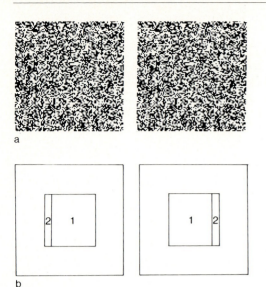
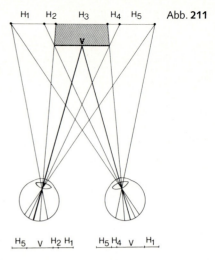

Abb. 211

Abb. 210 Julesz-Muster.

denkbar. Im Zusammenhang mit der Abb. 15 war mitgeteilt worden, daß man bei dichoptischer Betrachtung sandpapierartiger Punktmuster mühelos erkennt, ob diese regellosen Punktmuster gleich oder verschieden sind. Die Information über bedeutungslose Punkte steht somit für die binokulare Bildauswertung im Großhirn zur Verfügung.

Im Jahre 1959 zeigte Julesz, daß Disparitäten, die man mit Hilfe computergesteuerter Drucker in Paare von derartigen Punktmustern einbaut, vollständig unsichtbar sein können, wenn man die Muster mit einem oder mit beiden Augen anschaut. Bei dichoptischer Betrachtung aber, wenn jedem Auge eines der Muster geboten wird, rufen sie die Wahrnehmung stereoskopischer Tiefe hervor. Die Abb. 210a zeigt ein derartiges *Julesz-Muster*. **Man betrachte die beiden Punktmuster mit einer der im Abschnitt 10.3 beschriebenen Methoden dichoptisch. Man sieht dann in der Mitte eine quadratische Fläche in stereoskopischer Tiefe.** Die Formwahrnehmung ist in diesem Fall die Folge der Disparitätsermittlung im visuellen System und nicht die Voraussetzung der Tiefenwahrnehmung. Sonst müßte das Quadrat auch ohne stereoskopische Auswertung sichtbar sein.

Wegen der großen Bedeutung der Julesz-Muster für die Psychophysik sollen sie etwas genauer beschrieben werden. Abb. 211 zeigt, was geschieht, wenn man mit beiden Augen eine Fläche V betrachtet, die sich vor einer Fläche H befindet. In beiden Augen wird V abgebildet, aber von den Flächenstücken H_1 bis H_5 fehlt H_3 in beiden Augen, H_4 im linken und H_2 im rechten. Das Julesz-Muster der Abb. 210a ist nach diesem Prinzip hergestellt, was in (b) erläutert ist. Wenn man ein solches Muster mit einem Computer herstellen will, muß man einen Zufallsgenerator entscheiden lassen, ob an einem Ort ein schwarzer Punkt gedruckt werden soll oder nicht. Die Punkte sollen bei beiden Teilmustern dieselben sein, aber man sorgt für die Querdisparität, indem man die Punkte der Flächen (1) bei den Mustern in entgegengesetzter Richtung verschiebt. Die Flächen (2) kann man mit beliebigen Punktmustern auffüllen.

Man kann derartige Muster auch mit Klebefolien von regellosen Punktmustern nach Art der Abb. 15 herstellen. Derartige Folien erhält man in Geschäften für Zeichenbedarf. Wenn man die Folie zerschneidet und so wie in Abb. 212b zusammenklebt, sieht man bei dichoptischer Betrachtung die Fläche (c) in stereoskopischer Tiefe.

Abb. 213 zeigt ein besonderes Julesz-Muster, in dem stereoskopische Tiefe auftritt, wenn man es nach der Anleitung, die im Zusammenhang mit dem → Tapeteneffekt gegeben wurde, betrachtet. Den meisten Menschen wird es ohne Hilfsmittel gelingen, beim Ansehen der Abbildung so zu schielen, daß die Tiefenstruktur sichtbar wird.

Die Nervenzellen, die die Querdisparitäten entdecken und damit die Stereopsis möglich machen, werten keine Farbinformation aus. Das wurde mit Julesz-Muster gezeigt, die aus Punkten in einer Farbe auf einem andersfarbigen Un-

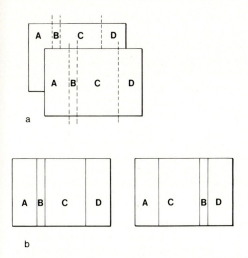

Abb. 212 Herstellung von Julesz-Mustern aus Klebefolien vom Typ der Abb. 15.

doch primitiv ist, weil sie Punkt für Punkt und unabhängig von den Bildinhalten erfolgt. Mit dieser Einschätzung würde man aber übersehen, daß die Zuordnungen der einzelnen Bildpunkte nicht unabhängig voneinander sind. Bei Julesz-Mustern, die aus Punkten bestehen, könnte sonst ein Punkt in einem Netzhautbild mit jedem beliebigen Punkt des anderen kombiniert werden. Die Punkte werden aber nach einem übergeordneten Prinzip, der *globalen Stereopsis*, so zugeordnet, daß sie in Flächen zu liegen scheinen und Formen, wie das Quadrat in Abb. 210, als zusammenhängende Ebene hervortreten lassen. Man muß davon ausgehen, daß viele Kombinationen von Bildpunkten in den beiden Augen versucht und dann wieder verworfen werden, bis die endgültige Zuordnung gefunden ist. Die in die Julesz-Muster eingebauten Figuren können in die Tiefe gekrümmt sein, und es ist möglich, Muster mit mehr als einer Möglichkeit von Zuordnungen zu entwickeln, bei denen die Wahrnehmung zwischen verschiedenen Figuren wechselt (103).

Abb. 214 zeigt die n^2 möglichen Orte, an denen sich Punkte im Raum befinden können, wenn jedem Auge n Punkte geboten werden. Wahrgenommen werden nur die durch die Ringe gekennzeichneten Punkte in einer Ebene. Die anderen sieht man normalerweise nicht. Wie ihre Wahrnehmung verhindert wird, ist ein interessantes Problem. Es könnten im Gehirn die Erregungen aller Punkte, die einer Ebene zugeordnet werden, hemmend auf die anderen Ebenen wirken, so daß die Ebene mit den meisten Punkten hervorgehoben wird, und zur Wahrnehmung führt, während alle anderen Punkte verschwinden. Diese Lösung ist denkbar, aber unökonomisch, weil ungeheuer viele Berechnungen

tergrund bestehen. Wenn die relative Leuchtdichte von Punkten und Untergrund variiert werden kann, findet man ein Leuchtdichteverhältnis, bei dem keine stereoskopische Tiefe auftritt, obwohl die Punktmuster mühelos erkennbar sind. Die farbigen Muster sieht man dann durch Vermittelung von Nervenzellen, mit denen man die beiden Farben unterscheiden kann. Für die Nervenzellen, die die Disparität registrieren sollen, sind dagegen die beiden Farbreize gleich wirksam und folglich nicht unterscheidbar (79).

Man könnte versucht sein, die Stereopsis als eine neuronale Verarbeitungsleistung anzusehen, bei der zwar ungeheuer große Datenmengen verarbeitet werden müssen, die aber letztlich

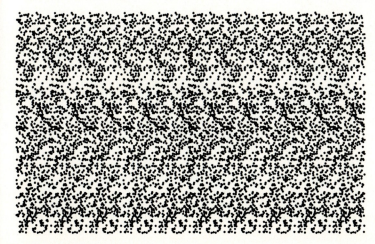

Abb. 213 Stereoskopische Tiefe ohne Hilfsmittel. Bei ruhiger Betrachtung und leichtem Schielen erkennt man eine Dreidimensionale Figur (nach J. Schramme).

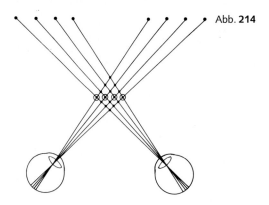

Abb. 214

durchgeführt werden müssen, um anschließend verworfen zu werden. Besser wären Auswertungen, die falsche Kombinationen von Bildpunkten in den beiden Augen von vornherein einschränken.

Einige der beschriebenen Beobachtungen stützen die Hypothese eines maximalen *Disparitätsgradienten* (35) zur Einschränkung der Kombinationsmöglichkeiten. Disparitäts- und damit Tiefenunterschiede benachbarter Punkte werden nach dieser Vorstellung nur ausgewertet, wenn sie in der Größenordnung oder kleiner sind als der Abstand zwischen den Bildpunkten. Wenn der Disparitätsgradient zu groß wird, kann es passieren, daß korrespondierende Punkte weiter auseinander liegen als ihre nicht korrespondierenden Nachbarn. Dieser Fall tritt in dem Versuch „Panumscher Grenzfall der Stereopsis" auf und führt zur Wahrnehmung der Geisternadel, also zur Störung der eindeutigen Zuordnung. Das bedeutet, daß große stereoskopische Tiefensprünge im Gesichtsfeld von vornherein nicht in Betracht gezogen werden. Gesucht werden vielmehr die Zuordnungen, die benachbarte Punkte einer kontinuierlichen Fläche zuordnen. Die Hypothese wird ferner gestützt durch das im Zusammenhang mit Abb. 206b erwähnte Ergebnis, wonach die Wellenlänge der in die Tiefe gebogenen stereoskopischen Sinuslinie nicht zu klein und damit der Disparitätsgradient nicht zu groß werden darf. Die stereoskopische Tiefenauflösung hängt übrigens nicht von der absoluten Größe der Disparitäten und der Abstände im Gesichtsfeld ab, sondern von deren Verhältnis und ist deshalb abstandsunabhängig (35). Die hypothetische Verarbeitungsvorschrift des maximalen Disparitätsgradienten führt deshalb auch zu einer Konstanzleistung für die stereoskopische Tiefe bei Objekten mit wechselndem Abstand.

Nachdem das Korrespondenzproblem bei der Zuordnung der Netzhautbildpunkte in Julesz-Mustern einmal formuliert war (103), wurde die Entwicklung informatischer Algorithmen zu seiner Lösung eines der beliebtesten Probleme neuronaler Netzwerktheorien (125). Lösungsversuche für das Korrespondenzproblem sind nur interessant, wenn sie die Zuordnung von Tausenden von Punkten in Sekundenschnelle zustande bringen wie das visuelle System des Menschen.

Binokulare Stereopsis verbessert offensichtlich die Möglichkeiten der räumlichen Wahrnehmung. Ihr wichtigster biologischer Vorteil dürfte aber wohl im Zusammenhang mit dem → Figur-und-Grund-Problem zu suchen sein. Man stelle sich vor, die Fläche V in Abb. 211 sei ein Nachtschmetterling, der auf einer gleichartig gefärbten und strukturierten Baumrinde sitzt. Er kann so gut getarnt sein, daß man ihn monokular nicht sehen kann. Bei binokularer Betrachtung aber kann er stereoskopisch hervortreten.

10.6 Binokulare Farbenstereopsis

Die Phänomene der binokularen Farbenstereopsis kann man folgendermaßen beobachten. Auf ein schwarzes und auf ein weißes Blatt Papier klebe man je einen Streifen aus rotem und blauem Buntpapier von 5 mm Breite mit einem Abstand von etwa 1 cm. Man befestige die Blätter so an der Wand, daß die Streifen lotrecht sind, und betrachte sie aus einem Abstand von ein bis zwei Metern. Die Mehrzahl der VPn sieht die beiden Streifen auf schwarzem Grund nicht in einer Ebene. Für einige sieht der rote Streifen so aus, als befände er sich dicht vor der Bildebene und der blaue dicht dahinter. Andere sehen den blauen Streifen näher als den roten. Es gibt aber auch Menschen, bei denen das Phänomen nicht oder nur sehr schwach auftritt. Diejenigen VPn, die das Phänomen auf dunklem Untergrund erkennen, sehen es auch, wenn auch weniger deutlich, auf dem weißen Papier. Dort aber erscheinen die Abstandsunterschiede im Vergleich zu denen auf schwarzem Untergrund umgekehrt. Sehr gut kann man den Effekt an Kirchenfenstern mit dunklen Bleifassungen erkennen, wenn man sie aus nicht zu großem Abstand betrachtet. Der Effekt verschwindet weitgehend, wenn man ein Auge schließt. Oft bleibt allerdings ein Rest von scheinbarer Tiefenwahrnehmung auch beim monokularen Sehen, der z.Z. nicht erklärt werden kann.

Die binokulare Farbenstereopsis ist auf zwei ganz verschiedene, entgegengesetzt wirkende Ursachen zurückzuführen, auf die → chromatische Aberration im Auge und den → Stiles-Crawford-Effekt 1. Art (S.C.E. 1.A.). Die chromatische Aberration wirkt sich folgendermaßen

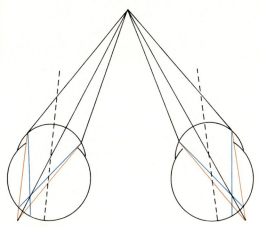

Abb. 215 Farbenstereopsis. Seitliche Versetzung der Punktabbildung als Folge der chromatischen Aberration, schematisch in übertriebener Form.

aus: Der Strahlengang von den Objekten der Außenwelt zur Netzhaut verläuft schräg zur optischen Achse des Auges, weil die Fovea centralis nicht auf der optischen Achse liegt, Abb. 72. Als Folge davon sind die Zerstreuungsfiguren unscharfer Netzhautbilder von Punkten im Außenraum nicht rund wie die Pupille, sondern asymmetrisch. Abb. 215 zeigt die Auswirkung der chromatischen Aberration auf unscharfe Netzhautbilder in übertriebener Form. Die Zerstreuungsfigur von kurzwelligem Licht ist in nasaler Richtung verschoben. Dadurch entsteht eine Querdisparität, der zufolge blaue Gegenstände in größerer Entfernung gesehen werden müssen. Die Zerstreuungsfigur von längerwelligen Lichtquellen ist im Auge nach außen verschoben. Rote Gegenstände müssen deshalb näher gesehen werden.

Daß diese Erklärung richtig und für die Beobachter, die rot näher sehen, hinreichend ist, beweist ein einfaches Experiment. Man decke bei beiden Augen die Pupillen zur Hälfte mit einem Stück schwarzen Kartons zu, wie es in Abb. 90b für ein Auge gezeigt ist. Verdeckt man die nasalen Hälften, so verschwindet bei den roten Zerstreuungsfiguren die nasale Hälften und bei den blauen die lateralen mit dem Erfolg, daß die beiden Zerstreuungsfiguren noch weiter auseinander rücken. Erwartungsgemäß wird rot noch näher und blau noch ferner gesehen. Verdeckt man die Pupillen dagegen von außen her, so muß der farbenstereoskopische Effekt kleiner werden und sich schließlich umkehren, so daß blau vor rot gesehen wird. Auch das kann man beobachten.

Die Frage, warum etwa die Hälfte der Menschen schon unter normalen Verhältnissen den farbenstereoskopischen Effekt umgekehrt wahrnimmt, d. h. blau näher sieht als rot, ist mit dem S.C.E. 1.A. zu erklären. Nach der Theorie dieses Effektes ist die Reizwirksamkeit des Lichtes am größten, wenn es in Längsrichtung der Zapfen und Stäbchen eingestrahlt wird. Am hellsten sollte deshalb nicht der Mittelpunkt der Zerstreuungsfiguren, sondern die Stelle erscheinen, an der die Strahlen senkrecht zur Netzhaut einfallen. Bei der blauen Zerstreuungsfigur ist das die äußere Seite, bei der roten die nasale. Wenn allerdings die Zapfen und Stäbchen nicht senkrecht zur Innenfläche der Netzhaut, sondern schräg dazu stehen, kann die Stelle der größten Reizwirksamkeit und damit der retinale Ort, der für die Querdisparität ausschlaggebend ist, innerhalb der Zerstreuungsfigur verlagert sein. Bei den meisten Menschen ist die Wirkung des S.C.E. 1.A. dem in Abb. 215 skizzierten Effekt entgegengesetzt. Wenn sich die Effekte gerade kompensieren, ist keine binokulare Farbensteropsis zu erwarten. Das ist aber selten. Je nach der Orientierung der Rezeptoren müssen rote Lichtreize näher als blaue oder blaue näher als rote gesehen werden.

Abb. 216e,f zeigt das Ergebnis einer Messung der farbenstereoskopischen Scheintiefe von drei verschiedenen VPn. Diese sahen zwei senkrechte rote (a) bzw. blaue (b) Streifen, die auf einem Hintergrund mit der jeweils anderen Farbe projiziert wurden. Die farbigen Flächen sind schraffiert dargestellt. In der Mitte zwischen den Streifen befand sich ein kleiner roter Punkt vor einem dunklen Hintergrund, der von einer zusätzlichen Lichtquelle eingespiegelt wurde. Die VPn konnten den Abstand der zusätzlichen Lichtquelle über eine Fernsteuerung so einregeln, daß der Punkt genau im gleichen Abstand mit den senkrechten Streifen erschien. Damit war der farbenstereoskopische Effekt für die roten und blauen Streifen meßbar. Die Streifen waren 200 cm von den VPn entfernt. VP1 sah den blauen Streifen 5 cm näher als den roten, bei VP2 trat fast keine Farbstereopsis auf, VP3 sah die roten Streifen etwa 1,5 cm näher als die blauen (e). Die Versuche mit den Reizmustern (c) und (d) führten erwartungsgemäß zum umgekehrten Ergebnis (f). Die retinalen Positionen der roten bzw. blauen Streifen werden in dieser Anordnung nicht durch die Streifen bestimmt, sondern durch ihre Umgebung.

Dieses Ergebnis erklärt, warum der farbenstereoskopische Effekt auf schwarzem und weißem Untergrund entgegengesetzt sein kann. Bei weißem Untergrund findet im Auge an den

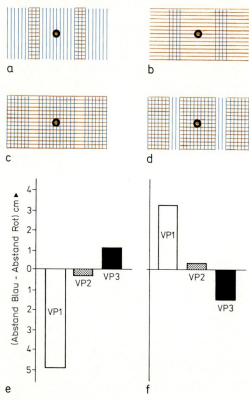

Abb. 216 Farbenstereopsis.

tisch bedingten Ursachen gleichbleiben, die Netzhautbildgröße der Objekte aber mit dem Abstand kleiner wird, so daß die stereoskopische Tiefe relativ zur Objektgröße größer erscheinen muß. Das Verschwinden der farbenstereoskopischen Tiefe bei großen Abständen kann damit zusammenhängen, daß der ➤ Disparitätsgradient bei schrumpfender Netzhautbildgröße zu groß wird. Damit wäre erklärt, warum sich Querdisparitäten, die wie die hier besprochenen durch optische Abbildungsfehler zustande kommen, normalerweise nicht auswirken.

10.7 Neurophysiologie der binokularen Stereopsis

Eine neuronale Voraussetzung für die binokulare Stereopsis ist ein binokulares ➤ Gesichtsfeld. Bei Tieren mit seitlicher Augenstellung wie der Ratte ist der größte Teil des Gesichtsfeldes monokular. Damit verbunden ist eine fast vollständige Überkreuzung der Sehnervenfasern zur Gegenseite, was bedeutet, daß bei diesen Tieren jedes Auge nur in die gegenüberliegende Hirnhälfte projiziert. Die Einheit der beiden Gesichtsfeldhälften kann bei diesen Tieren nur durch das ➤ Corpus callosum zustande kommen. Bei Säugetieren und Vögeln mit frontaler Augenstellung wurde nachgewiesen, daß die Nervenbahnen korrespondierender Netzhautorte beider Augen im Großhirn auf beiden Seiten konvergieren, Abb. 13. Binokular erregbare Nervenzellen im Großhirn wurden 1959 bei der Katze durch David. H. Hubel und Torsten N. Wiesel entdeckt. Sie sind die Grundlage der Erklärung dafür, daß man mit zwei Augen einen Gegenstand normalerweise einfach wahrnimmt.

Im elektrophysiologischen Experiment kann man für jede binokular erregbare Zelle der visuellen Hirnrinde den optimalen Reizort im Außenraum bestimmen. Reizt man jede Nervenzelle zuerst durch das eine und dann durch das andere Auge, so findet man jeweils etwas verschiedene Richtungen zum optimalen Reizort, auch wenn sich die Augen während der Messung nicht bewegen. Die binokular erregbaren Nervenzellen sind somit für verschiedene Disparitäten spezialisiert. Man findet diese Disparitäten nicht nur in horizontaler, sondern mit gleicher Häufigkeit auch in anderen Richtungen. Für die Stereopsis, d.h. zur Nutzung der Querdisparitäten, bräuchte man strenggenommen nur Nervenzellen, die für horizontale Disparitäten spezialisiert sind. Tatsächlich aber gehen auch vertikale Disparitäten in die stereoskopische Bildauswertung ein. Wird bei einem stereoskopischen Bil-

Kanten eine spektrale Zerlegung des weißen Lichtes statt. Aus den in Abb. 215 illustrierten Gründen werden kurzwellige Spektralanteile zur einen, langwellige zur anderen Seite verschoben. Dadurch entstehen an den Kanten der weißen Flächen rötliche bzw. bläuliche Ränder, die die farbigen Streifen auf jeweils einer Seite verbreitern. An der jeweils anderen Seite der roten bzw. blauen Streifen findet eine ➤ additive Farbenmischung der verschobenen bunten Streifen mit den farbigen Rändern des Hintergrundes statt, die zu Unbunt und damit zu einer Verschiebung der Grenze zwischen dem weißen Untergrund und den bunten Streifen in der Gegenrichtung führt. Die dadurch zustande kommende Verschiebung der Grenzen zwischen den bunten Streifen und dem unbunten Hintergrund ist der Verschiebung auf dunklem Untergrund entgegengesetzt.

Vergrößert man den Beobachtungsabstand zu einer der eingangs beschriebenen Vorlagen für den farbenstereoskopischen Effekt, so nimmt der Tiefenunterschied zwischen rot und blau zunächst zu, wird aber bei größeren Abständen unsichtbar. Die Zunahme beruht darauf, daß die augenop-

derpaar das eine in vertikaler Richtung gedehnt, so erscheint das dichoptisch betrachtete Paar so, als sei es um seine vertikale Achse gedreht. Diese Beobachtung liefert allerdings noch keine Erklärung der Funktion vertikaler Disparitäten in der Stereopsis.

Es gibt binokulare Großhirnzellen, die bei Reizung durch beide Augen besonders stark erregt werden, und solche, die in diesem Fall gehemmt sind. Die binokularen Unterschiede der optimalen Reizrichtungen benachbarter Zellen reichen von Winkelminuten bis zu mehr als 20°. Man hat binokulare Kortexzellen mit Julesz-Mustern gereizt und festgestellt, daß sie Disparitäten nach dem Prinzip der → globalen Stereopsis feststellen können. Die psychophysische Forschung hat, wie diese ausgewählten Mitteilungen zeigen, ein reiches Feld für neurophysiologische Untersuchungen eröffnet.

10.8 Tiefenwahrnehmung durch Verzögerung des Reizes in einem Auge

Ein Mensch, der mit seinen Augen einen nach rechts fliegenden Vogel verfolgt, Abb. 217, sieht mit dem rechten Auge die Gegenstände des Hintergrundes später als mit dem linken Auge, die Gegenstände des Vordergrundes dagegen früher. Diese zeitlichen Beziehungen zwischen den Reizereignissen im rechten und linken Auge werden vom Gehirn in Wahrnehmung von Tiefe umgesetzt. Der Beweis für diese Behauptung wurde mit zeitlichen Folgen computergenerierter, zufallsverteilter Punktmuster geführt, die in einem der beiden Augen zeitlich verzögert geboten wurden (159). Bei Zeitdifferenzen von einigen bis maximal 50 ms sahen die VPn die Punktmuster in zwei Ebenen, die sich in horizontaler Richtung quer zur Blickrichtung gegenläufig bewegten. Die hintere Ebene wurde wie durch eine durchsichtige vordere hindurch wahrgenommen. Dieses erstaunliche Phänomen läßt sich folgendermaßen erklären: Unter natürlichen Bedingungen, Abb. 217, werden je nach Bewegungsrichtung in einem Auge der Vordergrund früher und der Hintergrund später registriert als im anderen. Der Vorder- und Hintergrund werden aber ruhend wahrgenommen. Nur der Vogel im Mittelfeld erscheint bewegt. Wenn die zeitlichen Beziehungen, die, wie gesagt, für den Vorder- und Hintergrund in den beiden Augen verschieden sind, für die Tiefenwahrnehmung ausgenutzt werden, muß unter den Bedingungen des Experiments, in dem die Zeitverzögerung für alle Punkte in einem Auge gleich ist, der Eindruck entste-

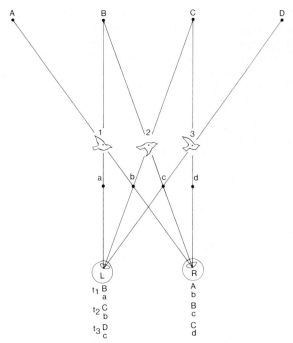

Abb. 217 Abbildung von Vorder- und Hintergrund zu den Zeiten t_1, t_2 und t_3 in den beiden Augen beim visuellen Verfolgen eines Vogels.

hen, ein Vordergrund bewege sich in Gegenrichtung zu einem Hintergrund.

Man kann auch ohne großen technischen Aufwand die Reize in einem Auge verzögern, indem man ein Lichtfilter, z. B. das Glas einer Sonnenbrille, vor ein Auge hält. Der Lichtfluß zu diesem Auge ist dann abgeschwächt, und die Erregungsvorgänge werden in diesem Auge zeitlich verzögert. Die physiologische Ursache für die Verzögerung ist nicht genau bekannt. Eine oder mehrere Erregungsschwellen im visuellen System, die um so später überschritten werden, je kleiner der Reiz ist, sind eine mögliche Erklärung. Mit Hilfe des am Ende dieses Abschnitts beschriebenen Pulfrich-Phänomens kann man die Verzögerungszeit messen.

Mit einem Lichtfilter vor einem Auge kann man viele überraschende Beobachtungen machen, die auf Grund der vorangegangenen Überlegung erklärbar sind. Mit einem Lichtfilter vor dem linken Auge verwandelt sich das Punktrauschen auf einem Fernsehschirm in eine undeutliche dreidimensionale Rotationsbewegung. Man sieht die Lichtpunkte im Vordergrund nach links und im Hintergrund nach rechts wandern. Wird das Lichtfilter vor das rechte Auge gehalten, so sieht man die Lichtpunkte auf

dem Fernsehschirm in Gegenrichtung rotieren. Bei Filmen, die aus einem bewegten Fahrzeug aufgenommen werden, so daß der Vordergrund, z. B. das Wagenfenster, stillsteht, während sich der Hintergrund nach der Seite bewegt, kann man mit Hilfe eines Grauglases vor einem Auge eindrucksvolle stereoskopische Tiefe erzeugen. Bewegt sich der Hintergrund nach rechts, sollte man das Grauglas vor das linke Auge halten, bewegt er sich nach links, vor das rechte.

Das Pulfrich-Phänomen ist besonders gut geeignet, diese Zusammenhänge zu studieren. Ein Pendel, das in horizontaler Bahn quer zur Blickrichtung hin- und herschwingt, wird mit einem Lichtfilter vor einem Auge betrachtet. Geeignet ist das Glas einer Sonnenbrille, graue oder farbige Folie. Man sieht dann das Pendel so, als bewege es sich auf einer Ellipsenbahn, Abb. 218.

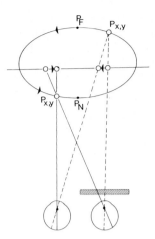

Abb. 218 Pulfrich-Phänomen.

Die Punkte P_{xy} sind mit der Annahme konstruiert, daß das Pendel in dem Auge hinter dem Filter etwas später registriert wird, so als ob es im zugehörigen Netzhautbild nachhinke. Das visuelle System muß dem Pendel deshalb in jedem Augenblick den Kreuzungspunkt der Sehlinien als Ort zuweisen. Wenn sich das Filter vor dem rechten Auge befindet, sollte das Pendel auf dem Weg nach rechts vorn und auf dem Weg nach links hinten erscheinen. Hält man das Filter vor das linke Auge, so muß sich die Bewegungsrichtung in der Ellipsenbahn umkehren. An Orten der wahren Schwingungsbahn, die von der Mitte nach rechts und links denselben Abstand haben, hat das Pendel dieselbe Geschwindigkeit bei wechselndem Vorzeichen. Mit jeder angenommenen Verzögerung kann man darum vier Punkte der Ellipse konstruieren. Unterstellt man, daß die Zeitverzögerung bei einem helleren Filter geringer ist, so ist eine flachere Ellipse zu erwarten. Nach dem Konstruktionsprinzip kann man ferner vorhersagen, daß die scheinbare Ellipsenbahn nicht symmetrisch zur wahren Schwingungsbahn, sondern nach hinten verschoben erscheinen sollte. Diese Erwartungen entsprechen genau dem, was man beobachten und messen kann.

Das Pulfrich-Phänomen kann folgendermaßen demonstriert werden. Ein Tischtennisball wird aufgebohrt, mit Sand gefüllt und an der Mitte eines Fadens so befestigt, daß er, wenn man die beiden Enden nebeneinander an der Zimmerdecke befestigt, am V-förmig gespannten Faden hängt. Die V-förmige Aufhängung sorgt dafür, daß der Ball in einer bestimmten Ebene schwingt, die Sandfüllung und die Länge des Fadens ermöglichen eine langsame Pendelbewegung mit einer Schwingungsweite von etwa 1 m und einer Frequenz von etwa 0,5 Hz. Man beobachte das Pendel aus einem Abstand von zwei bis drei Metern und halte das Lichtfilter vor eines der Augen.

Alle Vorhersagen sind leicht zu verifizieren. Darüber hinaus kann man beobachten, daß der Tennisball, wenn er scheinbar näher kommt, zu schrumpfen und, wenn er sich zu entfernen scheint, zu wachsen scheint. Wenn das Pendel wirklich näher an die Augen herankäme, müßte sein Netzhautbild größer werden. Der Prozeß der → Größenkonstanz sorgt für eine Kompensation der Größenzunahme, die sich, bei objektiv gleichbleibender Entfernung als Verkleinerung bemerkbar macht. Bei scheinbar zunehmendem Abstand führt derselbe Prozeß zu einer scheinbaren Vergrößerung.

Die Zeitverzögerung in einem Auge kann auch durch → laterale Hemmung verursacht werden. Wenn man dafür sorgt, daß die Umgebung des Pendels für das eine Auge hell und für das andere dunkel erscheint, sieht man die Ellipsenbahn auch ohne Lichtfilter. Dasselbe kann man erreichen, indem man durch seitlichen Lichteinfall die eine Auge an eine höhere Beleuchtungsstärke adaptiert ist als das andere. Bei einseitigen pathologischen Veränderungen der Leitungsgeschwindigkeit im Gehirn, z. B. durch multiple Sklerose, können mit dem Pulfrich-Phänomen verwandte Erscheinungen ohne Lichtfilter auftreten.

Man kann die scheinbare Ellipsenbahn folgendermaßen registrieren. Das Pendel wird so aufgehängt, daß es in Augenhöhe einer sitzenden VP über einem Tisch hin- und herschwingt. Auf dem Tisch befinde sich ein nach oben weisender Zeiger, z.B. ein irgendwie gehaltener, aufrecht stehender Bleistift. Der Zeiger wird zunächst genau unter das ruhende Pendel gestellt. Die Stellung wird auf dem Tisch markiert. Dann versetzt man das Pendel in Schwingung und sorgt dafür, daß die Schwingungsamplitude ungefähr gleichbleibt, indem man es von Zeit zu Zeit anstößt. Man stellt nach Angaben der VP den Zeiger unter den nächsten und den fernsten Punkt, P_N und P_F in Abb. 217. In derselben Weise kann man auch andere Punkte der Ellipsenbahn bestimmen. Man sieht die Ellipse, wenn man dem Pendel mit den Augen folgt, aber auch wenn man die Spitze des Zeigers fixiert.

Beobachten kann man die Ellipsenbahn auch an einem Oszillographen, dessen Lichtpunkt mit einer Frequenz von ungefähr 1 Hz sinusförmig hin- und herwandert. Der Vorteil besteht darin, daß man die Schwingungsfrequenz mit Hilfe eines Funktionsgenerators variieren kann. Die scheinbare Tiefe läßt sich allerdings nicht mit einem Zeiger registrieren. Mit zwei Oszillographen, deren Schirmbilder man über ein Stereoskop nach Abb. 203 den beiden Augen dichoptisch bietet, kann man die Verzögerung, die in einem Auge durch das Lichtfilter verursacht wird, dadurch kompensieren und quantitativ bestimmen, daß man den Lichtpunkt für dieses Auge vorauslaufen läßt. Die wahrgenommene Ellipsenbahn fällt zu einer Linie zusammen, wenn die Zeitdifferenz der Reizung in den beiden Augen gerade der Verzögerung entspricht.

Die Ellipsenbahn kann man berechnen, wenn die gemessene Zeitverzögerung bekannt ist. Man kann auch aus der gemessenen Ellipsenbahn die Zeitverzögerung herleiten (118). Die Rechnung ist leider etwas kompliziert. Die wesentlichen Schritte findet man im zweiten Band der ersten Auflage dieses Buches.

11 Bewegungs- und Formensehen

11.1 Bewegungssehen

11.1.1 Visuelle Bewegungsinformation

In diesem Abschnitt geht es um die Frage, wie die Bewegung von Lichtreizen im Auge registriert wird. Diese Frage ist von großer Bedeutung, weil die Bewegung des Netzhautbildes der Anfang aller visuellen Wahrnehmung ist. Ohne Bewegung, d. h. unter den Bedingungen des ➤ stabilisierten Netzhautbildes, findet keine visuelle Wahrnehmung statt. Im peripheren Gesichtsfeld kann man am ➤ Perimeter Bewegungswahrnehmungen hervorrufen mit Sichtmarken, die ohne Bewegung überhaupt nicht wahrnehmbar sind.

Ein weiterführendes Experiment kann man mit den Punktmustern der Abb. 219 durchführen. **Man kopiere oder zeichne die Punkte (b) auf eine durchsichtige Folie und lege diese auf (a), so daß man dasselbe Punktmuster wie (c) erhält. Wenn man die Folie über dem Untergrund ein wenig bewegt, erkennt man die Figur eines Dreiecks, die sich bei der Bewegung von ihrer Umgebung abhebt. Man kann diesen Versuch gut mit Hilfe eines Schreibprojektors demonstrieren.** Die Punkte sind zwar mühelos zu sehen, zur Wahrnehmung des Dreiecks kommt es aber erst durch die gemeinsame Bewegung der Punkte in der Dreiecksfläche. Die Untersuchung der Bewegungsdetektion führt somit zum *Figur-Grund-Problem*: wie kann man die Form eines Gegenstandes von seinem Hintergrund unterscheiden? Überall im Gesichtsfeld kann sich ein Gegenstand durch seine Bewegung bemerkbar machen. Darum muß die Fähigkeit zur Bewegungsdetektion an allen Orten der Netzhaut gegeben sein.

Die folgende Überlegung soll auf einige Probleme aufmerksam machen. In Abb. 220 ist links eine dunkle Figur eingezeichnet, die sich in x-Richtung über zwei hintereinander liegende Lichtsinneszellen x_1 und x_2 bewegt. Wenn der räumliche Abstand zwischen diesen Orten bekannt ist, kann man aus den Reizzeiten $(t_{1,2})$ die Bewegungsgeschwindigkeit $v = (x_1-x_2)/(t_1-t_2)$ berechnen. Mit diesem minimalen Bewegungsdetektor mit je einer Meßstelle bei x_1 und x_2 würde man allerdings der Bewegung der rechten Figur eine zu große Geschwindigkeit v zuordnen, weil die Reizzeitdifferenz von der Bewegungsrichtung der Art des Musters abhängt. Es wäre mindestens ein weiterer Bewegungsdetektor mit Meßstellen an den Orten y_1 und y_2 notwendig, um Geschwindigkeiten derartiger Kanten richtig zu bestimmen. Es ist dann aber auch ein weiterer Verarbeitungsschritt notwendig, in dem die registrierten Geschwindigkeiten v_x und v_y vektoriell addiert werden, wie das an der rechten Figur gezeigt ist.

Wenn sich die Figur aber in Richtung des gestrichelten Pfeiles bewegt, registrieren die vier Meßstellen bei einer bestimmten Geschwindigkeit genau dasselbe. Die Messung der Bewegung in einem beschränkten Bereich des Gesichtsfeldes liefert in diesem Fall keine zuverlässige Bewegungsinformation. Das kann man sich auch mit Hilfe der Abb. 221 klarmachen. Wenn man durch ein kleines Loch (Apertur) auf ein großes Gitter mit senkrechten Stäben sieht, das in seiner Ebene in beliebiger Richtung verschoben wird, kann

Abb. 219

a   b   c

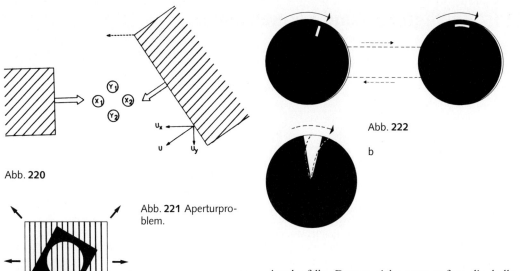

Abb. 220

Abb. 221 Aperturproblem.

Abb. 222

man nur zwischen Bewegung nach rechts oder links unterscheiden. Damit ist das *Apertur-Problem* eingeführt. Es zeigt, daß die Signale von vielen Bewegungsdetektoren im Nervensystem ausgewertet werden müssen, wenn die Bewegung unabhängig von der Form registriert werden soll.

Die Bewegungswahrnehmung ist allerdings nicht ganz unabhängig von der Form. **In dem Versuch nach Abb. 222a erscheint die Umlaufgeschwindigkeit der beiden Konturen verschieden. Die Bewegung kann übrigens auch wahrgenommene Form verändern. Auf der Scheibe (b) kann der umlaufende helle Sektor so aussehen, als sei er so gekrümmt, wie es die gestrichelte Linie anzeigt. Die geeignete Umlauffrequenz liegt je nach Beleuchtungsstärke oberhalb oder unterhalb von 1 Hz. Man sollte auch den Beobachtungsabstand und damit die Größe des Netzhautbildes variieren, bis die Wirkung der Bewegung auf die Form deutlich herauskommt.** Zur Erklärung muß man sich klarmachen, daß die örtliche Geschwindigkeit der hellen Kante auf der Scheibe außen größer ist als innen. Im visuellen System setzt der Lichtreiz außer der Erregung auch Hemmungsvorgänge in Gang, die sich im Netzwerk der Nervenzellen ausbreiten. Bei der langsamen Bewegung im Innenbereich trifft der Hellreiz auf Areale, in die die Hemmung bereits vorausgelaufen ist, was zu einer Verzögerung der Fortleitung führt. Im Außenbereich bewegt sich die Kante schneller als die neuronale Hemmung, so daß der Reiz auf ungehemmte Areale fällt. Darum sieht man außen die helle Kante früher als innen. Daß die Erregung durch ➙ laterale Hemmung verzögert werden kann, zeigte sich bereits in einer Variante des Versuchs mit dem ➙ Pulfrichschen Pendel.

Als nächstes soll die Frage untersucht werden, wie im visuellen System Bewegungsinformation aus Erregungen, die an verschiedenen Orten auftreten, gewonnen wird. Die Überlegung wurde im Zusammenhang mit Untersuchungen zum Bewegungssehen von Insekten entwickelt (85, 149). Wenn man vom einfachsten Modell eines Bewegungsdetektors mit zwei Meßstellen ausgeht, x_1 und x_2 in Abb. 220, wäre zu klären, wie die beiden Reizeingänge im visuellen System verarbeitet werden. Von vornherein ist eine lineare Verarbeitung auszuschließen. Wenn nämlich die an den Orten x_1 und x_2 auftretenden Erregungen additiv oder subtraktiv überlagert würden, würde das Signal R von der Bewegungsrichtung und dem Vorzeichen (heller/dunkler) der Reize abhängen. Gesucht ist aber ein eindeutiges Bewegungssignal R, das Richtungsinformation enthält.

Abb. 223 zeigt das Minimalmodell von Werner Reichardt (1924–1992) (26, 149), das ein Bewegungssignal R hervorbringt, welches von der Geschwindigkeit (v) abhängt und bei Umkehr der Bewegungsrichtung das Vorzeichen ändert. Die Kästen (B) sorgen für eine Verzögerung der Erregung um den Betrag τ und in den Kästen M findet eine multiplikative Verrechnung der beiden Eingänge statt. Der Lichtreiz kann ein bewegter heller Punkt sein, der die beiden Meßstellen nacheinander erreicht und die Erregungsvorgänge auslöst, die rechts und links aufgezeichnet sind. Man beachte, daß dieses Modell bei einem

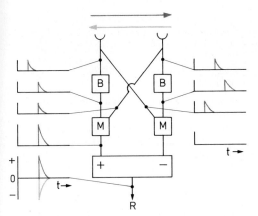

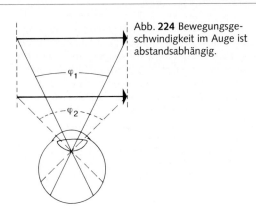

Abb. 224 Bewegungsgeschwindigkeit im Auge ist abstandsabhängig.

Abb. 223 Reichardts Modell für die visuelle Bewegungsregistrierung.

dunklen Bewegungsreiz auf hellem Untergrund dasselbe Signal R erzeugt, weil sich das Produkt zweier negativer Signale positiv ist. Daß das Modell die Bewegungsdetektion richtig beschreibt, wurde bei Insekten durch Verhaltensversuche geprüft, bei denen die Bewegungsreize variiert und die optokinetische Drehtendenz registriert wurde. Es gibt keinen Hinweis darauf, daß dieses Modell nicht auch zur Erklärung der lokalen Bewegungsregistrierung bei Menschen geeignet ist. Die Frage nach der neuronalen Realisierung des Modells läßt sich bisher weder bei Tieren noch bei Menschen abschließend beantworten. Es ist nicht auszuschließen, daß im Laufe der Evolution verschiedenartige neuronale Netzwerke nach dem Prinzip dieses Modells entstanden sind.

Die Ausgangsgröße (R) liefert Information über die Bewegungsgeschwindigkeit in einem Bereich der Geschwindigkeiten, der durch die Verzögerungszeit τ in (B) eingegrenzt ist. Wenn bei sehr langsamer Bewegung die Zeit zwischen den Reizen an den beiden Sensoren größer als τ wird, ist immer eine der Eingangsgrößen an der Verrechnungsstelle (M) gleich Null und das Produkt folglich auch. Bei sehr großer Bewegungsgeschwindigkeit ist die Reizzeitdifferenz klein, so daß die Erregungsverläufe in den beiden Kanälen ähnlich bis gleich werden. Die Ausgangsgröße (R) verschwindet darum auch bei sehr hohen Geschwindigkeiten. **Daß Bewegungsgeschwindigkeiten für die Wahrnehmung zu klein oder zu groß sein können, erkennt man am Uhrzeiger bzw. an schnell laufenden Propellern. Beides zugleich sieht man beim Blick aus einem schnellen Fahrzeug. Der ferne Horizont scheint still zu stehen, sehr nahe Gegenstände eilen dagegen so schnell vorbei, daß ihre Bewegung im Extremfall nicht mehr zu erkennen ist, wie die Bewegung des Musters auf der schnell rotierenden Scheibe vom Typ der Abb. 178a.** Die Abb. 224 illustriert, warum die Bewegungsgeschwindigkeit der Reize im Auge vom Abstand abhängt. Die Obergrenze der Bewegungswahrnehmung wird auch durch das → zeitliche visuelle Auflösungsvermögens mitbestimmt.

Nach dem Modell ist zu erwarten, daß die wahrgenommene Bewegungsgeschwindigkeit wie die Ausgangsgröße (R) vom Kontrast und der Beleuchtungsstärke der bewegten Muster, d. h. von der Amplitude der Eingangsgrößen, abhängt. Das ist tatsächlich der Fall. Je besser die Beleuchtung und je größer der → Kontrast, desto deutlicher sieht man die Bewegung und folglich auch die Konturen und Formen, deren Wahrnehmung, wie gesagt, durch die Bewegungsdetektion eingeleitet wird. Wenn man bei bewegten Gittermustern auf einem Bildschirm oder bei einer rotierenden Scheibe vom Typ der Abb. 151 den Kontrast verkleinert, sieht die Bewegung langsamer aus, wie es das Modell vorhersagt. Die Ausgangsgröße (R) wächst mit dem Quadrat der Eingangsamplituden.

Wenn sich durch das Gesichtsfeld eine senkrechte Linie bewegt, wie eine Telegraphenstange vor dem Eisenbahnfenster, erzeugt jeder Bewegungsdetektor nur ein kurzes Signal. Wir sehen aber eine kontinuierliche Bewegung unabhängig davon, ob wir der bewegten Kontur mit den Augen folgen oder nicht. Das ist damit zu erklären, daß die Bewegung durch Nervenzellen vermittelt wird, die die Signale (R) von vielen Bewegungsdetektoren integrieren, so daß aus vielen nacheinander und gleichzeitig eingehenden Reizen ein kontinuierliches Signal wird. Man kann den Übergang von einzelnen zu kontinuierlichen Antworten auf derartige Reize bei den bewegungsempfindlichen → simple und complex cells in der visuellen Großhirnrinde beobachten.

Neuronale Integration der Bewegungssignale großer Areale des Gesichtsfeldes ist für fast alle Aufgaben des Bewegungssehens notwendig. Bei Eigenbewegungen verschieben sich die Netzhautbilder in den Augen als Ganzes. Erst die räumlich integrierten neuronalen Signale, die diese Verschiebungen anzeigen, können zur Regelung der → Körperstellung im Raum und zur Steuerung der Eigenbewegung genutzt werden. Bei Eigenbewegungen kommt es zwischen näheren und weiter entfernten Gegenständen zu → parallaktischen Verschiebungen, die wichtig sind. Es ist damit zu rechnen, daß es im visuellen System bewegungsempfindliche Nervenzellen gibt, die auf Relativbewegungen zwischen Objekten reagieren. Hochspezialisierte bewegungsempfindliche Zellen, die für die Richtung, Geschwindigkeit, Orientierung von Konturen und andere Parameter, wie z. B. gegenläufige Bewegungen des Hintergrundes, spezialisiert sind, wurden im Bereich MT der Großhirnrinde, Abb. **167d**, gefunden. Derartige Zellen wird man zur Erklärung von Bewegungstäuschungen heranziehen müssen, **wie der des Mondes, der scheinbar hinter den Wolken wandert, obwohl es das Wolkenfeld ist, das sich in Gegenrichtung bewegt.**

Mit theoretischen, verhaltens- und elektrophysiologischen sowie neuroanatomischen Forschungen an Insekten konnte Reichardt zeigen, wie in Netzwerken von Nervenzellen Erregungen aus vielen Bewegungsdetektoren zu Signalen verrechnet werden, die geeignet sind, die Bewegung von Objekten unabhängig von ihrer Größe zu registrieren und das Figur-Grund-Problem zu lösen (150).

Interessant ist der Zusammenhang zwischen Farbensehen und Bewegungssehen. Wenn im visuellen System die Vorgänge der Bewegungsdetektion der Formverarbeitung vorgeschaltet sind, muß man mit allen farbigen Mustern, die man erkennen kann, auch die Bewegungsdetektoren reizen können. Es könnte aber für verschiedene visuelle Aufgaben Bewegungsdetektoren geben, die sich in ihrer spektralen Empfindlichkeit unterscheiden. Bei zweifarbigen Mustern ist der Fall denkbar, daß beide Farbreize für eine Art bewegungsempfindlicher Nervenzellen dieselbe Reizwirksamkeit haben. Diese Zellen könnten dann die Bewegung nicht registrieren.

Für das Bewegungssehen wurde das nachgewiesen an farbigen Punkten auf andersfarbigem Untergrund in Experimenten von der Art, wie sie in Abb. **219** beschrieben sind. Bei geeigneter Einstellung der Leuchtdichten der Punkte und des Untergrundes war das farbige Muster zwar noch erkennbar, nicht aber die Bewegung und folglich auch nicht die Form des bewegten Teils (146a). Gesehen wurde das Muster durch Vermittlung von Nervenzellen, mit denen man die beiden Farben unterscheiden kann. Für die beteiligten bewegungsempfindlichen Nervenzellen waren in diesem Fall beide Farbreize gleich wirksam. Daß nicht alle Bewegungsdetektoren dieselbe Art von spektraler Empfindlichkeit haben, zeigen andere Experimente. Bei einem auf einem Bildschirm wandernden zweifarbigen Streifenmuster gelingt es zwar durch Manipulation der Farbreize die wahrgenommene Bewegungsgeschwindigkeit drastisch zu ändern, nicht aber, sie zum Verschwinden zu bringen, wie es in dem eben beschriebenen Versuch mit den Punktmustern gelungen war. An dieser Bewegungswahrnehmung sind offensichtlich neuronale Kanäle mit verschiedener spektraler Empfindlichkeit beteiligt.

Mit einem Trick kann man alle neuronalen Bewegungsdetektorkanäle für die Wahrnehmung bis auf einen ausschalten. Das gelingt mit der Spiralscheibe, Abb. **225**. Wenn sie rotiert, scheint sie zu wachsen oder zu schrumpfen, weil auf ihrer gesamten Fläche Kanten mit konstanter Geschwindigkeit je nach Drehrichtung nach außen oder innen wandern. Die Spirale und ihre Bewegung werden natürlich unsichtbar, wenn die Scheibe sehr schnell rotiert, weil die Reize dann oberhalb des zeitlichen → Auflösungsvermögens liegen. Reduziert man die Umlaufgeschwindigkeit so weit, daß die zentrifugale oder -petale Bewegung gerade wieder sichtbar wird, so sprechen zuerst die für schnelle Bewegungen spezialisierten Nervenzellen an. Deren Eigenschaften kann man bei mittelhohen Umlauffrequenzen der Scheibe darum selektiv untersuchen. In dem hier interessierenden Versuch hat die Spirale eine Farbe, z. B. grün, und der Untergrund eine andere, z. B. rot. Die schnell rotierende Scheibe wird mit kontrollierbaren roten und grünen Leuchtstoffröhren beleuchtet. Im roten Licht sieht man eine

Abb. **225**

dunkelgrüne Spirale auf hellrotem Grund, im grünen Licht eine hellgrüne Spirale auf dunkelrotem Grund. Variiert man den Beitrag der beiden Lampenarten zur Beleuchtungsstärke, so findet man ein Beleuchtungsspektrum, bei dem die Bewegung und die Spirale auf der rotierenden Scheibe vollständig unsichtbar wird. Man sieht die Scheibe dann als einheitliche Fläche in der Mischfarbe. Bei kleinen Änderungen des Beleuchtungsspektrums werden Bewegung und Spirale wieder sichtbar. Läßt man die Scheibe bei gleichbleibender Beleuchtung langsamer rotieren, so wird die Bewegung auch wieder erkennbar, weil nun langsamer reagierende bewegungsempfindliche Nervenzellen ins Spiel kommen, die andere spektrale Empfindlichkeiten besitzen.

11.1.2 Scheinbewegungen und Bewegungsnacheffekte

Nach dem Modell der Abb. 223 sollte nicht nur die kontinuierliche Bewegung von Lichtreizen im Auge zur Bewegungswahrnehmung führen, sondern ebenso auch Folgen kurzer Lichtreize, die nacheinander auf benachbarte Netzhautstellen fallen. Das ist der Fall, wie man vom Kinofilm und von bewegten Leuchtreklamen weiß. Auch bei nichtkontinuierlichen Reizen sieht man unter geeigneten Bedingungen kontinuierliche Bewegungen. Diese *Scheinbewegungen* werden oft als Phi-Phänomen bezeichnet.

Ein Beispiel wurde bereits im Zusammenhang mit den → Doppelbildern genannt. Wer die Fähigkeit besitzt, seine Augen abwechselnd zu öffnen und zu schließen, kann sich leicht davon überzeugen, daß sich der Finger vor dem Gesicht scheinbar kontinuierlich hin- und herbewegt. Man kann Scheinbewegungen an den zweifachen Schatten beobachten, die von einem mit zwei Lampen beleuchteten Gegenstand an eine Wand geworfen werden. Hält man vor die beiden Lampen abwechselnd einen Karton, so erkennt man die Scheinbewegung der nacheinander sichtbaren Schatten. Als Lampen eignen sich zwei Diaprojektoren. In dieser Anordnung sollte man den Abstand der Schatten und die Schnelligkeit des Wechsels variieren, um die Erscheinung der kontinuierlichen Bewegung zu optimieren.

Scheinbewegungen können sehr kompliziert sein. Folgt einem senkrechten Strich ein schräger, Abb. 226a, oder ein horizontaler, so sieht man unter geeigneten Bedingungen, wie sich der Strich scheinbar kontinuierlich umlegt. Das läßt sich mit zwei übereinander projizierten Dias, die abwechselnd verdeckt werden, zeigen. Geeignet sind auch rote und grüne Folien, die man in einen handlichen

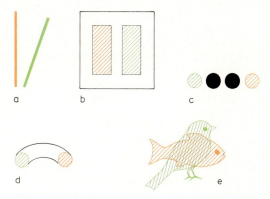

Abb. 226 Scheinbewegungen.

Papprahmen (b) einfügt, so daß sie schnell vor dem Auge hin- und herbewegt werden können. Man kann dann die Scheinbewegungen zwischen den nacheinander sichtbaren roten und grünen Teilen des Bildes sehen. Die beiden äußeren Scheiben (c) scheinen vor oder hinter den mittleren schwarzen Scheibe hin- und herzufliegen. Bei (d) sieht man die Bewegung entlang der vorgegebenen gekrümmten Bahn. Bei (e) verwandelt sich ein Vogel in einen Fisch und umgekehrt. Scheinbewegungen sieht man an einem auf Rauschen eingestellten Fernsehschirm in Form tanzender heller Punkte. Das visuelle System setzt dabei jeweils zeitlich und räumlich benachbarte Paare der regellos auftretenden Lichtpunkte in Bewegungen um.

Bietet man die beiden Hälften des Julesz-Musters, Abb. 210a, nicht → dichoptisch, sondern für beide Augen nacheinander in schneller Folge abwechselnd, so wird unter geeigneten Bedingungen das Quadrat sichtbar und man sieht, wie es sich als Ganzes hin- und herbewegt. Diese Beobachtung zeigt, daß das → Korrespondenzproblem auch bei Musterfolgen auftritt und im visuellen System gelöst wird. Die Punkte werden in den rasch nacheinander auftretenden Julesz-Mustern einander zugeordnet, was zur Bewegungs- und Formwahrnehmung führt. Die Verschiebung der korrespondierenden Punktfläche darf allerdings nicht zu groß sein, sonst gelingt die Punkt-für-Punkt-Zuordnung nicht und es tritt die Wahrnehmung ein, die gerade für den rauschenden Fernsehschirm beschrieben wurde.

Von dem erstgenannten Versuch mit dem Finger-Doppelbild kann man herleiten, daß Bewegungsdetektion wenigstens in diesem Fall zentral, d. h. hinter dem Ort der binokularen Erregungsvereinigung, stattfindet. Sonst dürfte die Bewegung nur wahrnehmbar sein, wenn beide Reize in dasselbe Auge fallen. Im → visuellen

Großhirnareal V1 wurden aber auch monokulare Nervenzellen gefunden, die bereits auf Bewegung reagieren. Mit Hilfe von → Julesz-Mustern kann man die Figur, an der man Scheinbewegungen studieren möchte, hinter dem Ort der binokularen Erregungsverarbeitung entstehen lassen, so daß die nur monokular erregbaren Zellen keinen Beitrag leisten können. Julesz (103) erreichte das mit Hilfe abwechselnd gebotener Paare von → Julesz-Mustern, in denen ein Gitter sichtbar wurde, das nacheinander an je einem von zwei Orten erschien. Die Punkteverteilungen waren bei konsekutiven Bildpaaren verschieden, so daß in den monokularen neuronalen Kanälen nur regellose Scheinbewegungen auftreten konnten wie auf dem rauschenden Fernsehschirm. Scheinbewegungen des Gitters waren gut zu sehen. Monokulare Nervenzellen sind dafür offensichtlich nicht notwendig.

In dieser Situation wurde ein neues Phänomen entdeckt. Wie im Normalfall des monokularen oder binokularen Sehens gab es bei einer bestimmten Bildfolgefrequenz (4 Hz) ein Optimum für die kontinuierlichen Scheinbewegungen. Bei höheren Frequenzen (10 Hz) sah man die beiden räumlichen Figuren gleichzeitig und unbewegt, was auch der Normalbeobachtung entspricht. Bei einer dazwischen liegenden Frequenz aber hörte das Gittermuster auf, hin- und herzuwandern. Es stand in der Mittelposition still und wurde einfach gesehen. Dieses Phänomen stellte eine unerwartete Auswertung der Form- und Bewegungsinformation dar.

Bewegungsnacheffekte treten auf, wenn die Augen längere Zeit visuellen Bewegungsreizen ausgesetzt waren. Wenn man z. B. eine Minute lang einen Wasserfall angesehen hat, sieht die unbewegte Umgebung vorübergehend so aus, als bewege sie sich nach oben. **Man fixiere den Mittelpunkt einer Spiralscheibe nach Art der Abb. 225, während sie sich auf einem Plattenspieler dreht, wenigstens eine halbe Minute lang. Man adaptiert dabei das visuelle System an Bewegungsreize, die je nach Drehrichtung vom Zentrum in alle Richtungen nach außen oder von außen aus allen Richtungen zum Zentrum laufen. Die Scheibe sieht dann so aus, als wachse bzw. schrumpfe sie, obwohl sie gleich groß bleibt. Außerdem scheint sich die schrumpfende Scheibe zu entfernen, die wachsende anzunähern. Fixiert man danach den Mittelpunkt der ruhenden Scheibe, so sieht man alle diese Bewegungen vorübergehend deutlich, wenn auch abgeschwächt, in der jeweils entgegengesetzten Richtung. Großes Vergnügen bereitet es, den Nacheffekt der Spiralscheibe zu beobachten, während man einem anderen Menschen auf die Nasenspitze schaut.**

Der Nacheffekt ist auf die gereizte Netzhautstelle beschränkt, wovon man sich überzeugen kann, indem man die halbe Scheibe abdeckt, während man einäugig die Mitte fixiert. Wenn man danach bei der stehenden Scheibe die andere Hälfte abdeckt, sieht man keinen Nacheffekt. Man kann ein Auge an den Bewegungsreiz adaptieren und dann den Nacheffekt mit dem anderen beobachten. Daran erkennt man, daß binokulare Nervenzellen am Bewegungsnacheffekt beteiligt sind. Wenn man gleich nach der Adaptation an den Bewegungsreiz die Augen schließt und außerdem mit den Händen verdeckt, so daß kein Licht eindringt, kann man den Nacheffekt aufschieben. Wenn die Adaptationszeit nicht zu kurz war, sieht man den Nacheffekt noch nach vielen Minuten. Man kann die Größe des Nacheffekts messen, indem man ihn durch eine langsame Gegendrehung der Spiralscheibe kompensiert, so daß er aus der Wahrnehmung verschwindet. Mit dieser Methode kann man den Bewegungsnacheffekt noch nach mehreren Stunden nachweisen, wenn man sich nach dem Adaptationsreiz im Dunkeln aufgehalten hat.

Einen analogen Bewegungsnacheffekt kann man beim Autofahren beobachten. Wenn man auf gerader Strecke neben dem Fahrer sitzend geradeaus schaut, wandern die Netzhautbilder aller Gegenstände wegen ihrer Annäherung im Auge von der Sehgrube nach außen. Wenn man sich an die zentrifugalen Bewegungsreize etwa eine Minute lang adaptiert hat, senke dann seinen Blick auf die Hand oder ein Buch. Diese scheinen vorübergehend zu schrumpfen.

11.2 Formensehen

11.2.1 *Schnelle Mustererkennung*

Es gibt verschiedene Arten des Formensehens. Die eine der Figuren von Abb. 227 stellt eine Schlange mit zwei Köpfen dar, die andere zwei getrennte Schlangen. Die Unterscheidung ist schwierig. Mühelos erkennt man dagegen in der Abb. 228 die Kreuze. Andere Figuren, wie die Strichpaare, die zusammen kein L, sondern ein T bilden, findet man erst durch systematisches Absuchen. In einer Ansammlung von Kreisen fällt einer mit einem kleinen Querstrich sofort auf, Abb. 229a. Merkwürdigerweise braucht man für die umgekehrte Aufgabe (b) etwa doppelt so viel Zeit. Diese musterspezifischen Verschiedenheiten des Wahrnehmens können einen Einblick in die Arbeitsweise des visuellen Systems beim Formensehen gewähren. Leider sind aber die Variationsmöglichkeiten der Muster unübersehbar, insbe-

11.2 Formensehen

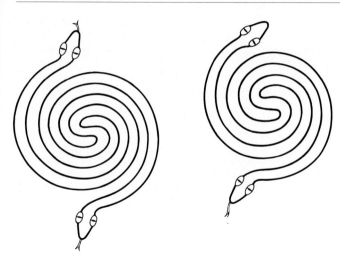

Abb. 227 Schlangen mit zwei Köpfen oder zwei Schlangen?

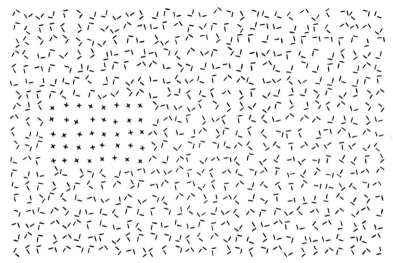

Abb. 228 Die Kreuze (+) sind schnell und mühelos erkennbar. L- und T-förmige Anordnungen zweier Striche findet man dagegen erst nach sorgfältigem Absuchen des Musters (104).

sondere wenn man auch noch Helligkeiten, Farben, Gradienten usw. berücksichtigt. Darum braucht man bei der Untersuchung dieser Phänomene übergeordnete Gesichtspunkte, um von der Spekulation über Spezialfälle zu allgemeingültigen Hypothesen zu gelangen.

Man stellt sich das visuelle System oft wie ein System parallel geschalteter Filter vor, durch die der Formgehalt der Netzhautbilder nach dem Prinzip der ➙ parallelen Verarbeitung in Elemente zerlegt wird. Das wäre der erste Schritt der visuellen Formverarbeitung (early vision [125]). Zum Formensehen gehören nach dieser Vorstellung weitere Verarbeitungsschritte hinter diesen Filtern, in denen die Elemente wieder vernetzt und interpretiert werden. Erst hier wäre nach Erklärungen für die ➙ Apperzeption und die ➙ aktiven Leistungen der Formwahrnehmung zu suchen. Die Leichtigkeit, mit der manche Muster erkannt werden, kann man als Zeichen dafür werten, daß es für die schnell erkennbaren Figuren Nervenzellen gibt, die für bestimmte Formparameter spezialisiert sind. Nachdem man in dem Muster der Abb. 229c den Strich mit der abweichenden Richtung sofort erkennt, liegt es nahe, an die ➙ Complex cells des ➙ visuellen Großhirnareals V1 zu denken, die selektiv auf die Orientierung von Strichen und Kanten reagieren. Die Erregung der Complex cells ändert sich aber auch mit dem Kontrast, der Helligkeit, der Strichdicke usw. Diese Zellen reagieren also weniger spezifisch als der Vorgang der schnellen Musterunterscheidung. Für die meisten untersuchten schnell erkennbaren Muster, wie z. B. für Kreuze, sind

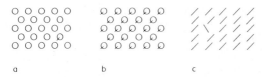

Abb. 229 a) Der Kreis mit Querstrich ist leicht erkennbar. b) Man braucht etwa doppelt so viel Zeit, um den Kreis ohne Querstrich zu finden. c) Der Strich mit abweichender Orientierung zieht sofort die Aufmerksamkeit auf sich (nach Treisman in Spillmann u. Werner: The Neurophysiological Foundations. Academic Press, San Diego/Cal. 1990).

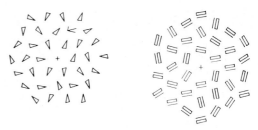

Abb. 230 a) die Figur mit drei freien Endigungen (Terminatoren) fällt auf unter Dreiecken, die aus gleich langen Strichen zusammengesetzt sind. b) Die schwer zu findende abweichende Figur hat dieselbe Zahl von Terminatoren. Nach (104).

geeignete Neurone noch nicht bekannt geworden.

Nach einem anderen Denkansatz (104) werden die leicht erkennbaren Muster als Signale aufgefaßt, die die → Aufmerksamkeit und als Folge davon dann auch die Blickrichtung auf sich ziehen. Wenn das ihre Funktion ist, könnte das eigentliche Formensehen ganz unabhängig von der schnellen Mustererkennung sein. Es gäbe dann das *globale Sehen*, bei dem bestimmte Figuren im gesamten Gesichtsfeld eine → Orientierungsreaktion auslösen können (preattentive vision) und die eigentliche Formwahrnehmung durch *fokales Sehen*, bei dem die Aufmerksamkeit auf einen kleinen Bereich konzentriert ist (attentive vision).

Mit der *Texton-Theorie* entwickelte Julesz (104) die Möglichkeit, mit Hilfe mathematischer Kriterien zwischen Figuren (micropatterns) zu unterscheiden, die auffallen oder unsichtbar bleiben, wenn sie als Elemente eines Großmusters (Textur) auftreten. Man prüft dies, indem man sie in der Umgebung eines Fixierpunktes (+) kurzzeitig bietet. Die abweichende Figur in Abb. 230a ist unter diesen Bedingungen leicht erkennbar, nicht aber die in (b).

Das mathematische Prinzip soll mit Abb. 231 erläutert werden. Die Punktmuster (a) und (b) sind mühelos zu unterscheiden. Die Punkte sind in (a) und (b) regellos verteilt, aber in (b) ist dafür gesorgt, daß bei gleicher Punktzahl ein bestimmter Abstand nicht unterschritten wird. Darum treten in (b) keine lokalen Häufungen auf. Die Wahrscheinlichkeit, daß man mit einer Nadelspitze bei geschlossenen Augen einen Punkt trifft (statistisches Kriterium 1. Ordnung), ist bei (a) und (b) gleich groß. Die Wahrscheinlichkeit aber, daß eine kurze Nadel, die man auf die Punktmuster fallen läßt, mit beiden Enden auf je einen Punkt zu liegen kommt (statistisches Kriterium 2. Ordnung), ist bei (a) und (b) verschie-

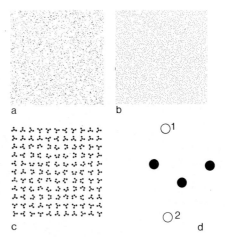

Abb. 231 Statistische Kriterien zur Unterscheidung auffälliger und unauffälliger Figuren. Nach (103).

den. Man kann auch Muster aus Figuren zusammensetzen, die nach den ersten beiden Kriterien gleich sind, sich aber nach höheren Kriterien unterscheiden lassen. Diese Muster sind nur mit Mühe unterscheidbar, was man an dem Beispiel (c) sieht. Daß sich Figuren von (c) nur nach den Kriterien der dritten Ordnung unterscheiden, kann man sich an der vergrößerten Figur (d) klarmachen. Die Kreise (1) und (2) stellen hier die alternativen Positionen des vierten Punktes der beiden schwer zu unterscheidenden Figuren wieder. Die Zahl der Punkte und ihre Abstände sind dieselben, die Dreiecksverbindungen (statistisches Kriterium 3. Ordnung) aber nicht. Das Dreieck, das der Kreis (1) mit den beiden linken schwarzen Punkten bildet, tritt in der Kombination mit dem Kreis (2) nicht auf. Experimente mit verschiedenen Punktmustern zeigen, daß Unterschiede nach den ersten beiden Kriterien viel mehr ins

Auge fallen als Unterschiede nach Kriterien höherer Ordnung.

Merkmale, auf Grund derer Figuren in einer Textur auffallen, bezeichnet man als *Texton*. Längliche Figuren, ihre Orientierung, Breite und Länge erwiesen sich als Textons. In der Abb. 228 ist die Orientierung der Striche beliebig und darum kein Unterscheidungsmerkmal. Zwischen den T- und L-Figuren besteht kein Texton-Unterschied, weil sie nach den Kriterien erster und zweiter Ordnung gleich sind. Kreuzungen dagegen sind Textons. Dasselbe gilt für die Enden von Linien (→ Terminatoren). In der Abb. 230a hat die auffallende Figur mehr Terminatoren als die anderen, die schwer erkennbare Figur in (b) dagegen nicht.

Wie das visuelle System eingerichtet sein muß, um textonspezifisch zu reagieren, ist eine weiterführende Frage. Aus den statistischen Überlegungen kann man bereits herleiten, daß die Rezeptoren für die besprochene Art der Musterunterscheidung paarweise verknüpft sein müssen, weil sie in einem Muster die Abstandsbeziehungen zwischen zwei, nicht aber zwischen drei Punkten schnell zu registrieren erlauben.

11.2.2 Spontane Vorgänge beim Bewegungs- und Formensehen

Wenn man im entspannten Zustand für längere Zeit einen Punkt auf einer Rauhfasertapete betrachtet, entdeckt man, daß sich die Strukturen langsam zu bewegen scheinen. Diese autokinetischen Bewegungen erkennt man noch deutlicher an kleinen Lichtquellen im Dunkeln, weshalb man die Erscheinung auch als Sternschwankung bezeichnet hat. Man sieht langsame scheinbare Ortsveränderungen der Lichtquelle, aber auch Sprünge über Sehwinkel von bis zu 30°. Bildverschiebungen im Auge kann man als Ursache des Phänomens ausschließen. Dazu braucht man nur im Auge neben der Sehachse ein → Nachbild zu erzeugen. Wenn man die Lichtquelle dann im Dunkeln ansieht, treten die autokinetischen Bewegungen gleichzeitig am Nachbild und an der Lichtquelle auf, obwohl beim Nachbild retinale Bildverschiebungen nicht möglich sind.

Gregory (78) beobachtete die autokinetischen Bewegungen an einer kleinen roten Lichtquelle inmitten eines kleinen blauen Umfeldes, das so dunkel war, daß es bei fovealer Betrachtung unsichtbar blieb. Bei Augenbewegungen wanderte es in die Umgebung der Fovea, wo die Empfindlichkeit für kurzwellige Lichtstrahlung größer ist, und wurde deshalb sichtbar. Beim Fixieren der Lichtquelle im Dunkeln blieb das blaue Umfeld trotz der autokinetischen Bewegungen unsichtbar, womit bewiesen ist, daß größere Augenbewegungen nicht aufgetreten waren. Wenn die Halsmuskulatur durch Gewichte an einem Helm, den die VP trug, einseitig beansprucht wurde, traten die autokinetischen Bewegungen häufiger in der Gegenrichtung auf. Entsprechendes wurde auch beobachtet, wenn die Lichtquelle mit extrem zur Seite gewandter Blickrichtung beobachtet wurde.

Die Ursache der Scheinbewegungen ist somit nicht im Auge, sondern im Gehirn zu suchen. Eine biologische Funktion der autokinetischen Bewegungen für die Wahrnehmung ist nicht zu erkennen. Es handelt sich bei dem Phänomen eher um einen normalerweise bedeutungslosen Nebeneffekt der visuellen Informationsverarbeitung. Dasselbe gilt wahrscheinlich auch für die beiden folgenden Phänomene spontaner Wahrnehmung.

Man halte vor den Schirm eines rauschenden Fernsehapparates ein Stück dunklen Karton oder auch nur die Hand. Am Rand des Sichthindernisses wirken die → Scheinbewegungen der Punkte in eigentümlicher Weise verändert. Hält man einen Ring aus dunklem Karton vor den Schirm, so kann man eine scheinbare Strömung mit wechselnder Richtung am Rand entlang erkennen, während die Lichtpunkte in der Mitte der Öffnung auf der Stelle zu tanzen scheinen. – Auf dem regellosen Muster der Abb. 114 sieht man bei ruhiger Betrachtung und guter Beleuchtung kontrastarme gelbliche und bläuliche, wolkenartige Muster. Bei einem großflächigen Strichgitter der Art von Abb. 173 treten unter diesen Beobachtungsbedingungen schräg verlaufende oder rautenförmige blau-gelbe Muster auf, deren Richtung man mit dem Strichgitter drehen kann.

Bei den nun folgenden Beobachtungen geht es um spontane Wahrnehmungsschwankungen, die ganz offensichtlich den Erkennungsvorgang unterstützen. In Abb. 232a sieht man die Punkte entweder in Säulen oder Reihen, als Eckpunkte von Quadraten oder in anderen Anordnungen. Auch in (b) wechseln die Formen zwischen Sternen, Diagonalen, Quadraten usw. Man kann den Wechsel von einer Form in die andere willentlich beeinflussen, aber das Umschlagen von einer Form in die andere nicht immer verhindern. Das ist bei der ambivalenten Figur (c) besonders auffallend, bei der man entweder zwei Gesichter oder eine Vase sieht. Ein Umschlagen von einer Interpretation in eine andere ist auch bei dem Würfel der Abb. 23a zu beobachten. Besonders interessant ist der Richtungswechsel der Dreiecke in Abb. 233g. Man kann sich vorstellen, daß sie mit einer Spitze nach oben, nach rechts oder links unten weisen, aber nicht, daß sie bei einem Dreieck nach oben, bei den anderen aber in eine andere Richtung zeigen. Alle Dreiecke

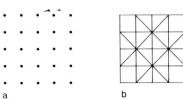

a b c

Abb. 232 Spontane Leistungen der Mustererkennung.

haben eine gemeinsame Richtung. Die aber wechselt von Zeit zu Zeit. Man kann sich dem Eindruck nicht entziehen, daß das visuelle System bei mehrdeutigen Figuren nacheinander verschiedene Interpretationen anbietet.

Man kann diese Vorgänge als *musterspezifischen Wettstreit* bezeichnen. Dieser hat mit Sicherheit eine biologische Funktion, weil das, was man wahrnimmt, bei der ➙ Vieldeutigkeit der Netzhautbilder nicht unmittelbar zur Verfügung steht und häufig auch nicht eindeutig zu entscheiden ist. Ein offensichtliches Beispiel für die Notwendigkeit, zwischen verschiedenen Interpretationen auszuwählen, liefert das binokulare Sehen. Ein Blick auf die Abb. 196 bringt in Erinnerung, daß der Hintergrund und/oder der Vordergrund beim binokularen Sehen im rechten und linken Auge nie zusammenpassen. Weil uns die ➙ Doppelbilder in der Regel nicht bewußt werden, muß man einen zentralen Selektionsvorgang postulieren, der aus der Information der Netzhautbilder das auswählt, was unter den gegebenen Bedingungen gesehen werden soll. Man kann den Vorgang der Auswahl und den Wettstreit zwischen verschiedenen Interpretationen besonders gut beobachten, wenn man im Experiment eine für das visuelle System unlösbare Aufgabe schafft.

Man betrachte die Streifenmuster der Abb. 233a und (b) ➙ dichoptisch, was durch ➙ Schielen oder mit Hilfe eines ➙ Stereoskops möglich ist. Im visuellen System wird dann die Überlagerung der beiden Gitter zu einem Karomuster verhindert. Was man sieht, entspricht der Abbildung (c), in der allerdings die Areale mit einer Strichrichtung nur etwa eine Sekunde so bleiben, wie sie gerade sind, und dann die Richtung wechseln, wobei sich auch die Grenzen zwischen den Arealen fortwährend ändern.

Weil man diesen Wechsel durch dichoptische Reizung leicht auslösen kann, hat man ihn oft als binokularen Wettstreit bezeichnet, so als ob in den verschiedenen Arealen abwechselnd das rechte oder linke Auge eingeschaltet würde. Was man sieht, ist aber kein Wechsel zwischen den Augen, sondern die Folge eines musterspezifischen zentralen Vorgangs. Das lehrt die dichoptische Betrachtung der Muster (d) und (e). Wenn man die Augen auf je einen der Fixierpunkte (+) richtet, stellt sich ein regelmäßiger Wechsel gleichzeitig im ganzen Gesichtsfeld mit einer Periode von etwas mehr als einer Sekunde ein. Der Wechsel spielt sich aber nicht augenspezifisch zwischen (d) mit (e) ab, sondern musterspezifisch. Man sieht abwechselnd nur horizontale oder nur vertikale Linien über und unter dem Fixierpunkt (57, 58). Das prüft man am besten nach, indem man die Figuren auf ein großes weißes Papier zeichnet und in entspannter Haltung sitzend mit aufgestütztem Kopf schielend oder durch ein Stereoskop ansieht. Daß man diesen komplizierten Vorgang leicht stören und durch Variation der Beobachtungsbedingungen beeinflussen kann, ist nicht überraschend. Wichtig ist, daß dieser musterspezifische und nicht augenspezifische Wechsel unter geeigneten Umständen viele Minuten lang beobachtet und registriert werden kann.

Wenn bei einem Paar von ➙ Julesz-Mustern das eine rot und das andere grün ist, sieht man durch eine ➙ Rot-Grün-Brille die stereoskopische Tiefe zeitlich unverändert, während die Farbe wechselt, wie es auch im Zusammenhang mit Abb. 201 beschrieben wurde.

Man kann den binokular ausgelösten visuellen Wettstreit nicht nur an bedeutungslosen Strichfiguren beobachten, sondern auch in der wirklichen Umgebung. Dazu betrachte man in entspannter Haltung für wenigstens eine Minute die ruhig gehaltene Spitze eines Bleistifts. Die Gegenstände des Hintergrundes nimmt man in der Regel zunächst doppelt wahr, merkt aber dann, daß sie nicht gleichzeitig alle da sind. Es herrscht ein Kommen und Verschwinden. Auf dem Schreibtisch erscheinen wie durch Geisterhand Scheren, Aschenbecher, Briefbeschwerer in Einzahl oder doppelt, um dann auch wieder zu verschwinden. Normalerweise achtet man nicht auf diese Erscheinungen. Die Beobachtung unter beinahe natürlichen Bedingungen zeigt, wie das visuelle System das schwierige Problem der nicht zueinander passenden Netzhautbilder auf hohem Niveau der Wahrnehmung meistert. Ganze Gegenstände werden zur Anschauung gebracht oder aus der Wahrnehmung getilgt.

An der Abb. 233f kann man eine Art des Wettstreits beobachten, die keiner binokularen Auslösung bedarf. Bei längerem Fixieren des Kreu-

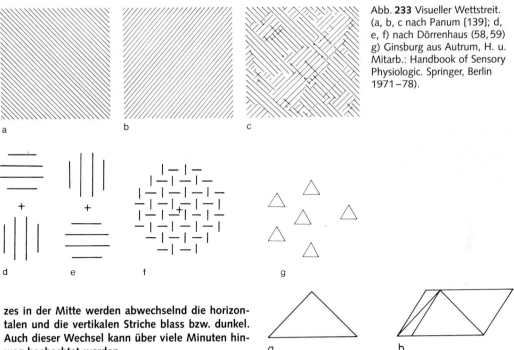

Abb. 233 Visueller Wettstreit. (a, b, c nach Panum [139]; d, e, f) nach Dörrenhaus (58, 59) g) Ginsburg aus Autrum, H. u. Mitarb.: Handbook of Sensory Physiologic. Springer, Berlin 1971-78).

Abb. 234 Sandersche Täuschung.

zes in der Mitte werden abwechselnd die horizontalen und die vertikalen Striche blass bzw. dunkel. Auch dieser Wechsel kann über viele Minuten hinweg beobachtet werden.

11.2.3 Geometrisch optische Täuschungen und ähnliche Beobachtungen zum Formensehen

Das Formensehen kann man nicht vollständig erklären. Darum kann man auch nicht erwarten, daß es für die vielen geometrisch optischen Täuschungen vollständig befriedigende Erklärungen gibt. In der Abb. 22 sind einige geometrisch optische Täuschungen abgebildet, die alle auch als ➤ haptische Täuschungen nachzuweisen sind. Dies spricht bereits dafür, daß ihre Ursache nicht im Auge, sondern in einer gemeinsamen Endstrecke der visuellen und ➤ somatosensorischen Formverarbeitung im Gehirn zu suchen ist. Diese Einsicht wird durch die dichoptischen bei Abb. 14 beschriebenen Experimente bestätigt, mit denen gezeigt wurde, daß die Täuschungen auch dann sichtbar sind, wenn die Information der Figuren erst hinter dem Ort der binokularen Erregungsverarbeitung im Gehirn vorhanden ist. Hier sollen noch einige Beobachtungen und Überlegungen zu den geometrisch optischen Täuschungen mitgeteilt werden.

Zur Demonstration aus freier Hand an der Tafel eignet sich die Sandersche Täuschung, Abb. 234. Man zeichnet zunächst das gleichschenkelige Dreieck (a) und ergänzt dann die Figur zu (b). Die in (a) gleich erscheinenden Dreiecksschenkel erscheinen in (b) drastisch verschieden. – Die in Abb. **14c** wiedergegebene Tichener-Täuschung kann man mit Münzen auf einem Schreibprojektor demonstrieren. Man lege auf den Schreibprojektor ein Fünfzigpfennigstück und darum herum einen Kranz von Fünfmarkstücke, daneben eine Reihe anderer Münzen zum Größenvergleich und daneben einen Kranz von Einpfennigstücken um ein Fünfzigpfennigstück. Die Münzen werden an der Wand als runde Scheiben sichtbar. Die eingeschlossenen Fünfzigpfennigstücke sehen wie kleinere bzw. größere Münzen der Vergleichsreihe aus.

Die *Müller-Lyer-Täuschung*, Abb. **14a**, erklärt man oft als Folge der ➤ Größenkonstanzleistung. **Wenn man die linke Figur als einen Blick in eine Zimmerecke und die rechte als Ansicht der Kante eines Würfels auffaßt, sieht man die Strichzeichnungen tatsächlich räumlich so, als ob die senkrechte Linie der linken Figur vom Betrachter etwas weiter weg wäre als die rechte.** Das visuelle System sorgt normalerweise dafür, daß man die Größe der Objekte unabhängig vom Abstand richtig erkennt. Darum muß die Länge der scheinbar weiter entfernten Kante für die Wahrnehmung vergrößert und die der scheinbar näheren verkleinert werden. Nach dieser optischen Erklärung ist die Täuschung für das visuelle System

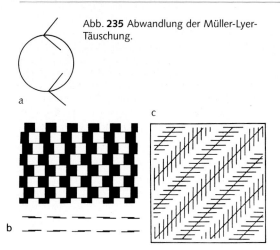

Abb. 235 Abwandlung der Müller-Lyer-Täuschung.

Abb. 236 a) Münsterberg-Täuschung, b) Konvergenztäuschung, c) Zöllnersche Täuschung.

biologisch zweckmäßig. **In der Abb. 235 ist allerdings die Wirkung der Pfeilspitzen auch zu erkennen. Der linke Halbkreis sieht größer aus als der rechte. Man erkennt aber keine räumliche Tiefe, die eine Erklärung nach dem Größenkonstanzprinzip ermöglichen würde. Die Täuschung funktioniert übrigens auch, wenn man in der Figur der** Abb. **14a die senkrechten Linien wegläßt. Dann zeigt sich die Täuschung im Abstand der Pfeilspitzen.**

In der *Münsterberg-Täuschung*, Abb. 236a, scheinen die parallelen horizontalen Linien in dem seitlich versetzten Schachbrettmuster zu konvergieren. Auch diese geometrisch optische Täuschung kann nicht vollständig erklärt werden, aber man kann zeigen, daß sie anders erklärt werden muß als die bisher genannten Täuschungen. An ihrer Entstehung sind nicht nur zentrale Vorgänge der Formverarbeitung, sondern auch periphere Verarbeitungsvorgänge des → Kontrastes beteiligt. Der Täuschungseffekt bleibt aus, wenn die Münsterberg-Täuschung nicht in schwarz und weiß, sondern in zwei Farben dargestellt wird, die mit gleicher Leuchtdichte geboten werden. Für die bisher genannten geometrisch optischen Täuschungen ist der Leuchtdichtekontrast keine notwendige Voraussetzung (79). Der Effekt ist noch erheblich eindrucksvoller, wenn sich zwischen den schwarzen und weißen Feldern eine graue Linie befindet. Nach der Kachelwand, an der das entdeckt wurde, wird diese hier nicht abgebildete Version mit den grauen Linien *Café-Haus-Täuschung* genannt (80).

Die Münsterberg-Täuschung hat etwas damit zu tun, daß man die Grenzen zwischen hellen und dunklen Arealen normalerweise so sieht, als seien sie ein wenig zur dunklen Seite verschoben. Eine helle Figur auf dunklem Grund wirkt deshalb oft größer als eine dunkle auf hellem. Die horizontalen Linien in der Münsterberg-Täuschung müßten nach dieser Vorgabe nach oben bzw. unten versetzt erscheinen, was, wie Abb. 236b zeigt, für eine Konvergenztäuschung schon ausreicht. Die Verschiebung der horizontalen Linien ist bei der Münsterberg-Täuschung die Folge der Kontrastverarbeitung.

Wenn man mit Hilfe eines Computers die Bildpunkte nach einer Vorschrift (125), verarbeitet, die von der Arbeitsweise retinaler Ganglienzellen, Abb. 166, hergeleitet wurde, kann man bei geeigneter Wahl der Parameter zu einer „verarbeiteten" Münsterberg-Täuschung kommen, bei der die horizontalen Linien in der erwarteten Weise nach oben bzw. unten versetzt sind und bei unscharfer Abbildung so aussehen, als bestünden sie aus lauter schräg verlaufenden Teilstücken. Das ist das Ergebnis der simulierten Kontrastverarbeitung (134).

Die Ursache dafür, daß diese schrägen Linien die Konvergenztäuschung hervorrufen, ist dann wieder bei zentralen Formverarbeitungsprozessen zu suchen wie bei der *Zöllnerschen Täuschung*, Abb. 236c. Bei dieser muß die Ursache für die Konvergenztäuschung nicht erst durch Kontrastverarbeitung erzeugt werden, weil sie schon in der Vorlage vorhanden ist. Geometrisch optischen Täuschungen, die vom Kontrast und damit von dem → Remissionsgrad in der Abbildung abhängen, sind nur bei aufwendiger Drucktechnik gut zu reproduzieren.

Oft erkennt man die geschlossene Form von Gegenständen, obwohl die Grenzen im Netzhautbild nicht durch Konturen gegeben sind. Man sieht dann *Scheinkanten*, von denen in Abb. 237 einige Beispiele zusammengestellt sind. Sie werden durch Formparameter induziert und umschließen Flächen, die meistens etwas heller zu sein scheinen. Bei Scheinkanten auf dunklem Grund kann die eingeschlossene Fläche dunkler erscheinen, Abb. 165b. Die Scheinkanten verhalten sich wie wirkliche Kanten. In der oberen linken Figur umgrenzen sie ein helles Quadrat, dessen Fläche mit zwei Ecken über und mit den beiden anderen unter dem schwarzen Rahmen zu liegen scheint. Sie erzeugen optische Täuschungen, die *Poggendorfsche Täuschung*, Mitte rechts, und die *Ponzosche Täuschung* unten rechts (79). Scheinkanten sind an den Rändern der stereoskopisch herausgehobenen Flächen von → Julesz-Mustern zu sehen. Sie unterstützen das Formensehen dort, wo die Konturen nicht erkennbar sind. Man könnte erwarten, daß sie im Gehirn

11.2 Formensehen

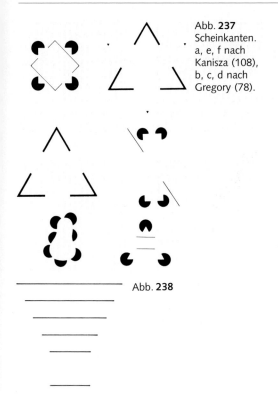

Abb. 237 Scheinkanten. a, e, f nach Kanisza (108), b, c, d nach Gregory (78).

Abb. 238

erst am Ende der visuellen Formverarbeitungsvorgänge entstehen. Sie wurden aber bereits im ➝ visuellen Großhirnareal V2 nachgewiesen, wo viele Zellen, die Kanten registrieren können, auch auf Scheinkanten reagieren (97).

Weil die Scheinkanten elektrophysiologisch und auch in der Wahrnehmung durch die Art der Muster determiniert sind, ist es nicht angemessen, sie weiterhin als „kognitive Konturen" zu bezeichnen, so als ob sie durch einen Erkenntnisakt hervorgebracht würden. Man sieht sie allerdings oft erst, wenn man seine ➝ Aufmerksamkeit auf sie richtet. Aber das ist bei allen Wahrnehmungen so. **Besonders schön kann man den Einfluß der Aufmerksamkeit auf die Scheinkanten bei der Formwahrnehmung an der** Abb. 238 **studieren. Die untere Linie scheint etwas länger zu sein als die darüberliegende. Dieser Eindruck tritt zurück, wenn man sich die beiden unteren Linien als Seiten eines Würfels oder die ganze Figur als ein gestieltes Glas vorstellt. Dann sieht man an seinen Seiten eine Scheinkante, die die Enden miteinander verbindet und die eingeschlossene Fläche erscheint etwas dunkler.**

Körperschatten sind eine wichtige Informationsquelle für die Formwahrnehmung, insbesondere für die Struktur unebener Oberflächen.

An den Schatten und den helleren Teilen der Unebenheiten erkennt man Vertiefungen und Erhöhungen normalerweise auch einäugig, d. h. ohne ➝ Stereopsis. **Man lege einen Karton, z. B. eine Karteikarte, auf eine nicht zu harte Unterlage und drücke mit der Spitze einer Stricknadel oder einem leeren Kugelschreiber Vertiefungen hinein. Man betrachte die Vorder- und Rückseite des Kartons einäugig. Je näher man mit dem Auge an die Oberfläche herangeht, desto eindrucksvoller sieht man die Vertiefungen bzw. Erhebungen. Auch auf Photographien derartiger Unebenheiten kann die Verteilung von hell und dunkel die Wahrnehmung der Tiefenstruktur eindrucksvoll hervorrufen, obwohl man gleichzeitig sieht, daß die Oberfläche der Photographie glatt ist, Abschnitt 6.9.** Man kennt das von Photographien unebener Flächen, z. B. von Mondkratern oder Landkarten in Reliefdarstellungen.

Man muß derartige Bilder allerdings so orientieren, daß die Schatten bei senkrechten Bildoberflächen nach unten und bei horizontalen auf den Betrachter zulaufen. Sonst kann es geschehen, daß sich in der Wahrnehmung Höhen und Tiefen umkehren. Daran erkennt man, daß das visuelle System bei der Formverarbeitung eine Vorgabe in die Deutung der Unebenheiten einbringt. Es wird vorausgesetzt, daß das Licht von oben kommt und jedenfalls nicht vom Betrachter ausgeht. Das kann man sehr eindrucksvoll an Photographien (129) oder computergenerierten (146a) Bildern unebener Oberflächen studieren. Die orientierungsabhängige Tiefenumkehr kann bei Bildern lästig sein. Luftbildaufnahmen von der Nordhalbkugel werden normalerweise bei südlichem Sonnenstand aufgenommen, so daß die Schatten nach Norden weisen. Zur Auswertung dreht man diese Aufnahmen um 180°, so daß Süden oben und Norden unten ist. Sonst verwechselt man zu häufig Berge und Täler.

Man kann Fotografien von strukturierten Oberflächen so orientieren, daß sie ambivalent werden. Eine als Vertiefung wahrgenommene Struktur erscheint dann manchmal auch als Erhöhung. Es geschieht dabei nie, daß z. B. ein Mondkrater wie eine Vertiefung und der benachbarte wie eine Erhöhung aussieht. Das visuelle System interpretiert die Schatten immer so, als ob es nur eine Lichtquelle und darum auch nur eine Richtung für die Schatten gäbe (**146a**).

Wenn auf der eben erwähnten Karteikarte unter vielen Vertiefungen eine Erhöhung ist, fällt diese sofort auf. Die Leichtigkeit, mit der die durch Schatten und Licht gegebenen Strukturen erkannt werden, legt den Schluß nahe, daß die Verarbeitungsvorgänge für Körperschatten der

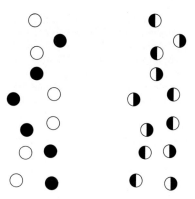

Abb. 239 In a) sind zwei perlschnurartige Figuren leicht auseinanderzuhalten, in b) dagegen nicht.

schnellen Mustererkennung, Abschnitt 11.2.1, zuzuordnen sind. **Gibt es unter vielen Vertiefungen wenige Erhöhungen, so erkennt man sofort die Figur, die diese zusammen bilden. Drei Erhöhungen werden z. B. mühelos als Eckpunkte eines Dreiecks gesehen. Die Möglichkeit der Zuordnung (grouping) ist nicht bei allen Figuren gleich leicht. In Abb. 239a kann man die hellen und dunklen Scheibchen leicht zwei schraubenartig umeinander gewundenen Linien zuordnen. Bei den schwarz-weißen Scheibchen (b) gelingt das nicht so leicht. Bei echten Vertiefungen und Erhöhungen auf der Karteikarte ist die Zuordnung zu den beiden Linien problemlos möglich.** Die in den Körperschatten verschlüsselte visuelle Information steht offensichtlich für den Vorgang der Zuordnung zur Verfügung.

Nervenzellen, die für Teilaufgaben der Formverarbeitung spezialisiert sind, erzeugen die *figuralen Nacheffekte*. **Man richte den Blick für etwa 30 Sekunden auf die dunkle Linie zwischen den schräg stehenden Gittern der Abb. 240a und dann auf die entsprechende Linie zwischen den rechten Gittern. Diese sehen dann in entgegengesetzter Richtung schräg aus. In (b) rücken die linken hellen Quadrate auseinander, wenn man zuerst eine halbe Minute lang auf den linken Fixierpunkt geschaut hat. Einen dreidimensionalen Nacheffekt kann man mit einer Karteikarte (c) hervorrufen. Man lege sie auf einen Tisch und halte sie so, daß sie nach oben oder unten gekrümmt ist. Man fixiere den Punkt etwa 30 Sekunden lang. Wenn man dann die flache Karte fixiert, sieht sie in der Gegenrichtung gekrümmt aus.**

Daß die Nervenzellen im visuellen System für jeweils bestimmte Kombinationen von Merkmalen spezialisiert sind, zeigt sich in den Form-Farbe-Nacheffekten (180). Den McCol-

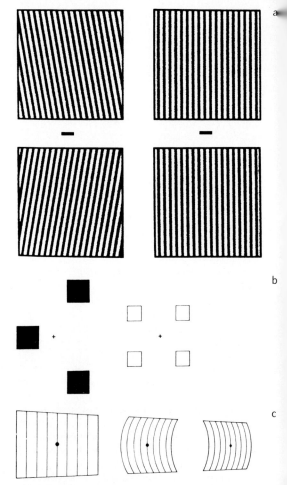

Abb. 240 Figurale Nacheffekte. b) Nach Köhler u. Wallach (110).

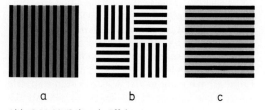

Abb. 241 McColough-Effekt.

lough-Effekt kann man mit der Abb. 241 hervorrufen. Man betrachte etwa 5 Minuten lang die beiden farbigen Gitter (a) und (c) abwechselnd. Man lasse dabei den Blick auf jedem der Bilder jeweils etwa 20 Sekunden lang umherwandern. Wenn man danach auf das mittlere Bild schaut, erkennt man eine schwache Färbung. Jede Gitterrichtung ruft eine Farbe hervor. Der Farbton ist nicht derselbe wie bei dem Adaptationsgitter gleicher Richtung, sondern die Gegenfarbe dazu. Der Nacheffekt verschwindet, wenn man das Muster um 45° dreht.

11.3 Entwicklung der Sehfähigkeit

11.3.1 Ontogenese

Eltern wüßten gerne, was Säuglinge sehen können. Man kann davon ausgehen, daß die Sehfähigkeit in den ersten Monaten im Vergleich zu später sehr beschränkt ist, weil die Entwicklung der Stäbchen und Zapfen bei der Geburt noch nicht abgeschlossen ist. Auch die neuronalen Verbindungen von der Netzhaut zum Großhirn sind in der Geburtszeit noch nicht vollendet. Durch neuroanatomische Studien an Säugetieren weiß man, daß im visuellen System noch nach der Geburt neuronale Verbindungen hergestellt und umgebaut werden. Auch die neuronalen Voraussetzungen für die Kopf- und Augenbewegungen sind noch nicht voll ausgebildet. Die Reaktionsmöglichkeiten des Säuglings sind deshalb auch beschränkt. Am Verhalten kann man darum nicht leicht ablesen, welche visuellen Signale für Säuglinge wichtig sind.

Binokulare Verarbeitung der Erregung beginnt beim Menschen mit dreieinhalb Monaten. Das wurde durch dichoptische Reizung mit → Julesz-Mustern in Verbindung mit → Hirnstrommessungen nachgewiesen. Verschiedenheit und Gleichheit der zufallsverteilten Punktmuster in den beiden Augen werden im Gehirn entdeckt, wie die verschiedenen elektrischen Reaktionen anzeigten (31, 105).

Die visuelle → Kontrastübertragungsfunktion kennzeichnet das → Auflösungsvermögen und damit eine Voraussetzung der visuellen Wahrnehmung. Man kann die Kontrastübertragungsfunktion bei Säuglingen durch verhaltens- und elektrophysiologische Versuche bestimmen. Man läßt Streifenmuster mit verschiedener Streifenbreite und Kontrast aufleuchten und studiert die Blickwendung. Ein Muster zieht die Aufmerksamkeit des Säuglings stärker auf sich als eine gleich helle unstrukturierte Fläche. So kann man herausfinden, ob das Auflösungsvermögen zum Erkennen der jeweiligen Streifenmuster ausreicht. Elektrophysiologisch kann man die Unterschiede der Hirnströme beim Wechsel der Streifenorientierung studieren. Es stellte sich heraus, daß die Kontrastübertragungsfunktion, Abb. **175**, schon bei viel kleineren räumlichen Frequenzen, d. h. gröberen Mustern, steil abfällt. Das Auflösungsvermögen ist, wie man daraus herleiten kann, bei der Geburt ungefähr 25mal schlechter als später und verbessert sich kontinuierlich während der ersten drei Lebensjahre. Das → Gesichtsfeld überspannt beim Säugling nur etwa 30°. Inwieweit die Versuche mit Blickwendungen zu Musterreizen über das Formensehen Aufschluß geben oder nur zur Auslösung von Orientierungsreaktionen taugen, wurde im Abschnitt 11.2.1 diskutiert. Zum Studium des Auflösungsvermögens sind sie geeignet.

Für die normale Entwicklung des visuellen Systems ist das binokulare Sehen notwendig. Wenn bei schielenden Kindern die → binokulare Fusion unmöglich ist, entwickelt sich eine *Amblyopie* für ein Auge, d. h., die Sehleistungen dieses schielamblyopen Auges werden reduziert, was sich u.a. in einem geringen visuellen Auflösungsvermögen zeigt. Das Sehen wird dann überwiegend vom anderen Auge besorgt. Die Veränderungen finden nicht im amblyopen Auge, sondern im Gehirn statt. Sie sind reversibel, wenn das binokulare Sehen rechtzeitig durch eine Prismenbrille oder durch Verkürzung eines Augenmuskels ermöglicht werden kann.

Der Schielamblyopie vergleichbar sind die Folgen der monokularen *Deprivation*, d.h. Verhinderung des binokularen Sehens durch ein undurchsichtiges Kontaktglas auf dem Auge oder andere Maßnahmen im Tierversuch. Die Entwicklungsstörung macht sich u.a. darin bemerkbar, daß die Zahl der binokularen erregbaren Nervenzellen in der visuellen Großhirnrinde abnimmt. Das Ziel der klinischen Behandlung des Schielens besteht darin, die Leistungen des amblyopen Auges zu erhalten und die normale Entwicklung des visuellen Systems zu ermöglichen.

Rätselhaft sind noch immer die geringen Sehleistungen von Blindgeborenen, denen durch Operation im Kindes- oder Erwachsenenalter die Ursache der Sehbehinderung im Auge entfernt wurde (78, 166). Die Ergebnisse derartiger Operationen waren anscheinend ohne Ausnahme enttäuschend. Die operierten Patienten werden als unglücklich oder depressiv beschrieben. Von einigen wird berichtet, daß sie mit geschlossenen Augen umhergingen. Die räumliche Verteilung von hell und dunkel können sie sehen. Bei der Frage, was man ihnen zeige, müssen sie aber raten. Ein achtjähriges Mädchen konnte Äpfel, Birnen, Pflaumen und andere Früchte nicht unterscheiden, obwohl sie sah, daß man ihr etwas zeigte. Eine kurze Berührung mit dem Finger war zum Erkennen nötig. Die Patienten erfüllen insoweit die Vorhersage von John Locke (120), der die

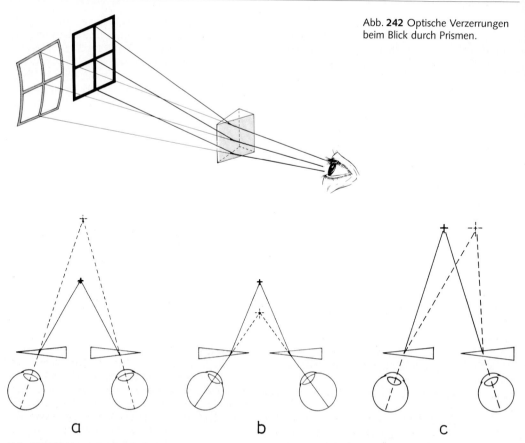

Abb. **242** Optische Verzerrungen beim Blick durch Prismen.

Abb. **243** Effekt von Prismenbrillen.

Bedeutung des Lernens mit dem Gedankenexperiment des Blindgeborenen illustrierte. Dieser müsse das Sehen erst lernen, wenn man ihn durch eine Operation sehfähig machen könne. Merkwürdigerweise lernen die operierten Blindgeborenen das Sehen aber in späteren Jahren nicht mehr.

11.3.2 Sehen lernen durch visuelle Rückmeldung der Eigenbewegung

Lebenslänglich bleibt die Fähigkeit erhalten, die visuellen Leistungen an veränderte Sehbedingungen anzupassen. Man kann das mit ➤ Prismenbrillen studieren. Prismen, Abb. **242**, bewirken (a) eine scheinbare seitliche Versetzung der Gegenstände im Raum und erzeugen (b) farbige Ränder an allen Konturen. Weil diese Veränderungen von dem Winkel der Lichtstrahlen zum Prisma abhängen, treten (c) unangenehme Scheinbewegungen auf, wenn man die Augen hinter den Prismen bewegt, was bei Kopfbewegungen nicht zu vermeiden ist. Aus demselben Grund erscheinen (d) gerade Konturen gekrümmt.

Eine VP mit Prismenbrille nimmt alle diese Änderungen wahr. In der Anordnung der Abb. **243a** glaubt die VP, daß ein Bleistift, den man ihr vor das Gesicht hält, weiter weg ist, in (b) daß er näher ist und in (c) sieht sie ihn in falscher Richtung. Wenn sie ihn in die Hand nehmen will, greift sie zu weit, zu nah bzw. daneben. Das zeigt sich am deutlichsten, wenn man sie auffordert, den Bleistift mit der Fingerspitze durch eine schnelle Handbewegung zu berühren. Diese einfache Beobachtung mißlingt oft, weil die VP sehr schnell lernt, den Fehler zu vermeiden. Bereits nach einigen Minuten greift sie nicht mehr daneben. Wenn die VP nach ein paar Minuten die Brille absetzt, stellen sich Nacheffekte ein. Sie greift nach der anderen Seite daneben, Scheinbewegungen und Krümmungen treten ebenfalls in entgegengesetzter Richtung auf.

Die farbigen Ränder verschwinden erst nach einigen Tagen. Daß sie überhaupt verschwinden, ist erstaunlich, denn sie hängen ja nicht nur von dem Prisma ab, sondern auch von der Orientierung hell-dunkler Kontrastkanten im Raum. Das wurde im Zusammenhang mit der chromatischen Aberration des Auges, Abschnitt 6.5.2, bereits erläutert. Eine senkrechte schwarzweiße Kante mit einem blauen Rand, bekommt einen roten, wenn man sie um 180° dreht. Wenn diese farbigen Ränder im visuellen System eliminiert werden, muß dort die Orientierung der Kanten mitberücksichtigt werden. Wenn die VP so weit an die Bedingungen des Sehens mit der Prismenbrille adaptiert ist, daß sie keine farbigen Kanten mehr sieht, stellt sich ein farbiger Nacheffekt ein, wenn sie die Brille absetzt. Sie sieht nun je nach Orientierung der hell-dunklen Konturen rötliche bzw. bläuliche Ränder und das sogar bei monochromatischer Beleuchtung, wenn keine spektrale Zerlegung des Lichtes möglich ist. Die wahrgenommene Farbe der Ränder wird im Nacheffekt nicht durch das Reizspektrum hervorgerufen, sondern durch die Kompensation der erwarteten chromatischen Abbildungsfehler. Darum treten sie auch im monochromatischen Licht auf.

Den Einstieg in das Verständnis, wie das visuelle System diese Anpassungsleistungen zustande bringt, lieferten Versuche von Helmholtz (90), die verhältnismäßig leicht zu wiederholen sind. **Eine VP mit Prismenbrille versucht, mit einem Bleistift einen markierten Punkt zu treffen,** Abb. 244. **Je nach Orientierung der Prismen weicht sie nach rechts oder links ab. Die VP wird aber bei Wiederholungen schnell besser. Sie hat anfangs das Gefühl, daß sie ihre Hand gegen einen elastischen Widerstand ins Ziel führen müsse. Nach einer halben Minute macht sie kaum noch Fehler. Setzt sie nun die Brille ab, so tritt der Fehler in der Gegenrichtung auf.**

Wenn die VP mit Brille die rechte Hand trainiert hat, so daß sie keine Fehler mehr macht, treten wieder große Fehler auf, wenn sie die linke Hand benutzt. Der Anpassungseffekt kann somit nicht als Veränderung auf seiten des Sehens aufgefaßt werden. Angepaßt wurde die visuell kontrollierte Handbewegung. Diese Beobachtung leitet zur folgenden entscheidenden Entdeckung über.

**Die VP betrachtet den Zielpunkt. Ihre Hand ist unsichtbar. Dann schließt sie die Augen und versucht, den Punkt blind zu treffen. Sie zieht die Hand aus dem Gesichtsfeld zurück und öffnet erst dann die Augen. Sie betrachtet die Abweichung ihres Punktes von dem Zielpunkt und beschließt, das nächste Mal besser zu treffen. Sie wiederholt den

Abb. **244**

Versuch mit geschlossenen Augen immer wieder und stellt fest, daß sie nicht besser wird. Sie trifft den Zielpunkt nur, wenn sie kurz vor dem Aufsetzen des Bleistiftes eine Korrekturbewegung macht. Weil hier aber nicht ihre Intelligenz geprüft werden soll, ermahnt man sie, den Bleistift schwungvoll auf den Zielpunkt hinzubewegen.** Unter dieser Voraussetzung werden ihre Leistungen erstaunlicherweise nicht besser. Nur wenn sie ihre Hand sehen kann, wird der prismenbedingte Richtungsfehler besser. Der Fehler wird nur überwunden durch *visuelle Rückmeldung der Eigenbewegung.*

Dieses Experiment wurde von Richard Held weiter entwickelt. Eine Gruppe von VPn mit Prismenbrille machte einen Spaziergang von einer Stunde. Sie schoben die Mitglieder der anderen Gruppe, die ebenfalls Prismenbrillen trugen, auf Rollstühlen. Anschließend setzten alle VPn im Laboratorium ihre Brillen ab. Bei den aktiv bewegten VPn, die die visuelle Rückmeldung der Eigenbewegung erfahren hatten, traten Nacheffekte auf, nicht aber bei den VPn, die passiv bewegt worden waren.

Wie weit kann man in diesen Experimenten gehen? **Man kann sie abwandeln, indem man eine VP ihre Hand nur auf einem Videoschirm sehen läßt, wie sie einen Punkt zu treffen versucht oder ein Bild zeichnet. Wenn man nun dafür sorgt, daß eine Bewegung nach rechts auf dem Bildschirm nach links abläuft, so ist die VP nur vorübergehend verwirrt. Sie lernt schnell, mit der Rechts-links-Ver-

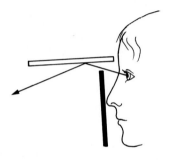

Abb. **245** Prinzip der Umkehrbrille. Wegen des Schirms vor den Augen kann die VP nur nach oben herausschauen, wo der horizontale Spiegel die Sehrichtungen nach oben und unten vertauscht.

tauschung fertig zu werden. Dasselbe kann man erreichen, wenn man seine Hand in einem Spiegel beobachtet, der senkrecht neben dem Schreibpapier aufgestellt ist. Etwas schwieriger ist schon eine Oben-unten-Spiegelung. Ganz schwierig und vielleicht gar nicht vollständig zu kompensieren ist eine Drehung der Abbildung um 180°, was man durch Drehung der Videokamera erreichen kann.

Große Berühmtheit errangen die Versuche von Theodor Erismann und Ivo Kohler mit der Umkehrbrille, Abb. **245**. Hier sieht die VP über einen Spiegel nach unten, wenn sie den Blick nach oben richtet. In den ersten Stunden sind die VPn mit dieser Brille sehr unsicher. Sie sehen die Umgebung zuerst umgekehrt, dann manchmal richtig, aber labil, d. h., die Umgebung scheint manchmal umzukippen. Bei Berührung mit der Hand richtet sie sich dann wieder auf. Nach einigen Tagen geschieht das seltener, und zuletzt bewegen sich die VPn sicher zu Fuß und mit dem Fahrrad. Nach dem Versuch, d. h., nach Absetzen der Brille, stellt sich auch hier ein Nacheffekt ein, d. h. die VPn sehen die Umgebung zuerst wieder verkehrt herum.

11.4 Unmögliche Figuren

Eine unmögliche Figur sieht man in Abb. **246**. Man erkennt eine Konstruktion aus Strichen, die sich in der Wahrnehmung zu einem räumlichen Gebilde zusammenfügt, das schlechterdings inakzeptabel ist. Viele Künstler haben derartige Figuren ersonnen. Besonders bekannt sind die Holzschnitte des Malers Maurits Cornelis Escher (1898–1972). Man kann leicht durchschauen, was an der Abb. **246** nicht stimmt. Man kann das visuelle System aber nicht zwingen, sich damit abzufinden. Die wechselnden Interpretationen bleiben unbefriedigend. Für die Psychophysik sind die unmöglichen Figuren interessant, weil sie Grenzen der Wahrnehmungsfähigkeit aufzeigen. Die Interpretation der sensorischen Information erfolgt offensichtlich nach Regeln, die selbst das Verstehen der Konstruktion mit einschließen. Das Reizvolle an den unmöglichen Figuren besteht darin, daß man die Grenzen der eigenen Vorstellungsmöglichkeiten an ihnen erlebt. Die unmöglichen Figuren laden ein, über die naturgegebenen Grenzen der Sinne des Menschen nachzudenken.

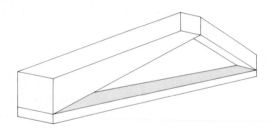

Abb. **246** Unmögliche Figur.

12 Literatur

12.1 Allgemeine Nachschlagewerke und Lehrbücher

1. Adelman, G.: Encyclopedia of Neuroscience. 2 Bde. Birkhäuser, Boston 1987
2. Autrum, H., W.R. Loewenstein, D.M. Mackay, H.L. Teuber: Handbook of Sensory Physiology. 20 Bände. Springer, Berlin 1971-78
3. Barlow, H.B., J. D. Mollon: The Senses. Cambridge Texts in Physiological Science 3. Cambridge Uni Press, Cambridge 1982
4. Boff, K. R., L. Kaufmann, J. P. Thomas: Handbook of Perception and Human Performance. 2 Bde. Wiley, New York 1989
5. Cronly-Dillon, J. R.: Vision and Visual Dysfunction. 17 Bände. Macmillan Press, London 1991
6. Fröhlich, W. D.: Wörterbuch zur Psychologie, 16. Aufl. Deutscher Taschenbuch Verlag, München 1987
7. Kandel, E. K., J. H. Schwartz: Principles of Neural Science. 3rd ed. Elsevier, New York 1991
8. Spillmann, L., J. S. Werner: Visual Perception. The Neurophysiological Foundations. Academic Press, San Diego/Cal 1990

12.2 Spezielle Literatur

9. Aguilar, M., W.S. Stiles: Saturation of the rod mechanism of the retina at high levels of stimulation. Optica Acat 1 (1954) 59-65
10. Alpern, M.: Metacontrast. J. opt. Soc. Amer. 43 (1953) 648-657
11. Amoore, J.E.: Olfactory genetics and anosmia. In (2) IV/1 245-256
12. Aristoteles: De somniis, 460 b 20-23. Problemata 958 b 11-15. Metaphysica, 1011 a 33-34
13. Aubert, H.: Eine scheinbar bedeutende Drehung von Objekten bei Neigung des Kopfes nach rechts oder links. Virchows Arch. path. Anat. 20 (1861) 381-393
14. Avenet, P., B. Lindemann: Perspectives of taste reception. J. Membr. Biol. 112 (1989) 1-8
15. Barlow, H.B.: Temporal and spatial summation in human vision at different background intensities. J. Physiol. (Lond.) 141 (1958) 337-350
16. Barlow, H.B.: What causes Trichromacy? Theoretical analysis using comb-filtered spectra. Vision Res. 22 (1982) 635-643
17. Barlow, H.B., J. M. B. Sparrock: The Role of Afterimages in Dark Adaptation. Science 144 (1964) 1309-1314
18. v. Baumgarten, R., A. Benson, A. Berthoz, T. Brandt, W. Bruzek, J. Dichgans, J. Kass, T. Probst, H. Scherer, T. Vieville, H. Vogel, J. Wetzig: Effects of rectilinear acceleration and optokinetic and caloric stimulation in space. Science 225 (1984) 208-212
19. Beindler, L.M.: Taste. In (2) Bd. IV/2. Springer, Berlin 1971
20. v. Békésy, G.: Experiments in Hearing. McGraw-Hill, New York 1960
21. v. Békésy, G.: Olfactory analogue to directional hearing. J. appl. Physiol. 19 (1964) 369-373
22. v. Békésy, G.: The effect of adaptation on the taste threshold observed with semiautomatic gustometer. J. gen. Physiol. 48 (1965) 481-488
23. v. Békésy, G.: Physiologie der Sinneshemmung. Goldmann, München 1970
24. Berlin, B., P. Kay: Basic Color Terms. University of California Press, Berkeley 1969
25. Borg, G., H. Diamant, L. Ström, Y. Zotterman: The relation between neutral and perceptual intensity: a comparative study on the neural and psychophysical response to taste stimuli. J. Physiol. (Lond.) 192 (1967) 13-20
26. Borst, A., M. Egelhaaf: Principles of visual motion detection. Tns 12 (1989) 297-306
27. Both, R., C.v. Campenhausen: Sensitivity of a sensory process to short time delays. Biol. Cybern. 30 (1978) 63-74
28. Bouman, M.A., P. L. Walraven: Color discrimination data. In (2) Bd.VII/4, 284-516
29. Boycott, B.B., J.E. Dowling: Organisation of the primate retina: Light microscopy. Trans. Roy. Soc. Edinb. 255 (1969) 109-184
30. Boycott, B.B., J.M. Hopkins, H.G. Sperling: Cone connections of the horizontal cells of the rhesus monkey's retina. Proc.roy.Soc.London B 229 (1987) 345-379
31. Braddick, O., J. Atkinson, B. Julesz, W. Kropfl, I. Bodis-Wollner, E. Raab: Cortical binocularity in infants. Nature 288 (1980) 363-365
32. Brindley, G.S.: Physiology of the retina and visual pathway, 2nd ed. In: Monographs of the Physiological Society. Arnold, London 1970
33. Burr, D.C., A. Fiorentini, M.C. Morrone: Electrophysiological correlates of positive and negative afterimages. Vision.Res. 27 (1987) 201-207
34. Burchard, J.M., Irrgang, E. und Andresen, B.: Die Funktion der menschlichen Ohrmuschel. Spektr. d. Wiss. 6, 1987
35. Burt, P., B. Julesz: Modifications of the classical notion of Panum's fusional area. Perception 9 (1980) 671-682

36 Campbell, F.W.: Effect of oblique incidence of light on the spatial resolving power of the human retina. J. opt. Soc. Amer. 50 (1960) 515
37 Campbell, F.W., L. Maffei: Contrast and spatial frequency. Sci. Amer. 231 (1974) 106–114
38 Campbell, F.W., W.A.H. Rushton: Measurement of the scotopic pigment in the living human eye. J.Physiol.(Lond.) 130 (1955) 131–147
39 v. Campenhausen, C.: Über den Ursprungsort von musterinduzierten Flickerfarben im visuellen System des Menschen. Z. vergl. Physiol. 61 (1968) 355–360
40 v. Campenhausen: Musterinduzierte Flickerfarben. Verh.dtsch.zool. Ges. 64 (1970) 227–234
41 v. Campenhausen, C.: Musterinduzierte Flickerfarben. Physik in unserer Zeit 3 (1972) 138–145
42 v. Campenhausen, C.: Detection of short time delays between photic stimuli by means of pattern induced colors. Vision. Res. 13 (1973) 2261–2272
43 v. Campenhausen, C.: Photoreceptors, lightness constancy and color vision. Naturwissenschaften 73 (1986) 674
44 v. Campenhausen, C.: Sinnesphysiologie. Leybold-Didactic, Hürth 1987
45 v. Campenhausen, C.: Farbensehen und Helligkeitskonstanz. Mnu 42 (1989) 143–152
46 v. Campenhausen, C.: Trichromatische Theorie des Farbensehens. Biuz 19 (1989) 205–208 (Nachdruck in Kremer, B.P., Keil, M.: Experimente aus der Biologie. Verlag Chemie Weinheim 1992)
47 v. Campenhausen, C.: Die Bedeutung der „inneren Landkarte" für die Orientierung – Untersuchungen an blinden Höhlenfischen. Mnu 44 (1991) 16–25
48 v. Campenhausen, C., K. Hofstetter, J. Schramme, M.F. Tritsch: Color induction via non-opponent lateral interactions in the human retina. Vision.Res. 32 (1992) 913–923
48a Carrier, M., J. Mittelstraß: Geist, Gehirn, Verhalten. Das Leib-Seele-Problem und die Philosophie der Psychologie. de Gruyter, Berlin 1989
49 Clynes, M.: Toward a theory of man: precision of essentic form in living communication. In Leibovic: Information Processing in the Nervous System. Springer, Berlin 1969 (pp. 177–206)
50 Collins, W.E.: Habituation of vestibular responses: an overview. Fifth Symposium on the Role of Vestibular Organs in Space Exploration. National Aeronautics and Space Administration, Washington D.C. 1973 (pp. 157–193)
51 Cornsweet, T.N.: Visual Perception. Academic Press, New York 1970
52 Cornsweet, T.N., H.M. Pinsker: Luminance discrimination of brief flashes under various conditions of adaptation. J. Physiol. (Lond.) 176 (1965) 294–310
53 Crescitelli, F., H.J.A. Dartnall: Human visual purple. Nature (Lond.) 172 (1953) 196–196
54 Creutzfeldt, O.D., H.C. Nothdurft: Representation of complex stimuli in the brain. Naturwissenschaften 65 (1978), 307–318
54a Dallenbach, XX z.Z. unauffindbar
55 Dichgans J., T. Brandt: Visual-vestibular interaction and motion perception. In Dichgans, J., E. Bizzi: Cerebral Control of Eye Movements and Motion Perception. Bibl.ophthalmol.No.82. Karger Basel 1972 (pp. 327–338)
56 DIN – Farbkarten. Din 6164, Beuth-Vertrieb GmbH Berlin W15
57 Ditchburn, R.W.: Eye Movements and Visual Perception. Clarendon Press, Oxford 1973
58 Dörrenhaus, W.: Musterspezifischer visueller Wettstreit. Naturwissenschaften 62 (1975) 578
59 Dörrenhaus, W.: Visueller Wettstreit. Dissertation Mainz 1977
60 du Bois-Reymond, E.: Über die Grenzen des Naturerkennens, Berlin 1872 (Nachdruck in du Bois-Reymond: Reden. Leipzig 1912)
61 Dunnewold, C.J.W.: On the Campbell and Stiles-Crawford Effects and their Clinical Importance. Dissertation, Utrecht 1964
62 Ebbecke, U.: Über die Temperaturempfindungen in ihrer Abhängigkeit von der Hautdurchblutung und von den Reflexzentren. Pflügers Arch. ges.Physiol. 169 (1917) 395–462
63 Eccles, J.C.: Das Rätsel Mensch. Gifford Lectures 1977–1978, Universität Edinburgh. Reinhardt, München 1982
64 Edelman, G.M., W.E. Gall, W.M. Cowan: Auditory Functions. Neurobiological Bases of Hearing. Wiley, New York 1989
65 Ehrenstein, W.: Probleme der ganzheitspsychologischen Wahrnehmungslehre, 3. Aufl. Barth, Leipzig 1954
66 Enoch, J.M., F.L. Tobey: Vertebrate Photoreceptor Optics. Springer, Berlin 1981
66a Estevez, O., H. Spekreijse: The "silent substitution" method in visual research. Vision. Res.22 (1982) 681–691
67 Faller, A.: Der Körper des Menschen, 8. Aufl. Thieme, Stuttgart 1978, 11. Aufl. 1988
68 Farnsworth-Test: Luneau Ophtalmologie, 3, Rue d'Edimbourg, 75008 Paris. Vetrieb durch Karlheinz Dosch, Bergheimer Str. 9, 6900 Heidelberg
69 Fechner, G.T.: Elemente der Psychophysik, Nachdruck der Ausgabe Leipzig 1860. Bonset, Amsterdam 1964
70 Feigl, H.: The "Mental" and the "Physical". University of Minnesota Press, Minneapolis, 1967
71 Feigl, H.: Leib-Seele, kein Scheinproblem. In Gadamer, H.- G., P. Vogler: Neue Anthropologie Bd. V. Thieme, Stuttgart 1973 (S. 3 – 14)
71a Fender, D., Julesz, B.: Extension of the Panum's fusional area in binocularly stabilized vision. J.opt.Soc.Amer. 57 (1997) 819–830
72 Feynman, R.: Surely You're Joking. Mr. Feynmann. Norton, New York, 1985
73 Fiorentini, A.: Mach Band Phenomena. In (2) Bd. VII/4, 188–201
74 Gibson, J.J.: Die Sinne und der Prozeß der Wahrnehmung. Huber, Bern 1973
75 Gibson, J.J.: Die Wahrnehmung der visuellen Welt. Beltz, Weinheim 1973
76 v. Goethe, J.W.: Zur Farbenlehre (1808), zitiert nach: Goethes Werke, Hamburger Ausgabe in 14 Bänden, 5. Aufl. Wegener, Hamburg 1966

77 Goodwin, G.M., D.J. McCloskey, P.B.C. Matthews: The contribution of muscles afferents to kinesthesia shown by vibration induced illusion of movement and by the effects of paralysing joint afferents. Brain 92 (1972) 705–748
78 Gregory, R.L.: Concepts and Mechanisms of Perception. Duckworth, London 1974
79 Gregory R.L.: Vision with isoluminant colour contrast. Perception 6 (1977) 113–119
80 Gregory, R.L., P. Heard: Border locking and the Café Wall illusion. Perception 8 (1979) 365–380
81 van de Grind, W.A., O.-J. Grüsser, H.-U. Lunkenheimer: Temporal transfer properties of the afferent visual system. Psychophysical, neurophysiological and theoretical investigations. In (2) Bd. VII/3. Springer, Berlin 1973 (431–573)
82 Hänig, D.P.: Zur Psychophysik des Geschmackssinns. Philosoph. Stud. 17 (1901) 576–623
83 Hassan, El-S.: A suggested role of secondary flow in the stimulation of the cochlear hair cell. Biol.Cybern. 53 (1985) 109–119
84 Hassenstein, B.: Modellrechnung zur Datenverarbeitung beim Farbensehen des Menschen, Kybernetik 4 (1968) 209–223
85 Hassenstein, B., W. Reichardt: Systemtheoretische Analyse der Zeit-, Reihenfolgen- und Vorzeichenauswertung bei der Bewegungsperzeption des Rüsselkäfers Chlorophanus. Z. Naturforsch. 11b (1956) 513–523
86 Hecht, S., C.D. Verrijp: Intermittent stimulation by light II. J. gen. Physiol. 19 (1933) 237–249
87 Hecht, S., S. Schlaer, M.H. Pirenne: Energy, Quanta and Vision. J. gen. Physiol. 25 (1942) 819–839
87a Heinemann, E.G.: Simulataneous brightness induction. In (2) Bd. VII/4, 149–169.
88 v. Helmholtz, H.: Populäre wissenschaftliche Vorträge, 2. Heft. Vieweg, Braunschweig 1871
89 v. Helmholtz, H.: Die Lehre von den Tonempfindungen als physiologische Grundlage für die Theorie der Musik, 6. Aufl. Vieweg, Braunschweig 1913
90 v. Helmholtz, H.: Handbuch der physiologischen Optik, 3. Aufl. Voss, Hamburg 1909–1911
91 Helversen, O., D. Herlversen: Innate receiver mechanisms in the acoustic communication of orthopteran insects. In Guthrie, D.M.: Aims an Methods in Neuroethology. Manchester University Press, Manchester 1987 (pp. 104–150)
92 Henderson, S.T.: Daylight and its Spectrum. 2nd ed. Hilger, Bristol 1977
93 Hensel, H.: Allgemeine Sinnesphysiologie. Hautsinne, Geschmack, Geruch. Springer, Berlin 1966
94 Hering, E.: Grundzüge einer Theorie des Temperatursinns. Sitz.-Ber.Akad.Wiss. Wien 75 (1877) 101–135
95 Hering, E.: Zur Lehre vom Lichtsinne. Gerald, Wien (1878)
96 Hering, E.: Grundzüge der Lehre vom Lichtsinn. In: Handbuch der gesamten Augenheilkunde, Bd. III: Physiologische Optik, hrsg. von A. Graefe, T. Saemisch. Springer Berlin 1925 (S. 1–294)
97 von der Heydt, R., R. Peterhans, G. Baumgartner: Illusory contours and cortical neuron responses. Science 224 (1984) 1260–1262
97a Hoffmann, K.P.: Parallele Informationsverarbeitung im visuellen System von Säugetieren. Verh. dtsch. zool. Ges. 83 (1990), 89–95.
98 v. Holst, E.: Zur Verhaltensphysiologie bei Tieren und Menschen. Gesammelte Abhandlungen, 2 Bde. Piper, München 1969–1970
99 Hopkins,H.H.: The frequency response of a defocused optical system. Proc.roy.Soc. London A 231 (1955) 91–103
100 Ishihara, S.: Tests for Colour-Blindness. Kanehara, Shuppan Tokio 1971
101 Ittleson, W.H.: The Ames Demonstrations in Perception. Princeton University Press, Princeton 1952
102 Jaeger, W.: Genetics of congenital colour deficiencies. In: (2) Bd.VII/4, 625–642
103 Julesz B.: Foundations of Cyclopean Perception. University of Chicago Press, Chicago 1971
104 Julesz, B.: Textons, the elements of texture perception and their interactions. Nature 290 (1981) 91–97
105 Julesz B.: Stereoscopic vision. Vision. Res. 26 (1986) 1601–1612
106 Jung, R.: Visual perception and neurophysiology. in (2), Bd. VII/3A, 3–152
106a Kaiser, P.K., B.B. Lee, P.R. Martin, A. Valbey: The physiological basis of the minimal distinct border demonstrated in the ganglion cells of the Macaque retina. J. Physiol. 422 (1990) 153–183
107 Kalmus, H.: Genetics of taste. In (2), Bd. IV/2, 165–179
108 Kanisza, B.: Subjective contours. Sci. Amer. 234/Iv (1976) 48–52
109 Kirschfeld, K.: Genetisch manipulierte Sehfarbstoffe von Drosophila. Naturwiss.Rdsch. 43 (1990) 55–61
110 Köhler, W., H. Wallach: Figural after-effects. Proc. Amer. phil. Soc. 88 (1944) 269–357
111 Land, E.H.: The retinex theory of color vision. Sci.Amer. 237/6 (1977) 108–128
112 Land, E.H., J.J. McCann: Lightness and retinex theory. J. opt. Soc. Amer. 61 (1971) 1–11
113 Land, E.H.: Smitty Stevens' test of retinex theory. In Moskowitz H.R., et al.: Sensation and Measurement. D. Reidel, Dordrecht 1974 (pp. 363–368)
114 Land, E.H., D.H. Hubel, M.S. Livingstone, S.H. Perry and M.M. Burns: Colour-generating interactions across the corpus callosum. Nature (303) 6, 1983
115 de Lange, H.: Research in the dynamic nature of human fovea-cortex systems with intermittent and modulated light. J. opt. Soc. Amer. 48 (1958) 777–784
117 Levi, D.M., S.A. Klein, A.P. Aitsebaomo: Vernier acuity, crowding and cortical magnification. Vision.Res. 25 (1985) 963–977
118 Levick, W.R., B.G. Cleland, J.S. Coombs: On the apparent orbit of the Pulfrich pendulum. Vision. Res. 12 (1971) 1381–1388
119 Levinson, J.B.: Flicker fusion phenomena. Science 160 (1968) 21–28

120 Locke, J.: Essay on Human Understanding. London 1690
121a Lorenzen, P.: Die Entstehung der exakten Wissenschaften. Springer, Berlin 1960
121 Lowenstein, O., E. Loewenfeld: The Pupil. In Davson, H.: The Eye, Vol. 3, (pp. 255–337). Academic Press, New York 1969
122 Luneburg, R.K.: Mathematical Analysis of Binocular Vision. Princeton University Press, Princeton 1947
123 Mach, E.: Analyse der Empfindungen. Fischer, Jena 1903
124 McKay, M.D.: Visual stability and voluntary eye movements. In (2) Bd. VII/3, S. 307–331
125 Marr, D.: Vision: a computational investigation into the human representation and processing of visual information. Freeman, 1982
126 Maxwell, J.C.: The scientific papers of James Clerk Maxwell. Niven, W.D., Hrsg. Dover, (1965)
127 Meissner, G.: Untersuchungen über den Tastsinn. Z. ration. Med. 7 (1859) 92–118
128 Menzel, R., W. Backhaus: Color vision in honey bees: Phenomena and physiological mechanisms. In Stavenga, D.G., R.C. Hardie: Facets of Vision. Springer, Berlin 1989 (pp.281–297)
129 Metzger, W.: Gesetze des Sehens. Kramer, Frankfurt a. M. 1953
130 Mittelstaedt, H.: Bikomponenten-Theorie der Orientierung. Ergebn.Biol.26 (1963) 253–258
131 Mittelstaedt, H.: A new solution to the problem of the subjective vertical. Naturwissenschaften 70, (1983) 272–281
132 Mittelstaedt, H.: Interactions of form and orientation. In Ellis, S.R., M.K. Kaiser: Spatial Displays and Spacial Instruments. Nasa Conf. Pubpl. 100.32, p. 42-1–42-14, Nasa Moffett Field, Cal. (1989)
133 Mountcastle, V.B., R.H. LaMotte, G. Carli: Detection thresholds for vibratory stimuli in human and monkeys; comparison with threshold events in mechanoreceptive first order afferent nerve fibres innervating monkey hands. J. Neurophysiol. 35 (1972) 122–136
134 Morgan, M.J., B. Moulden: The Münsterberg figure and Twisted Cords. Vision.Res. 26 (1986) 1793–1800
135 Nathans, J.: Die Gene für das Farbensehen. Spektr. d. Wiss. 4 (1989)
136 Neuhaus, W.: Die Unterscheidung von Duftquantitäten bei Mensch und Hund nach Versuchen mit Buttersäure. Z. vergl. Physiol. 37 (1955) 234–252
137 Neumeyer, C.: Das Farbensehen des Goldfisches. Thieme, Stuttgart 1988
138 Newton, I.: Opticks (1704). Deutsche Ausgabe: Optik oder Abhandlungen über Spiegelungen, Brechungen, Beugungen und Farben des Lichtes. Vieweg, Braunschweig 1983
139 Panum, P.L.: Physiologische Untersuchungen über das Sehen mit zwei Augen. Schwerssche Buchhandlung, Kiel 1858
140 Penfield, W., A.T. Rasmussen: The Cerebral Cortex of Man. McMillan, New York 1950
141 Pfaffmann, C.: Olfaction and Taste, Rockefeller University Press, New York 1969
142 Pirenne, M.H.: Optics, Painting and Photography. Cambridge University Press, Cambridge 1970
143 Plattig, K.H.: Über den elektrischen Geschmack. Z. Biol. 116 (1968) 162–211
144 Popper, K.R., J.C. Eccles: The Self and its Brain. Springer International, Berlin 1979
145 Post, H.R.: Possible cases of relaxed selection in civilized populations. Humangenetik 13 (1971) 253–284
146 Purkinje, J.: Beiträge zur Kenntnis des Sehens in subjektiver Hinsicht. Calve, Prag 1819
146a Ramachandran, V.S., R.L Gregory: Does colour provide an input to motion perception? Nature 275 (1978) 55–57
146b Ramachandran, V.S.: Formwahrnehmung und Schattierung. Spektrum der Wiss. 10 (1988), S. 20
147 Ratliff, F.: Machbands. Holden-Day, San Francisco 1965
148 Regan, D., K. Beverley, M. Cyander: The visual perception of motion in depth. Sci. Amer. 211/I (1979) 122–133
149 Reichardt, W.: Evaluation of optical motion information by movement detectors. J.comp.Physiol, A 161 (1987) 533–547
150 Reichardt, W., Poggio, T.: Figure-ground discrimination by relative movement in the visual system of the fly. Biol.Cybernetics 35 (1979) 81–100
151 Renquist, Y.: Über den Geschmack. Arch. physiol. scand. 38 (1919) 97–201
152 Revesz, G.: System der optischen und haptischen Raumtäuschungen. Z. Psychol. 131 (1934) 296–375
152a Rice, C.E.: Human echo perception. Science 155 (1967) 656–664
153 Richter, M.: Einführung in die Farbmetrik. 2. Aufl. de Gruyter, Berlin 1980
154 Richter, M.: Farbmetrik. Kap. 6, 701–764. In Bergmann-Schaefer, Lehrbuch der Experimentalphysik. de Gruyter Berlin 1987
154a Robinson, J.O.: The Psychology of Visual Illusion. Hutchinson London 1972
155 Roederer, J.G.: Physikalische und psychoakustische Grundlagen der Musik. Springer, Berlin 1977
156 Roland, P. E.: Somatotopical tuning of postcentral gyrus during focal attention in man. A regional cerebral blood flow study. J. Neurophysiol. 46 (1981) 744–754
157 Roland, P. E.: Localization of cortical areas activated by thinking. J. Neurophysiol. 53 (1985) 1219–1243
158 Ronacher, B., H. Hemminger: Einführung in die Nerven- und Sinnesphysiologie, 3. Aufl. Quelle & Meyer, Heidelberg 1984
159 Ross, J.: Stereopsis by binocular delay. Nature (Lond.) 248 (1974) 363–364
160 Runge, P.O. In: Maltzahn, H.v.: Philipp Otto Runges Briefwechsel mit Goethe. Schriften der Goethe-Gesellschaft, Bd. 51, Verlag der Goethegesellschaft, Weimar 1940
161 Rushton, W.A.H.: Rhodopsin measurement and dark-adaptation in a subject deficient in cone vision. J. Physiol. (Lond.) 156 (1961) 193–205

162 Schmidt, R.F., G. Thews: Einführung in die Physiologie des Menschen, 17. Aufl. Springer, Berlin 1976
163 Schneider, D.. Olfaction and Taste. Wissenschaftliche Verlagsgesellschaft, Stuttgart 1972
164 Schober, H., J. Rentschler: Das Bild als Schein der Wirklichkeit. Moos, München 1972
164a Schramme, J.: Changes in pattern induced flicker colors are mediated by the blue-yellow opponent process. Vision Res. 32 (1992) 2129–2134
165 Schrödinger, E.: Gesammelte Abhandlungen. 4 Bde Vieweg, Wien 1984
166 v. Senden, M.: Raum- und Gestaltauffassung bei operierten Blindgeborenen vor und nach der Operation. Barth, Leipzig 1932
167 Shepard, R.N., J. Metzler: Mental rotation of three-dimensional objects. Science 171 (1971) 701–703
168 Sherrington, C.: The Integrative Action of the Nervous System. 2nd ed. Yale University Press, New Haven 1961
169 v. Skramlik, E.: Psychophysiologie der Tastsinne. In Wirth, W., Archiv für die gesamte Psychologie, 4. Erg.-Bd., Akademsische Verlagsgesellschaft, Leipzig 1937
170 Slosson, E.E.: A lecture experiment in hallucination. Psychol. Rev. 6 (1899) 407–408
171 Sperry, R.W.: The great cerebral commissure. Sci.Amer. 210 (1964) 42–52
172 Sperry, R.W.: Hemisphere deconnection and unity in conscious awareness. Amer.Psychol. 23 (1968) 723–733
173 Sperry, R.W.: Lateral specialisation in the surgically separated hemispheres. In: Schmitt, F.O., F.G. Worden: The Neurosciences, 3rd Study Program. Mit Press, Cambridge/Mass 1974
174 Sperry, R.W., E. Zaidel, D. Zaidel: Selfrecognition and social awareness in the deconnected minor hemisphere. Neuropsychologia 17 (1979) 153–166
175 Spillmann, L.: Foveal perceptive fields in the human visual system measured with simultaneous contrast in grids and bars. Pflügers Arch. ges. Physiol. 326 (1971) 281–299
176 Spillmann, L., K. Fuld und H. Gerrits: Brightness contrast in the Ehrenstein Illusion. Vision.Res.(16) 1976, 713–719
177 Spillmann, L., J. Levine: Contrast enhancement in Hermann grid with variable figure-ground ratio. Exp. Brain Res. 13 (1971) 547–558
178 Stevens, S.S.: Handbook of Experimental Psychology. Wiley, New York 1951
179 Stiles siehe Wyszecki u. Stiles
180 Stromeyer III, C.F.: Form-color aftereffects in human vision. In: Handbook of Sensory Physiology, Bd. VIII. Springer, Berlin 1978 (pp. 97–142)
181 Stuiver, M.: Biophysics of the Sense of Smell. Dissertation, Groningen 1958
182 Suga, N.: Auditory neuroethology and speech processing: complex-sound processing by combination-sensitive neurons. In: Functions of the Auditory System (Hrsg. G.M.Edelman, W.E.Gall & W.M.Cowan) Wiley, New York, 1988 (pp. 679–719)

183 Terhardt, E.: Pitch, consonance, and harmony. J. acoust. Soc. Amer. 55 (1974) 1061–1069)
184 van Toller, S., G.H. Dodd: Perfumery. The psychology and biology of fragrance. Chapman & Hall, London 1988
184a Tonndorf, J.: Bone Conduction. In (2), Bd.V/3, 37–84.
185 Tritsch, M.: Zur Psychophysik der Temperaturwahrnehmung: die Erfassung von Information über Temperatur und Stoff. Dissertation, Mainz 1986
186 Tritsch, M.: The veridical perception of object temperature with varying skin temperature. Perception & Psychophysics 43 (1988) 531–540
187 Tritsch M.: Temperature Sensation: The "3-Bowls Experiment" revisited. Naturwissenschaften 77 (1990) 288–289
188 Tritsch, M.F.: Fourier Analysis of the stimuli for pattern-induced flicker colors. Vision.Res.32 (1992) 1461–1470
188a Tyler, C.W.: Spatial organization of bipolar disparity sensitivy. Vision.Res.15 (1975), 583–590
189 v. Uexküll, J.: Streifzüge durch die Umwelten von Tieren und Menschen. Rowohlt, Hamburg 1956
190 Vitruv: Zehn Bücher über Architektur, übersetzt von C. Fensterbach. Wissenschaftliche Buchgesellschaft, Darmstadt 1964
191 Voss, J.J.: On color stereoscopy. A Study in the asymmetry in the optics of the human eye. Rep. No. Izf 1959–14. Institute of Perception, Soesterberg 1960
192 Wässle, H., U. Grunert, J. Rohrenbeck, B.B. Boycott: Retinal ganglion cell density and cortical magnification factor in the primate. Vision Res. (30) 11 (1990) 1897–1911
193 Weber, E.H.: Tastsinn und Gemeingefühl. In: Rudolph Wagners Handwörterbuch der Physiologie, 1846; nachgedruckt in: W. Ostwald's Klassiker der exakten Wissenschaften, Nr. 149. Engelmann, Leipzig 1905
194 Weiskrantz, L.: Blindsight. A Case Study and Implications. Oxford Psychological Series No.12. Clarendon Press, Oxford 1986
195 Weiskrantz, L., J. Elliott, C. Darlington: Preliminary observations in tickling oneself. Nature (Lond.) 230 (1971) 589–599
196 Westheimer, G.: Entoptic visualisation of Stiles-Crawford-effect. Arch. Ophthalmol. 79 (1968) 584–588
197 Westheimer, G.: Visual hyperacuity. In Ottoson, D.: Progress in Sensory Physiology 1. Springer, Berlin 1981 (pp. 1–30)
198 Witkin, H.A., H.B. Lewis, M. Hertzman, K. Machover, P.B. Meissner, S. Wapner: Personality Through Perception, 2nd ed. Greenwood Press, Westport/Conn. 1973
199 Wittgenstein, L.: Bemerkungen über Farben. Suhrkamp, Baden-Baden 1979
200 Wode, H.: Einführung in die Psycholinguistik. Hueber, München 1988
201 Wright, W.D.: The Measurement of Colour, 4th ed. Hilger, London 1969

202 Wysocki, C.J., G.K. Beauchamp: Ability to smell androstenone is genetically determined. Proc.nat.Acad.Sci. 81, 4899-4902
203 Wyszecki, G., W.S. Stiles: Color Science. 2nd ed. Wiley, New York 1982
204 Yarbus, A.L.: Eye Movements and Vision, übersetzt von L.A. Riggs. Plenum Press, New York 1967
205 Zeki, S.: The representation of colours in the cerebral cortex. Nature 284 (1980) 412–418
206 Zotterman, Y.: The recording of the electrical response from human taste nerves. In (2), Bd.IV/2, 102–115
206a Zrenner, E.: Neurophysiological aspects of color vision in primates. Springer, Berlin 1983
207 Zwaardemaker, H.: Die Physiologie des Geruchs. Engelmann, Leipzig 1895

13 Sachverzeichnis

A

Aberration, chromatische 99f, 105, 112f, 212ff, 235
– sphärische 99, 105, 111f, 113
Abgleichverfahren 12, 37, 138
absolute Reizschwelle s. Reizschwelle, absolute
absolute Sehschwelle s. Sehschwelle, absolute
Absorptionskurve 139
Absorptionswahrscheinlichkeit 139
Adaptation 7, 17, 143f, 168, 186
– chromatische 167f
– Geschmack 53
– Hören 73
– Kinetik 17
– Riechen 58
– Schmerz 42
– Sehen 143f, 186
– Temperatur 36, 40
Adaptationskinetik 17
Additive Farbenmischung s. Farbenmischung
Aderfigur s. Purkinjesche Aderfigur
Akkommodation 99, 102ff, 112f, 121f
Akkommodationsfähigkeit im Alter 104
Akupunktur 43
Akustik s. auch Schall 59
– Akustischer Reiz s. Hörreiz
– Dopplereffekt 61
– Kunstkopfmikrophon 60, 67
– Nachhall 59f, 77, 80
– Raumakustik 59
– Ohmsches Gesetz 64ff, 71f, 74, 76
Albers, J. 165
Amakrinzellen 131, 137
Ambivalente Figur 30, 92, 227, 231
Amblyopie 233
Ames-Raum 118ff, 125, 205, 207
Ammenschlaf 6
Analgetika 43
Anomaloskop 160
Anosmie, spezifische 47
Aperturproblem 220
Apperzeption 8, 225
Aristoteles 4, 25
Astigmatismus 111f, 183
Atropin 107, 123
Attentive vision 226

Aubert-Phänomen 90f
Audiometrie 65
Auflösungsvermögen, haptisch s. Haut
Auflösungsvermögen (Sehen)
– Grenzwinkel 183
– optisches 183
– räumliches 132, 141, 178, 183ff
– visuelles 132, 137, 183f, 199, 221, 233
– zeitliches 141, 178, 187ff, 221f
Aufmerksamkeit 6f, 25f, 32, 35, 39, 41, 44, 63, 79, 139, 199, 226, 231
Augenbewegung 6, 7, 9f, 96, 162, 233
– Drift 162
– sakkadische 6, 162
Augenmodell,
– reduziertes Auge 100f
– schematisches Auge 100ff
Augenoptik 100ff
Augenschein 100
Außenwelt 7
Autokinetische Bewegung 227

B

Bárány, R. 96
Basilarmembran 67, 69
v. Békésy, G. 28, 35, 51, 53, 58, 69
Békésy-Audiometrie 65
Beleuchtungsstärke 146
Benham, C. 190
Benhamsche Scheibe 195ff
Berührung 25ff, 28
Berührungspunkte s. Haut
Beschleunigung, lineare 85, 93f
Bestrahlungsstärke 146
Bewegung 85ff
– Eigenbewegung 85ff, 222
– Eigenbewegungstäuschung 11, 87, 95f
Bewegungsdetektion 221ff
Bewegungsdetektor 219ff
Bewegungskommando 10, 44
Bewegungsnacheffekt 223f
Bewegungssehen 19, 78, 219ff
Bewußtsein 23
Bikomponentenprinzip 90
Bilder 127ff
Binaurales Hören s. Hören

Binokulare Erregungsfusion 19, 190, 193, 198, 223f, 233
Binokulares Sehen 19, 116, 120, 129, 184, 199ff, 233
Bipolarzellen 131, 137, 177, 196
– Off-Bipolare 178, 196
– On-Bipolare 178, 196
Blauzapfen s. Zapfen, S-Zapfen
Bleichung s. Sehpurpur
Blinde 77
Blindgeborene 233
Blindenschrift 27
Blinder Fleck 110, 134ff
Blindsight 21
Blix, M. 38
Blutgefäße der Netzhaut s. Netzhaut
Bogengänge 67, 85ff, 90
– Reiz 85ff
– Reizung 87
Bogengangmodell 85ff, 89
Brechkraft 101, 113
Brindley, G.S. 12
Brindleysche Isochrome 148
Broca s. Großhirnareal
Brücke-Bartley-Effekt 189
Bukett 47

C

Camera odorata 56
Cc s. Corpus callosum
Cgl s. Corpus geniculatum laterale
Chemorezeption 47ff
Chromosom 3: 138
– X-Chromosom 161
CIE 157
CIE-Farbtafel 166
Cocktailparty-Effekt 6
Colliculus superior 21
Colorimetrie s. Farbmetrik
complex cells 179, 222, 225
Computertomographie 18
Corda tympani 49f
Coriolis-Kraft 88f, 94
Corpus callosum 19, 22, 71, 214
– geniculatum laterale 19ff, 193f
Cortex s. Kortex
Craik-Cornsweet-Phänomen 171, 176
CT s. Computertomographie

D

Daumenregel 102
dB s. Dezibel
dB(A) 66
Deprivation 233

Deuteranomalie 161
Deuteranope 161
Dezibel 65
Dichoptische Reizung s. Reizung
Dichromasie 161
Dichromat 159, 198
DIN-Farbkarten 157
Dioptrien 101, 111
Disparität, horizontal s. Querdisparität
– vertikal 214
Disparitätsgradient 212, 214
Dissonanz 82f
Doppelbilder 45, 122, 199, 201, 203, 208, 223, 228
– monokulare 104
Dopplereffekt s. Akustik
Drehbeschleunigung 85ff
Drei-Schalen-Versuch 36f
Drei-Stäbe-Test 205
Druckblind 164
Druckphosphen 99
Dualismus 2f
du Bois-Reymond, E. 2
Duftdrüsen 48
Duftklasse 56
Duftprägung 48
Duftprüfer 55
Duftquelle Lokalisation der 55, 58
Duftsystem 56
Dunkeladaptation 17, 137, 143ff, 163f
Dunkeladaptationsbrille 167
Duplextheorie s. Ohr
Duplizitätstheorie 136

E

EEG s. Elektroenzephalogramm
ERG s. Elektroretinogramm
early vision 225
Eccles, Sir John 2f
Echoorientierung 77f
Effektoren 4
Efferenz 10, 25, 123
Efferenzkopie 10, 25, 44, 88, 123
Eigenbewegung s. Bewegung
Eigengrau 14
Eigenmetrische Methode 15ff, 36, 42, 49f, 168
Eingeweide 25ff, 41, 47
Einschwingen 62
Elektrische Reizung s. Reizung
Elektroenzephalogramm 6, 18, 163, 233
Elektroretinogramm 18, 189
Emmertsches Gesetz 109, 121
Emotionaler Zustand 107
Empfindlichkeit 11f, 17, 51, 144
– akustische 68

- Schmecken 51f
- spektrale 138, 144ff, 160, 166
- – des Bewegungsdetektors 222f

Empfindung 5
Empfindungsintensität 14ff
- des Geschmacks 50
Empfindungsspezifität 3f, 27, 39, 197
- der Hautrezeptoren 33f
- der Kalt- und Warmpunkte 39
- der Schmerzrezeptoren 42
Entoptische Erscheinungen 105ff
Erismann, Th. 236
Erkennen 8f
Erregung 4, 18
- motorische 10
Erregungskontrolle 17
Erwartung 25
Escher, M. 236
Eustachische Röhre 67f
Expreß-Sakkade 7
Exterozeption 25
Exzentrizität 133

F

Farbabgleichsexperiment 154
Farbanomalie 161
Farbatlas 157, 191
Farbe 147ff
- Gegenfarbe 148, 162, 164, 168, 172
- Hauptfarbe 148
- Körperfarbe 149, 165
- Komplementärfarbe 153
- Konstanz (s. Konstanzleistung)
- Schatten 164f
- Simultankontrast 164f
- Strukturfarbe 149
- Urfarbe 148
- Wettstreit 228
Farbenblindheit 160ff, 172
- der Trichromaten 160
- Häufigkeit 161f
- totale 137, 160, 166, 198
Farbendreieck 153
Farbenkörper 147f, 168
Farbenkreis 56, 147, 168, 172
Farbenmischer 154, 197
Farbenmischung additive 149ff, 152, 162, 214
- binokulare 205
- Malerfarben 150
- negative 155, 157
- subtraktive 149ff
Farbenraum 125, 154, 157, 160
Farbensehen 142, 147ff
Farbenstereopsis 212ff
Farbige Ränder 112f, 234f

Farbiger Simultankonrast s. Farbkontrast
Farbkonstanzleistung 161, 165ff
Farbkontrast, simultaner 164, 168, 171, 176
Farbmetrik 157ff, 166, 197
Farbort 153
- MiFf 197
Farbreiz 147, 149ff, 191
- metamerer 153, 160
Farbsättigung 148
Farbscheibe 155ff
Farbstoff 147, 165
Farbtafel 153, 155
Farbton 148
Farbumstimmung 167f, 172
Farbunterscheidung 159f
Farbunterscheidungsschwelle 159
Farbunterscheidungsvermögen 159f, 161, 172
Farbwertanteil 155f, 157f
Fechner, G.Th. 1, 15
Fechnersches Gesetz 15, 65f
Fechnersches Paradox 138
Fechnersche Scheibe 15
Feigl, H. 2
Feininger, L. 186
Feynman, R. P. 54
Fick, R. 49
Fieber 35, 39
Figur-und-Grund-Problem 212, 219, 222
Fischer, B. 7
Flächenkontrast 170
- Verstärkung 174ff
Fliegende Mücken 109
Flimmerfarben 187, 190
Flimmerfusion 187f, 189
Flimmerfusionsfrequenz 163, 187f, 190, 222
Flimmerlicht 187f
Flimmerphotometrie, s. heterochromatische 146
Fokales Sehen 226
Formanten 80
Form 23, 27ff, 92, 222
Formensehen 219ff
Formwahrnehmung, aktive Leistung der 6f, 225
Fourier-Analyse 64f, 185
Fourier-Komponente 64, 184ff, 189, 194
Fovea centralis s. Sehgrube
Foveola 131, 132f, 142, 178
Frequenzanalyse 64
Fresnel-Linse 202
Frieren 35
Fundusreflektometrie 138, 144
Funkeln 116
Fusion, binokulare 202ff, 207, 233
Fusionsareal s. Panum

G

Ganglienzellen 137
  s.a. retinale Ganglienzellen
Gegenfarbe s. Farbe
Gehör s. Hören
Gehörlose 35, 60
Geistererscheinungen 163
Gelber Fleck 132
Gelenke 44
Gen 47
– für visuelles Grünpigment 161
– für visuelles Rotpigment 161
– für Sehpurpur 138
– Taster (PTC) 47
Geometrisch-optische Täuschung s. Täuschung
Geruch s. Riechen
Geschmack s. auch Schmecken 16, 48ff, 54
– alkalischer 51
– biologische Bedeutung 48
– elektrischer 50f
– Phenylthiocarbamid (PTC) 47, 52
– PTC-Versuch 52
– Qualitäten 48f, 50, 56
– Sinneszellen 49
Geschmacksblindheit, spezifische 47
Geschmacksknospe 49
Geschmacksmischungsversuch 51
Geschwindigkeit (Bewegung) 94
Gesichtsfeld s. auch Sehfeld 133, 233
Gestalt 5, 8
– akustische 63, 79f
– zeitliche Umkehrung 80
Gewichte 12f, 16
Gewöhnung 6
Gibson, J.J. 124
Glanz, binokularer 203f
Gleichgewicht 85ff, 96
Gleichheitskriterium 11f
Gliazelle 131
Globales Sehen 226
Globale Stereopsis 215
v. Goethe, J.W. 8, 148, 164
Goldscheider, A. 38
Graue Substanz 18
Gregory, R.L. 227
Größe-Abstands-Erklärung 120
Größenkonstanz 109, 113, 120ff, 216, 229
– bei größerer Entfernung 123f
– Nahbereich 120f
Großhirn 18, 21ff, 28, 214
Großhirnareal, Broca 18
– V1 172, 178, 180, 184, 189f, 193, 223, 225, 235
– V2 178, 180, 231
– V4 6, 171, 180

– Wernicke 18
Großhirnhälften 22ff
Großhirnrinde 18
– akustische 19
– elektrische Reizung 27
– funktionelle Felder 180
– motorische 18
– olfaktorisch 56
– somatosensorische 25, 27, 32
– visuelle 21, 171, 222, 233
Grouping 232
Grünzapfen s. Zapfen, M-Zapfen
Grundspektralwertfunktion 158f
Grundton 63
Grundwelle 62ff, 75
– fehlende 75

H

Haarbalgrezeptoren 31ff
Haare 28
Haarzelle s. Sinneszelle, akustische
Habituation 6
Haidingersche Büschel 133
Halluzination 2
– Dufthalluzination 58
Haptische Täuschung s. Täuschung
Harmonisch, Doppelbedeutung 82
Harmonische Schwingungen s. Schwingungen
Hassenstein, B. 172
Hauptauge 200f
Hauptebene 102
Hauptfarbe s. Farbe
Hauptsprachbereich 66
Haut 27
– Auflösungsvermögen, räumlich 32
– Kalt- und Warmpunkte 38, 39
– Mechanorezeptoren 30ff
Hauttemperatur 36ff
Hecht, S. 139
Heiligenschein 162
Heiß 40
Held, R. 235
Helikotrema 67
Hellbezugswert 14
Hellempfindlichkeitsgrad, spektraler 146, 157
Helligkeit 13, 16, 21, 148, 157, 169, 173ff
Helligkeitsabgleich, heterochromatischer 145
Helligkeitskonstanz s. Konstanzleistung
Helligkeitstäuschung s. Täuschung
Helligkeitsunterscheidung 14
v. Helmholtz, H. 5, 10, 63f, 69, 76, 82, 99, 104, 107, 152ff, 160, 235
Hemmung 181
– laterale 33, 70, 100, 165, 170, 173ff 175, 216, 220

– von Nervenzellen 174
Hering, E. 36, 148, 168, 170, 200
Hermann-Hering-Gitter 181
Himmelslicht 166
Hinterstrang 27
Hirnrinde s. Großhirnrinde
Hirnstrommessung s. Elektroenzephalogramm
Hitzeempfindung s. Empfindung
Hören 19, 35, 59ff, 198
– binaurales 60, 78
– Lee-Effekt 60
– Maskierung s. Maskierung
– räumliches 68, 77ff
– Richtungshören 17, 77ff
– Rückwärtsmaskierung, 60
Hörfähigkeit, Änderung mit dem Alter 66
– selektive Schädigung 70
Hörgerät 35, 67
Hörreiz 19, 60f
Hörschwelle s. Reizschwelle
Hörzelle s. Sinneszelle, akustische
v. Holst, E. 10, 89, 168, 121
Homunculus 3
Horizontalzellen 131, 177, 196, 198
Hornhaut 107ff
Horopter 125, 203, 207
Hubel, D.H., 214
Hunger, spezifischer 48
Huygens, Ch. 60
Hyperalgesie 43
Hyperacuity 184
Hypercolumn 178, 184
Hypercomplex 180
Hypnose 43
Hypothalamus 18

I

Identitätstheorie 2
Ideotroper Vektor 92, 95
Impulsfunktion 185
Informatik 6
Inhibition s. Hemmung
Innenohr s. Ohr
Innere Uhr 21
Inneres Umweltmodell (IUM) 11, 125
Intensität s. Empfindung
Intention 10
Interneuron 4, 26f, 27
Interozeption 25
Interpretation, räumliche 30
Inversionsphänomen 41
Ionenkanäle 4, 47
Ionenströme 4
Isophone 66
IT (inferotemporaler Kortex) 180

IUM s. inneres Umweltmodell

J

Julesz, B. 20, 210, 224, 226
Julesz-Muster 201, 210f, 223f, 228, 230, 233
Jung, R. 178

K

Kälte 5, 25, 35ff
Kältezittern 35
Kaltempfindung, paradoxe 40
Kaltfaser 39
Kaltnacheffekt 39
Kaltpunkte 38
Kaltreiz 52
Kammerton 66
Kepler, J. 117
Kern 18
Kinetosen 8, 85, 88, 96
Kitzelempfindung 4, 25f
Klang Doppelbedeutung 64
Klangfarbe 63, 65, 75, 77, 79
Klangspektrograph 80
Klasse-A-Experiment 12
Klasse-B-Experiment 12
Knacklaut 60, 65
Knochenleitung 4, 68
Knochenschwingung 69
Knotenpunkte 102, 107, 117, 209
Körperfarbe s. Farbe
Körperorientierung 85
Körperschatten 231
Körperstellung 222
Körpertemperatur 35, 37
Kognitive Kontur s. Scheinkante
Kohler, I. 236
Kohlrausch-Knick 144, 163
Kombinationston 72f, 76
Komplementärfarbe s. Farbe
Konfettieffekt 150, 152
Konsonanz 82
Konstanzleistung 36, 79
– Farbe 165ff
– Größe s. Größenkonstanz
– Helligkeit 166f, 169
– Hören 79f
– Temperatur 38
Kontaktglas 22
Kontrast 13, 116, 169, 173, 184ff, 188, 195, 221, 225, 230
Kontrastempfindlichkeit 186, 188
Kontrastgrenzen 170, 176
Kontrastschwelle 186
Kontrastübertragungsfunktion 103, 185f, 233

- räumliche 184ff, 188, 189
- zeitliche 188ff, 195
Konvergenz 121f
Konvergenzwinkel 199, 202
Korrespondenzproblem 209, 212, 223
Korrespondierende Netzhautstellen 199, 202
Kortex s. Großhirnrinde
Kraftwahrnehmung, mechanische 16, 45
Kreislauf 33, 40
Kreuzkorrelationsfunktion 78
Kribbeln 33, 40
v. Kriesscher Koeffizientensatz 168
Kritisches Band 74
Kühne, W. 138
Künstliche Pupille s. Pupille
Kunstkopfmikrophon 60
Kurvatur 125f

L

Längenmessung, haptische 17
Lambertsches Kosinusgesetz 116
Landolt-Ring 183
Land, E. 170
Laterale Hemmung s. Hemmung, laterale
Lautheit 16, 65, 66
Lautheitsskala 66
Lautstärke 65, 66
Lee-Effekt s. Hören
Leib-Seele-Problem
      s. psychophysisches Problem
Lerndisposition, angeborene 81
Leuchtdichte 146
Lichtempfindlichkeit 137
Lichtmessung s. Photometrie
Lichtquant (Photon) 5, 139f
Lichtreiz 3, 149
- metamerer 133, 164
Lineare Beschleunigungen 90
Linienelement 160
v. Linné, K. 48, 56
Linse 103f, 107, 109, 110f
- Änderung im Alter 104
Locke, J. 36, 233
Lokalisation, akustische 68, 77ff
- Duftquelle 55
- Reizort (Haut) 32
Lotrechte, Wahrnehmung 90ff
Lügendetektor 6
Lüneburg, F.K. 126
Luftperspektive 123
L-Zapfen s. Zapfen

M

M. s. Macula
Mach, E. 173
Machsche Streifen 173f
Macula sacculi 67, 89ff
Macula utriculi 67, 89ff
Maculaorgan 85, 89ff
- Reizung 89
Magnetische Kernresonanz 18
Magnozelluläre Bahn 21, 146
- Zellen 21, 178, 189
Makrosmat 54
Mariotte, E. 136
Martens, J. 81
Maskierung, akustische 73f, 198
- Rückwärtsmaskierung, akustische 60
- - visuelle s. Metakontrast
- visuelle 60, 198
Massonsche Scheibe 14, 160
matched filter 38
Maxwell, J. C. 152ff
Maxwellscher Fleck 132f
McCollough-Effekt s. Nacheffekt, Form-Farbe
Mechanorezeptoren s. Haut
Meissnerscher Versuch 30
mel 66
Membranpotential 4
Menstruationszyklus 48
Menthol 41
Merkbild 8, 55, 80
Merkelsche Tastscheibe 34
Metakontrast 60, 198
Metamer s. Farbreiz
micropatterns 226
MiFf s. musterinduzierte Flimmerfarben
Minimal-distinct-border-Methode 146
Mikrosmat 54
Mittelohr 67f
Mittelohrmuskeln 68
Mittelstaedt, H. 10
MNR s. magnetische Kernresonanz
Modalität 4, 25, 27, 38
Mond 30, 95, 101, 110, 124, 174, 222
Mondrian P. 171
Monismus 2f
Monochord 1, 82
Monochromat 166f
Monokulare Polyopie 110f
- Stereopsis s. Stereopsis, monokulare
Motoneuron 4, 26, 44
mouches volantes s. fliegende Mücken
MT (mediotemporaler Kortex) 180, 222
Müller, J. 3
Munsell Book of Colors 157
Munsellscher Farbkörper 148

Musik 59, 63, 66, 81ff
– Tempo 79f
Musikinstrumente 62f, 66
– Oberwellenspektrum s. Oberwelle
– Stimmung 66
Musiktheorie 81f
Muskel 4, 44
Muskelspindel 26,44
Mustererkennende Geräte 6
Mustererkennung, schnelle 224f, 232
Musterinduzierte Flimmerfarben 12, 78, 190ff
– achromatische 198
M-Zapfen s. Zapfen
M-Zellen s. magnozelluläre

N

N. (Nervus)
Nachbild 10, 109, 121, 126, 133, 162ff, 189, 227
– farbiges 162ff, 167, 168
– negatives 162f
– positives 162f
– Ursprung 164
Nacheffekt, Bewegung 223f
– chromatische Aberration 235
– figuraler 232
– Form-Farbe 232f
– Kraftwahrnehmung 45
– Prismenbrille 235
Nachgeschmack 53
Nachhall s. Akustik
Nachtblindheit 138
Nahakkommodation s. Akkommodation
Nahpunkt 104f
Nebenauge 200f
Negative Farbenmischung s. Farbenmischung
Nervenaktionspotential 192
Nervenbahn 18
Nervenfaser 67
– temperaturspezifische 27
– schmerzspezifische 27
Nervenimpuls 4, 78
Nervensystem 4
Nervenzelle, binokular erregbare 178, 214
– motorische 4
– sensorische 3
Nervus facialis 49
– glossopharyngeus 49
– trigeminus 26
– vagus 49
Netzhaut 131ff
– Blutgefäße 109f, 135
– Peripherie 95f
Netzhautbild 6, 7, 30, 97, 99, 115ff, 127ff
– Größe 102

– stabilisiertes 7, 10, 28, 109, 163f, 174, 203, 219
– unscharfes 102f
– Vieldeutigkeit 117f, 228
Newton, Sir Isaac 152f
Newtonsche Axiome 86
Nonius-Sehschärfe 184
Normalbeobachter 157
Normspektralwertfunktion 157
Nothdurft, C. 180
Nystagmus 87
– kalorischer 96
– optokinetischer 21, 96
– postrotatorischer 87, 96
– vestibulärer 96

O

Oberton 62f, 82
Oberwelle 62ff
Objektivierte Empfindung 5, 36
Objekttemperatur s. Temperatur
Off-Bipolare s. Bipolarzellen
Off-center-Zellen 178, 181
Ohm, G. S. 64
Ohmsches Gesetz s. Akustik
Ohr 3, 4
– äußeres 67
– Duplextheorie 76
– inneres 67, 69
– Muschel 67f
– Ortsprinzip 69f, 76
– Richtungsempfindlichkeit des Außenohrs 68, 77
– Telefonprinzip 70
Olfaktogramm 55
Olfaktometer 57
On-Bipolare s. Bipolarzellen
On-center-Zellen 178, 181
Ontogenese der Sehfähigkeit 233f
Opsine 141
Optische Achse 99, 111
– Täuschung s. geometrisch-optische Täuschung
Optokinetische Drehtendenz 221
Optokinetischer Nystagmus s. Nystagmus
Organoleptisch 54
Orientierung 10f
Orientierungsreaktion 6, 226
Ortsprinzip s. Ohr
Ostwaldscher Doppelkegel 148

P

Pacinische Körperchen 3, 34
Panpsychismus 3
Panums Fusionsareal 203

Panumscher Grenzfall 203, 208f, 212
Papillen der Zunge 49ff
Paradoxe Kaltempfindung s. Kaltempfindung
Parallaktische Verschiebungen 11, 124, 127, 202, 205f, 222
Parallele Verarbeitung 20f, 27, 69, 80, 178, 180, 225
Parfüm 48, 55
Partialton 62
Parvozellulär Bahn 21, 178f, 189
Patellarsehnenreflex s. Reflex
Patentstereopsis 207
Perimeter 21, 133, 219
Perkutane Mikroneurographie 27
Perspektive 117ff, 124, 127ff
Perzeption 8
Perzeptives Feld 181ff
PET s. Positronen-Emissions-Tomographie
Phasenempfindlichkeit, akustische 74f
Phaseninformation, akustische 65
Phasisch 178
Pheromone 48
Phi-Phänomen 223
Phon 66
Phonation s. Sprache
Phonem 80
Phoneminventar 81
Phosphen 3, 99
Photometrie 146
Photon s. Lichtquant
Photopisches Sehen (s. Zapfensehen)
Photorezeptor-Optik 113ff
Pigmentzelle 131
π-Mechanismus 143
Pirenne, M. H. 139
Pointillistische Malerei 152
Polare Repräsentation der Farben 148, 168
Polymorphismus, genetischer s. Geschmack
Pokorny, J. 158
Polyopie s. monokulare Polyopie
Popper, Sir Karl 3
Positronen-Emissions-Tomographie 18
Potential s. Membranpotential
Potenzfunktion 16, 50,
preattentive vision 226
Primärprozeß der Erregung 3, 4, 47
Primärvalenzen 155
Prismenbrille 11, 202, 234f
Propriozeption 25, 44, 88
Propriozeptoren 85
Protanomalie 161
Protanope 161
Pseudocoriolis-Effekt 96
Pseudoisochromatische Tafeln 160
Pseudoskopisches Sehen 208
Psychoanatomie 18ff

Psychometrische Funktion 15
Psychophysik 1ff, 11f, 16, 49f, 56, 60, 81, 173, 181, 210, 236
Psychophysisches Problem 2f
PTC (Phenylthiocarbamid), s. Geschmack
Pulfrich-Phänomen 215
Pulfrichsches Pendel 216
Pupille 17, 21, 106f, 213
– künstliche 107, 121, 128, 139
Purkinje-Phänomen 138, 145
Purkinje-Spiegelbilder 104
Purkinjesche Aderfigur 99, 110
Pythagoras 1, 82, 152
Pytagoreisches Komma 82
P-Zellen s. parvozelluläre Bahn

Q

Qualität 4, 25
– Geruch 57, 58
– Geschmack 48, 50, 56
Quantenfluktuation 140ff
Querdisparität 184, 205ff, 210, 213f

R

Radiometrie 146
Radioxenon-Methode 18f, 25, 180
Räumliches Auflösungsvermögen
  s. Auflösungsvermögen
Randkontrast 170, 174
– Verstärkung 173ff
Rauhigkeit 72, 82
Raumakustik s. Akustik
Rayleighsches Gesetz 150, 165, 166
Reafferenzprinzip 9ff, 26, 123
Reduziertes Auge s. Augenmodell
Reflex, Gleichgewicht 87, 95f
– Patellarsehnenreflex 26
– Rückziehreflex 26
– Streckreflex 26
Reichardt, W. 220, 222
Reichardt-Modell 221
Reissnersche Membran 5f, 67
Reiz 3, 11, 64
– adäquater 3
– inadäquater 3, 51
– organadäquater 3, 30, 33, 42, 56
– rezeptoradäquater 3, 4, 114
– selbstverursachter 9f
Reizkontrolle 17
Reizleitung 3
Reizmetrik 56
Reizort 27f, 31f, 41f, 53
Reizschwelle, absolute 12
– Gehör 65, 69

– Geruch 57
– Geschmack 51f
– somatosensorische 34
– spezifische 52, 57
– unspezifische 52, 57
– visuelle s. auch Sehschwelle 5, 139f
Reizspezifität 3, 33
– Geschmack 49
– somatosensorische 27
Reizung, dichoptische 19
– dichotische 19, 201
– elektrische 3, 21, 27
– inadäquate elektrische 3, 51
– – mechanische 99
– postrotatorische 87
Reizzeitdifferenz, effektive binaurale 78f
– musterinduzierte Flimmerfarben 192
Rembrandt 14
Remission 116
Remissionsgrad, spektraler 149, 157, 165, 169, 187
Residuum 70, 76f
Resonanzfrequenz 63
Resonanzprinzip 69
Retinal 138
Retinale Ganglienzelle 131, 137, 178, 183, 195, 197
Retinex-Theorie 170ff, 177
Retinotope Abbildung 178, 180
– Projektion 20, 27
Rezeptives Feld 177ff, 181, 195, 197
Rezeptor, Doppelbedeutung 47
– Haarbalgrezeptor 31, 33
– Kaltrezeptor 4, 41
– Krausescher Rezeptor 34
– Mechanorezeptor 30, 31, 44
– Meissnerscher Rezeptor 34
– Pacinischer Rezeptor 34
– Ruffinischer Rezeptor 34, 44
– Stellungsrezeptor 9, 88, 90
– Temperaturrezeptor 4, 35, 37, 39
Rezeptorpotential 4, 55, 197
Rezeptorraum 152, 197
Rezeptorschicht 110
Rezeptorstruktur, molekulare 3, 47, 48
Rhodopsin s. Sehpurpur
Riechen 16, 22, 54ff
Riechepithel 55
Riechsinn 54ff
– Adaptation 58
– affektive Reaktion 54
– Kreuzadaptationsversuche 58
– Lokalisation der Duftquelle 55
– Sinneszelle 55
– Täuschungen des 58
Riechzellen 57

Richtungshören s. Hören
Rinnescher Versuch 68
Röntgentomographie 18
Rot-Grün-Blindheit 161
Rot-Grün-Brille 201, 207, 228
Rotzapfen s. Zapfen, L-Zapfen
Rubens, P.P. 165
Rückkopplung, akustische 60
Rückmeldung, sensorische 9
– visuelle 234f
Rückwärtsmaskierung s. Maskierung
Ruffini-Rezeptoren 34, 44
Runge, Ph. O. 148
Rushton, W. A. H. 15, 144

S

Sättigung s. Farbsättigung
Sakkade s. Augenbewegung
Scala media 67
– tympani 67
– vestibuli 67
Schärfentiefe 102, 105, 107, 121, 186
Schall s. auch Akustik; Schwingungen
Schallabsorption 77
Schalldruckamplitude 65
Schalldruckdifferenz an beiden Ohren 79
Schalldruckpegel 65
Schallgeschwindigkeit 61
Schallquelle 59, 60
– Lokalisation 68
Schallschatten 61, 77, 79
Schallwelle 59, 61, 71
– Wiederholfrequenz 60, 75f
Schatten 170
Scheinbewegung 10, 11, 88, 163, 199, 200, 205, 207, 223f, 227
– parallaktische 11
Scheiner, Ch. 104, 117
Scheinerscher Versuch 107
Scheinkante 136, 177, 230f
Scheintiefe 205
Schematisches Auge s. Augenmodell
Scherkraft 89f
Scherungsreiz 33
Schielamblyopie 233
Schielen 201f, 228
Schlaer, S. 139
Schlaf 68
Schlaganfall 22
Schmecken s. auch Geschmack 48ff
– Empfindlichkeit 51f
– Genetik 47, 52
– Schmeckstoffe 50f
Schmerz 25, 41ff
– Eingeweideschmerz 41f

– Herzschmerz 42
– Phantomschmerz 42
– projizierter 41f
Schmerzadaptation 42
Schmerzfasern 43
Schmerzpunkt 41
Schmerzschwelle 42, 66
Schramme, J. 211
Schwebung 71f, 74, 76, 82
Schwellenkriterium 11f, 16
Schwellenkurve, akustische 65f
Schwellenreiz s. Reizschwelle
Schwerelosigkeit 92, 94f, 97
Schwerkraft 85, 89f
Schwingungen 62
– Ausschwingen 63
– Einschwingen 63
– Grundwelle 62, 64
– Harmonische 62ff, 64
– harmonische 62ff
– Moden 62
– Oberwelle 62ff
– unharmonische 63
Schwirren 34
Seebeck, A. 76
Seekrankheit s. Kinetosen
Seeliger, H. 174
Sehachse 100
Sehen s. auch Lichtempfindlichkeit 28, 99ff
Sehfähigkeit, Entwicklung 233f
Sehfeld s. auch Gesichtsfeld 21f
Sehgrube 20, 99, 110, 117, 131ff, 142, 178, 183, 193f, 203, 213
Sehnen 44
Sehnerv 20, 134, 137, 178
Sehpurpur 14, 138f, 141, 144
– Bleichung 17, 138, 144, 163
Sehschärfe 137, 183
Sehschärfetest 183
Sehschwelle s. auch Reizschwelle, visuelle 53, 57
– binokulare 138, 199
Sherrington, Sir Charles 25, 189
Siemensstern 103
Signal 5f
silent substitution 195f
simple cells 179, 222
Simultaner Farbkontrast s. Farbkontrast
Sinne, physiologisches System
– Chemo-, Mechano-, Photo-, Thermorezeption 4
– System der fünf 4, 25
Sinnesnervenzelle 26
Sinneszelle 3, 4, 18, 25, 27f, 39, 51f, 55
– akustische s. auch Haarzelle, Hörzelle 59, 69
– chemorezeptive 47
– Riechen 56

v. Skramlik, A. 51
Skotom 21
Skotopischer Bereich 174
Skotopisches Sehen 174, 177, 183, 198
Smith, V.C. 158
Söhnen, A. 129
Somatisierte Empfindung 5, 35, 41
Somatosensorik 25 ff, 85
Somatosensorische Formverarbeitung 229
Somatosensorisches Areal s. Großhirnrinde
Somatotopisch 27
Sonar 77
Sone 66
Sonnenstrahlen 116
Sozialhormon 48
Spektrale Empfindlichkeit s. Empfindlichkeit, spektrale
Spektralfarbe 148, 159
Spektralwertfunktion 158f
Sperry, R. 10, 22
Spezifität, sensorische s. Empfindungsspezifität
Sphärische Aberration s. Aberration
Spinalganglion 26, 26f
Spiralscheibe 222, 224
Splitbrain-Patienten 22f, 56, 171
Sprache 18, 22, 23, 70, 80ff
– Artikulation 80
– Phonation 80
– Sprachstörung 22
Sprechen 22, 59, 68
Sprechfähigkeit 18
stabilisiertes Netzhautbild s. Netzhautbild, stabilisiert
Stabilitätsproblem 9f
Stabsichtigkeit s. auch Astigmatismus 112
Stäbchen 14, 113, 132, 136ff, 140, 164, 193, 196, 213, 233
Stäbchenmonochromat 144, 160, 167, 198
Stäbchensehen (s. auch skotopisches Sehen) 137ff, 143ff
Stammhirn 19
Statoorgan s. Maculaorgan
Steigbügel 67
Stellung der Gliedmaßen 25, 28, 43ff
– im Raum 85ff
Stellungsrezeptor s. Rezeptor
Stereopsis 123, 128, 184, 199, 205ff, 231
– binokulare 128, 205ff
– globale 211, 215
– monokulare 128, 205
Stereoskop 128, 201, 205, 228
Stereoskopische Scheintiefe 201, 203, 205, 207, 228
Stereoskopisches Tiefensehen 19
Stereovilli 3
Stereowiedergabe 60

Sterne 13, 115
Sternschwankung 227
Stevens, S. S. 16
Stiles, W. S. 142
Stiles-Crawford-Achse 115
Stiles-Crawford-Effekt
– erste Art 114f, 212f
–zweite Art 115
Stimme 60
Stimmgabel 4, 59, 68, 71
Strahldichte 146
Strahlenkranz 109
– von Lichtquellen 109
Strahlungsleistungsverteilung, spektrale 149, 171
Streulicht im Auge 136, 165
Stroboskop 34, 187
Stroboskopische Effekte 88, 188f
Strukturfarbe s. Farbe
Subjekt 22
Subjektiv 4
Subjektive Krümmung 125f
Subjektive Vertikale s. Vertikale
Suchbild 8, 54, 80
Summation der Reizwirkung 33
Summenpotential 18, 27, 49, 55
Synapse 4, 18, 47, 49, 56, 177, 196f
– erregende 4
– hemmende 4
Synapsenpotential 4, 78, 192
Synaptische Erregungsübertragung 43
S-Zapfen s. Zapfen

T

Täuschung 19
– des Aristoteles 29
– geometrisch-optische 19, 29, 229ff
– geometrische Raumtäuschung 116f
– haptische 29, 32f, 229
– im Aufzug 94
– Ehrensteinsche Täuschung 177, 181
– Eigenbewegungstäuschung s. Bewegung
– Größentäuschung 120
– Helligkeit 174ff, 177, 181, 189, 191, 230f
– Kaffeehaus-Täuschung 230
– Lippsche Täuschung 29
– Lotrechte 90f
– Müller-Lyer-Täuschung 29
– Münsterberg-Täuschung 230
– Oppelsche Täuschung 29
– Poggendorffsche Täuschung 29, 230
– Ponzosche Täuschung 19, 230
– des Riechsinns 58
– Sandersche Täuschung 229
– Tichener-Täuschung 29, 229
– Webersche Täuschung 34, 40
– Zöllnersche Täuschung 230
Talbotsches Gesetz 187
Tapeteneffekt 202, 210
Tartini-Töne 72
Tastbewegung 7, 25, 28
Tastborste 31
Tasten 7, 22, 27ff, 48, 99
Taubstumme s. Gehörlose
Tausch, H. 167
Tektorialmembran 67
Telefonprinzip s. Ohr
Temperaturbefindlichkeit s. auch
        Kaltempfindung 35
Temperaturempfindung s. Empfindung
Temperaturgradient 39
Temperaturrezeptoren 39
Temperatursinn 16, 35, 37
Temperatur von Objekten 36ff
Temperaturwahrnehmung 28
– affektiver Effekt 36
– Doppelkompetenz 37f
– Empfindungsspezifität 39
Terminatoren 177, 227
Texton 227
Texton-Theorie 226
Textur 226
Thermoden 38
Thermoregulation 36
Tiefpaß 188
Ton 64
– Doppelbedeutung 64
Tonhöhe 60ff, 66ff, 82
– spektrale 62
– virtuelle 62
Tonhöhenskala, subjektive 66
Tonhöhenunterscheidung 66
Tonisch 178
Tonleitern 82
Tonreiz 61f, 71ff
Tonunterscheidungsvermögen 70
Toskanini, A. 80
Treffer 57
Trefferwahrscheinlichkeit 52
Trichromat 152, 160, 166f
Trichromatische Theorie 12, 51, 142, 146, 152ff,
        157, 161, 172
Trinken 54
Tritanomalie 161
Tritanopie 161
Tritsch, M. 38
Trivarianz 152
Trommelfell 67f
Troxler-Effekt 7

U

v. Uexküll, J. 8
Umkehrbrille 236
Umwelt 7f
– Modell s. inneres Umweltmodell
– Stabilität 9
Unbuntstelle im Spektrum 161
Univarianzprinzip 139
Unterscheidungsschwelle 12
– simultane, räumliche 32
Unterschiedsschwelle, akustische 66
Urfarbe s. Farbe

V

V1, V2, V4, V5 s. Großhirnareal
Vλ s. Hellempfindlichkeitsgrad, spektraler
Vasarely, V. 187
Verdeckung, akustische s. Maskierung
Verstimmte Oktaven 74f
Vertikale 91
– physikalische (PV) 92
– subjektive (SV) 92
Vestibuläres Sinnesorgan 85
Vexierbilder 8
Vibrationsempfindung 3, 4, 34
Vieldeutigkeit der Netzhautbilder
    s. Netzhautbild
Vieth-Müller-Kreis 203
Visuelle Pigmente 141
Visueller Wettstreit 202, 204, 228
Visuelles Auflösungsvermögen
    s. Auflösungsvermögen
Visus 183
Vitruv 125
VL (Versuchsleiter)
VP, VPn (Versuchsperson, Versuchspersonen)

W

Wärmeeindringzahl 38
Wärmestrahlung 38
Wahrnehmung 5
Wahrnehmungsfähigkeit 9
Wahrnehmungsraum 124ff
Wanderwelle 34, 35, 69
Warmfasern 39
Warmpunkte 38f
Weber, E. H. 12
Webersches Gesetz 12ff, 142, 174, 187, 195
Wechselwirkungstheorie, psychophysische 2
Weinprüfen 8, 54
Wernicke s. Großhirnareal
Westheimer-Funktion 182
Wettstreit, visueller s. visueller Wettstreit

Wiederholfrequenz 60, 75f
Wiesel, T.N. 214
Wheatstone, Ch. 205
Wohltemperierte Stimmung 63, 82

X

X-Chromosom s. Chromosom
X-Zellen s. parvozelluläre Zellen

Y

Young, Sir Thomas 152
Young-Helmholtzsche Theorie des Farbensehens 152
Y-Zellen s. magnozelluläre Zellen

Z

Zapfen 113, 131ff, 136ff, 164, 166, 178, 183f, 193, 196, 213, 233
Zapfenarten 3, 142, 152, 178
– L-Zapfen 142, 195, 197
– M-Zapfen 142, 195, 197
– S-Zapfen 142, 184, 197
Zapfenpigmente 141
Zapfensehen s. auch photopisches Sehen 137, 141ff, 144f, 146
Zeitlich visuelles Auflösungsvermögen 221
Zeitliches Auflösungsvermögen 137, 178
Zeki, S. M. 171
Zellmembran 4, 57
Zentrales Skotom 137, 160
Zentralprojektion, Auge 116ff, 128
Zerstreuungsfiguren 213
Ziliarmuskel 103
Zunge 28, 32, 48ff, 53
Zuwachs-Schwellen-Methode 177
Zweifarben-Zuwachs-Schwellen-Methode 142
Zyklopenauge 200f